国家电网有限[illegible]

技能人员专业[illegible]训教材

电能信息采集与监控

国家电网有限公司　组编

图书在版编目（CIP）数据

电能信息采集与监控 / 国家电网有限公司组编. —北京：中国电力出版社，2020.5（2024.9重印）

国家电网有限公司技能人员专业培训教材

ISBN 978-7-5198-3448-7

Ⅰ. ①电… Ⅱ. ①国… Ⅲ. ①电能–信息管理 Ⅳ. ①TM92

中国版本图书馆 CIP 数据核字（2019）第 150374 号

出版发行：中国电力出版社
地　　址：北京市东城区北京站西街 19 号（邮政编码 100005）
网　　址：http://www.cepp.sgcc.com.cn
责任编辑：莫冰莹（010-63412526）
责任校对：黄　蓓　郝军燕
装帧设计：郝晓燕　赵姗姗
责任印制：杨晓东

印　　刷：北京天宇星印刷厂
版　　次：2020 年 5 月第一版
印　　次：2024 年 9 月北京第四次印刷
开　　本：710 毫米×980 毫米　16 开本
印　　张：28.25
字　　数：540 千字
定　　价：86.00 元

本书编委会

前　言

为贯彻落实国家终身职业技能培训要求，全面加强国家电网有限公司新时代高技能人才队伍建设工作，有效提升技能人员岗位能力培训工作的针对性、有效性和规范性，加快建设一支纪律严明、素质优良、技艺精湛的高技能人才队伍，为建设具有中国特色国际领先的能源互联网企业提供强有力人才支撑，国家电网有限公司人力资源部组织公司系统技术技能专家，在《国家电网公司生产技能人员职业能力培训专用教材》（2010 年版）基础上，结合新理论、新技术、新方法、新设备，采用模块化结构，修编完成覆盖输电、变电、配电、营销、调度等 50 余个专业的培训教材。

本套专业培训教材是以各岗位小类的岗位能力培训规范为指导，以国家、行业及公司发布的法律法规、规章制度、规程规范、技术标准等为依据，以岗位能力提升、贴近工作实际为目的，以模块化教材为特点，语言简练、通俗易懂，专业术语完整准确，适用于培训教学、员工自学、资源开发等，也可作为相关大专院校教学参考书。

本书为《电能信息采集与监控》分册，由赵永清、孙宜富、陈金刚、王从举、李新家、曹爱民、战杰、吴琦、卞康麟编写。在出版过程中，参与编写和审定的专家们以高度的责任感和严谨的作风，几易其稿，多次修订才最终定稿。在本套培训教材即将出版之际，谨向所有参与和支持本书籍出版的专家表示衷心的感谢！

由于编写人员水平有限，书中难免有错误和不足之处，敬请广大读者批评指正。

目　录

第四部分　主站系统设备安装、维护和操作

第五部分　有序用电及营销业务支持

第一部分

专 业 知 识

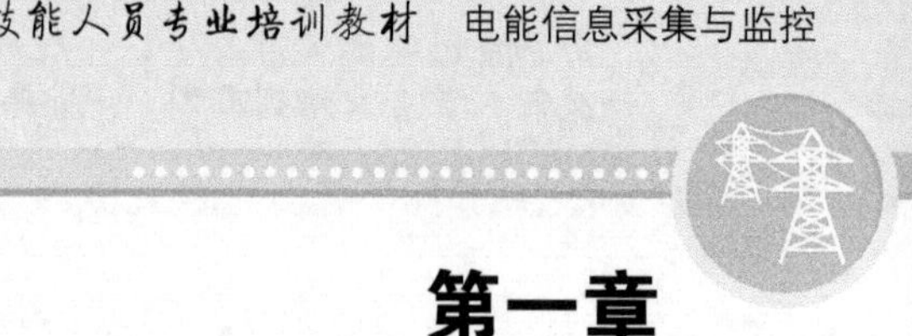

第一章

电能信息采集与监控系统规范规定

模块1　电能信息采集与监控系统功能规范（Z29B6001Ⅰ）

【模块描述】本模块包含Q/GDW 1373—2013《电力用户用电信息采集系统功能规范》的文件内容。通过条文提炼、要点归纳，熟悉规范的定义、组成、作用，掌握规范的主要规定。

【模块内容】

一、范围

本标准规定了用电信息采集系统的基本功能和性能指标。

本标准适用于国家电网有限公司电力用户用电信息采集系统及相关设备的制造、检验、使用和验收。

二、术语和定义

定义了电力用户用电信息采集系统、用电信息采集终端、专变采集终端、集中抄表终端、分布式能源监控终端等名词。

三、系统功能

系统主要功能包括系统数据采集、数据管理、控制、综合应用、运行维护管理、系统接口等。

（一）数据采集

根据不同业务对采集数据的要求，编制自动采集任务，包括任务名称、任务类型、采集群组、采集数据项、任务执行起止时间、采集周期、执行优先级、正常补采次数等信息，并管理各种采集任务的执行，检查任务执行情况。

1. 采集数据类型项

系统采集的主要数据项有电能量数据、交流模拟量、工况数据、电能质量越限统计数据、事件记录数据、其他数据。

2. 采集方式

主要采集方式有定时自动采集、随机召测、主动上报。

3. 采集数据模型

通过需求分析，按照电力用户性质和营销业务需要，将电力用户划分为6种类型。大型专变用户（A类）、中小型专变用户（B类）、三相一般工商业用户（C类）、单相一般工商业用户（D类）、居民用户（E类）、公用配变考核计量点（F类）。

4. 采集任务执行质量统计分析

检查采集任务的执行情况，分析采集数据，发现采集任务失败和采集数据异常应记录详细信息。统计数据采集成功率、采集数据完整率。

（二）数据管理

包括数据合理性检查、数据计算、分析、数据存储管理、数据查询。

（三）定值控制

系统通过对终端设置功率定值、电量定值、电费定值以及控制相关参数的配置和下达控制命令，实现系统功率定值控制、电量定值控制和费率定值控制功能。远方控制包括遥控、保电、剔除三种命令。

（四）综合应用

包括自动抄表管理、费控管理、有序用电管理、用电情况统计分析、异常用电分析、电能质量数据统计、线损、变损分析、增值服务。

（五）运行维护管理

包括系统对时、权限和密码管理、采集终端管理、档案管理、通信和路由管理、运行状况管理、维护及故障记录、报表管理、安全防护。

（六）系统接口

通过统一的接口规范和接口技术，实现与营销管理业务应用系统连接，接收采集任务、控制任务及装拆任务等信息，为抄表管理、有序用电管理、电费收缴、用电检查管理等营销业务提供数据支持和后台保障。系统还可与其他业务应用系统连接，实现数据共享。

四、系统技术指标

（一）系统可靠性

系统（或设备）可靠性是指系统（或设备）在规定的条件和规定的时段内完成预定功能的能力，一般用“平均无故障工作时间MTBF”的小时数表示。系统可靠性MTBF用于考核可修复系统的可靠性，它取决于系统设备和软件的可靠性以及系统结构

$$\mathrm{MTBF}=T(t)/r \qquad (1\text{–}1\text{–}1)$$

式中 $T(t)$——系统工作时间（从开始正常运行到考核结束时系统正常运行的累积间隔时间），h；

r——考核时间内故障次数。

为易于验证，仅规定电能信息采集终端的 MTBF，MTBF≥2×104h。

（二）系统可用性

系统可用性 A 可由以下公式计算

$$A=系统工作时间/（系统工作时间+系统不工作时间） \qquad (1\text{-}1\text{-}2)$$

系统不工作时间包括故障检修和预防性检修的时间和。系统可用性以运行和检修记录提供的统计资料为依据进行计算。记录所覆盖的时限应不少于 6 个月，并应从第一次故障消失并恢复工作时起算。一般统计年可用率，并按主站年可用率和终端年可用率分别统计，计算如下

$$主站年可用率=主站设备工作时间/全年日历时间\times100\% \qquad (1\text{-}1\text{-}3)$$

$$终端年可用率=\frac{全年日历小时数\times终端数-\sum每台终端故障及停用小终端数}{全年日历小时数\times终端数}\times100\% \qquad (1\text{-}1\text{-}4)$$

主站的年可用率应不小于 99.9%，终端的年可用率应不小于 99.5%。

（三）数据完整性

数据完整性是指在信源和信宿之间的信息内容的不变性。它与有错报文残留概率（残留差错率）有关，包括有错报文残留概率和未发现的报文丢失概率。

（四）响应时间

1. 信息传输响应时间

响应时间一般指系统从发送站发送信息（或命令）到接收站最终信息显示或命令执行完毕所需的时间。它是信息采集时间、信息传递时间、发送站处理时间和接收站处理时间的总和。

2. 数据库查询响应时间

（五）数据采集成功率

1. 一次数据采集成功率

一次数据采集成功率指在特定时刻对系统内指定数据采集点集合（如不同类型用户）的特定数据（如总功率和电能量）一次采集的成功率

$$一次数据采集成功率=\frac{一次采集成功的数据总数}{应采集的数据总数}\times100\% \qquad (1\text{-}1\text{-}5)$$

2. 周期数据采集成功率

周期数据采集成功率指在指定时间段内（如 1 天）按系统日常运行设定的周期采集系统内数据采集点数据的采集成功率

$$周期数据采集成功率=\frac{1天内采集成功的数据总数}{1天内应采集的数据总数}\times100\% \quad (1–1–6)$$

系统数据采集成功率可作为系统数据传输稳定性考核指标，数据采集成功率可根据不同终端和数据类型分类统计。

【思考与练习】

1. 用电信息采集与监控功能规范包括哪些内容？
2. 简述集中抄表终端组成和功能。
3. 简述用电信息采集系统的主要功能。
4. 简述用电信息采集与监控功能规范技术指标。

模块2　专变采集终端功能规范（Z29B6002Ⅰ）

【模块描述】本模块包含Q/GDW 1375.1—2013《电力用户用电信息采集系统型式规范　第1部分：专变采集终端技术规范》的文件内容。通过条文提炼、要点归纳，熟悉规范的范围、定义、技术要求、检验规则、运行质量管理规则。

【模块内容】

一、范围

本部分规定了专变采集终端的技术指标、机械性能、适应环境、功能要求、电气性能、抗干扰及可靠性等方面的技术要求、检验规则以及运行质量管理等要求。

本部分适用于国家电网公司电力用户用电信息采集系统专变采集终端等相关设备的制造、检验、使用和验收。

二、术语和定义

数据转发：一种借用其他设备的远程信道进行数据传输的方式。主站通过数据转发命令，可以将电能表的数据通过主站与电能采集终端间的远程信道直接传送到主站。

三、技术要求

（一）环境条件

包括参比温度及参比湿度、温湿度范围和大气压力。

（二）机械影响

终端设备应能承受正常运行及常规运输条件下的机械振动和冲击而不造成失效和损坏。

（三）工作电源

终端使用交流单相或三相电源供电。

（四）结构

终端的结构应符合 Q/GDW 1375.1—2013《电力用户用电信息采集系统型式规范 第1部分：专变采集终端型式规范》中的结构要求。

（五）绝缘性能要求

包括绝缘电阻、绝缘强度、冲击电压三个方面的要求。

（六）温升

在额定工作条件下，电路和绝缘体不应达到可能影响终端正常工作的温度。

（七）数据传输信道

包括安全防护、通信介质、数据传输误码率、通信协议、通信单元性能。

（八）输入/输出回路要求

包括电压、电流模拟量输入、脉冲输入、状态量输入、控制输出。

（九）功能要求

1. 功能配置

选配功能中交流模拟量采集可为异常用电分析和实现功率控制提供数据支持。

2. 数据采集

包括电能表数据采集、状态量采集、脉冲量采集、交流模拟量采集。

3. 数据处理

包括实时和当前数据、历史日数据、抄表日数据、历史月数据、电能表运行状况监测、电能质量数据统计。

4. 参数设置和查询

包括时钟召测和对时、TA 变比、TV 变比和电能表常数、限值参数、功率控制参数、预付费控制参数、终端参数、抄表参数。

5. 控制

终端的控制功能主要分为功率定值控制、电量定值控制、费率定值控制、保电/剔除、远方控制四大类。

（1） 功率定值控制。主站向终端下发功率控制投入命令及参数，终端在所定限值范围内监测实时功率。当不在保电状态时，功率达到限值则自动执行功率定值闭环控制功能，执行跳闸。功率定值控制解除或控制时段结束后，终端允许用户合上由于功率定值控制引起跳闸的开关。功率定值闭环控制根据控制参数不同分为时段功控、厂休功控、营业报停功控和当前功率下浮控等控制类型。控制的优先级由高到低是当前功率下浮控、营业报停功控、厂休功控、时段功控。若多种功率控制类型同时投入，只执行优先级最高的功率控制类型。在参数设置、控制投入或解除以及控制执行时应有音响（或语音）告警通知用户。各类功率控制定值先要和保安定值比较，如大于保安定值就按功率控制定值执行，小于保安定值就按保安定值执行。

（2）电能量控制。电能量定值控制主要包括月电控、购电量（费）控等类型。

（3）保电和剔除。即任何情况下均不执行跳闸命令。

（4）远方控制。终端接收主站的跳闸控制命令后，按设定的告警延迟时间、限电时间和控制轮次动作输出继电器，控制相应被控负荷开关。终端接收到主站的允许合闸控制命令后允许用户合闸。

6. 事件记录

终端根据主站设置的事件属性按照重要事件和一般事件分类记录。每条记录的内容包括事件类型、发生时间及相关情况。终端应能记录参数变更、终端停/上电等事件。

7. 数据传输

包括与主站通信、中继转发和与电能表通信。

8. 本地功能

包括本地状态指示、本地维护接口、本地用户接口。

9. 终端维护

包括自检自恢复和终端初始化。

10. 其他功能

包括软件远程下载、断点续传、终端版本信息、通信流量统计。

（十）电磁兼容性要求

包括电压暂降和短时中断、工频磁场抗扰度、射频辐射电磁场抗扰度、射频场感应的传导骚扰抗扰度、静电放电抗扰度、电快速瞬变脉冲群抗扰度、阻尼振荡波抗扰度、浪涌抗扰度的要求。

四、检验规则

检验分为验收检验和型式检验两类。验收检验包括项目和建议顺序和不合格判定。型式检验包括周期、抽样检验。不合格分类按 GB/T 2829—2002 规定。

五、运行管理要求

包括监督抽检、周期检测、故障统计分析的要求。

【思考与练习】

1. 简述专变采集终端技术规范技术要求。
2. 简述专变采集终端技术规范功能要求。
3. 专变采集终端的数据采集包括哪几个方面，各有什么要求？
4. 专变采集终端的参数设置和查询包括哪几个方面，各有什么要求？
5. 专变采集终端的控制功能包括哪几个类型，各有什么要求？

模块3 专变采集终端型式规范（Z29B6003Ⅰ）

【模块描述】本模块包含 Q/GDW 1375.1—2013《电力用户用电信息采集系统型式规范 第1部分：专变采集终端型式规范》的文件内容。通过对终端类型、工作电源、气候环境条件、外形结构、显示、通信接口、材料及工艺要求、标志标识等的介绍，熟悉专变采集终端的制造、检验、使用和验收的主要规定。

【模块内容】

一、范围

本标准规定了国家电网公司专变采集终端的型式要求，包括终端类型、气候环境条件、外形结构、显示、通信接口、材料及工艺要求、标志标识等。

本标准适用于国家电网公司电力用户用电信息采集系统中专变采集终端的制造、检验、使用和验收。

二、终端分类和类型标识代码

（一）分类

专变采集终端按外形结构和 I/O 配置分为Ⅰ型、Ⅱ型、Ⅲ型三种型式。

（二）类型标识代码

规定了专变采集终端的类型标识代码

（三）建议选用类型

规定了建议选用的专变采集终端的类型。

三、外形结构

（一）终端外形

同一类型的终端在外形尺寸、安装尺寸、接线端子、通信接口、铭牌、标识上应符合本部分中规定的要求。

（二）外壳及其防护性能

包括机械强度、阻燃性能、外壳防护性能性能的要求。

（三）接线端子

终端对外的连接线应经过接线端子，接线端子及其绝缘部件可以组成端子排，强电端子和弱电端子分开排列，具备有效的绝缘隔离。

（四）接线图和标识

终端应在端子盖内侧刻印接线端子、辅助接线端子等接线图，接线图清晰、永久不脱落。

（五）加封印

终端门应能加封印。

（六）金属部分的防腐蚀

在正常运行条件下可能受到腐蚀或能生锈的金属部分，应有防锈、防腐的涂层或镀层。

（七）接地端子

金属的外壳和端子盖板以及终端正常工作中可能被接触的金属部分，应连接到独立的保护接地端子上。接地端子应有清楚的接地符号。

（八）电气间隙和爬电距离

裸露的带电部分对地和对其他带电部分之间，以及出线端子螺钉对金属盖板之间应符合规定的最小电气间隙和爬电距离。

（九）时钟电池

终端所使用的电池在终端寿命周期内无须更换，断电后可维持内部时钟正确工作时间累计不少于 5 年。电池电压不足时，终端应自动提示、报警。

（十）开关、按键

开关、按键等应灵活可靠，无卡死或接触不良现象，各部件应紧固无松动。

（十一）终端内器件

终端内所有器件均能防锈蚀、防氧化，内部连接线路采用焊接方式或插接方式。如采用插接方式时应紧固、牢靠。端子座电流接线采用嵌入式双螺钉旋紧。

（十二）天线

采用无线通信信道时，应保证在不打开终端端子盖的情况下无法使天线由终端上拔出或拆下。

（十三）外形及安装尺寸

Ⅰ型、Ⅱ型和Ⅲ型的外形尺寸应满足相关要求。

四、显示

显示屏的温型、显示色、对比度、视角、显示的内容及主菜单应满足相关要求。

五、通信接口结构

终端通信接口应采用标准化设计，要满足采用不同通信方式的通信模块可互换的要求。

（一）远程通信接口

终端与主站数据传输通道可采用专网 230MHz，无线公网（GSM/GPRS/CDMA 等）、电话 PSTN、以太网等通信方式。

（二）本地通信

终端的本地抄表接口采用 RS485，与交采等外部智能设备通信采用 RS485 接口，调试维护接口可采用红外、小无线、RS232、USB 接口之一，客户数据接口可采用 RS232、RJ–45、RS485 接口之一。

六、材料及工艺要求

包括线路板及元器件的相关要求。Ⅲ型终端部分应满足端子座及接线端子的特殊要求。

七、标志及标识

（一）产品标志

终端标志所用文字应为规范中文。可以同时使用外文。终端标志应清晰、牢固，易于识别。使用的符号应符合 GB/T 17441—1998《交流电度表符号》的规定。

（二）接线端子标识

接线端子应有清楚和不易擦除的文字、数字和符号说明。终端的端子盖板背面应有端子与外电路的连接线路图。

（三）通信模块标识

包括指示灯状态、产品商标或企业 LOGO 和端子说明。

【思考与练习】

1. 专变采集终端的类型有哪些，配置如何？
2. 终端的本地通信接口有哪些，用途分别是什么？
3. Ⅲ型终端的端子座及接线端子有哪些特殊要求？

模块 4 采集器型式规范（Z29B6004 Ⅰ）

【模块描述】本模块包含 Q/GDW 1375.3—2013《电力用户用电信息采集系统型式规范 第 3 部分：采集器型式规范》的文件内容。通过对终端类型、工作电源、气候环境条件、外形结构、显示、通信接口、材料及工艺要求、标志标识等的介绍，熟悉采集器的制造、检验、使用和验收的主要规定。

【模块内容】

一、范围

本标准明确并统一了国家电网公司采集器的型式要求，包括采集器类型、工作电源、气候环境条件、外形结构、显示、通信接口、材料及工艺要求、标志标识等。

本标准适用于国家电网公司电力用户用电信息采集系统中采集器的制造、检验、使用和验收。

二、终端分类和类型标识代码

（一）分类

采集器按外形结构和 I/O 配置分为Ⅰ型、Ⅱ型两种型式，采集器类型标识代码分类详见规范。

（二）建议选用类型

采集器Ⅰ型：上行通信信道可选用微功率无线、电力线载波、RS485 总线、以太网，下行信道可选用 RS485 总线，可接入 1～32 路电能表，温度选用 C2 或 C3 级。

采集器Ⅱ型：上行通信信道可选用微功率无线、电力线载波，下行信道可选用 RS485 总线，可接入 1 路电能表，温度选用 C2 或 C3 级。

三、外形结构

（一）采集器外形

同一类型的采集器外形结构在外形尺寸、安装尺寸、接线端子、通信接口、铭牌、标志标识上应达到统一。

（二）外壳及其防护性能

1. 机械强度

采集器的机箱外壳应有足够的强度，外物撞击造成的变形不应影响其正常工作。

2. 阻燃性能

非金属外壳应符合 GB/T 5169.11《电工电子产品着火危险试验　第 11 部分：灼热丝/热丝基本试验方法　成品的灼热丝可燃性试验方法》的阻燃要求。

3. 外壳防护性能

终端外壳的防护性能应符合 GB/T 4208—2017《外壳防护等级（IP 代码）》规定的 IP51 级要求，即防尘和防滴水。

（三）接线端子

（1） 采集器对外的连接线应经过接线端子，接线端子及其绝缘部件可以组成端子排。强电端子和弱电端子分开排列，具备有效的绝缘隔离。

（2） 端子排的最小电气间隙和爬电距离应符合相关要求。

（3） 端子排的阻燃性能应符合 GB/T 5169.11 的阻燃要求。

（四）接线图和标识

采集器应在端子盖内侧刻印接线端子、辅助接线端子等接线图，接线图清晰、永久不脱落。

（五）加封印

采集器外壳、翻盖、端子座应能加封印。

（六）金属部分的防腐蚀

在正常运行条件下可能受到腐蚀或能生锈的金属部分，应有防锈、防腐的涂层或镀层。

（七）接地端子

金属的外壳和端子盖板以及采集器正常工作中可能被接触的金属部分，应连接到独立的保护接地端子上。接地端子应有清楚的接地符号。

（八）电气间隙和爬电距离

裸露的带电部分对地和对其他带电部分之间，以及出线端子螺钉对金属盖板之间应符合规定的最小电气间隙和爬电距离。

（九）天线

采用无线信道时，应保证在不打开终端封印的情况下无法使天线由终端上拔出或拆下。

（十）外形及安装尺寸

规定了外形及安装尺寸。

四、通信接口

采集器通信接口应采用标准化设计，要满足采用不同通信方式的通信模块可互换的要求。

五、部分材料及工艺要求

包括线路板及元器件、端子座及接线端子的材料及工艺要求。

六、标志标识

（一）产品标志

采集器标志所用文字应为规范中文。可以同时使用外文。标志的汉字、数字和字母的字体高度应不小于 4mm。

采集器标志应清晰、牢固，易于识别。使用的符号应符合 GB/T 17441 的规定。

（二）接线端子标识

接线端子应有清楚和不易擦除的文字、数字和符号说明。采集器的端子盖板背面应有端子与外电路的连接线路图。

（三）通信模块标识

包括指示灯状态、产品商标或企业 LOGO 和端子说明。

【思考与练习】

1. 列举采集器类型标识中每个代码的含义。
2. Ⅰ型和Ⅱ型采集器的外形标准尺寸是多少？
3. 简述对采集器线路板及元器件的材料和工艺要求。

模块 5 集中器型式规范（Z29B6005Ⅰ）

【模块描述】本模块包含 Q/GDW 1375.3—2013《电力用户用电信息采集系统型式规范 第 3 部分：采集器型式规范》的文件内容。通过对终端分类、气候环境条件、外形结构、显示、通信接口、材料及工艺要求、标志标识等的介绍，熟悉集中器的制造、检验、使用和验收的主要规定。

【模块内容】

一、范围

本标准明确并统一了国家电网公司集中器的型式要求，包括集中器类型、气候环境条件、外形结构、显示、通信接口、材料及工艺要求、标志标识等。

本标准适用于国家电网公司电力用户用电信息采集系统中集中器的制造、检验、使用和验收。

二、终端分类和类型标识代码

集中器按功能分为交采型和非交采型两种型式。集中器类型标识代码分类详见规范。

上行通信信道可选用 230MHz 专网、GPRS 无线公网、CDMA 无线公网、以太网，下行通信信道可选用微功率无线、电力线载波、RS485 总线、以太网等，可选配交流模拟量输入，可选 4～20mA 直流模拟量输入，标配 2 路遥信输入和 2 路 RS485 接口，温度选用 C2 或 C3 级。

三、外形结构

（一）集中器外形

同一类型的集中器外形结构在外形尺寸、安装尺寸、接线端子、通信接口、铭牌、标志标识上应达到统一。

（二）外壳及其防护性能

包括机械强度、阻燃性能、外壳防护性能的要求。

（三）接线端子

（1） 集中器对外的连接线应经过接线端子，接线端子及其绝缘部件可以组成端子排。强电端子和弱电端子分开排列，具备有效的绝缘隔离。

（2） 端子排的绝缘强度应符合相关的要求。

（3） 端子排的阻燃性能应符合 GB/T 5169.11 的阻燃要求。

（四）接线图和标识

终端应在端子盖内侧刻印接线端子、辅助接线端子等接线图，接线图清晰、永久不脱落。

（五）加封印

集中器外壳、翻盖、端子座应能加封印。

（六）金属部分的防腐蚀

在正常运行条件下可能受到腐蚀或能生锈的金属部分，应有防锈、防腐的涂层或镀层。

（七）接地端子

金属的外壳和端子盖板以及集中器正常工作中可能被接触的金属部分，应连接到独立的保护接地端子上。接地端子应有清楚的接地符号。

（八）电气间隙和爬电距离

裸露的带电部分对地和对其他带电部分之间，以及出线端子螺钉对金属盖板之间应符合规定的最小电气间隙和爬电距离。

（九）时钟电池

终端所使用的电池在终端寿命周期内无须更换，断电后可维持内部时钟正确工作时间累计不少于 5 年。电池电压不足时，终端应自动提示、报警。

（十）开关、按键

开关、按键等应灵活可靠，无卡死或接触不良现象，各部件应紧固无松动。

（十一）终端内器件

终端内所有器件均能防锈蚀、防氧化，内部连接线路采用焊接方式或插接方式。如采用插接方式时应紧固、牢靠。端子座电流接线采用嵌入式双螺钉旋紧。

（十二）天线

采用无线通信信道时，应保证在不打开集中器端子盖的情况下无法使天线由集中器上拔出或拆下。

（十三）外形及安装尺寸

集中器外形尺寸详见规范。

四、显示

显示屏的温型、显示色、对比度、视角、显示的内容应满足相关要求。

五、通信接口

终端通信接口应采用模块化结构设计，要满足采用不同通信方式的通信模块可互换的要求。

（一）远程通信接口

集中器应标配 1 个 RJ–45 接口。集中器与主站数据传输通道采用无线公网（GSM/GPRS/CDMA 等）、电话 PSTN、以太网等。

（二）本地通信

集中器的本地抄表接口具备 2 路可扩展 3 路 RS485。调试维护接口可采用调制型红外、微功率无线、RS232、USB 接口之一。本地通信模块接口，用于安装窄带载波、宽带载波、微功率无线等本地通信模块。以上各通信接口必须物理上相互独立。

（三）接口器件各引脚功能定义

包括对本地通信模块接口、载波耦合接口、远程通信模块接口、热拔插的定义。

六、材料及工艺要求

包括线路板及元器件、端子座及接线端子的材料及工艺要求。

七、标志及标识

（一）产品标志

集中器标志所用文字应为规范中文。可以同时使用外文。

集中器标志应清晰、牢固，易于识别。使用的符号应符合 GB/T 17441—1998 的规定。

（二）接线端子标识

接线端子应有清楚和不易擦除的文字、数字和符号说明。集中器的端子盖板背面应有端子与外电路的连接线路图。

（三）通信模块标识

包括指示灯状态、产品商标或企业 LOGO 和端子说明。

【思考与练习】

1. 采集器与集中器的接线端子有什么区别？
2. 集中器的本地通信模块接口的管口定义是怎样规定的？
3. 简述对集中器的端子座及接线端子的材料和工艺要求。

模块 6　主站建设规范（Z29B6006Ⅱ）

【模块描述】本模块包含 Q/GDW 380.1—2009《电力用户用电信息采集系统管理规范　第一部分　主站建设规范》的文件内容。通过条文提炼、要点归纳，熟悉规范的适用范围、职责分工、建设管理、验收，掌握规范的主要规定。

【模块内容】

一、总则

1. 编制目的

为加强国家电网公司（简称国网公司）系统内电力用户用电信息采集系统主站（简称主站）建设的管理工作，规范主站建设过程，切实提高主站建设水平，特制定本部分。

2. 适用范围

本部分适用于国网公司各区域电网公司、省（直辖市、自治区）电力公司（简称网省公司）及其所属各单位主站建设管理工作。

二、职责分工

包括国网公司、网省公司和地市公司的职责分工。

三、建设管理

（一）建设内容

主站建设内容主要包括主站硬件、主站软件、网络平台、主站环境的设计和实施。

1. 主站硬件

主站硬件包括计算机及存储设备、前置设备、其他辅助设备。

2. 主站软件

包括系统及支撑软件和系统应用软件。

3. 网络平台

包括系统运行网络和网络及安全设备。

4. 主站环境

主站运行环境建设包括运行场地、防尘防静电、供配电、空调系统、电视监控、消防系统、安全系统（门禁）等。主站监控环境建设包括监控场地、监控屏幕、值班休息室等。

（二）主站设计

1. 主站模式设计

应根据应用规模和具体情况选择集中式或者分布式的部署模式。

2. 硬件设计

硬件设计应达到系统主站对性能、容量、可靠性及安全等方面的指标要求。

3. 软件设计

软件设计应满足《电力用户用电信息采集系统主站软件设计规范》要求，具备高可靠性、高安全性、良好的开放性、易扩展性和易维护性，需满足主站对功能、数据、接口、安全等方面的要求。

4. 网络平台设计

网络平台设计需满足主站对功能、容量、安全性等方面的要求。

5. 主站环境设计

主站运行场地应满足 GB 50174—2008《电子信息系统机房设计规范》对机房环境的有关规定，宜与 SG186 工程营销业务应用同一运行场地，同时兼顾与远程通信部分的链接。

（三）设备管理

主站软、硬件设备采购应按招标管理要求履行。硬件设备运输应符合产品运输要求。硬件设备存放地点应满足计算机设备防护要求。

（四）建设实施

包括运行环境建设、网络平台建设、硬件建设、系统软件建设和应用软件建设。

四、验收

主站工程建设竣工后，应组织设计、施工、监理单位进行分级验收。由建设单位提请验收，提请验收时应提交《验收申请报告书》及有关文件。

【思考与练习】

1. 简述主站建设规范职责分工。
2. 主站建设主要包括哪几个方面？
3. 主站设计要求是什么？
4. 主站建设时对网络平台的设计有什么要求？

模块7　主站运行管理规范（Z29B6007Ⅱ）

【模块描述】本模块包含Q/GDW 380.4—2009《电力用户用电信息采集系统管理规范　第四部分：主站运行管理规范》的文件内容。通过条文提炼、要点归纳，熟悉规范的使用范围、职责分工、运行管理内容、文档管理、规章制度、考核管理，掌握规范的主要规定。

【模块内容】

一、总则

1. 目的

电力用户用电信息采集系统（简称采集系统）是对电力用户的用电信息采集、处理和实时监控的系统，实现用电信息的自动采集、计量异常和电能质量监测、用电分析和管理等功能。为确保电力用户用电信息采集数据的及时性、准确性、完整性和采集系统安全、稳定、高效的运行，制定本部分。

2. 适用范围

本部分适用于国家电网公司（简称国网公司）系统各单位电力用户用电信息采集系统及主站的运行管理。

系统主站由硬件、软件和其他设备组成。

二、职责分工

国网公司营销部是采集系统的归口管理部门，公司各级营销部门是本级及下级采集系统管理的主管部门并负责运行管理中心（监控中心）的业务管理。

网省公司运行管理中心是采集系统运行管理部门，负责全省采集系统运行情况的统一监控和管理，并对地市公司监控中心进行技术指导等工作。地市公司监控中心负责所辖范围内采集系统运行情况监控、采集终端的运行维护等工作，并接受网省公司运行管理中心的业务指导、监督以及本地区营销部的业务管理。

职能管理部门、运行部门（网省公司运行管理中心和地市公司运行监控中心）的职责分工见规范。

各级系统运行管理和监控中心设专职技术管理岗、运行值班岗、主站系统维护岗和现场终端维护岗。人员配置数量应视各网省实际情况、系统建设规模和24h有人值班需求进行配置。

三、运行管理内容

运行管理中心与运行监控中心应根据职责分工的要求进行采集系统的运行维护。

1. 系统运行

包括数据采集管理、系统运行状态监视、数据分析、数据核对、数据统计、有序用电操作、预付费操作、违约用户停电等工作。

2. 终端调试

包括档案维护、参数设置、采集调试。

3. 系统配置管理

包括系统配置、自动采集任务配置、监督检查。

4. 技术分析

包括系统状态评估、应急预案编制、故障分析。

5. 故障处理

网省公司运行管理中心处理监视运行过程中发现的系统性故障和安全隐患，指导各地市公司采集监控中心处理当地的运行故障。包括采集异常、系统性故障等。

6. 主站维护

包括日常巡视、数据备份、系统安全。

四、文档管理

系统及主站的运行维护技术资料、图纸资料、规章制度、光和磁记录介质等应由专人管理，要建立技术资料目录及借阅制度。

五、规章制度

运行管理部门应制定相应的系统及主站的运行管理制度，内容包括运行管理制度、运行考核管理制度、安全管理制度、维护管理制度、技术资料管理制度和采集系统应急预案。

六、考核管理

1. 考核指标

依据《电力用户用电信息采集系统运行管理办法》的要求，定期对采集系统的运行和应用情况进行统计、分析、评价、监督和考核，实现采集系统运行管理过程的可控、在控。指标包括评价指标和考核指标。

2. 指标说明

（1）采集安装覆盖率。通过统计采集安装覆盖率考核用户采集安装情况（统计时限：月/年）

采集安装覆盖率（%）=已安装采集终端数/需安装采集终端总数×100%

月采集安装覆盖率=当月已经安装的采集终端/当前需要安装的采集终端总数×100%

需要安装采集终端总数指考核区域内应安装终端总数。

（2）采集完整率。按照统计时间（时间段）、地区（按照采集系统的地区划分），来统计采集终端数据项的情况

采集完整率（%）=采集数据的完整项数/应采集项数×100%

其中：采集数据的完整项数为当日（月）采集数据完整的采集项数；应采集项数为当日（月）应采集的数据项数。

（3）系统故障恢复时间。通过统计系统故障恢复时间考核系统运行质量。

（4）系统年可用率。通过统计系统年可用率考核系统运行质量，即系统年内可用情况

系统年可用率（%）=（年日历时间－故障时间）/年日历时间×100%

其中：故障时间指系统发生影响系统性能的故障时间或主要功能无法使用的故障时间。

（5）系统数据周期采集成功率。周期采集成功率在非设备故障和非通信故障条件下统计得出（统计时限：日/月/年）。周期内（1 天）按照地区（按照采集系统的地区划分）统计采集终端设备采集数据成功率（周期为 1 天，日冻结数据）

采集成功率（%）=采集成功数据项数量/应采集数据项总数×100%

其中：采集成功数据项指当日（月）成功采集的数据项；应采集数据项总数指当日（月）应该采集的数据项。

注：采集成功数据项仅指正常运行的终端。

（6）系统年故障次数。统计系统年故障次数考核运行质量。年系统故障次数不大于 1 次。

【思考与练习】

1. 主站运行管理内容是什么？
2. 主站的维护包括哪些内容？
3. 运行管理部门应制定哪些系统及主站的运行管理制度？
4. 系统数据周期采集成功率是怎样计算出来的？

模块8 主站与采集终端通信协议（Z29B6008Ⅲ）

【模块描述】本模块包含Q/GDW 1376.1—2013《电力用户用电信息采集系统通信协议 第1部分：主站与用电信息采集终端通信》的文件内容。通过条文提炼、要点归纳，熟悉规范的定义、组成、作用，掌握规范的主要规定。

【模块内容】

一、范围

本标准规定了电力用户用电信息采集系统主站和采集终端之间进行数据传输的帧格式、数据编码及传输规则。

本标准适用于点对点、多点共线及一点对多点的通信方式，适用于主站对终端执行主从问答方式以及终端主动上传方式的通信。

二、术语和定义

定义了终端地址、系统广播地址、终端组地址、主站地址、电能示值、测量点、总加组、数据单元标识、信息点、信息类、任务、通信流量等名词。

三、帧结构

（一）参考模型

基于GB/T 18657.3—2002规定的三层参考模型“增强性能体系结构”。

（二）字节格式

帧的基本单元为8位字节。链路层传输顺序为低位在前，高位在后；低字节在前，高字节在后。

（三）帧格式

1. 帧格式定义

本标准采用GB/T 18657.1—2002《远动设备及系统 第5部分：传输规约 第1篇：传输帧格式》的6.2.4条FT1.2异步式传输帧格式，定义见图1-8-1。

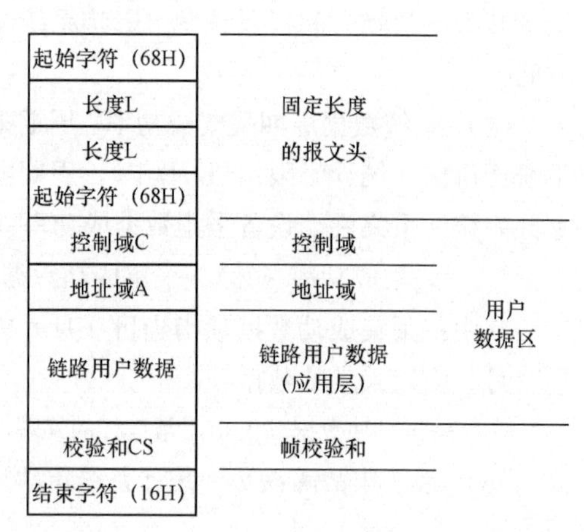

图1-8-1 帧格式

2. 传输规则

（1） 线路空闲状态为二进制 1。

（2） 帧的字符之间无线路空闲间隔；两帧之间的线路空闲间隔最少需 33 位。

（3） 如按（5）检出了差错，两帧之间的线路空闲间隔最少需 33 位。

（4） 帧校验和（CS）是用户数据区的八位位组的算术和，不考虑进位位。

（5） 接收方校验。

3. 链路层

（1） 长度 L。长度 L 包括协议标识和用户数据长度，由 2 字节组成，如图 1–8–2 所示。

D7	D6	D5	D4	D3	D2	D1	D0
D15	D14	D13	D12	D11	D10	D9	D8

图 1–8–2　长度定义

（2） 控制域 C。控制域 C 表示报文传输方向和所提供的传输服务类型的信息，定义见图 1–8–3。

	D7	D6	D5	D4	D3～D0
下行方向	传输方向位 DIR	启动标志位 PRM	帧计数位FCB	帧计数有效位FCV	功能码
上行方向			要求访问位ACD	保留	

图 1–8–3　控制字定义

（3） 地址域 A。地址域由行政区划码 A1、终端地址 A2、主站地址和组地址标志 A3 组成，格式见表 1–8–1。

表 1–8–1　　地 址 域 格 式

地址域	数据格式	字节数
行政区划码 A1	BCD	2
终端地址 A2	BIN	2
主站地址和组地址标志 A3	BIN	1

（4） 帧校验和。帧校验和是用户数据区所有字节的 8 位位组算术和，不考虑溢出位。用户数据区包括控制域、地址域、链路用户数据（应用层）三部分。

4. 应用层

应用层（链路用户数据）格式定义见图 1–8–4。

对于应用层需要加密的关键数据，采用对称算法进行数据加解密。加密的数据区包括：应用层功能码、数据单元标识及数据单元部分。通过密码机采用对称密钥算法将明文数据加密成密文，故用户数据长度会相应改变。

终端在收到采用对称密钥算法加密的密文信息后，对数据进行解密，解密成功返回原始的明文信息及明文信息的数据长度。

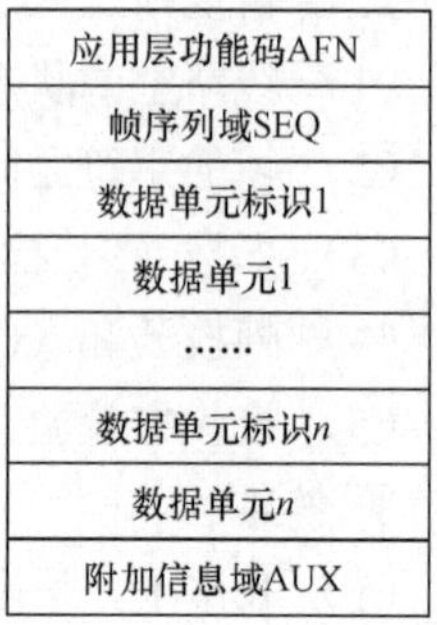

应用层功能码AFN
帧序列域SEQ
数据单元标识1
数据单元1
……
数据单元标识n
数据单元n
附加信息域AUX

图 1–8–4 应用层定义

（四）链路传输

传输服务类别见表 1–8–2。

表 1–8–2 传输服务类别

类别	功能	用　途
S1	发送 / 无回答	启动站发送传输，从动站不回答
S2	发送 / 确认	启动站发送复位命令，从动站回答确认
S3	请求 / 响应	启动站请求从动站的响应，从动站作确认、否认或数据响应

链路传输分为非平衡传输和平衡传输。非平衡传输适用于半双工通道和专用无线通道，平衡传输适用于全双工通道和数据交换网络通道。

（五）物理层接口

物理层接口包括短信（SMS）传输接口、TCP 和 UDP 的传输接口、串行通信传输接口和红外通信传输接口。

四、报文应用及数据结构

该标准对 16 个方面的应用做了详细定义，包括确认 / 否认、复位命令、链路接口检测、中继站命令、设置参数、控制命令、身份认证及密钥协商、请求被级联终端主动上报、请求终端配置及信息、查询参数、请求任务数据、请求 1 类数据、请求 2 类数据、请求 3 类数据、文件传输、数据转发。

【思考与练习】

1. 主站与采集终端通信协议的适用范围是什么？
2. 画出主站和采集终端之间进行数据传输的帧格式。
3. 链路传输的分类和适用信道分别有哪些？

模块9　集中器与下行通信模块本地接口通信协议（Z29B6009Ⅲ）

【模块描述】本模块包含 Q/GDW 1376.2—2013《电力用户用电信息采集系统通信协议　第2部分　集中器与下行通信模块本地接口协议》的文件内容。通过条文提炼、要点归纳，熟悉规范的定义、组成、作用，掌握规范的主要规定。

【模块内容】

一、范围

本部分规定了电力用户用电信息采集系统中集中器与本地通信模块接口间进行数据传输的帧格式、数据编码及传输规则。

本部分适用于采用低压电力线载波、微功率无线通信、以太网传输通道的本地通信组网方式，适用于集中器与本地通信模块间数据交换。

二、术语和定义

定义了载波主节点、载波从节点、载波从节点附属节点、相别、信道标识、信号品质、源地址、中继地址、目的地址、中继器、路由器等名词。

三、帧结构

（一）参考模型

基于 GB/T 18657.3—2002 规定的三层参考模型“增强性能体系结构”。

（二）字节格式

帧的基本单元为8位字节。链路层传输顺序为低位在前，高位在后；低字节在前，高字节在后。

字节传输按异步方式进行，通信速率 9600bps 或以上，默认为 9600bit/s，它包含8个数据位、1个起始位“0”、1个偶校验位P和1个停止位“1”，定义见图1–9–1。

0	D0	D1	D2	D3	D4	D5	D6	D7	P	1
起始位	8个数据位								偶校验位	停止位

图1–9–1　传输字节格式

（三）帧格式

1. 帧格式定义

本标准采用 GB/T 18657.1 的 6.2.4 FT1.2 异步式传输帧格式，定义见图1–9–2。

帧结构	区域
起始字符（68H）	固定报文头
长度L	
控制域C	控制域
用户数据	用户数据区
校验和CS	帧校验和
结束字符（16H）	

图 1–9–2 帧格式

2. 传输规则

（1） 线路空闲状态为二进制 1。

（2） 帧的字符之间无线路空闲间隔。

（3） 如按（4）检出了差错，两帧之间的线路空闲间隔最少需 33 位。

（4） 接收方校验。

3. 长度 L

长度 L 是指帧数据的总长度，由 1 字节组成，BIN 格式，包括用户数据长度 L1 和 5 个字节的固定长度（起始字符、长度、控制域、校验和、结束字符）。长度 L 不大于 255。

4. 控制域 C

控制域 C 表示报文的传输方向、启动标志和通信模块的通信方式类型信息，由 1 字节组成，定义见图 1–9–3。

	D7	D6	D5～D0
下行方向 上行方向	传输方向位 DIR	启动标志位 PRM	通信方式

图 1–9–3 控制域定义

5. 用户数据

不同通信方式的用户数据的内容各不相同，具体定义参见对应通信方式的用户数据结构部分。

6. 帧校验和

帧校验和是控制域和用户数据区所有字节的八位位组算术和，不考虑溢出位。

（四）链路传输

传输服务类别见表 1–9–1，全双工接口可采用平衡传输规则。

表 1–9–1　　传 输 服 务 类 别

类别	功能	用　途
S1	发送 / 无回答	启动站发送传输，从动站不回答
S2	发送 / 确认	启动站发送复位命令，从动站回答确认
S3	请求 / 响应	启动站请求从动站的响应，从动站作确认、否认或数据响应

（五）物理接口

串行通信传输接口为 TTL 电平异步通信串行口，集中器与本地通信模块间的详细物理接口信号定义见 Q/GDW 375.3—2013《电力用户用电信息采集系统型式规范　第三部分　采集器型式规范》。

四、集中式路由载波通信的用户数据结构

（一）用户数据区格式

用户数据区的帧格式定义见图 1–9–4。

信息域R	信息域
地址域A	地址域
应用功能码AFN	应用数据域
应用数据	

图 1–9–4　用户数据区帧格式

说明：用户数据区中所有预留部分均用 0 填充。

（二）应用数据报文结构

该标准对 13 个方面的应用做了详细的定义和说明，包括确认 / 否认、初始化、数据转发、查询数据、链路接口检测、控制命令、主动上报、路由查询类、路由设置类、路由控制类、路由数据转发类、路由数据抄读、内部调试。

【思考与练习】

1. 集中器与下行通信模块本地接口通信协议的适用范围是什么？
2. 画出集中器与下行通信模块本地接口之间进行数据传输的帧格式。
3. 画出集中式路由载波通信的用户数据区帧格式。

第二部分

电能信息采集与监控系统

第二章

电能信息采集与监控系统操作

模块 1　主站与终端设备联调（Z29E1001Ⅰ）

【模块描述】本模块包含终端设备联调的内容。通过在主站建立终端运行档案的操作过程介绍，设备调试时参数配置、下发和终端正常运行后的数据核对及资料归档等内容的讲解，掌握终端调试时主站的操作技能和步骤。

本模块以江苏专业系统为例进行介绍。

【模块内容】

终端新装及检修主台调试内容包括新装、更换、故障处理时终端档案设置、参数设置及下发、数据查询和召测、遥控和遥信等功能的测试，是保证终端正常运行的基础。

一、新建终端档案

新装终端开通调试：对于已走过营销系统新装流程的用户，在营销系统中会自动生成采集点并同步到采集系统客户端，可在客户端的待装列表中找到用户，选中并打开，修改该户的终端档案包括用户档案、终端档案、电表档案、开关/轮次、群组方案等设置。

对于未走过营销系统流程的用户，例如补装用户等，在采集系统中直接新建用户即可，生成采集点并自动同步至营销系统中，以便营销业务的正常传递。

档案设置步骤如下：

（一）营销流程的用户新建档案

在主界面上待办界面（如图 2–1–1 所示）双击“需要新增用户”，进入档案管理界面（如图 2–1–2 所示），在此界面可以设置或修改终端的档案，具体操作说明见下节“终端档案管理”内容。

（二）未走营销系统流程的用户

在主界面上点击档案管理，出现如图 2–1–3 所示界面。

待办业务

待办业务处理

日期 2011-10-01 - 2011-10-31 业务类型 全部 终端地址 状态 未完成 查询

序号	业务类型	用户编号	采集点名称	计划执行时间	工单编号	备注
1	终端安装		××××水产科技有限公司	2011-10-08 08:59:56		
2	终端安装		岳××	2011-10-08 09:02:52		
3	终端安装		××××金属材料有限公司	2011-10-09 09:10:10		
4	终端安装		×××××工艺品有限公司	2011-10-10 07:44:52		
5	终端安装		××××××××羽绒厂	2011-10-10 07:48:55		
6	终端安装		×××××木业有限公司	2011-10-10 07:54:58		
7	终端安装		×××××物流有限公司	2011-10-10 10:28:19		
8	终端安装		顾××	2011-10-11 10:50:52		
9	终端安装		××××水务有限公司	2011-10-12 09:41:08		
10	终端安装		×××××粮食加工有限公司	2011-10-12 09:43:56		
11	终端安装		××××××××木材制品厂	2011-10-13 07:50:52		
12	终端安装		×××××钢绳有限公司	2011-10-13 07:53:29		
13	终端安装		×××××精密模具有限公司	2011-10-13 09:33:43		
14	终端安装		吴××	2011-10-13 15:51:54		
15	终端安装		××××××装饰材料厂	2011-10-14 08:46:57		
16	终端安装		×××××建材有限公司	2011-10-14 09:32:46		
17	终端安装		×××××水产品有限公司	2011-10-14 14:38:59		
18	终端安装		××××食品科技有限公司	2011-10-14 14:43:37		
19	终端安装		××××新能源有限公司	2011-10-17 08:32:36		
20	终端安装		×××××××汽车维修有限公司	2011-10-18 10:37:01		
21	终端安装		×××××河道工程养护有限公司	2011-10-18 14:24:46		
22	终端安装		××××××塑业有限公司	2011-10-18 15:13:21		
23	终端安装		××××××磁性材料有限公司	2011-10-19 08:53:41		
24	终端安装		××××羽绒制品有限公司	2011-10-20 08:31:23		
25	终端安装		×××××木业有限公司	2011-10-20 08:45:01		

反馈营销 录入备注

图 2–1–1 待办业务

待办业务 档案管理

当前采集点：南京军区联勤部司令部直属工作处(GPRS) 终端地址：00023

新增 | 修改 | 删除 | 保存 | 放弃 | 模板导入

用户档案 | 终端档案 | 电表档案 | 开关/轮次 | 群组方案 | 采集任务群组 | 有序用电

用户列表

用户编号		用户名称		用户分类	低压非居民
用电地址	××印刷厂			行业分类	其他国家机构
用电类别	非工业	合同容量	160.0	运行容量	160.0
供电单位	××供电公司市区	抄表段号		电压等级	0.4kV380
高耗能行业类别		电费结算方式	抄表结算	用户状态	正常用电客户
生产班次	单班	重要性等级	一级	检查周期	24
上次检查日期	2010-06-21	检查人员编号		检查人员姓名	
停电标志		专供标志	无转供	负荷性质	三类
省码	320000	市码	320100	区县码	
集团用户名称		计划抄表日	20	电表传输日	26,27,28,29,30,31,

用户属性 编辑

购电用户 电厂用户(省)
重要用户(省) 分表停用
商业用户 自定义3
高耗能错峰户 自备电厂
自定义8 自定义8

目录电价

电价行业类别	电价码	执行峰谷标志	固定利率	功率因数标准
其他国家机构	其他照明(<1kV)	否		0.85
其他国家机构	非工业非优待(…	否		0.85

联系方式

联系类型	联系人	办公电话	联系地址
电气联系人			

新增用户 删除用户

图 2–1–2 档案管理

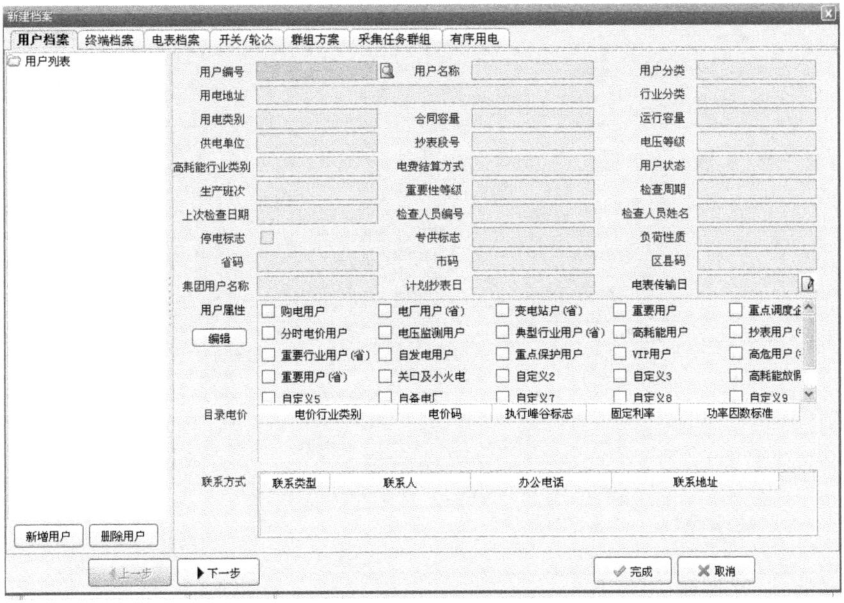

新建档案

用户档案 终端档案 电表档案 开关/轮次 群组方案 采集任务群组 有序用电

用户列表

用户编号 用户名称 用户分类
用电地址 行业分类
用电类别 合同容量 运行容量
供电单位 抄表段号 电压等级
高耗能行业类别 电费结算方式 用户状态
生产班次 重要性等级 检查周期
上次检查日期 检查人员编号 检查人员姓名
停电标志 专供标志 负荷性质
省码 市码 区县码
集团用户名称 计划抄表日 电表传输日

用户属性 编辑
购电用户 电厂用户（省） 变电站用户（省） 重要用户 重点调度企
分时电价用户 电压监测用户 典型行业用户（省） 高耗能用户 抄表用户
重要行业用户（省） 自发电用户 重点保护用户 VIP用户 高危用户
重要用户（省） 关口及小火电 自定义2 自定义3 高耗能放
自定义5 自备电厂 自定义7 自定义8 自定义9

目录电价 电价行业类别 电价码 执行峰谷标志 固定利率 功率因数标准

联系方式 联系类型 联系人 办公电话 联系地址

新增用户 删除用户

上一步 下一步 完成 取消

图 2–1–3　新建档案

在左下角点击“新增用户”，出现如图 2–1–4 所示界面。

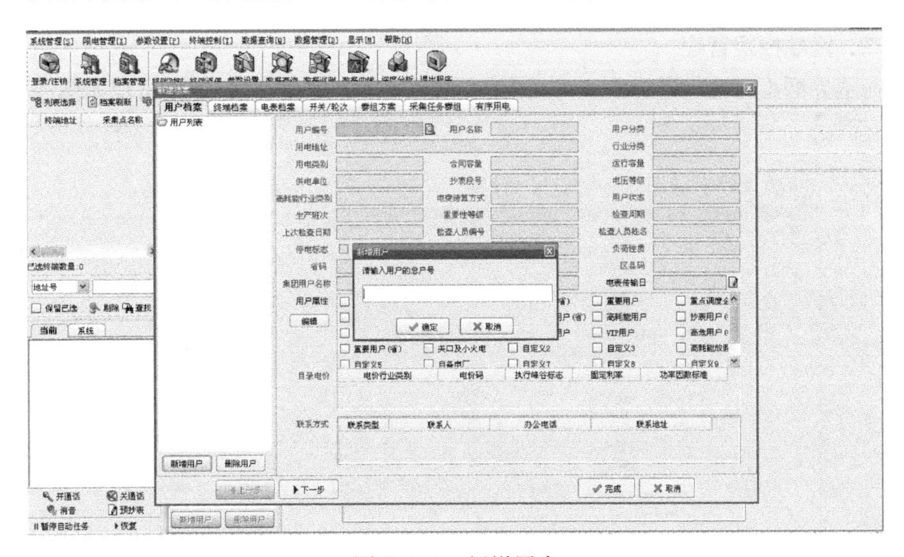

图 2–1–4　新增用户

在此输入用户的总户号，点击确定，系统能把营销系统的档案同步过来，出现如图 2–1–5 所示界面。

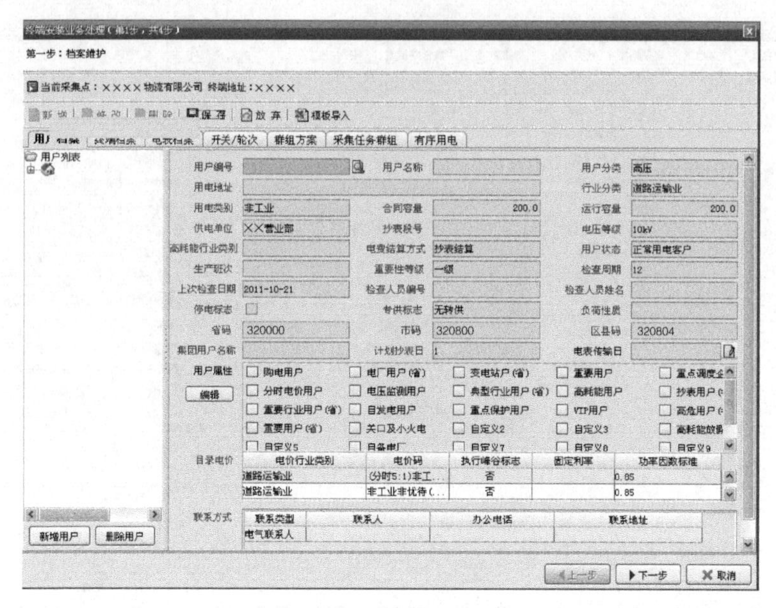

图 2–1–5 用户档案同步

在图 2–1–5 所示界面可以设置或修改终端的档案，具体操作说明见下节“终端档案管理”内容。

二、终端档案管理

在主界面上点击“菜单”→“系统管理”→“用户档案管理”，出现如图 2–1–6 所示界面。

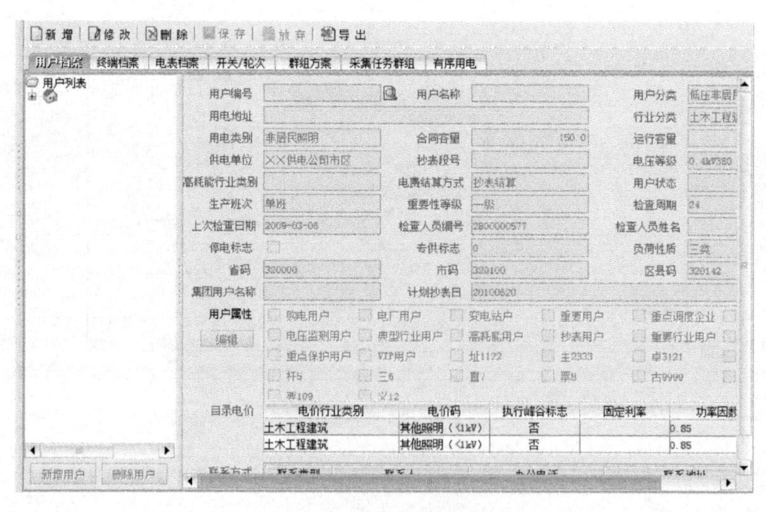

图 2–1–6 用户档案管理

图 2–1–6 所示界面内包含 7 个选项卡，分别为用户档案、终端档案、电表档案、开关/轮次、群组方案、采集任务群组和有序用电。

1. 用户档案

在图 2–1–6 所示界面内用户可以查看或修改终端用户的一些基本信息。此界面内用蓝色字体标示的信息，都是从营销系统中读出的信息。带有*的信息都是必要信息，如果新建终端档案时，为必填信息。

营销电表传输日：根据电费结算情况填写，指定在某一天或某几天把这个终端内的电表数据传入营销数据库。填写格式为：1 或 1，10，20（逗号是英文输入法），意义分别为：每个月 1 号传送抄表数据到营销库；每个月 1 号，10 号和 20 号传送抄表数据到营销库。

2. 终端档案

在图 2–1–7 所示界面内用户可以查看或修改终端的一些基本信息。此界面内带有*的信息都是必要信息，如果新建终端档案时，为必填信息。

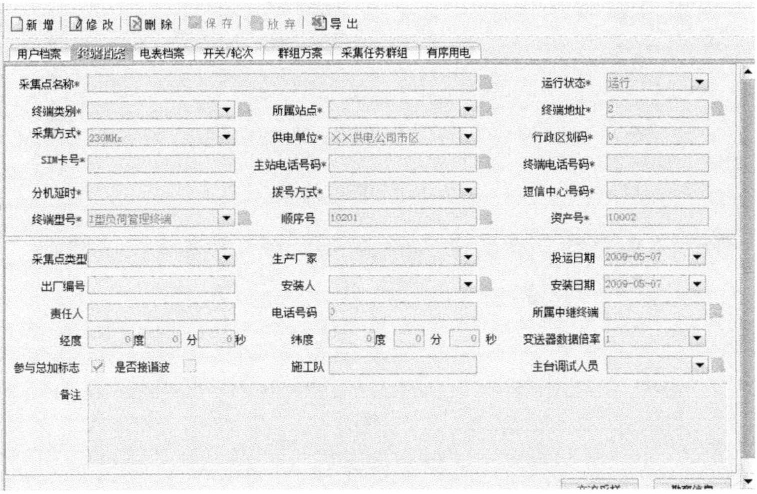

图 2–1–7　终端档案

点击“勘察信息”按钮后，出现如图 2–1–8 所示界面。

在此界面内用户可以添加终端安装现场、安装人员及安装过程细节等方面的信息。

点击“交流采样”按钮后，出现如图 2–1–9 所示界面。

在图 2–1–9 所示界面内用户可以填交流电压、电流及交流属性等的信息。

3. 电能表档案

在图 2–1–10 所示界面内可以查看用户电能表的相关档案信息。在计量点编号（营业序号）内选择正确的电能表计量点编号，计量点编号选择如果正确，营销库内电能表局编号将与用户添入的电能表局编号相同。

勘察信息

勘察信息列表

序号	勘察单编号	勘察日期	勘察人
1		2009-05-07	王海

新增勘察
删除勘察

勘察单编号* | 采集方式 光纤
勘察日期 2009-05-07 | 挂接地线
勘察人 | 电表到终端距离 10.0 米
终端负责人 | 工作电源电压等级 进线低压母排上桩头
终端负责人联系电话 | 终端电源位置 进线低压母排上桩头
终端安装位置 计量柜后墙 | 电源线长度 10.0 米
天线安装位置 由电缆沟上顶 | 电压接入1 低压母排
天线安装长度 5.0 米 | 电压接入2
天线经由 | 电压接入3
馈线长度 40.0 米 | 电压接入4
是否外接扬声器 | 通信下行场强 0 db
外接扬声器距离 10 米 | 通信上行场强 0 db
是否加装控制变压器
勘察备注

确定 取消

图 2–1–8　勘察信息

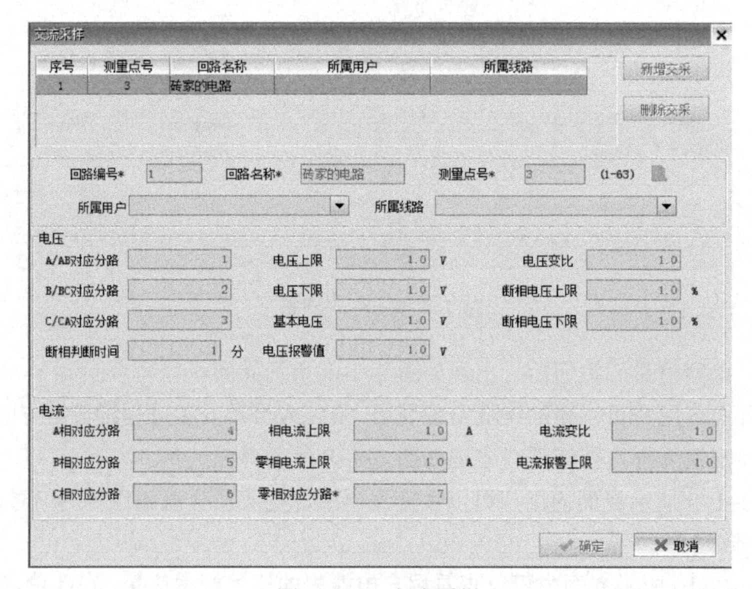

图 2–1–9　交流采样

图 2–1–10 所示界面内还包含两个选项卡，分别为计量点及电能表参数和脉冲参数。

新增 | 修改 | 删除 | 保存 | 放弃 | 导出

用户档案 | 终端档案 | 电能表档案 | 开关/轮次 | 群组方案 | 采集任务群组 | 有序用电

序号	用户号	用户名称	电表资产号	抄表序号	倍率
1				1	50.0

新增电表
删除电表

计量点及电表参数 | 脉冲参数

计量点参数
资产编号* 所属用户
对比表资产编号 CT 50.0 PT 1.0 常数 3200 是否抄表* ✓

电表参数
测量点号* 1 (1-63) 电表名称 电表类别*
通信地址* 2 抄表端口号* 1 抄表序号* 1
总分表标志 总表 正向用电性质 用电/下网 反向用电性质 用电/下网
预抄电表规约* DL/T645规约 直抄电表规约 费率个数 4 (1-14)
预抄数据方案* 国标规约表 直抄数据项方案 营销计费数据方案* 国标表(尖峰平谷)
通信波特率 默认 电表密码 电表类型
冻结整数位数 5 (4-7) 冻结小数位数 2 (1-4) 费率标志* 总尖峰平谷

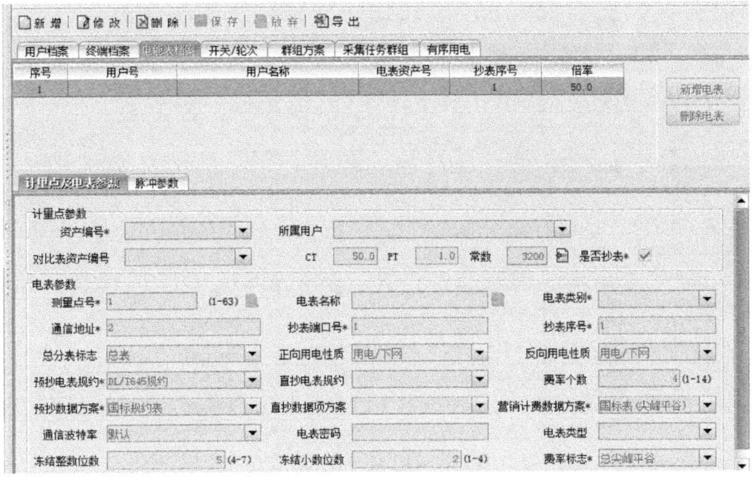

图 2–1–10　电表档案（计量点及电表参数）

脉冲属性界面如图 2–1–11 所示。

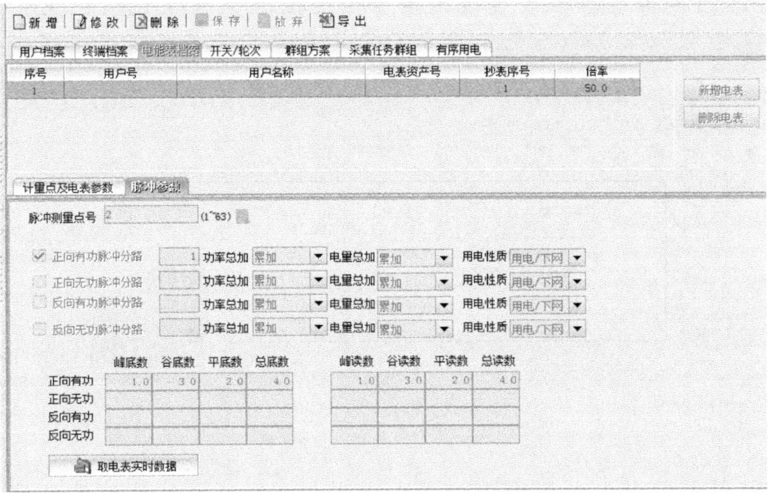

新增 | 修改 | 删除 | 保存 | 放弃 | 导出

用户档案 | 终端档案 | 电能表档案 | 开关/轮次 | 群组方案 | 采集任务群组 | 有序用电

序号	用户号	用户名称	电表资产号	抄表序号	倍率
1				1	50.0

新增电表
删除电表

计量点及电表参数 | 脉冲参数

脉冲测量点号 2 (1~63)

✓ 正向有功脉冲分路 1 功率总加 累加 电量总加 累加 用电性质 用电/下网
正向无功脉冲分路 功率总加 累加 电量总加 累加 用电性质 用电/下网
反向有功脉冲分路 功率总加 累加 电量总加 累加 用电性质 用电/下网
反向无功脉冲分路 功率总加 累加 电量总加 累加 用电性质 用电/下网

	峰底数	谷底数	平底数	总底数
正向有功	1.0	3.0	2.0	4.0
正向无功				
反向有功				
反向无功				

峰读数	谷读数	平读数	总读数
1.0	3.0	2.0	4.0

取电表实时数据

图 2–1–11　电能表档案（脉冲参数）

电能表的有无功分路在图 2–1–11 所示界面内设定，新增电能表的底数也可在此界面内设定。

4. 开关/轮次

在图 2–1–12 所示界面内可以对用户开关的基本信息进行记录。其中，状态、类型和对应轮次为可以下拉的列表，其他信息需手工填写。

新增 | 修改 | 删除 | 保存 | 放弃 | 导出

用户档案 | 终端档案 | 电能表档案 | 开关/轮次 | 群组方案 | 采集任务群组 | 有序用电

开关

序号	是否接入	轮次编号	开关名称	开关型号	开关类型	设备名称	脱扣方式	可控负荷	运行编号	保护方式
1	未接入				-1			0.0		
2	未接入				-1			0.0		
3	未接入				-1			0.0		
4	未接入				-1			0.0		
5	未接入	第3轮	总柜	401	总开关			150.0	DW15	
6	未接入				-1			0.0		
7	未接入				-1			0.0		
8	未接入				-1			0.0		

遥信

全部常开 | 全部常闭 | 全部一般告警 | 全部重要告警 | 全部开关监测

序号	是否接入	触点属性	告警	遥信类型	开关序号
1	未接入			开关监测	
2	未接入			开关监测	
3	未接入			开关监测	
4	未接入			开关监测	
5	未接入			开关监测	
6	未接入			开关监测	
7	未接入			开关监测	
8	未接入			开关监测	

图 2–1–12 开关/轮次

三、终端参数设置与下发

（一）单个终端

在主界面上点击“菜单”→“参数设置”→“终端调试”参数设置，出现如图 2–1–13 所示界面。

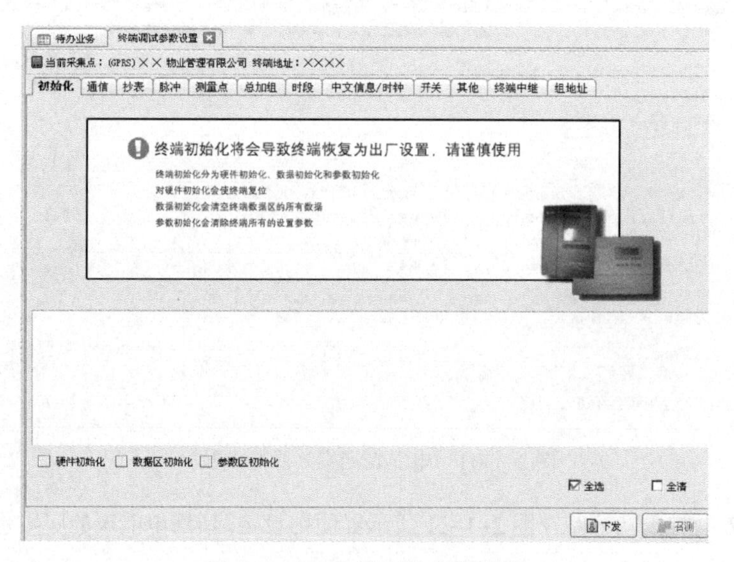

图 2–1–13 终端调试参数设置

在图 2–1–13 所示界面内，可以对新用户终端进行调试和各种基础参数的设置。根据终端的不同，选项卡的个数也不同，各项说明如下。

1. 初始化

初始化界面如图 2–1–14 所示。

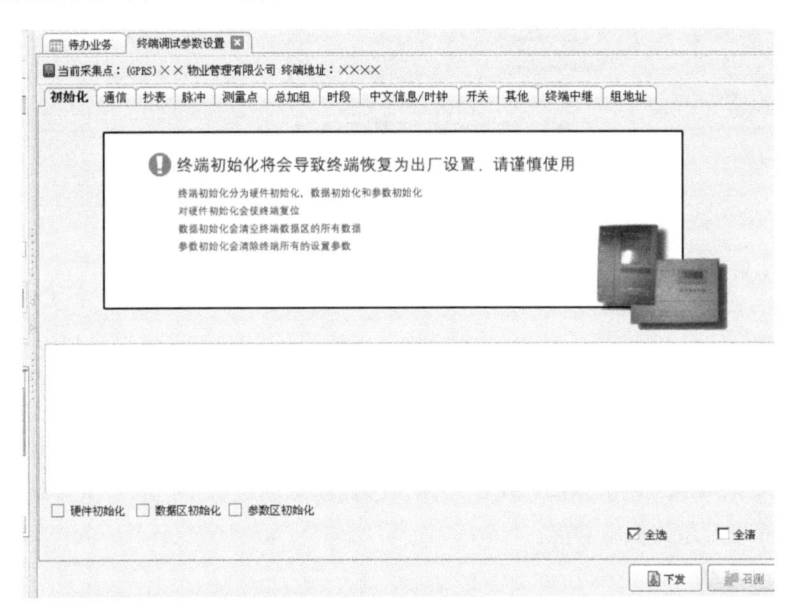

图 2–1–14　终端调试参数设置（初始化）

终端初始化操作可以使终端内部的设置恢复位出厂时的设置，同时还会清空终端数据区存储的数据，需谨慎使用。

2. 通信参数

通信参数设置界面如图 2–1–15 所示。

在图 2–1–15 所示界面中，可以设置主站与终端进行通信的一些基本参数，以及自动上报日期和上报数据项。下发参数时，在下发数据项选择区内选择要下发的数据项，再点击下发按钮。下发完成后，可在下发结果显示区内查看下发结果。

召测参数时，先在召测数据项选择区内选择要召测的数据项，再点击召测按钮。召测完成后，在召测结果显示区内查看召测结果。

在下发终端参数时，终端的数传延时不能设置为 0，在终端与主站通信时，双方采用的是问答方式，这就有在时序上的配合，如果将终端数传延时设置为 0，则终端存在主站命令接收未完，就向主站发送数据，因主站还未完成发送和接收转换，主站将无法正确接收此信息，所以终端的数传延时不能设置为 0；正常情况下，主站下终端的数传延时需要 100ms 以上，中继站下的终端的数传延时需要 300ms，也可根据自身系统情况设置数传延时的适当数值。

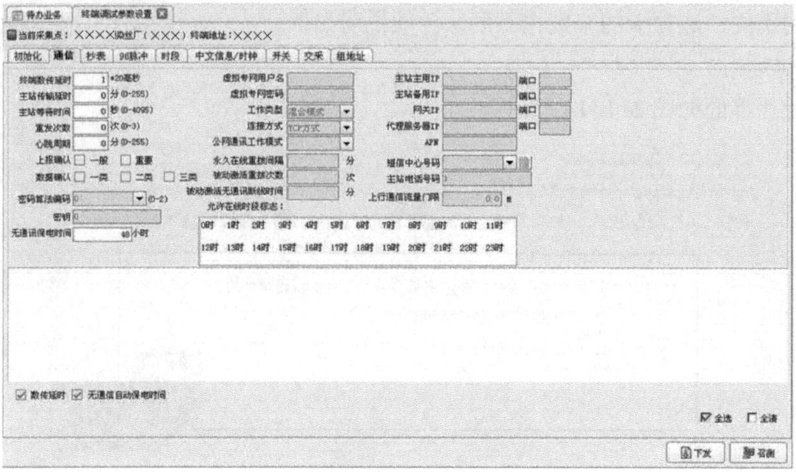

图 2–1–15 终端调试参数设置（通信）

当终端连续与主站无通信时间超过设定值，则解除原有控制状态并自动进入保电状态，设定值为 0，表示无自动保电功能，因通信原因进入保电状态的终端在通信恢复后自动解除无通信保电功能。

3. 抄表参数

在如图 2–1–16 所示界面内用户可以对抄表参数进行设定，如抄表日、抄表时间等。

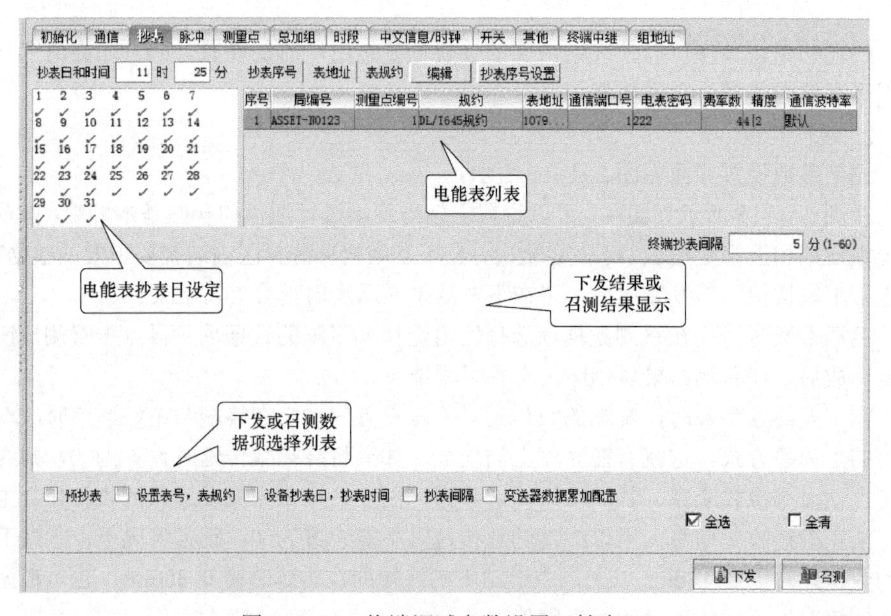

图 2–1–16 终端调试参数设置（抄表）

点击抄表序号设置按钮，出现如图 2–1–17 所示。

电表抄表分路设置

路数	电表资产号	电表规约	电表地址
1	×××××-NO×××	DL/T645规约	×××××××××
2			
3			
4			
5			
6			
7			
8			

▲移上　▼移下　确定　取消

图 2–1–17　电表抄表分路设置

在图 2–1–17 所示界面内可以按动移上移下按钮来设定电能表的抄表序号，在所有的参数都设置好后，点击下发按钮，将参数下发。

4. 脉冲参数

脉冲参数界面主要用来对终端电能表的脉冲参数进行设置和召测终端电能表的脉冲参数，其界面如图 2–1–18 所示。

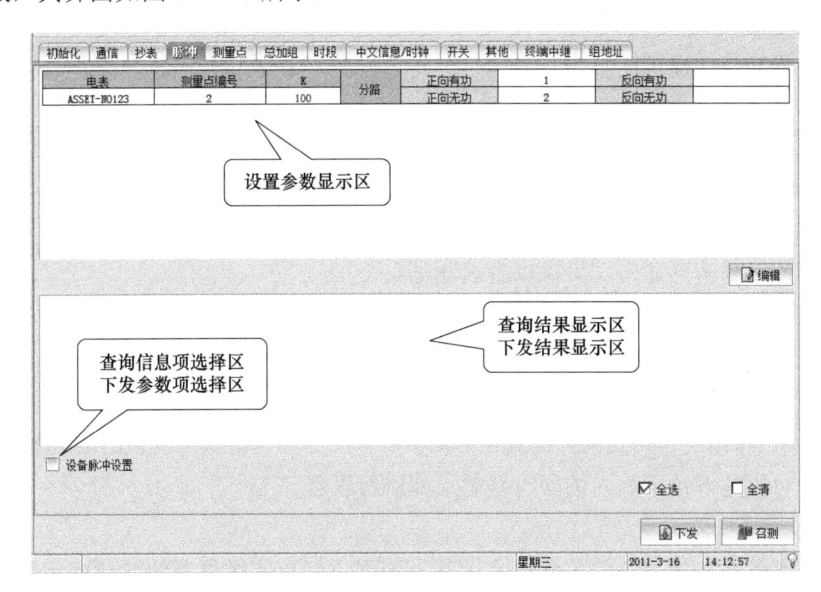

图 2–1–18　终端调试参数设置（脉冲）

设置参数的步骤为：点击编辑按钮，出现如图 2–1–19 所示界面。

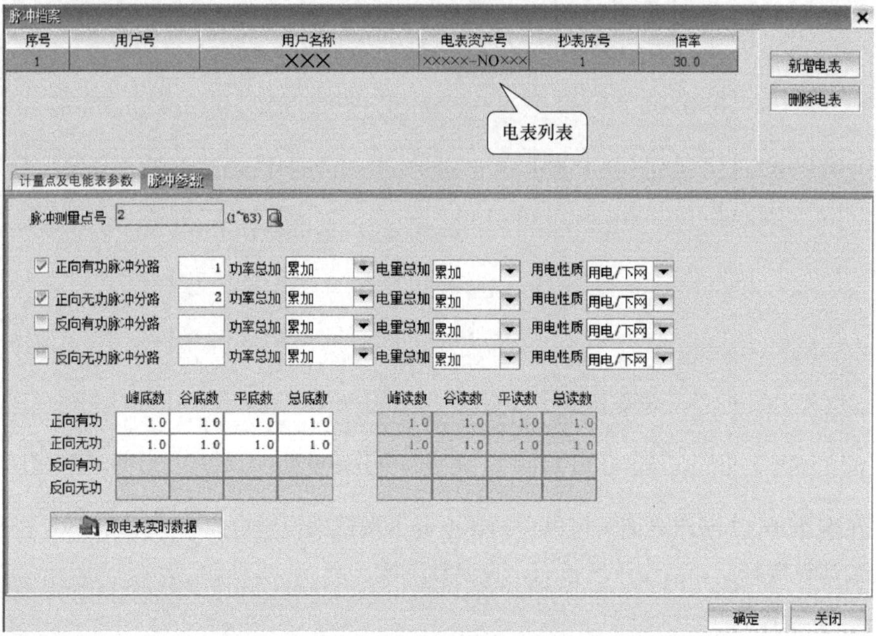

脉冲档案

序号	用户号	用户名称	电表资产号	抄表序号	倍率
1		XXX	XXXXX–NOXXX	1	30.0

新增电表

删除电表

电表列表

计量点及电能表参数　脉冲参数

脉冲测量点号 2 (1~63)

			功率总加		电量总加		用电性质
☑	正向有功脉冲分路	1	功率总加	累加	电量总加	累加	用电性质 用电/下网
☑	正向无功脉冲分路	2	功率总加	累加	电量总加	累加	用电性质 用电/下网
☐	反向有功脉冲分路		功率总加	累加	电量总加	累加	用电性质 用电/下网
☐	反向无功脉冲分路		功率总加	累加	电量总加	累加	用电性质 用电/下网

	峰底数	谷底数	平底数	总底数	峰读数	谷读数	平读数	总读数
正向有功	1.0	1.0	1.0	1.0	1.0	1.0	1.0	1.0
正向无功	1.0	1.0	1.0	1.0	1.0	1.0	1.0	1.0
反向有功								
反向无功								

取电表实时数据

确定　关闭

图 2–1–19 脉冲档案

在电能表列表内选择要设定参数的电能表，为选定电能表分别设定计量档案参数，电能表参数和脉冲属性，点击“确定”按钮。此时，设定的参数将在设置参数显示区显示。

下发参数时点击下发按钮，并且确定下发参数项选择区内至少有一项被选中（打钩）。在下发结果显示区可以查看下发结果。

召测参数时点击“召测”按钮，并且确定召测参数项选择区内至少有一项被选中（打钩），在召测结果显示区可以查看召测结果。

5. 测量点

测量点设置界面如图 2–1–20 所示。

在图 2–1–20 所示界面中可以对测量点的各个参数进行设置。其中“根据额定电压初始化设置”按钮的作用是根据测量点基本参数里面的额定电压来设置测量点限值参数。

依次对测量下拉列表内的所有测量点都进行设置。

6. 总加组

总加组数据是指相关的各测量点的某一同类电气量值按设置的加或减运算关系计算得到的数值。如果总加组未正确设置，会影响功率电量类采集数据（如数据曲线）。

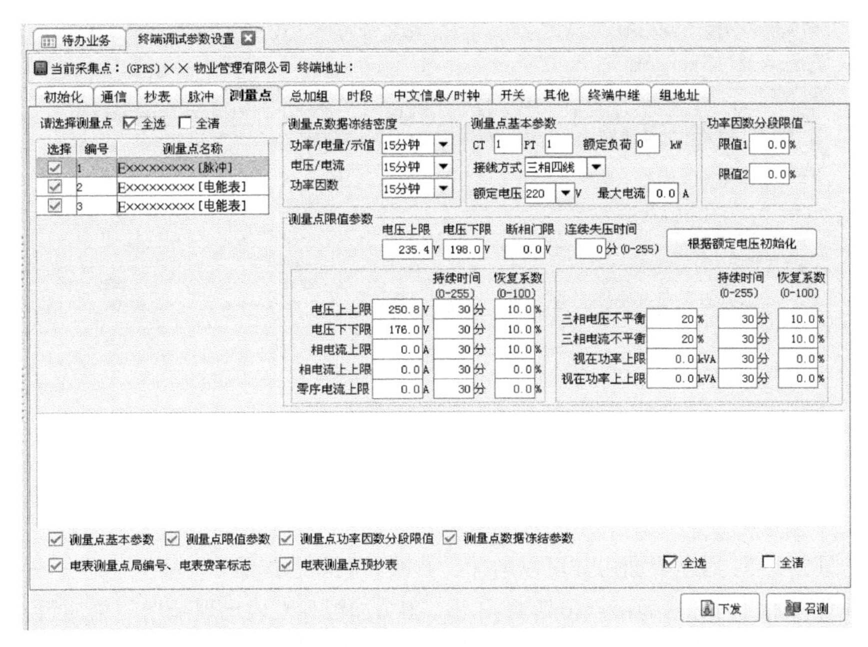

图 2–1–20　终端调试参数设置（测量点）

在图 2–1–21 所示界面内，可以对总加组进行配置。配置方法为，点击编辑按钮，出现如图 2–1–22 所示界面。

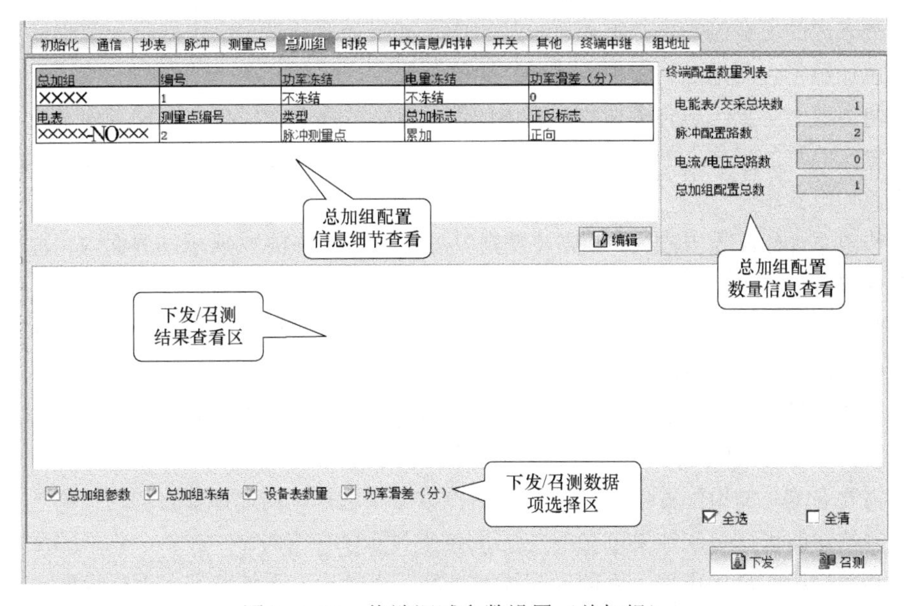

图 2–1–21　终端调试参数设置（总加组）

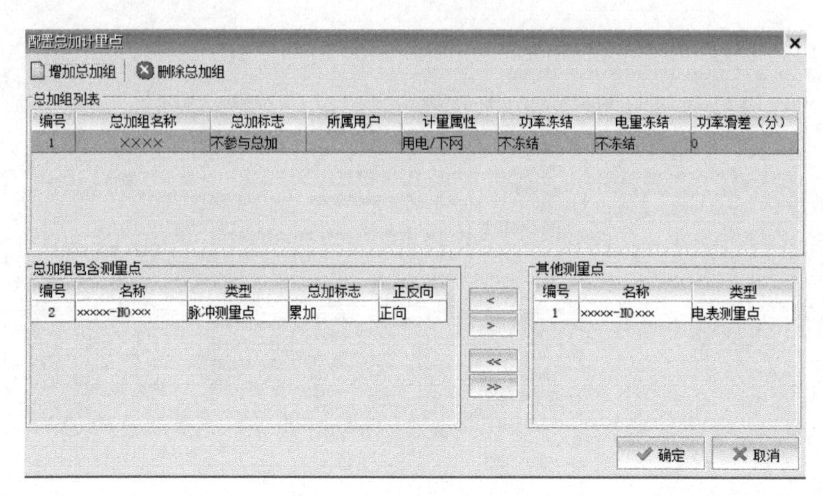

图 2–1–22　配置总加计量点

在图 2–1–22 所示界面内，可以增加、修改和删除总加组。

新增总加组的方法为：点击新增按钮，在总加组列表内出现新增的总加组，输入新总加组的名称，选择功率冻结和电量冻结密度（在输入框内点击鼠标左键，出现下拉列表，选择即可），输入可接受的功控滑差时间（输入的范围 1～60，单位：min）；在其他测量点列表中为该总加组选择测量点，选中后，点击 < 按钮，将选中的测量点加入新的总加组中（如果该总加组需要包含所有的测量点，可点击 <<，将把其他测量点列表内的所有测量点都加入该总加组中，如果需要从总加组中剔除一个测量点，先在总加组包含测量点列表中选择要剔除的测量点，再点击 > 按钮即可。点击 >> 按钮，将会清空总加组包含测量点列表中的测量点。），在总加组包含测量点列表中，设置测量点的总加标志（鼠标左键点击输入格，出现下拉列表选择即可），点击确定按钮，新增总加组完毕。

修改总加组配置方法为：点击“编辑”按钮，在图 2–1–22 所示的界面内，进行所需要的修改，点击“确定”按钮即可。

删除总加组的方法为：点击“编辑”按钮，在图 2–1–22 所示的界面内，选择需要删除的总加组，点击删除按钮即可。

需要下发总加组配置信息，在下发/召测数据项选择区内选择要下发的数据项，点击下发按钮即可，结果可在下发/召测结果显示区内查看。

需要召测总加组配置信息，在下发/召测数据项选择区内选择要召测的数据项，点击召测按钮即可，召测结果可在下发/召测结果显示区内查看。

终端按照客户用电性质不同，需要对功率、电量计入系统的方式进行设置，对于上网电厂用户的实时数据采集不应计入系统监测面内，对于少数有转供电的用户，应计减转供电量，所以在下发终端脉冲的功率和电量属性时，会设置累加、累减和不加减等选项，如果选择累减标志，终端有可能显示负值，此时需要核对此数据的真实属性，如需修改只要在主站将上述标志修改并下发至终端即可。

7. 时段

时段界面如图 2–1–23 所示。

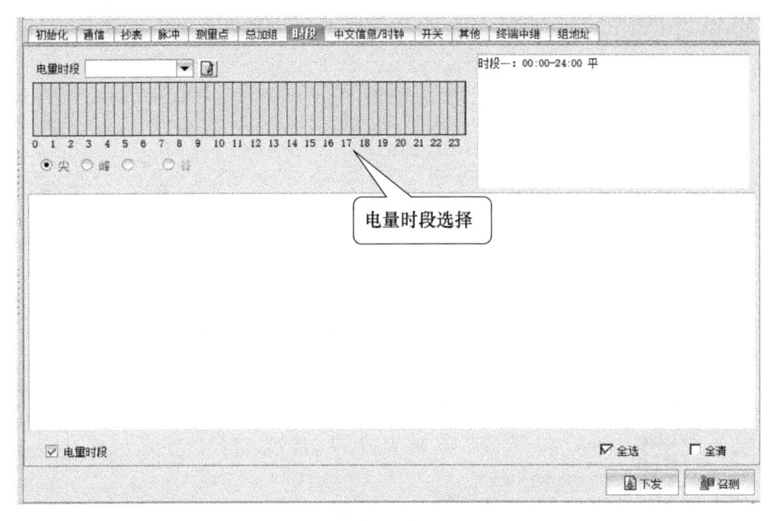

图 2–1–23 终端调试参数设置（时段）

在此界面内，可以对正在调试终端选择合适的电量时段下发。也可以手工在此界面内编辑时段。

8. 中文信息/时钟

中文信息/时钟界面主要用来对选定的终端进行中文信息下发与召测，对时和召测终端时钟，其界面如图 2–1–24 所示。

在图 2–1–24 所示界面内，可以对终端下发中文信息。如果信息为临时下发的，则可以在信息编辑框内临时编辑一条信息。如果想把信息作为常用信息，点击编辑按钮，出现如图 2–1–25 所示界面。

新增方法为：点击新增按钮，在新信息编辑框内编辑信息，点击确定按钮完成信息的新增。新增的信息将会在常用短信下拉列表中出现，使用时只需选用即可。

召测时钟时点击召测按钮，需确定召测信息项选择区内至少有一个选项被选择（打钩）。在召测结果显示区内可查看召测结果。

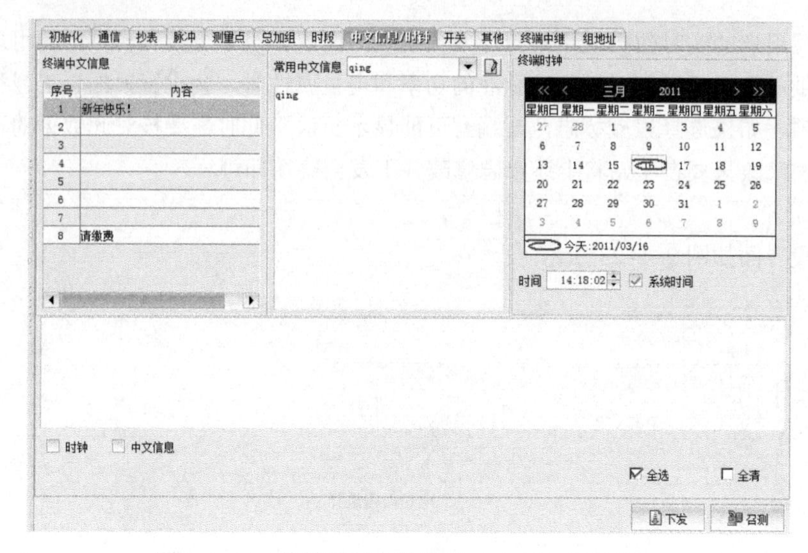

图 2-1-24　终端调试参数设置（中文信息/时钟）

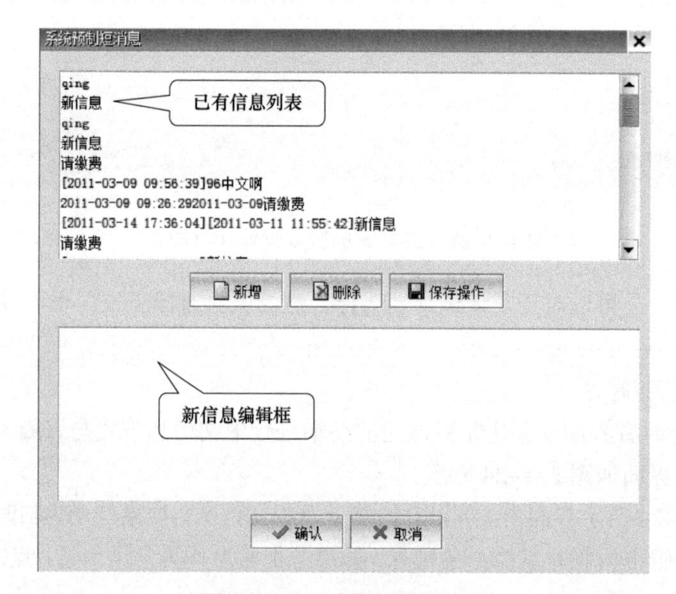

图 2-1-25　系统预制短消息

下发时钟时点击下发按钮，需确定下发信息项选择区内至少有一个选项被选择（打钩）。在下发结果显示区内可查看下发结果（成功，失败等）。

终端时钟异常，可能导致冻结数据不能正确召测，实时数据能召测，但是抄表时间不正确。可能影响到跟时间相关的控制，比如时段功控、厂休控等。

9. 开关属性

在开关属性参数设置、显示区内可直接设置开关属性参数。方法为直接点击对应信息格，输入参数即可。其中，状态、类型、对应轮次、主计量点和旁路计量是可以下拉选择的，其他的都为直接输入，如图 2-1-26 所示。

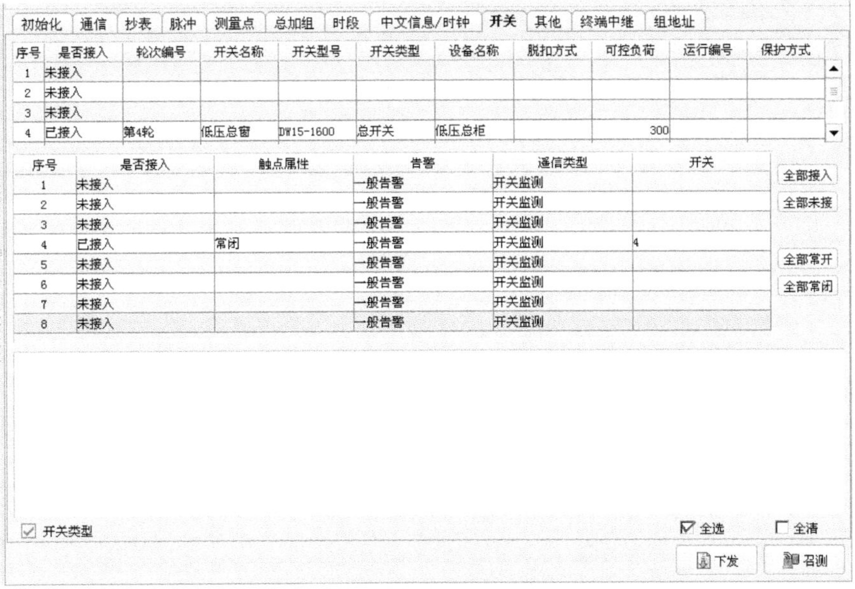

初始化 通信 抄表 脉冲 测量点 总加组 时段 中文信息/时钟 开关 其他 终端中继 组地址

序号	是否接入	轮次编号	开关名称	开关型号	开关类型	设备名称	脱扣方式	可控负荷	运行编号	保护方式
1	未接入									
2	未接入									
3	未接入									
4	已接入	第4轮	低压总窗	DW15-1600	总开关	低压总柜		300		

序号	是否接入	触点属性	告警	通信类型	开关
1	未接入		一般告警	开关监测	
2	未接入		一般告警	开关监测	
3	未接入		一般告警	开关监测	
4	已接入	常闭	一般告警	开关监测	4
5	未接入		一般告警	开关监测	
6	未接入		一般告警	开关监测	
7	未接入		一般告警	开关监测	
8	未接入		一般告警	开关监测	

全部接入 全部未接 全部常开 全部常闭

开关类型 全选 全清

下发 召测

图 2-1-26　终端调试参数设置（开关）

下发时点击下发按钮，需确定下发信息项选择区内至少有一项被选中（打钩）。在下发结果显示区内可查看下发结果。

召测时点击召测按钮，需确定召测信息项选择区内至少有一项被选中（打钩）。在召测结果显示区内可查看召测结果。

10. 其他参数

其他参数界面如图 2-1-27 所示。

在图 2-1-27 所示界面内用户可以对电能表异常数据的门限值进行相关设定，终端事件记录进行设置，终端声音告警时段进行设置，终端电能量费率进行设置。

终端声音告警时段为 24 个时段，哪个时段需告警就选钩此时段，如选择 11 时则告警时段为 11:00～12:00，如果此时段终端有事件就会发出声音告警。

11. 终端中继

终端中继界面如图 2-1-28 所示。

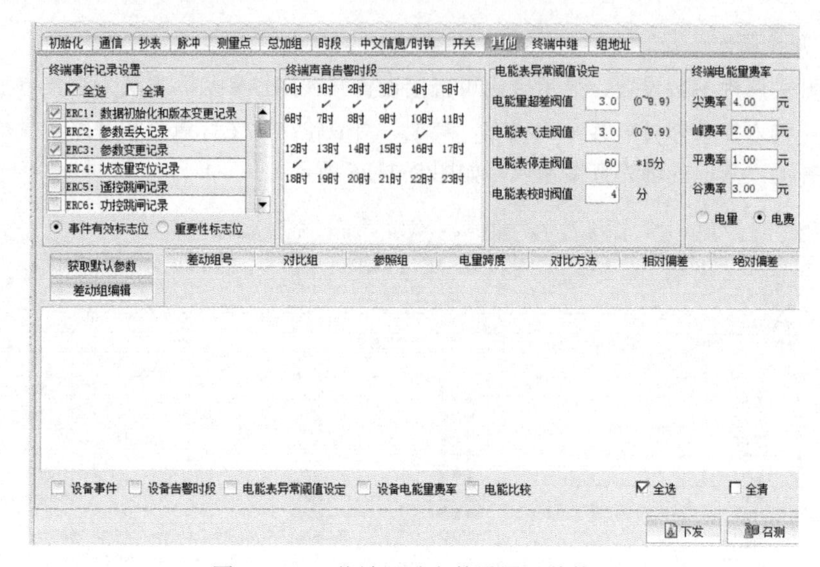

图 2–1–27 终端调试参数设置（其他）

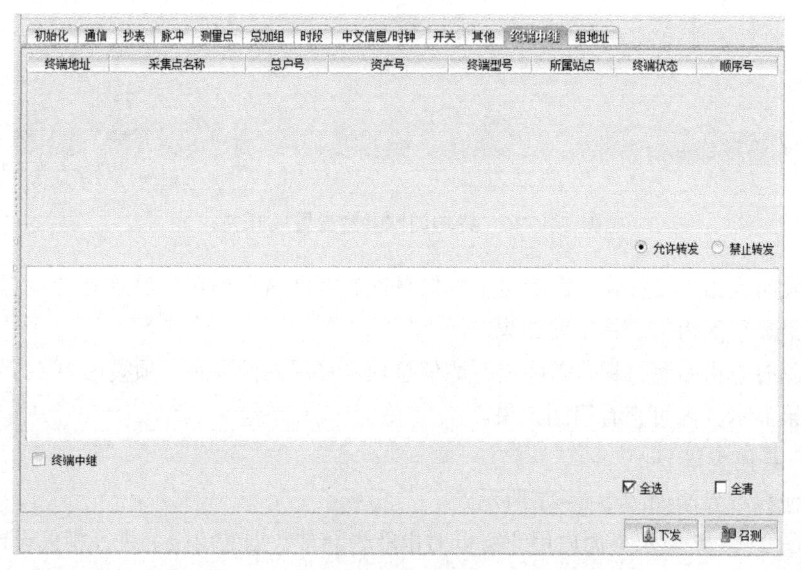

图 2–1–28 终端调试参数设置（终端中继）

在图 2–1–28 所示界面内可以下发终端中继是否转发主站命令。

12. 组地址

组地址界面如图 2–1–29 所示。

在图 2–1–29 所示界面内可以下发用户所属群组方案的组地址。

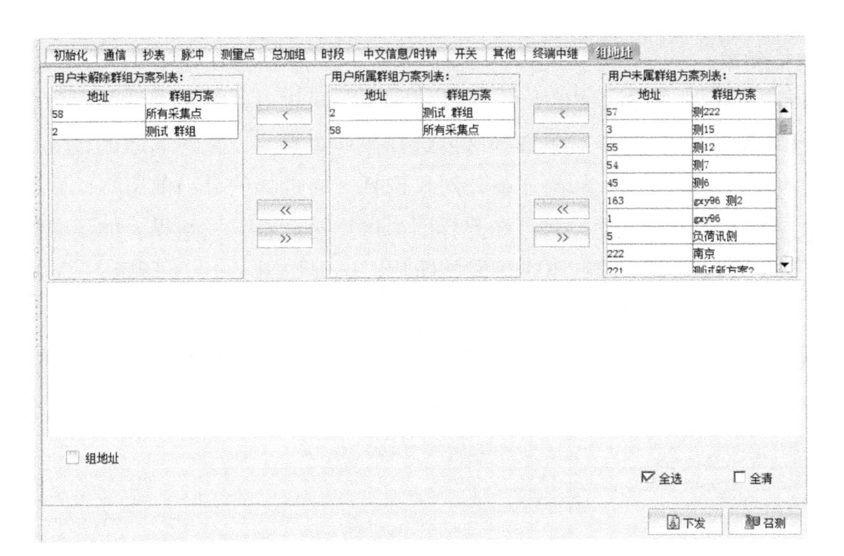

图 2–1–29　终端调试参数设置（组地址）

（二）终端成批参数设置

终端成批参数设置可以对批量终端进行统一的参数设置，从而简化操作者的工作。界面如图 2–1–30 所示。

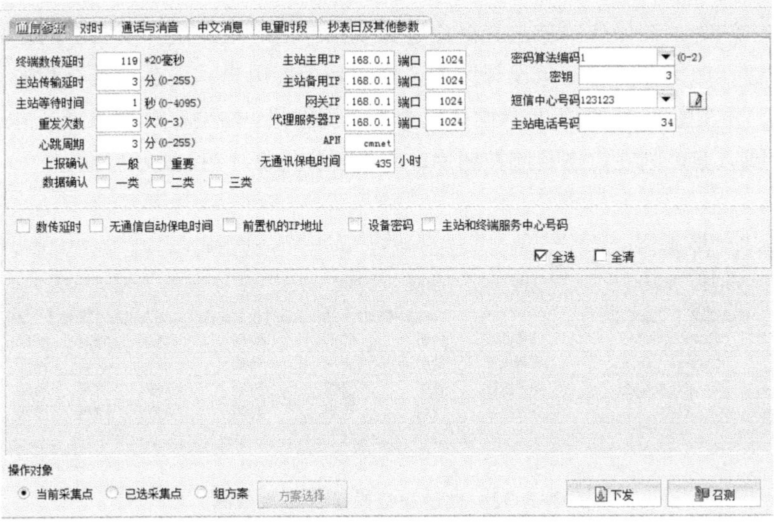

图 2–1–30　终端成批参数设置

图 2–1–30 所示界面内有六个选项卡，分别为通信参数、对时、通话与消音、中文信息、电量时段和抄表日及其他参数。

1. 通信参数

通信参数界面如图 2–1–30 所示，在此界面内，可以对终端与主站的通信参数进行设置。设置方法为：在操作对象选择区内选择操作对象；设置终端通信参数；选择下发数据项，点击下发按钮。如果在操作对象选择区内选择的是当前用户，则在点击下发按钮后参数将直接被下发，并且在此界面内可直接查看下发结果。如果操作对象选择的是已选用户或方案，则在点击下发按钮后，出现如图 2–1–31 所示。

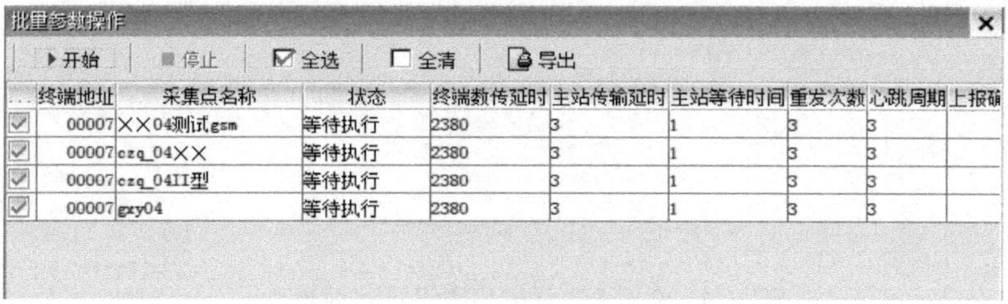

批量参数操作

▶开始　■停止　☑全选　☐全清　导出

...	终端地址	采集点名称	状态	终端数传延时	主站传输延时	主站等待时间	重发次数	心跳周期	上报确
☑	00007	××04测试gsm	等待执行	2380	3	1	3	3	
☑	00007	czq_04××	等待执行	2380	3	1	3	3	
☑	00007	czq_04II型	等待执行	2380	3	1	3	3	
☑	00007	gxy04	等待执行	2380	3	1	3	3	

图 2–1–31　批量参数操作（下发参数）

点击列表中的复选框，选中（打钩）表示将对此终端下发参数，未选中（不打钩）表示不对此终端下发参数。点击开始按钮，开始下发。下发完成后，在此界面内可以查看下发结果。

召测方法为：在操作对象选择区内选择要操作的对象，选择要召测的信息项，点击召测按钮。如果在操作对象选择区内选择的是当前用户，则在点击召测按钮后，将直接召测，并在图 2–1–31 所示界面内可查看召测结果。如果在对象选择区内选择的时已选用户或方案，则在点击召测按钮后，将出现如图 2–1–32 所示界面。

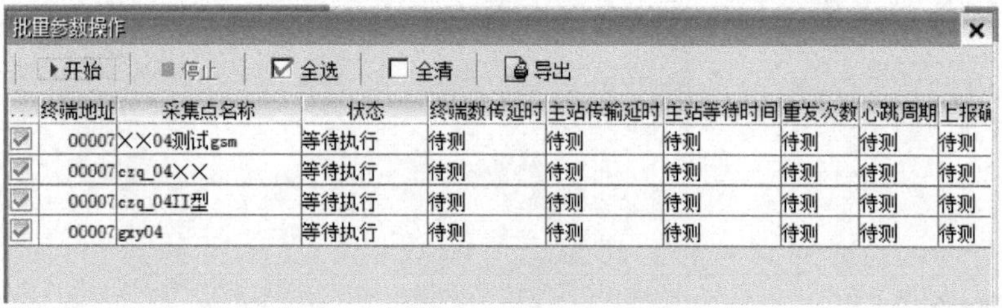

批量参数操作

▶开始　■停止　☑全选　☐全清　导出

...	终端地址	采集点名称	状态	终端数传延时	主站传输延时	主站等待时间	重发次数	心跳周期	上报确
☑	00007	××04测试gsm	等待执行	待测	待测	待测	待测	待测	待测
☑	00007	czq_04××	等待执行	待测	待测	待测	待测	待测	待测
☑	00007	czq_04II型	等待执行	待测	待测	待测	待测	待测	待测
☑	00007	gxy04	等待执行	待测	待测	待测	待测	待测	待测

图 2–1–32　批量参数操作（参数召测）

点击列表内的复选框，选中（打钩）表示将对此终端进行参数召测，未选中（不打钩）表示不对此终端进行参数召测。点击开始按钮，开始召测。召测完成后，在图 2–1–32 所示界面内可查看召测结果。

2. 对时

对时是指主站对终端进行时钟校正或召测，界面如图 2–1–33 所示。

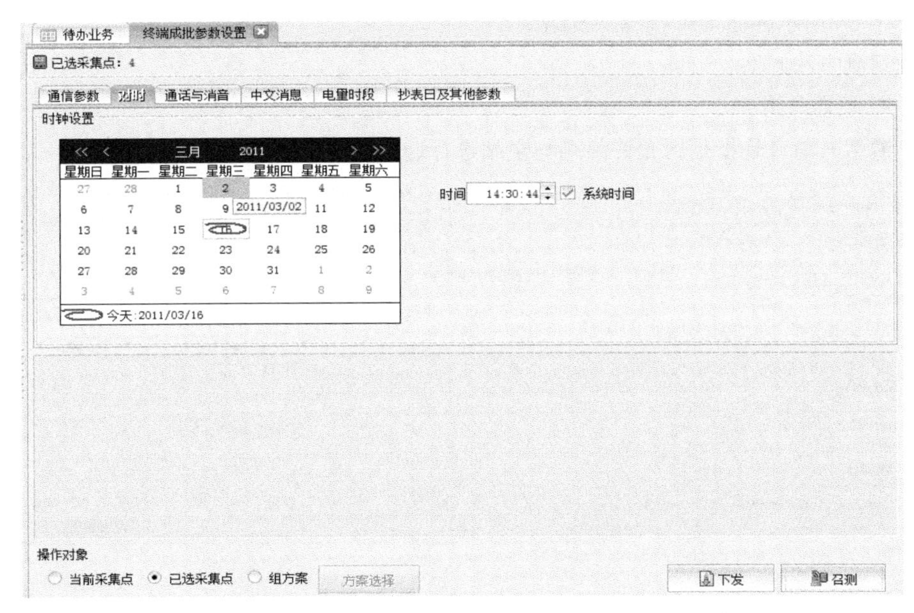

图 2–1–33　终端成批参数设置（对时）

对终端进行时间校正（下发）方法为：在操作对象内选择操作对象，在日期时间设置区内设置日期时间，点击下发按钮。如果在操作对象内选择的是当前用户，则在点击下发按钮后，日期时间将被直接下发，并且在此界面内可查看下发结果。如果在操作对象内选择的是已选用户或方案，则在点击下发按钮后，出现如图 2–1–34 所示。

批量参数操作

▶开始　■停止　☑全选　☐全清　导出

...	终端地址	采集点名称	状态	时钟
☑	0xxx	×××泵站	等待执行	2011-03-16 16:57:07
☑	0xxx	××××研究所科研区	等待执行	2011-03-16 16:57:07
☑	0xxx	×××中医院	等待执行	2011-03-16 16:57:07
☑	0xxx	×××通信公司	等待执行	2011-03-16 16:57:07
☑	0xxx	××××学院（南...	等待执行	2011-03-16 16:57:07
☑	0xxx	××成教学生公寓	等待执行	2011-03-16 16:57:07
☑	0xxx	××××药物制药...	等待执行	2011-03-16 16:57:07
☑	0xxx	××××研究所	等待执行	2011-03-16 16:57:07
☑	0xxx	××××港口物流...	等待执行	2011-03-16 16:57:07
☑	0xxx	××××美食休闲中心	等待执行	2011-03-16 16:57:07
☑	0xxx	××××修配厂	等待执行	2011-03-16 16:57:07
☑	0xxx	××科研机构	等待执行	2011-03-16 16:57:07
☑	0xxx	××小区北片高层	等待执行	2011-03-16 16:57:07

图 2–1–34　批量参数操作（对时下发）

点击列表内的复选框，选中（打钩）表示将对此终端下发时间日期，未选中（不打钩）表示不对此终端下发日期时间。点击开始按钮，开始下发。下发完成后，在图 2–1–34 所示界面内可查看下发结果。

召测方法同上。

3. 通话与消音

通话与消音是指是否允许终端与主站进行通话，其界面如图 2–1–35 所示。

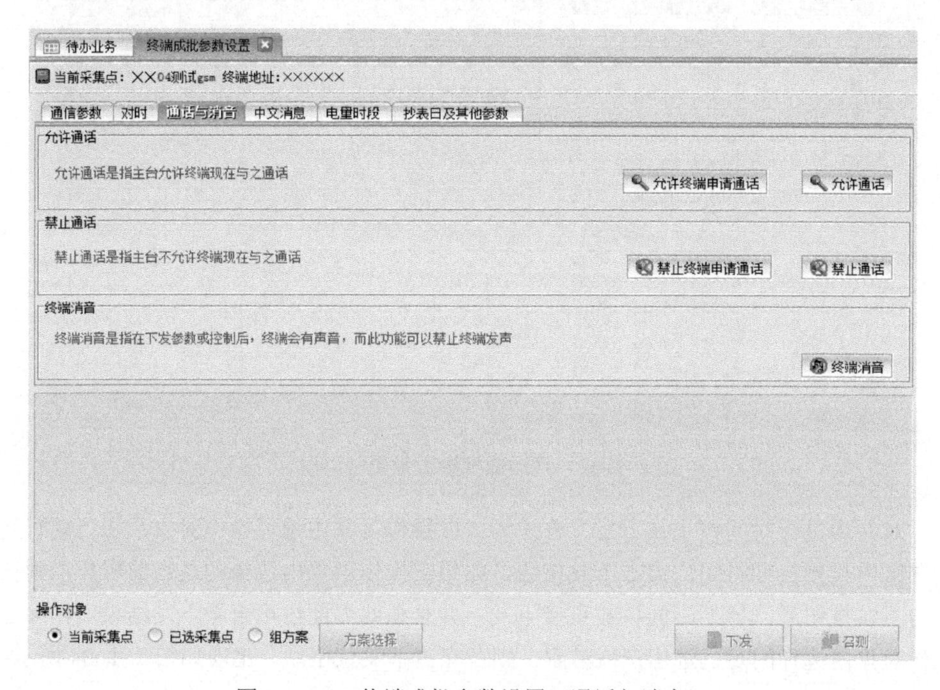

图 2–1–35 终端成批参数设置（通话与消音）

设置通话消音方法为，在操作对象区内选择操作对象，点击功能按钮（允许通话、禁止通话或终端消音），即可。

4. 中文信息

中文信息界面如图 2–1–36 所示。

在图 2–1–36 所示界面内，可以编辑并下发中文信息。下发方法为在操作对象区内选择要操作的对象，在常用短信下拉框中选择一条信息，点击下发按钮。如果在操作对象中选择的是当前用户，则在点击下发按钮后，信息将直接被下发，并且在图 2–1–36 所示界面内可查看下发结果。如果在操作对象选择区内选择的是已选，则在点击下发按钮后，出现如图 2–1–37 所示界面。

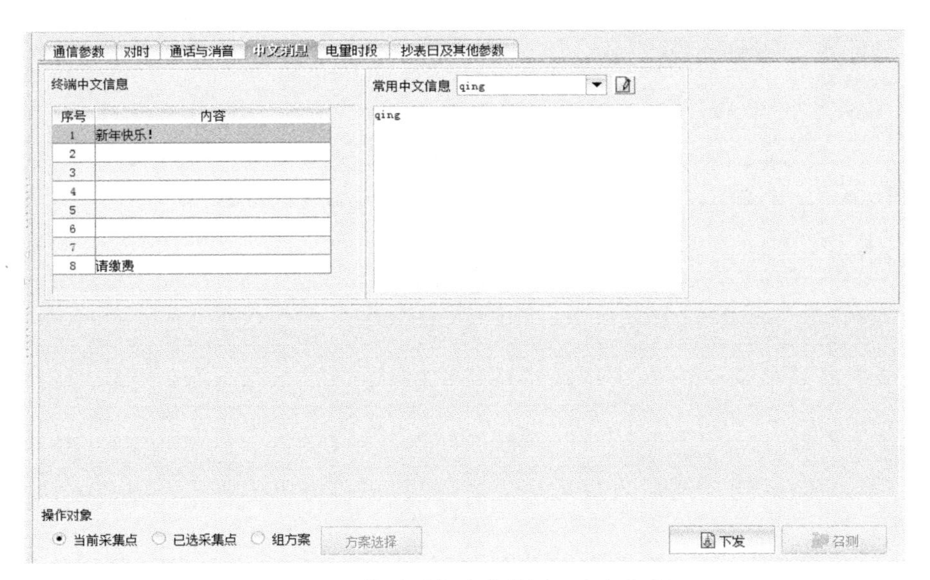

图 2–1–36　终端成批参数设置（中文信息）

批量参数操作

开始　停止　全选　全清　导出

...	终端地址	采集点名称	状态	信息内容
☑	00007	××04测试gsm	等待执行	第1条qing
☑	00007	czq_04××	等待执行	第1条qing
☑	00007	czq_04II型	等待执行	第1条qing
☑	00007	gxy04	等待执行	第1条qing

图 2–1–37　批量参数操作（中文信息下发）

点击列表框内的复选框，选中（打钩）表示对此终端下发信息，未选中（不打钩）表示不对此终端下发信息。点击开始按钮，开始下发，下发完成后，在此界面内可查看下发结果。

召测方法同上。

5. 电量时段

电量时段用来对终端下发或召测电量控制时段，其界面如图 2–1–38 所示。

下发电量时段的方法为：在选择系统电量时段下拉框内选择电量时段，在操作对象选择区内选择操作对象，点击下发按钮。如果在操作对象选择区内选择的是当前用户，则在点击下发按钮后，电量时段将被直接下发，并且在图 2–1–38 所示界面内可查看下发结果。如果选择的是已选，则在点击下发按钮后，出现如图 2–1–39 所示界面。

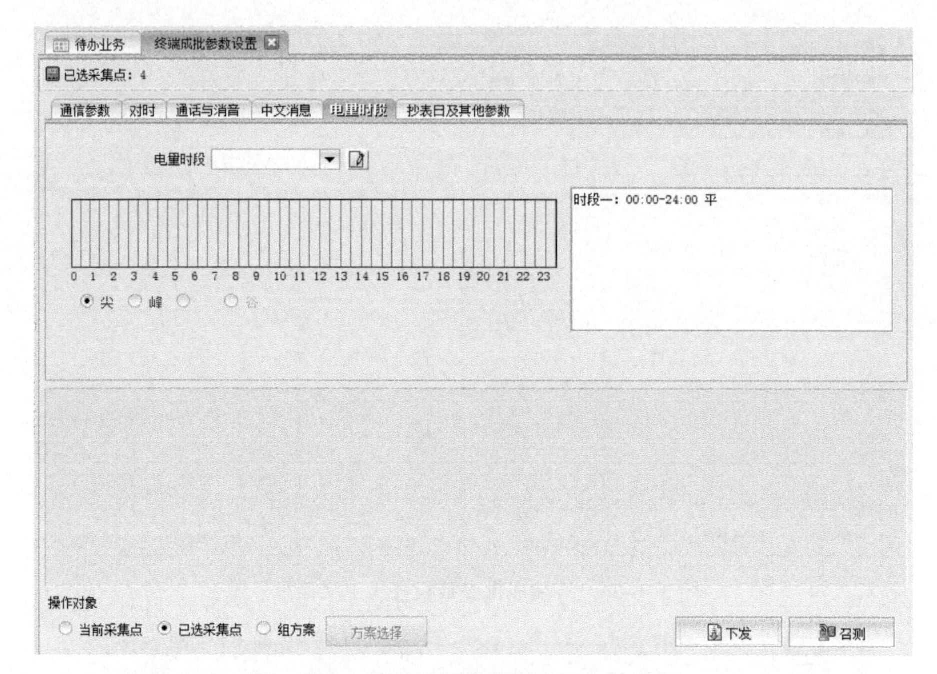

图 2–1–38 终端成批参数设置（电量时段）

批量参数操作

▶开始 | 停止 | 全选 | 全清 | 导出

...	终端地址	采集点名称	状态	时段1	时段2	时段
☑	00007	××04测试gsm	等待执行	时段一：00:00-24:00 平		
☑	00007	czq_04××	等待执行	时段一：00:00-24:00 平		
☑	00007	czq_04II型	等待执行	时段一：00:00-24:00 平		
☑	00007	gxy04	等待执行	时段一：00:00-24:00 平		

图 2–1–39 批量参数操作（电量时段下发）

点击列表框内的复选框，选中（打钩）表示将对此终端下发电量时段，未选中（不打钩）表示不对此终端下发电量时段。点击开始按钮，开始下发，下发完成后，在图 2–1–39 所示界面内可查看下发结果。

召测电量时段方法为：在操作对象选择区内选择操作对象，点击召测按钮即可。

6. 抄表日及其他参数

下发方法为：在操作对象选择区内选择操作对象，在参数输入区内输入参数，选中要下发的信息项，点击下发按钮。如果在操作对象选择区内选择的是当前用户，则点击下发按钮后，参数将直接被下发，并且在图 2–1–40 所示界面内可查看下发结果。如果在操作对象选择区内选择的是已选用户，则点击下发按钮后，出现如图 2–1–41 所示界面。

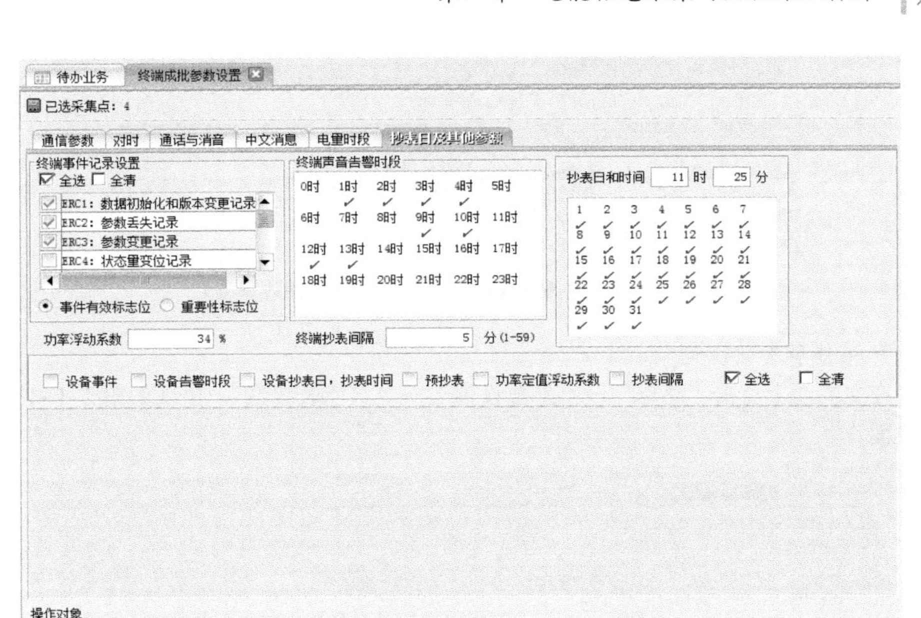

图 2–1–40　终端成批参数设置（抄表日及其他参数）

批量参数操作

开始　停止　全选　全清　导出

...	终端地址	采集点名称	状态	事件有效性标志	事件重要性标志
☑	00007	××04测试gsm	等待执行	ERC1：数据初始化和版本变更记录...	
☑	00007	czq_04××	等待执行	ERC1：数据初始化和版本变更记录...	
☑	00007	czq_04II型	等待执行	ERC1：数据初始化和版本变更记录...	
☑	00007	gxy04	等待执行	ERC1：数据初始化和版本变更记录...	

图 2–1–41　批量参数操作（抄表日及其他参数下发）

点击列表中的复选框，选中（打钩）表示将对此终端下发参数，未选中（不打钩）表示不对此终端下发参数。点击开始按钮，开始下发，下发完成后，在图 2–1–41 所示界面内可查看下发结果。

召测方法为：在操作对象选择区内选择操作对象，点击召测按钮。如果在操作对象选择区内选择的是当前用户，则点击召测按钮后，将直接召测参数，并且在图 2–1–40 所示界面内可查看召测结果。如果在操作对象选择区内选择的是已选用户或方案，则点击召测按钮后，出现如图 2–1–42 所示界面。

点击列表中的复选框，选中（打钩）表示将对此终端召测参数，未选中（不打钩）表示不对此终端召测参数。点击开始按钮，开始召测，召测完成后，在图 2–1–42 所示界面内可查看召测结果。

批量参数操作

▶开始 ■停止 ☑全选 ☐全清 导出

	终端地址	采集点名称	状态	事件有效性标志	事件重要性标志
☑	00007	××04测试gsm	等待执行	ERC1：数据初始化和版本变更记录...	
☑	00007	czq_04××	等待执行	ERC1：数据初始化和版本变更记录...	
☑	00007	czq_04II型	等待执行	ERC1：数据初始化和版本变更记录...	
☑	00007	gxy04	等待执行	ERC1：数据初始化和版本变更记录...	

图 2–1–42　批量参数操作（抄表日及其他参数召测）

7. 电能表参数设置

在主界面上点击“菜单”→“参数设置”→“电能表参数”，出现如图 2–1–43 所示界面。

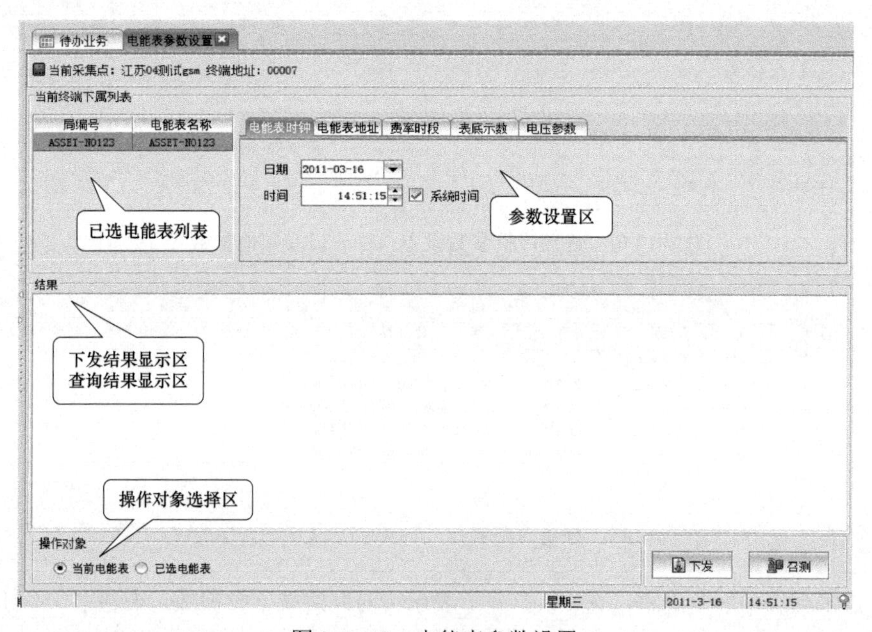

图 2–1–43　电能表参数设置

在此界面内，可以自行设定并下发或召测选定终端下的电能表的时钟、地址、费率时段、表底示数、电压参数。

具体设置方法可参考参数设置中的类似界面。

四、归档

主站与终端联调成功后，对调试记录进行归档，将终端状态改为运行。

【思考与练习】

1. 在下发终端参数时，终端的数传延时应如何设置，能不能设置为 0？
2. 密码有什么作用，若不正确设置会如何？

3. 连续与主站无通信时间有什么用处？若设定值为0表示什么？

4. 总加选项中的累加、累减是什么含义，如何选择使用？

模块2　主站与集中器联调（Z29E1002Ⅰ）

【模块描述】本模块包含主站与集中器联调的内容。通过步骤讲解，熟悉主站与集中器联调时集中器配置、总表调试、低压户表配置的步骤和方法。

本模块以江苏专业系统为例进行介绍。

【模块内容】

集中器、采集器在现场安装完成后，主站应根据查勘表与安装方案，正确配置集中器、总表、低压户表等，准确区分问题的范围，及时发现现场安装设置问题，实现数据的正确采集。

一、集中器配置

（1）根据查勘表与安装方案，配置集中器、台区总表及其他档案信息，详情见表2-2-1。

表2-2-1　集中器配置信息表

1. 台区基本信息			
台区名称		台区编号	
抄表段号		经纬度坐标	
管理部门		台区管理员	
供电范围		交通地址	
集中器条码号		SIM卡号	
2. 电气设备信息			
供电线路		杆塔号	
变压器容量		总表资产号	
TA		总表通信地址	
主站配置人		集中器通信地址	
现场安装人		安装时间	

（2）现场集中器上电后，设置集中器地址、通信参数（主站IP、端口号、APN节点参数），重启集中器。

（3）集中器注册成功后，主站下发复位命令，清除集中器数据。

二、总表调试

（1）集中器对时，下发总表配置参数，抄总表（注：Ⅱ型集中器及GPRS表，一般在“立即抄表”下发后几分钟即可抄实时数据；Ⅰ型集中器需抄日冻结数据要隔日抄读），若抄表失败，则主站检查下发的配置参数，现场检查接线、核对表地址，必要时用手持设备检查表计 485 接口。

（2）抄表成功，与现场核对表码。若有采集器，则继续采集器的安装调试，若无采集器，则现场进入工作结束程序，安装回单签字归档。

三、低压户表配置

（1）主站通知台区管理部门，在营销系统修改所属台区户表的抄表方式，由“手工抄表”改为“自动抄表”，营销中间库同步后，读取对应台区户表档案，下发户表信息到集中器，若有采集器，则将户表对应配置到采集器。

（2）通知台区管理部门，还原抄表方式，在第一个抄表日，与台区管理员比对自动抄表数据。

（3）数据一致，再次修改抄表方式为“自动抄表”，台区进入自动抄表结算方式。

四、主站建档、调试及投运

（一）主站对终端建档

点击“功能菜单”→“基本应用”→“终端调试”→“集抄终端调试”。

1. 手工建档（新建）

（1）Ⅱ型集中器建档。点击“新建”，出现如图 2-2-1 所示界面。选择对应的条件，输入终端资产号及终端安装位置。

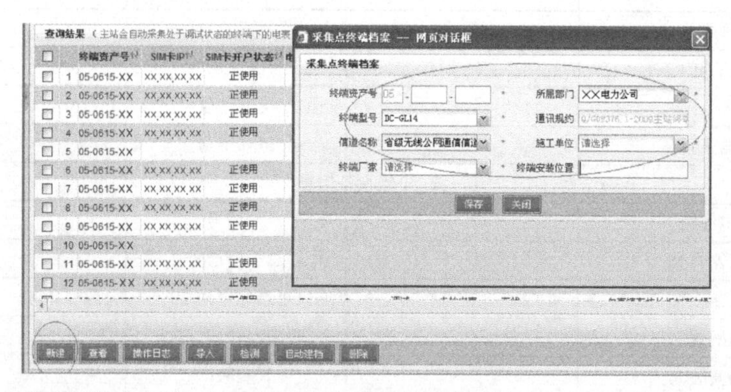

图 2-2-1 Ⅱ型集中器建档

（2）Ⅰ型集中器及 GPRS 表建档。

1）Ⅰ型集中器建档：点击“新建”，出现如图 2-2-2 所示界面，选择对应的条件，输入终端资产号及终端安装位置，采集端口选系统默认。自带局编号根据实际情况是否填写。

2）GPRS 表建档：点击“新建”，出现如图 2–2–2 所示界面，选择对应的条件，输入终端资产号及终端安装位置，自带局编号根据实际表计局编号填写。

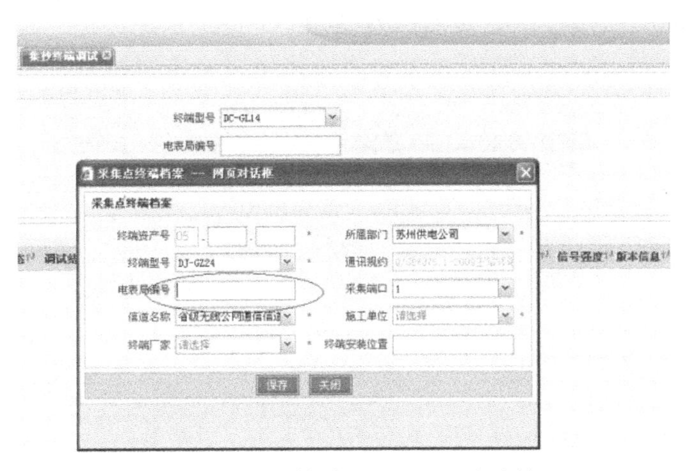

图 2–2–2　Ⅰ型集中器及 GPRS 表建档

2. 批量建档

点击“导入”，出现如图 2–2–3 所示界面，钩选相应的选择条件，选择需建安装档案的表格（Excel）导入，根据系统提示对报错进行处理（主要为表已添加，电能表局编号错误等）。

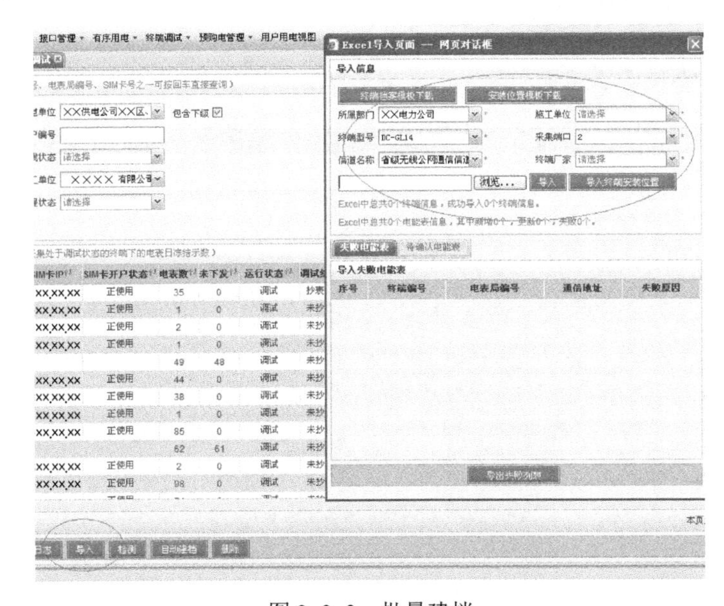

图 2–2–3　批量建档

3. 添加电能表

选择终端点击“查看”，出现如图 2–2–4 所示界面，根据不同条件添加电能表（抄表段，台区编号，局编号等），其余参数选默认。

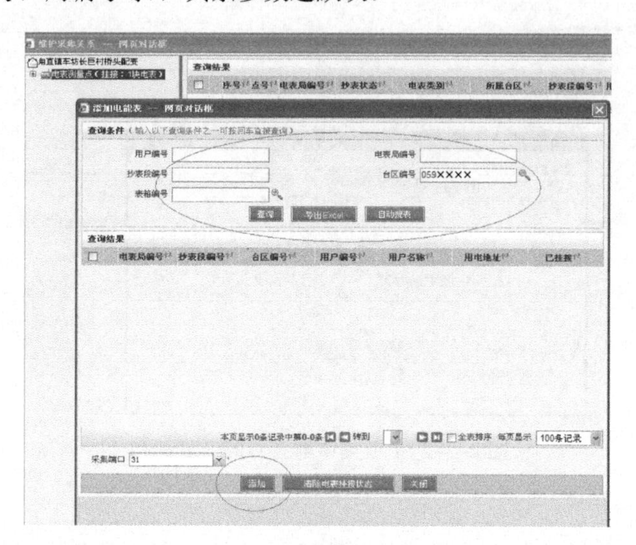

图 2–2–4 添加电能表

注：营销系统未更新电能表（无用户档案，抄表段等），只能根据电能表局编号添加。

（二）主站对终端调试及投运

1. 参数下发

点击“参数下发”，出现如图 2–2–5 所示界面，下发成功后主站会显示“已下发”。

快速下发 - Windows Internet Explorer

查询条件

终端类型 低压集中器　终端资产号 05 - xxxx - xxxx　终端安装位置 角直镇车坊长巨村文浜...

⊙全部 ○未下发 ○删除未下发 ○抄表失败

数据下发结果　电表数：49

序号	点号	电能表局编号	电能表状态	规约类型	通信速率	端口号	通信地址	整数小数位	用户大类号	用户小类号	费率数
1	1	xxxxxxxxx	正常	DL/T645-2007(普通)规约	2400	1	xxxxxxxxx	6.2	6	5	4
2	2	xxxxxxxxx	未下发	DL/T645-2007(普通)规约	2400	31	xxxxxxxxx	6.2	5	11	4
3	3	xxxxxxxxx	未下发	DL/T645-2007(普通)规约	2400	31	xxxxxxxxx	6.2	5	11	4
4	4	xxxxxxxxx	未下发	DL/T645-2007(普通)规约	2400	31	xxxxxxxxx	6.2	5	11	4
5	5	xxxxxxxxx	未下发	DL/T645-2007(普通)规约	2400	31	xxxxxxxxx	6.2	5	11	4
6	6	xxxxxxxxx	未下发	DL/T645-2007(普通)规约	2400	31	xxxxxxxxx	6.2	5	11	4
7	7	xxxxxxxxx	未下发	DL/T645-2007(普通)规约	2400	31	xxxxxxxxx	6.2	5	11	4
8	8	xxxxxxxxx	未下发	DL/T645-2007(普通)规约	2400	31	xxxxxxxxx	6.2	5	11	4
9	9	xxxxxxxxx	未下发	DL/T645-2007(普通)规约	2400	31	xxxxxxxxx	6.2	5	11	4
10	10	xxxxxxxxx	未下发	DL/T645-2007(普通)规约	2400	31	xxxxxxxxx	6.2	5	11	4
11	11	xxxxxxxxx	未下发	DL/T645-2007(普通)规约	2400	31	xxxxxxxxx	6.2	5	11	4

终端对时　参数下发　立即抄表　关闭

完成　可信站点　100%

图 2–2–5 参数下发

2. 抄表命令下发

点击“立即抄表”，出现如图 2–2–6 所示界面，下发成功后，终端开始抄表。

快速下发 - Windows Internet Explorer

查询条件

终端类型 低压集中器　终端资产号 05 - XXXX - XXXX　终端安装位置

⊙全部 ○未下发 ○删除未下发 ○抄表失败

数据下发结果　电表数：49

序号	点号	电能表局编号	电能表状态	规约类型	通信速率	端口号	通信地址	整数小数位	用户大类号	用户小类号	费率数
1	1	XXXXXXXXX	正常	DL/T645-2007(普通)规约	2400	1	XXXXXXXXX	6.2	6	5	4
2	2	XXXXXXXXX	未下发	DL/T645-2007(普通)规约	2400	31	XXXXXXXXX	6.2	5	11	4
3	3	XXXXXXXXX	未下发	DL/T645-2007(普通)规约	2400	31	XXXXXXXXX	6.2	5	11	4
4	4	XXXXXXXXX	未下发	DL/T645-2007(普通)规约	2400	31	XXXXXXXXX	6.2	5	11	4
5	5	XXXXXXXXX	未下发	DL/T645-2007(普通)规约	2400	31	XXXXXXXXX	6.2	5	11	4
6	6	XXXXXXXXX	未下发	DL/T645-2007(普通)规约	2400	31	XXXXXXXXX	6.2	5	11	4
7	7	XXXXXXXXX	未下发	DL/T645-2007(普通)规约	2400	31	XXXXXXXXX	6.2	5	11	4
8	8	XXXXXXXXX	未下发	DL/T645-2007(普通)规约	2400	31	XXXXXXXXX	6.2	5	11	4
9	9	XXXXXXXXX	未下发	DL/T645-2007(普通)规约	2400	31	XXXXXXXXX	6.2	5	11	4
10	10	XXXXXXXXX	未下发	DL/T645-2007(普通)规约	2400	31	XXXXXXXXX	6.2	5	11	4
11	11	XXXXXXXXX	未下发	DL/T645-2007(普通)规约	2400	31	XXXXXXXXX	6.2	5	11	4

终端对时　参数下发　立即抄表　关闭

完成　可信站点　100%

图 2–2–6　立即抄表

3. 数据召测验证

点击“数据召测”，出现如图 2–2–7 所示界面，根据召回的数据，判断终端抄表是否成功（示数、抄表时间、数据日期、抄表状态等）。

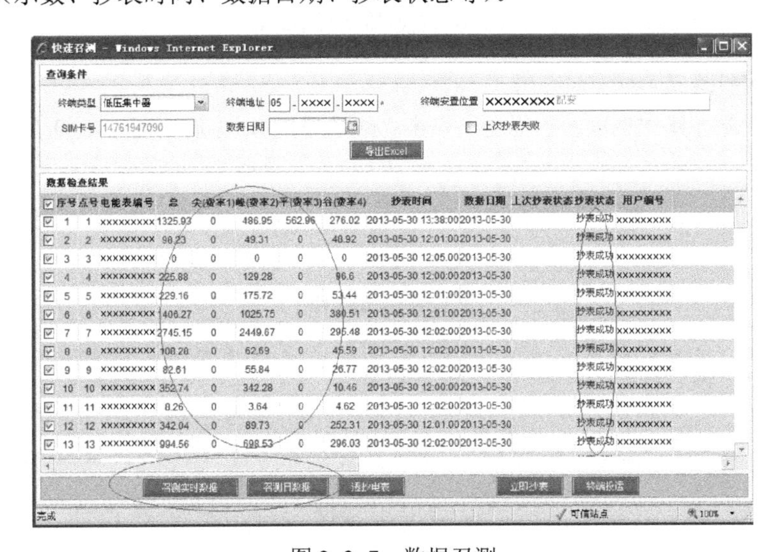

序号	点号	电能表编号	总	尖(费率1)	峰(费率2)	平(费率3)	谷(费率4)	抄表时间	数据日期	上次抄表状态	抄表状态	用户编号
1	1	xxxxxxxxx	1325.93	0	486.95	562.96	276.02	2013-05-30 13:38:00	2013-05-30		抄表成功	xxxxxxxxx
2	2	xxxxxxxxx	98.23	0	49.31	0	48.92	2013-05-30 12:01:00	2013-05-30		抄表成功	xxxxxxxxx
3	3	xxxxxxxxx	0	0	0	0	0	2013-05-30 12:05:00	2013-05-30		抄表成功	xxxxxxxxx
4	4	xxxxxxxxx	225.88	0	129.28	0	96.6	2013-05-30 12:00:00	2013-05-30		抄表成功	xxxxxxxxx
5	5	xxxxxxxxx	229.16	0	175.72	0	53.44	2013-05-30 12:01:00	2013-05-30		抄表成功	xxxxxxxxx
6	6	xxxxxxxxx	1406.27	0	1025.75	0	380.51	2013-05-30 12:01:00	2013-05-30		抄表成功	xxxxxxxxx
7	7	xxxxxxxxx	2745.15	0	2449.67	0	295.48	2013-05-30 12:02:00	2013-05-30		抄表成功	xxxxxxxxx
8	8	xxxxxxxxx	108.28	0	62.69	0	45.59	2013-05-30 12:02:00	2013-05-30		抄表成功	xxxxxxxxx
9	9	xxxxxxxxx	82.61	0	55.84	0	26.77	2013-05-30 12:02:00	2013-05-30		抄表成功	xxxxxxxxx
10	10	xxxxxxxxx	352.74	0	342.28	0	10.46	2013-05-30 12:00:00	2013-05-30		抄表成功	xxxxxxxxx
11	11	xxxxxxxxx	8.26	0	3.64	0	4.62	2013-05-30 12:02:00	2013-05-30		抄表成功	xxxxxxxxx
12	12	xxxxxxxxx	342.04	0	89.73	0	252.31	2013-05-30 12:01:00	2013-05-30		抄表成功	xxxxxxxxx
13	13	xxxxxxxxx	994.56	0	698.53	0	296.03	2013-05-30 12:02:00	2013-05-30		抄表成功	xxxxxxxxx

图 2–2–7　数据召测

注意：召测的数据提示红色时（见图 2–2-8），说明数据存在问题，如抄表时间，出现的可能原因有：① 终端时钟错误或偏差；② 数据为最后一次成功抄表的数据及抄表时间。

图 2–2–8 召测数据提示红色

4. 终端投运

对抄表成功率 95%以上的终端，点击“终端投运”，出现如图 2–2–9 所示界面，终端运行。

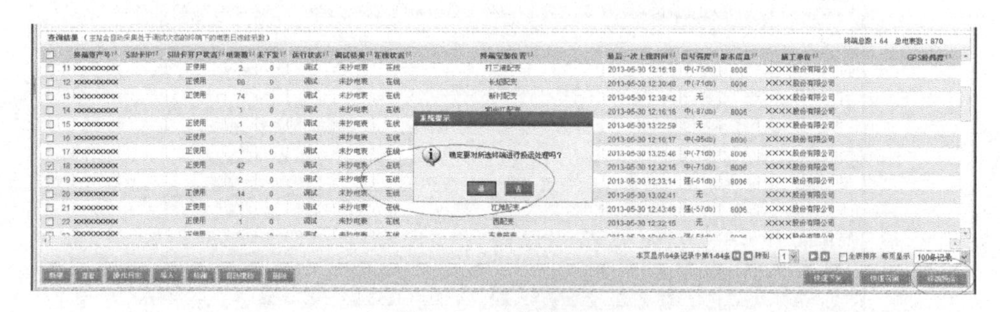

图 2–2–9 终端投运

5. 批量调试及投运

选择多个终端可进行批量下发、批量召测、批量投运（操作步骤可参见单个终端调试），见图 2–2–10。

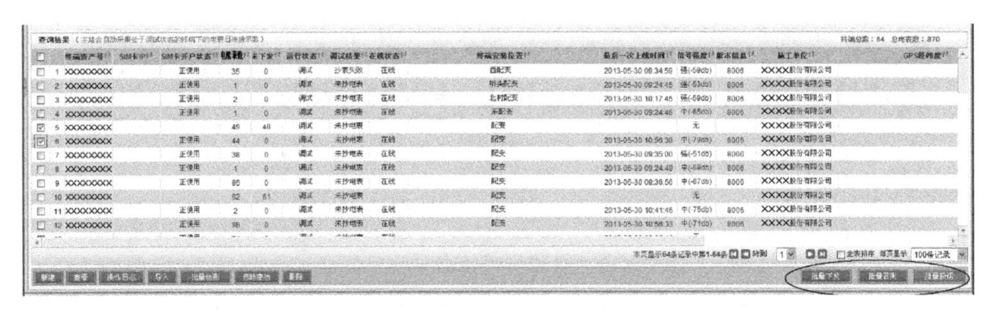

图 2–2–10　批量调试及投运

【思考与练习】

1. 集中器现场安装后应设置哪些参数？
2. 总表数据采集不成功应如何调试？
3. 低压户表配置的具体操作流程是什么？

模块 3　系统传票使用（Z29E1003 Ⅰ）

【模块描述】本模块包含系统的传票管理。通过对系统中传票的类型，应用范围和考核周期介绍，不同类型传票的建立、发送与处理方式讲解，掌握系统传票的分类、作用和管理流程。

本模块以江苏专业系统为例进行介绍。

【模块内容】

一、采集点设置流程

流程如图 2–3–1 所示。

1. 制定采集点初步方案

打开操作员“待办事宜”界面，如图 2–3–2 所示。

选择需要处理的流程，点击“执行”按钮如图 2–3–3 所示。

变更方式：目前用到三种“新装、保留、拆除”；

新装：针对业扩传递过来的“新装”；

保留：针对业扩传递过来的“增/减容”（主要就是将流程能走完）；

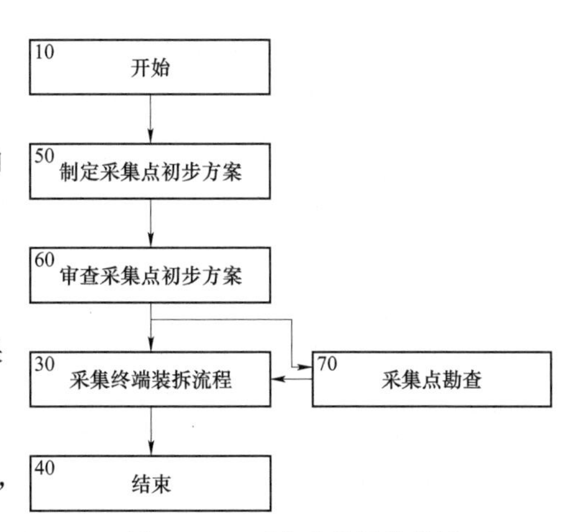

图 2–3–1　采集点设置流程图

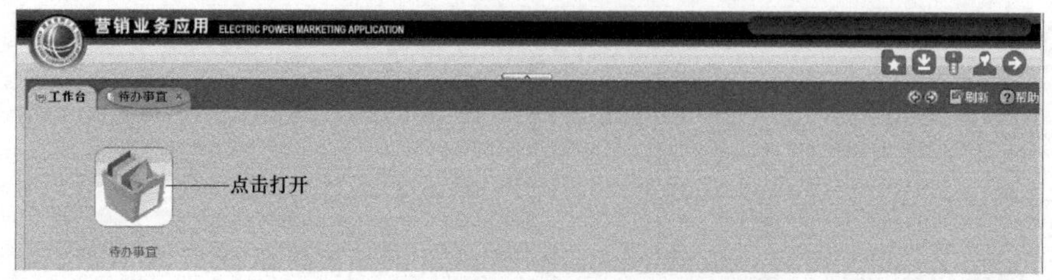

图 2–3–2 操作员“待办事宜”界面

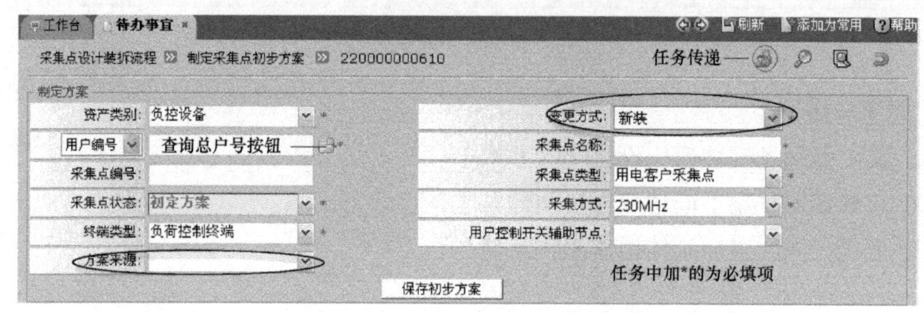

图 2–3–3 制定采集点初步方案

拆除：针对业扩传递过来的“销户”用户（终端运行状态改为“停用”)。

方案来源：有两种“自订”和“接收”，接收到的业扩流程选择“接收”;

采集点编号:“新装”的变更方式，点击“保存初步方案”的按钮后，系统自动生成;“保留”、“拆除”的变更方式，需要填入采集点编号，点击空白框，出现如图 2–3–4 所示界面。

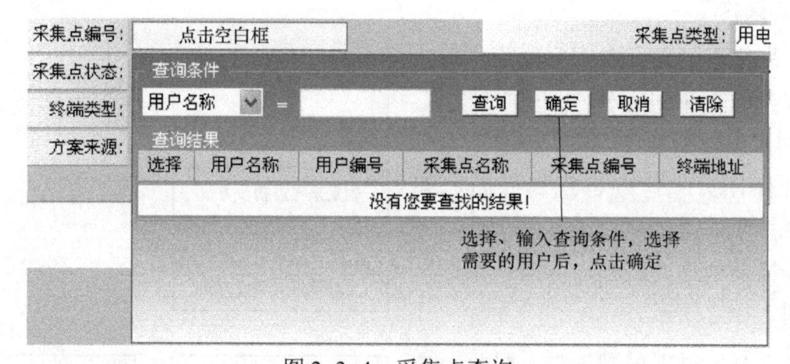

图 2–3–4 采集点查询

完成采集点初步方案后，点击按钮“保存初步方案”，保存方案。

2. 审查采集点初步方案

点击任务传递按钮，该条任务传递到下一步，班长对采集点初步方案进行审查，如图 2–3–5 所示界面。

图 2–3–5　班长待办事宜

点击执行按钮，进入审查页面，点选“合格”—保存—传递，出现如图 2–3–6 所示界面。

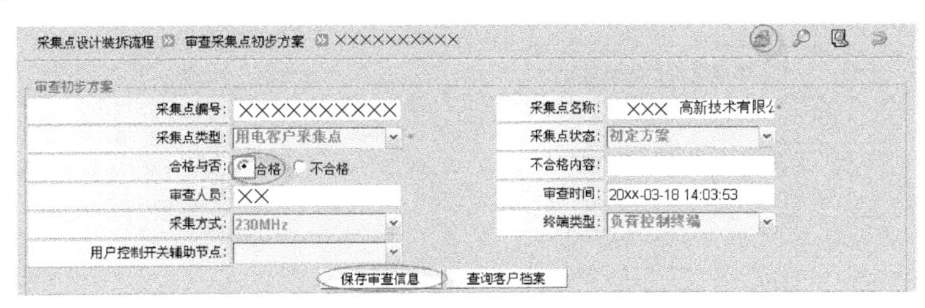

图 2–3–6　审查采集点初步方案

3. 采集点勘查

该流程传递到采集点勘察，见图 2–3–7。这里需要注意的是，处理这一步任务的人员，只能是第一步“制定采集点初步方案”的人员。

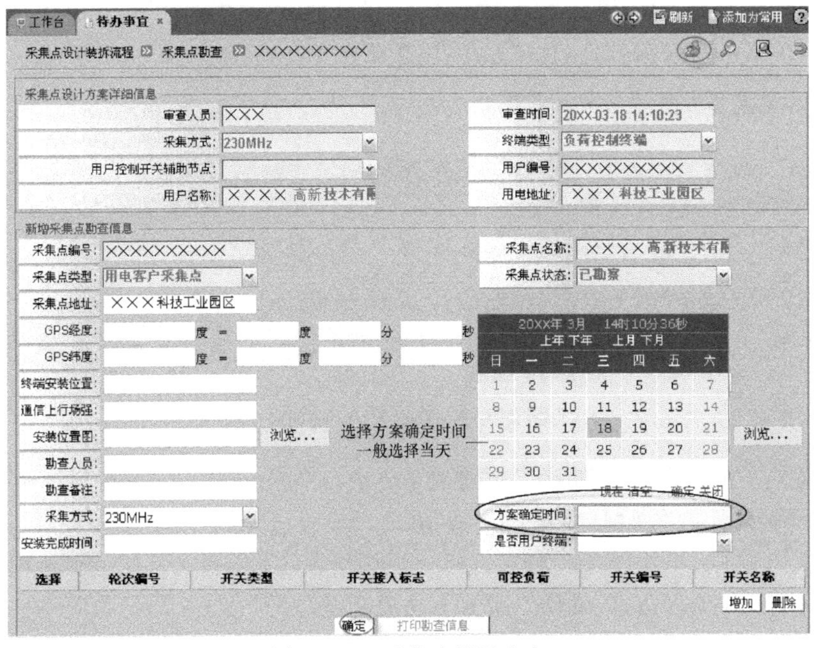

图 2–3–7　采集点设计方案

若需要尽快走完流程，操作人员只要填入加*号的必填项即可。只要选择“方案确定时间”，即可将流程传递下去。

二、采集终端装拆流程

流程如图 2–3–8 所示。

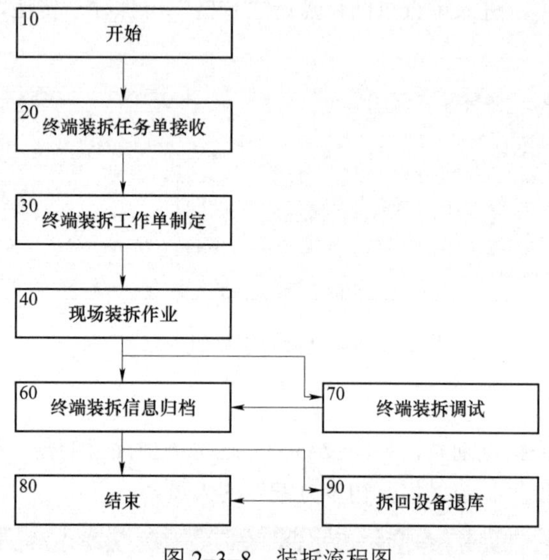

图 2–3–8 装拆流程图

1. 终端装拆任务单接收（见图 2–3–9）

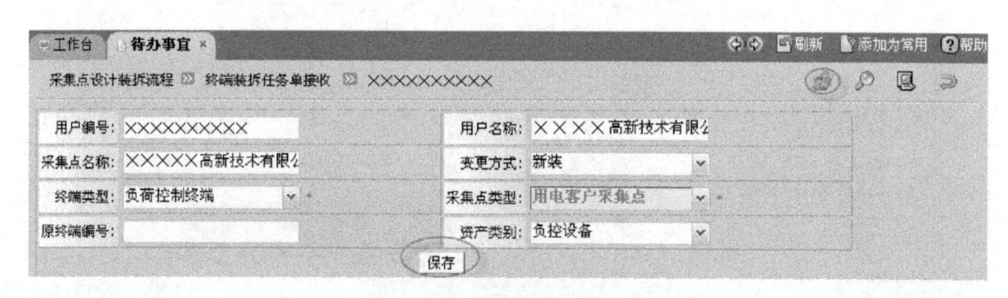

图 2–3–9 装拆任务单接收

一般这一步直接点击“保存”传递到下一步。

2. 终端装拆工作单制定（见图 2–3–10）

填入“施工人员”，选择“施工日期”；是否申领终端选择“否”，否则流程在下面的步骤进行不下去；点击“制定”按钮，传递流程到下一步。

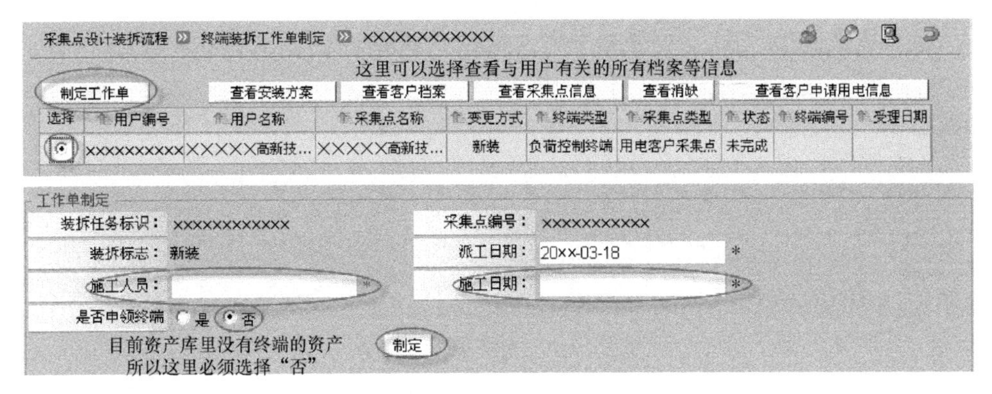

图 2–3–10　终端装拆工作单

3. 现场装拆作业（见图 2–3–11）

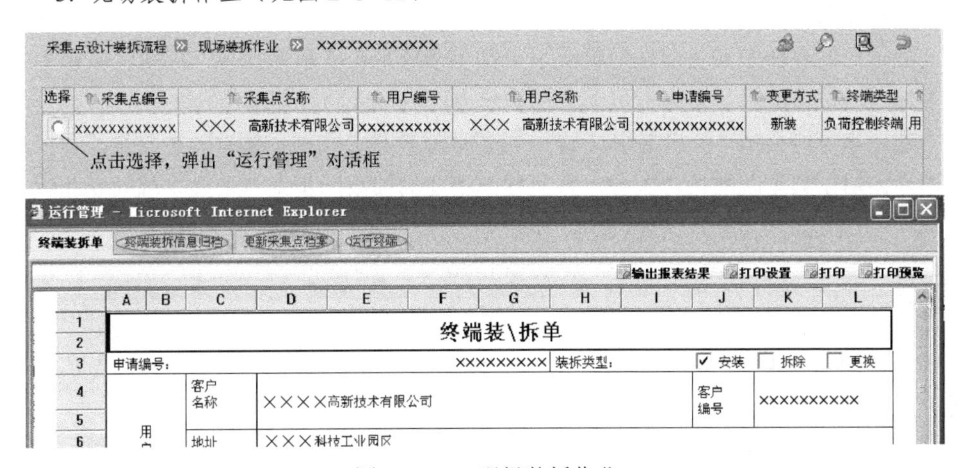

图 2–3–11　现场装拆作业

报表打开后，选择“运行管理”里的第二个标签页“终端装拆信息归档”，如图 2–3–12 所示。

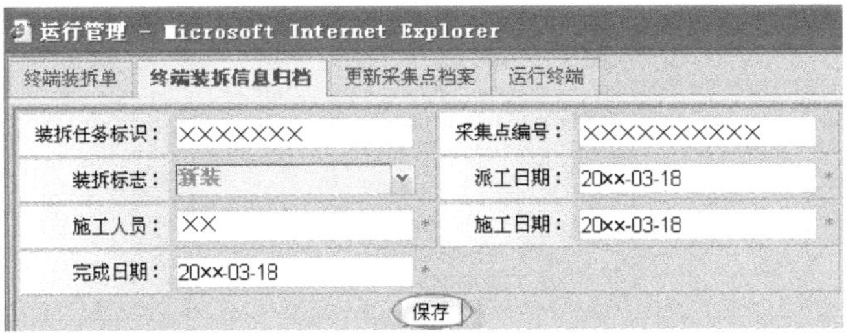

运行管理 - Microsoft Internet Explorer

终端装拆单　终端装拆信息归档　更新采集点档案　运行终端

装拆任务标识： XXXXXXX　　采集点编号： XXXXXXXXXXX

装拆标志： 新装　　派工日期： 20xx-03-18 *

施工人员： XX *　　施工日期： 20xx-03-18 *

完成日期： 20xx-03-18 *

保存

图 2–3–12　终端装拆信息归档

直接点击保存，再打开“更新采集点档案”，如图 2–3–13 所示。

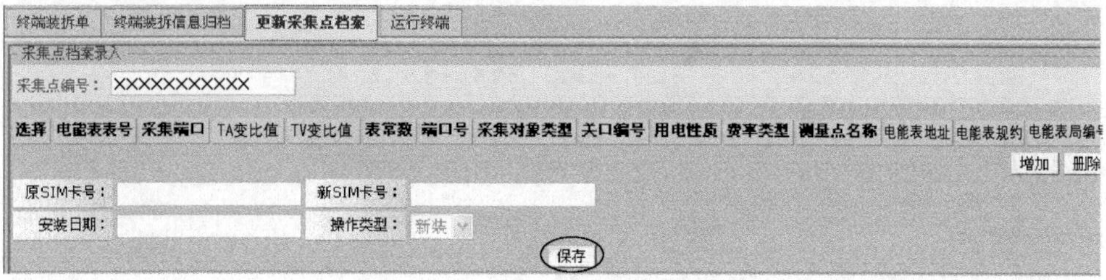

图 2–3–13 更新采集点档案

如果是设置Ⅱ型终端 SIM 卡号，在实际调试时填写或者修改，点击“保存”。

打开“运行终端”，如图 2–3–14 所示，有关的终端档案，都可以在实际调试时修改，这里先取默认值将任务完成。

注意在此界面中，目前任何情况下，都不需要点击“新增保存”按钮，只需要点击“修改”按钮即可；否则有可能会在系统内产生多余的终端编号。

这一步可能会报“接口调用失败”，可以联系软件公司协助解决，主要是流程在这一步会调用采集系统的接口服务，将流程中新建的档案同步到“采集系统（专业版客户端）”中。这步走完后就可以在客户端中查询到该用户的终端档案了。

图 2–3–14 运行终端

终端运行状态默认“待装”。以上三个页面保存或修改好后，传递流程到下一步。

4. 终端装拆调试（见图 2–3–15）

采集点设计装拆流程 » 终端装拆调试 » XXXXXXXXXXXX

显示实时终端安装调试单 | 参数设置 | 数据召测 | 数据验证

输出报表结果　打印设置　打印　打印预览

终端调试单					
客户编号	XXXXXXXXXX	客户名称	××× 技术有限公司	采集点编号	××××
联系人	××××	联系电话	×××××××××××	所属区域	
终端型号	I型负荷管理终端	终端地址	××××科技工业园区	变压器容量	
终端资产号				批准容量	80
信道调试					
信号通道		使用频点		通讯方式	
发射功率(W)		下行场强	(≥24dB)	驻波比	
下行话音	清晰	有噪音	上行话音	清晰	有噪音
功能调试					

序号	项目	结果		正常i
		正常	不正常	

Sheet1

图 2–3–15　终端装拆调试

这一步，直接点击“传递”按钮，使得流程走到下一步，流程走完后可在系统内调试。

5. 终端装拆信息归档（见图 2–3–16）

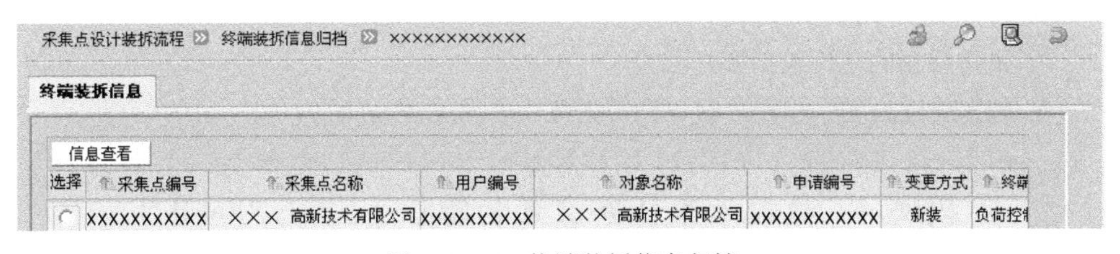

图 2–3–16　终端装拆信息归档

直接点击“传递”按钮，使得流程最终归档，或传递到业扩流程中的下一步。

值得注意的是，对于业扩传递过来的高压增/减容，用户销户流程即“保留”“拆除”的变更方式；在归档或传递回业扩后，还有两个步骤，即将终端入库的任务，都是直接传递，将这两步走完，流程才能结束，如图 2–3–17、图 2–3–18 所示。

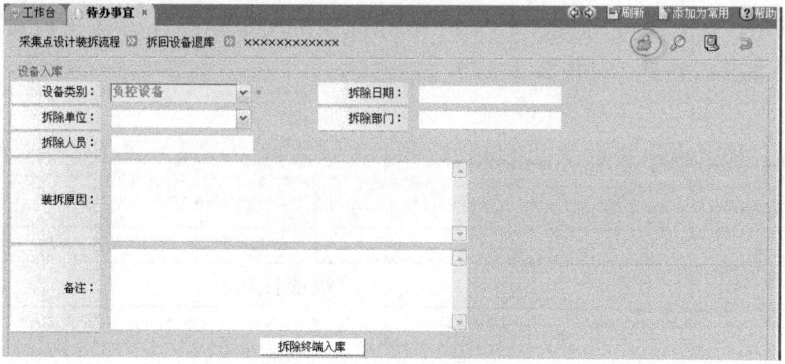

图 2–3–17 拆回设备退库

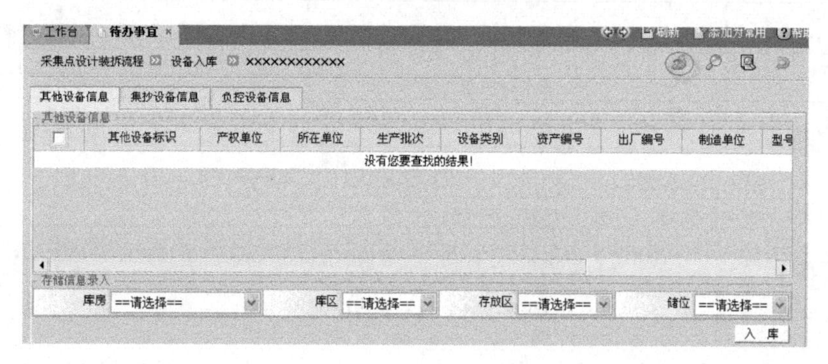

图 2–3–18 设备入库

【思考与练习】

1. 采集点的设置包括哪些流程？
2. 传票变更方式有哪几种？
3. 采集终端的装拆包括哪些流程？
4. 传票传递过程中出现“接口调用失败”主要原因是什么？

模块 4 数据采集任务设置和维护（Z29E1004Ⅱ）

【模块描述】本模块包含系统主站数据采集任务配置和维护。通过对主站的随机召测、定时巡测和主动上报等三种自动任务的概念及应用范围的介绍，自动任务的配置原则及操作过程讲解，掌握专网和公网通信在数据采集功能上的区别、应用范围和任务配置技能。

本模块以江苏专业系统为例进行介绍。

【模块内容】

一、数据采集任务分类

根据采集发起方式的不同，数据采集任务可以分成三类：随机召测、定时巡测和主动上报。

（1） 定时巡测任务。定时巡测任务是指主台程序按照预设的周期性、规律性的任务执行方案周期性地定时从批量终端直接采集数据。定时巡测任务用于创建周期性、规律性的定时数据采集执行方案。

（2） 随机召测。随机召测是指从随机选择的终端直接查询随机选择的数据项对应的数据。随机召测用于操作人员从随机选择终端直接查询实时数据和历史数据，同时也可随机选择数据项查询自己关心的数据。

（3） 主动上报任务。主动上报任务是指终端按照预设的周期性、规律性的任务执行方案周期性地定时把数据直接发送给主站。主动上报任务用于创建周期性、规律性的不需要主台请求的定时数据采集执行方案。

二、数据采集自动任务设置

在电力用户用电信息采集系统中根据各项业务对自动采集数据的要求，编制采集自动任务。

（一）新建任务

（1） 点击图 2–4–1 所示的“新建”按钮，进入如图 2–4–2 所示的编制界面（采集任务默认有效；选择群组后可点击其后的小图标可查看群组详情）。

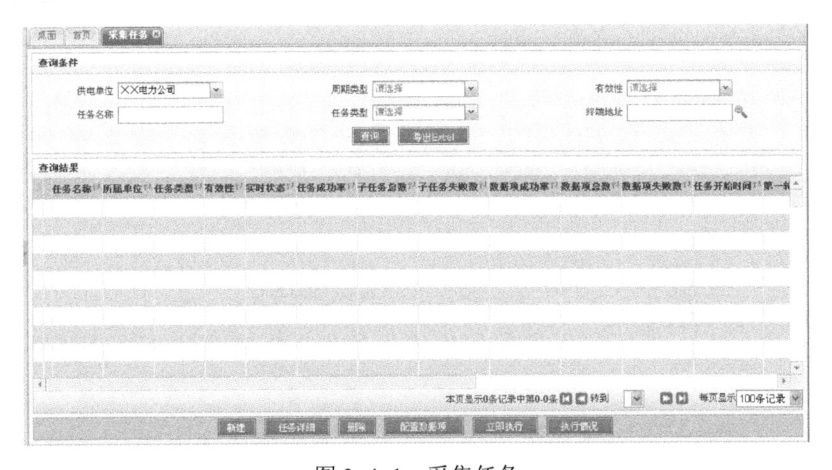

图 2–4–1　采集任务

（2） 在图 2–4–2 所示编制界面，输入采集任务基本信息和采集周期，点击“保存”按钮，保存成功即可完成采集任务的编制（注：同一供电单位内，任务名称不能重复）。

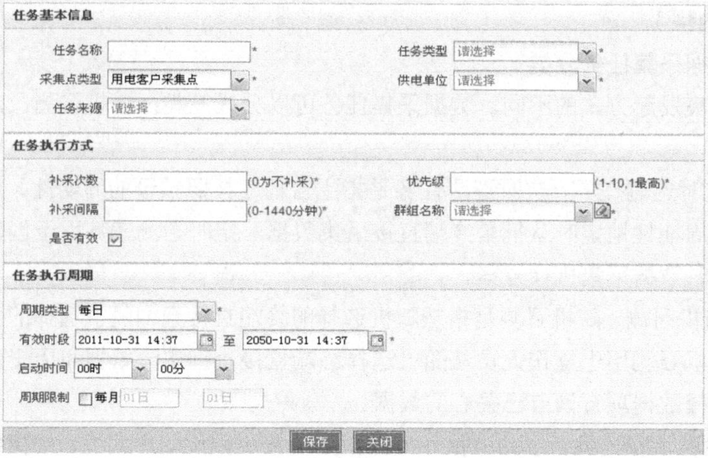

图 2–4–2 任务基本信息编制

说明：此处的周期限制做成了两种可选方式，时间点和时间段选择；周期类型是每月和每周的可以选择 1～12 月，类型是每日的可以选择 1～31 日，类型是每小时及以下可选择的 0～23 时。

（二）查看及修改采集任务

在图 2–4–1 所示采集任务页面，选择需要查看或修改的采集任务，点击“任务详细”按钮，可查看该采集任务的详细信息如图 2–4–3 所示。默认不允许编辑，若需要修改任务，点击“修改”按钮，修改任务相关信息，点击“保存”按钮，保存成功即可完成任务的修改操作。

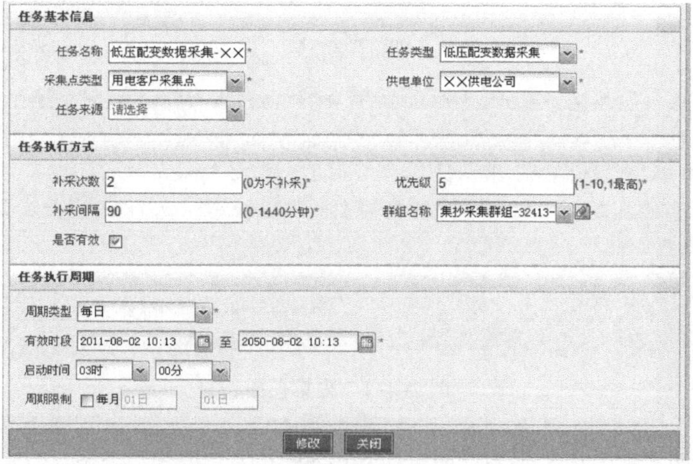

图 2–4–3 任务基本信息查看及修改

（三）配置数据项

（1）在图 2–4–1 所示采集任务页面，选择需要配置的采集任务，点击“配置数据项”按钮，进入配置数据项界面如图 2–4–4 所示，默认不允许编辑。

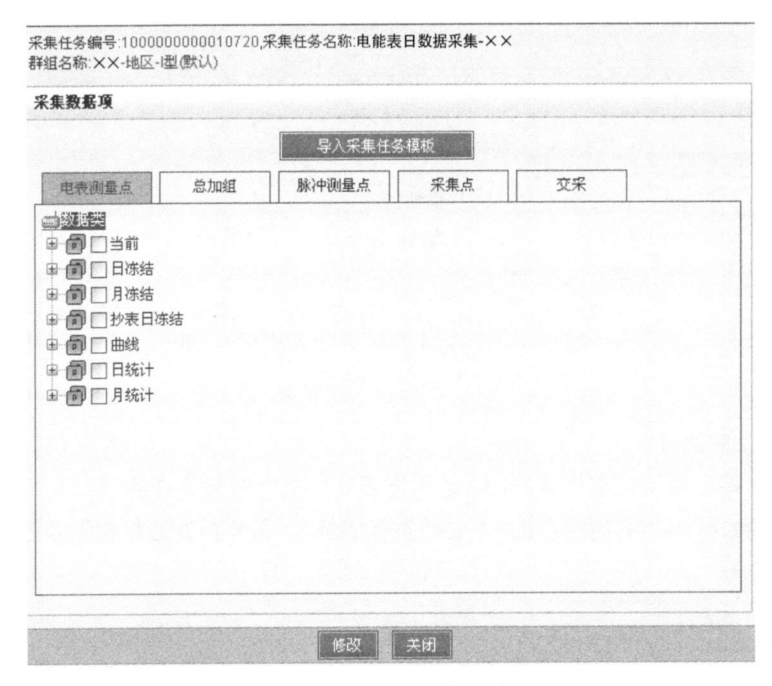

图 2–4–4　配置数据项

说明：任务类型为终端广播对时、终端广播关通话、有序用电实时数据采集、终端事件计数值采集、集抄广播对时的采集任务无须配置数据项，选择时配置数据项按钮置灰显示。

（2） 点击图 2–4–4 所示配置数据项界面“修改”按钮，选择需要采集的数据项，点击“保存”按钮，保存成功即可完成数据项的配置。

（四）删除任务

（1） 在图 2–4–1 所示采集任务界面，输入查询条件（见图 2–4–5），点击“查询”按钮，在查询结果中选择需要删除的有效性为“无效”的任务记录。点击“删除”按钮，出现“确认删除选中的记录？”提示，点击“是”，完成删除操作；点击“否”，放弃删除操作。

（2） 当在图 2–4–5 中选择一个有效的采集任务，进行删除时，会提示“只能删除无效任务！”

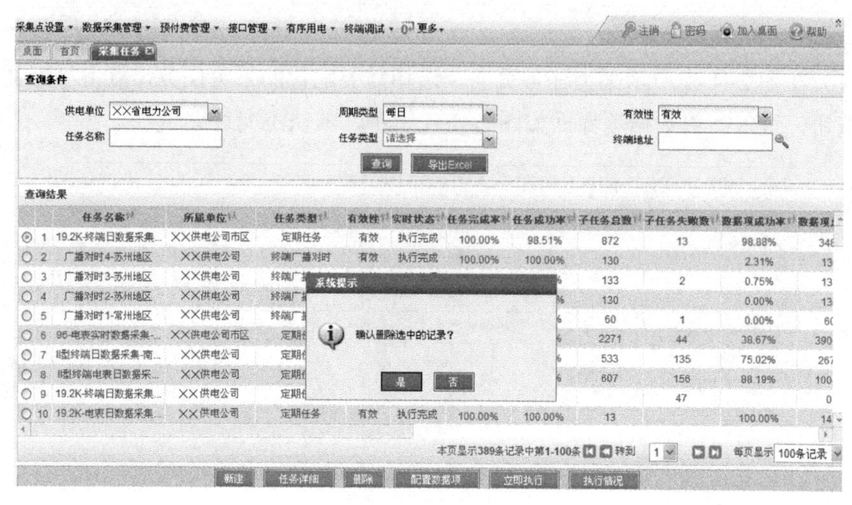

图 2–4–5 删除任务

（五）立即执行

在图 2–4–1 所示采集任务界面，选择需要立即执行的采集任务，点击“立即执行”按钮，出现如图 2–4–6 所示界面，“立即执行成功”（采集前置会根据采集任务立即进行数据采集）。

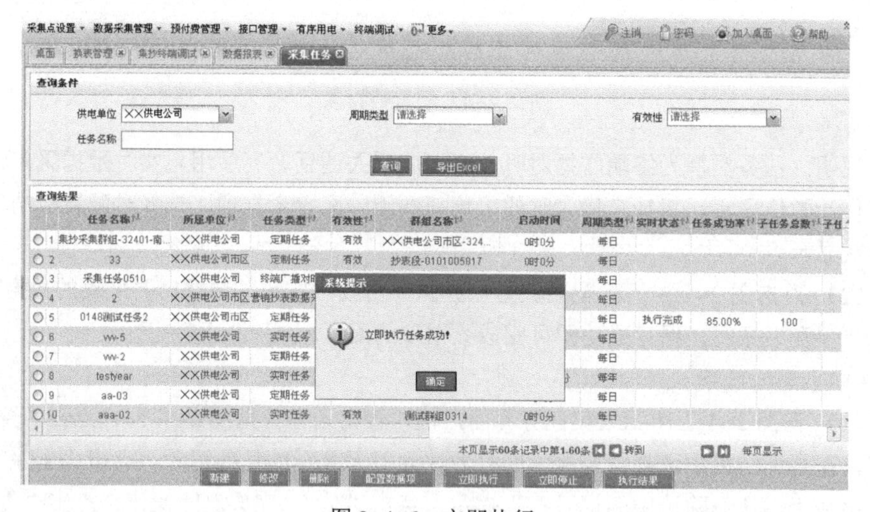

图 2–4–6 立即执行

（六）执行情况

（1） 在图 2–4–1 所示采集任务界面，选择需要查看执行情况的采集任务，点击“执行情况”按钮，可查看如图 2–4–7 所示的采集任务执行结果。

查询条件

查询时间起止 20XX-10-26 至 20XX-11-01 查询

查询结果

	供电单位	任务站点数	任务执行时间	任务完成时间	子任务总数	子任务最后执行失败数	完成时间	任务成功%	数据项成功%	第一轮
1	XX供电公司	1	20xx-11-01 00:41:09	2011-11-01 08:40:48	163	5	20xx-11-01 08:40:48	96.93	97.39	
2	XX供电公司	1	20xx-10-31 00:40:38	2011-10-31 08:40:35	1115	21	20xx-10-31 08:40:35	97.94	98.06	
3	XX供电公司	1	20xx-10-30 00:40:58	2011-10-30 08:41:25	1115	26	20xx-10-30 08:41:25	97.67	97.70	
4	XX供电公司	1	20xx-10-29 00:40:47	2011-10-29 08:40:40	1115	23	20xx-10-29 08:40:40	97.94	97.78	
5	XX供电公司	1	20xx-10-28 00:40:54	2011-10-28 08:40:53	1116	16	20xx-10-28 08:40:53	98.57	98.51	

本页显示7条记录中第1-7条 转到 1 每页显示 100条记录

图 2–4–7　执行情况查看

（2）在查询结果列表（图 2–4–7）显示默认查询时间段内任务的执行情况，点击任务站点数数字链接，界面下方显示如图 2–4–8 所示的任务站点明细信息，可查询任务站点执行情况。

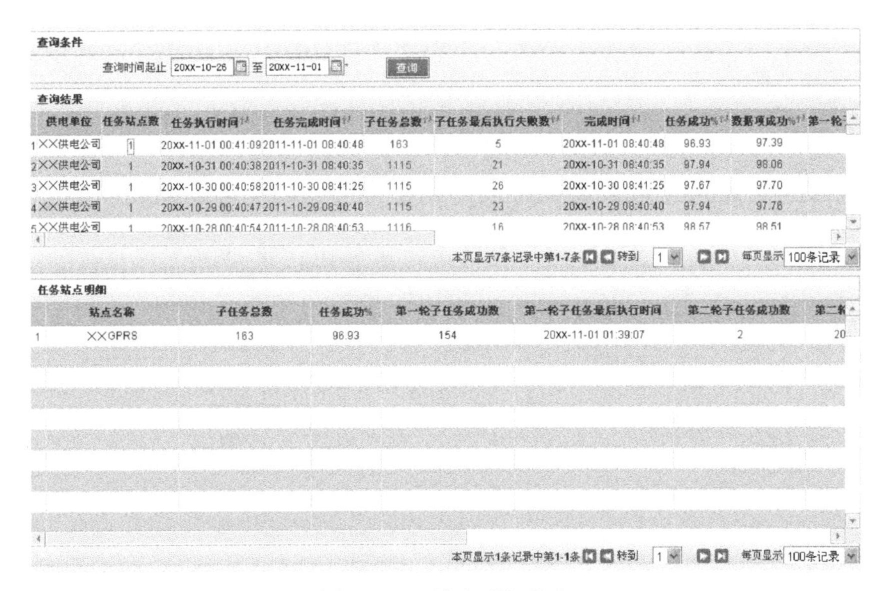

查询条件

查询时间起止 20XX-10-26 至 20XX-11-01 查询

查询结果

	供电单位	任务站点数	任务执行时间	任务完成时间	子任务总数	子任务最后执行失败数	完成时间	任务成功%	数据项成功%	第一轮
1	XX供电公司	1	20XX-11-01 00:41:09	2011-11-01 08:40:48	163	5	20XX-11-01 08:40:48	96.93	97.39	
2	XX供电公司	1	20XX-10-31 00:40:38	2011-10-31 08:40:35	1115	21	20XX-10-31 08:40:35	97.94	98.06	
3	XX供电公司	1	20XX-10-30 00:40:58	2011-10-30 08:41:25	1115	26	20XX-10-30 08:41:25	97.67	97.70	
4	XX供电公司	1	20XX-10-29 00:40:47	2011-10-29 08:40:40	1115	23	20XX-10-29 08:40:40	97.94	97.78	
5	XX供电公司	1	20XX-10-28 00:40:54	2011-10-28 08:40:53	1116	16	20XX-10-28 08:40:53	98.57	98.51	

本页显示7条记录中第1-7条 转到 1 每页显示 100条记录

任务站点明细

	站点名称	子任务总数	任务成功%	第一轮子任务成功数	第一轮子任务最后执行时间	第二轮子任务成功数	第二轮
1	XXGPRS	163	96.93	154	20XX-11-01 01:39:07	2	20

本页显示1条记录中第1-1条 转到 1 每页显示 100条记录

图 2–4–8　站点明细信息

（3）在图 2–4–8 中点击“子任务总数”或“子任务最后执行失败数”的数字链接，界面下方出现如图 2–4–9 所示终端子任务清单，可查看终端子任务执行结果。

（4）在图 2–4–9 所示终端子任务清单列表中，点击总任务数的数字链接，出现如图 2–4–10 所示子任务明细界面。

（5）在图 2–4–10 所示子任务明细界面，点击任务 ID，可查看对应的任务信息。

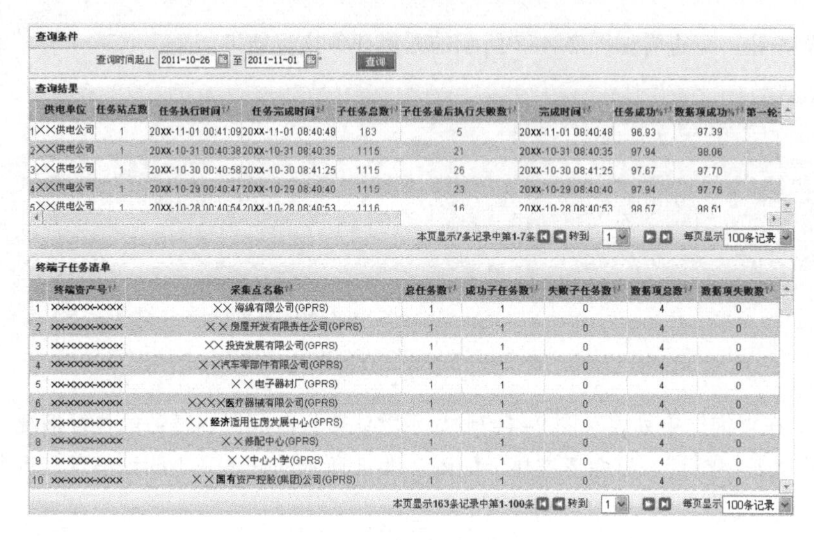

图 2–4–9 终端子任务清单

图 2–4–10 子任务明细

（6）在图 2–4–9 所示终端子任务清单界面中，点击“失败子任务数”的数字链接，弹出如图 2–4–11 所示终端子任务失败任务所涉及电表信息。

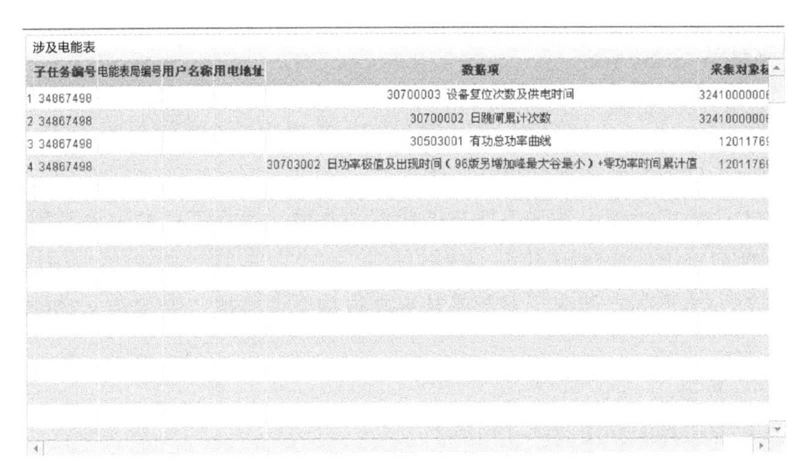

图 2–4–11　电能表信息

三、数据采集随机任务设置

（一）数据查询

在主界面上点击“菜单”→“数据查询”→“数据查询”，出现如图 2–4–12 所示界面。

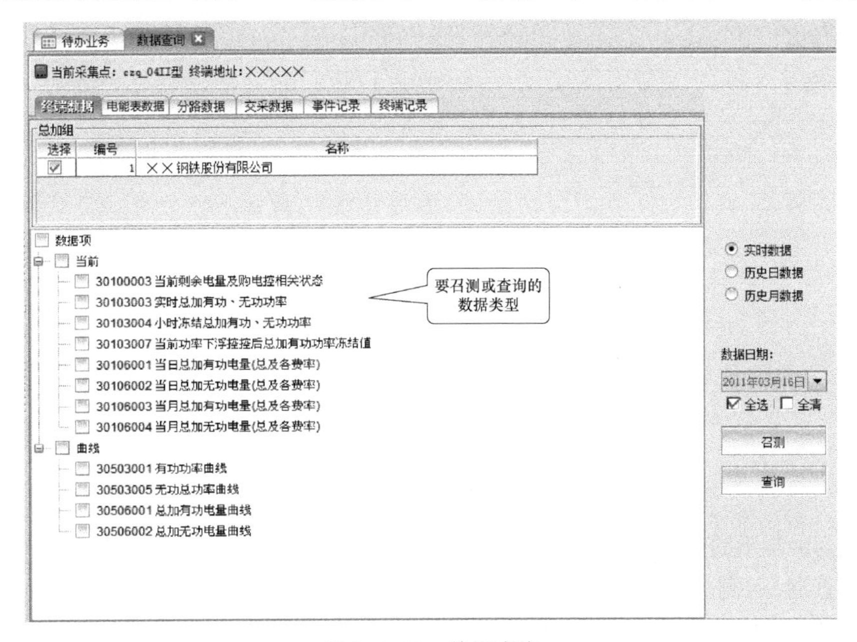

图 2–4–12　数据查询

在此界面内有六个选项卡，分别为终端数据、电能表数据、分路数据、交采数据、事件记录和终端记录。

1. 终端数据

终端数据界面如图 2–4–12 所示。在终端可查询的数据项列表中，列出了当前终端（主界面上终端列表中选定的终端）所支持的所有可查询或召测的数据项。当选择的终端类型不同时，可查询的数据项也会不同。

在要查询的数据类型中选择需要查询数据的类型，选择不同的数据类型，终端可查询的数据项列表中的内容也不同。

召测与查询的不同之处在于召测是从终端直接查询数据，查询是从数据库中查找已存储的数据。

2. 电能表数据

电能表数据的界面如图 2–4–13 所示。

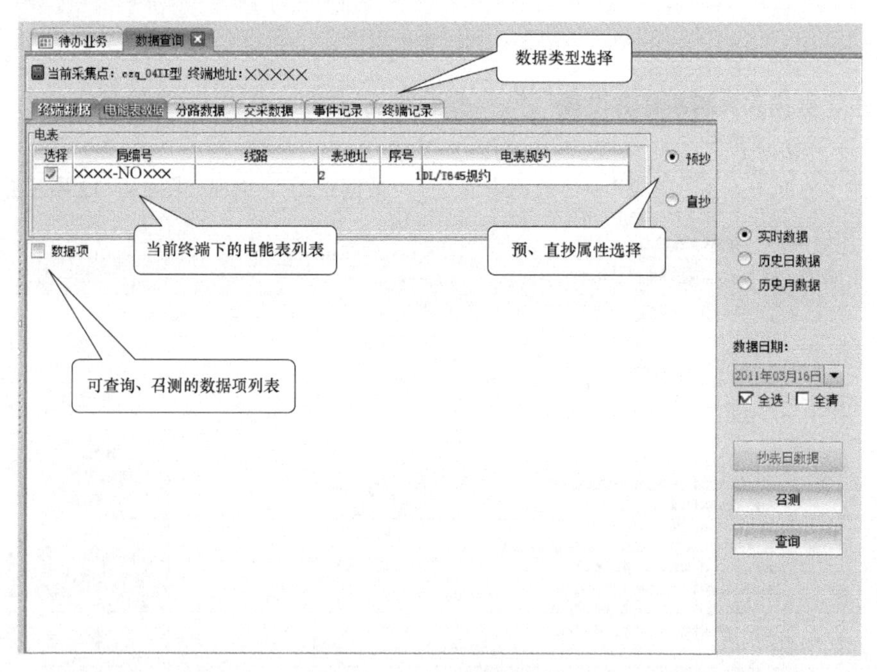

图 2–4–13 电能表数据

当前终端下的电能表列表中列出了当前终端下的所有电能表。

可查询、召测的数据项列表中的项目会根据下列条件的改变而变化：当前终端（主界面终端列表中选定的终端）的选择不同；电能表预、直抄属性的选择不同；数据类型的选择不同。

选择要查询或召测的数据项，选择数据类型，选择预、直抄属性、选择日期，点击查询或召测按钮即可。

3. 分路数据

分路数据的界面如图 2–4–14 所示。

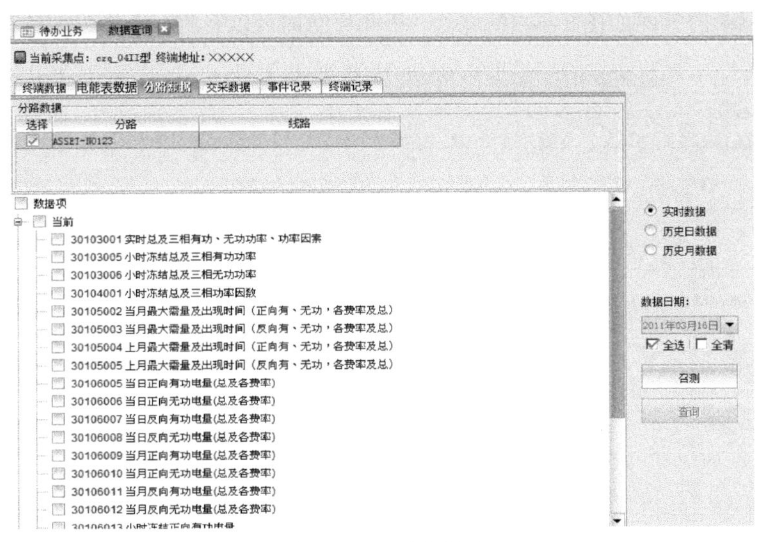

图 2–4–14　分路数据

使用方法参照电能表数据界面的用法。

4. 交采数据

交采数据的界面如图 2–4–15 所示。

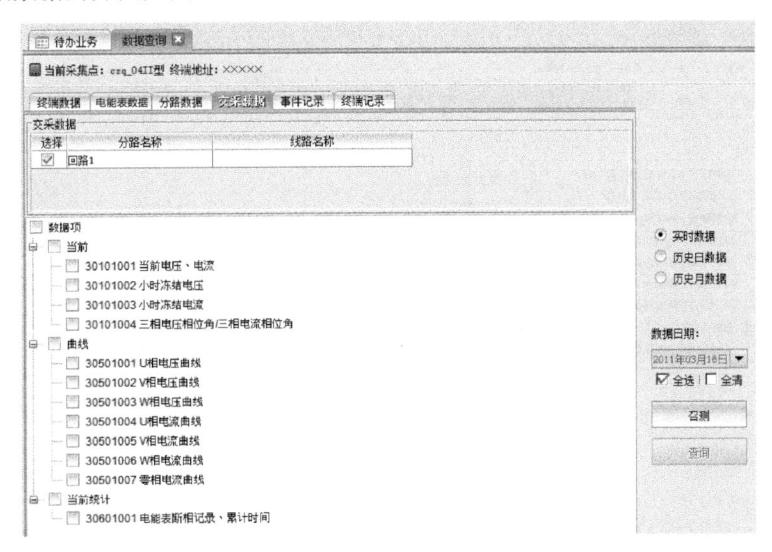

图 2–4–15　交采数据

使用方法参照电能表数据界面的用法。

5. 事件记录

事件记录的界面如图 2–4–16 所示，在此界面内可以召测、查看终端的事件记录。

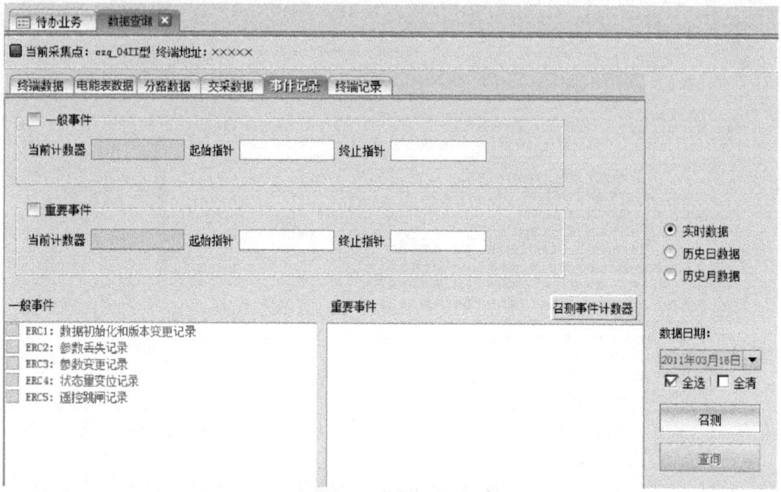

图 2–4–16 事件记录

6. 终端记录

终端记录的界面如图 2–4–17 所示，使用方法可参照终端数据界面的用法。

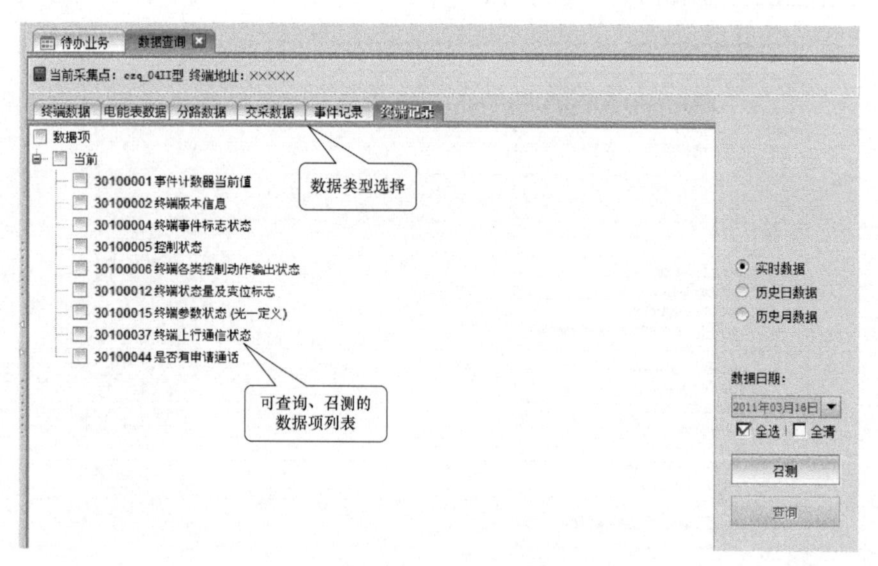

图 2–4–17 终端记录

（二）终端遥信

在主界面上点击终端遥信，出现如图 2–4–18 所示界面。

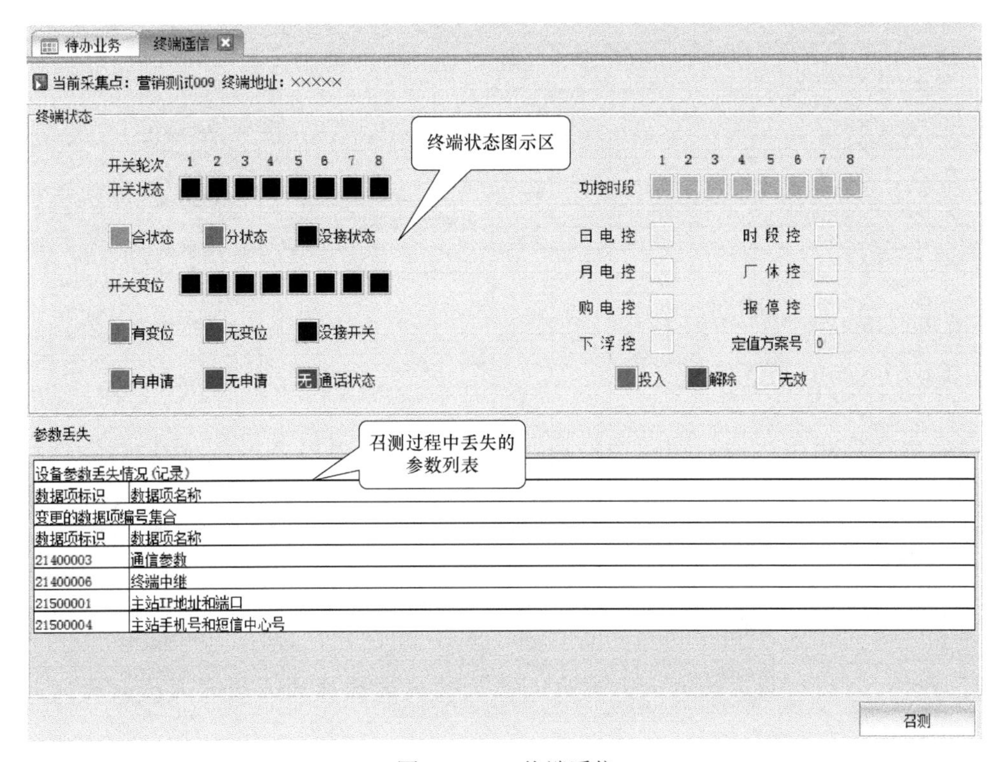

图 2–4–18 终端遥信

终端遥信主要用来查询当前终端（主界面终端列表中选型的终端）的各种状态。

召测方法：在主界面终端列表中选择终端，点击召测按钮即可。

（三）巡测

在主界面上点击“菜单”→“数据查询”→“巡测”，出现如图 2–4–19 所示界面。

巡测方法：在巡测终端范围内选择要巡测的是所有终端还是已选终端，在补测次数内输入补测次数。补测次数是指在第一次正常巡测未成功的情况下，还需要追加几次的巡测才结束一个终端的巡测过程。点击开始按钮，开始巡测。

巡测完成后，系统会自动生成两个方案（成功方案和失败方案），都存储在临时组合自定义方案中。运行人员可进行分析和处理。另外，还可以点击生成方案按钮，以便生成更多的方案类型。

（四）自定义实时数据巡测

在主界面上点击“菜单”→“数据查询”→“自定义实时数据巡测”，出现如

图 2–4–20 所示界面。

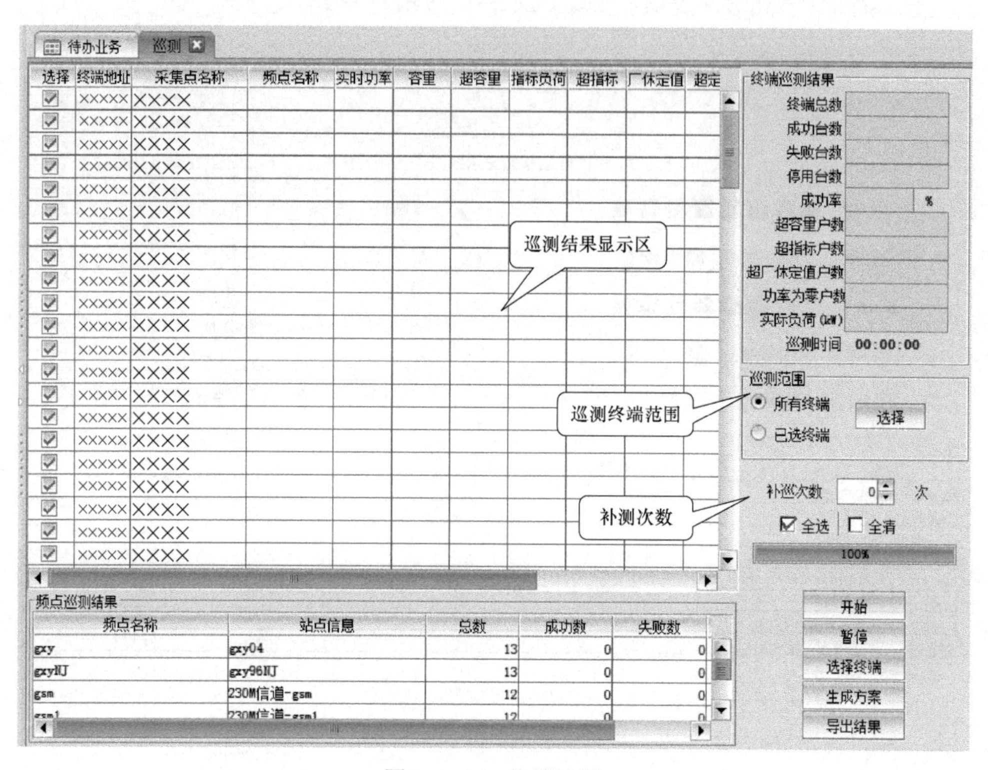

图 2–4–19 终端巡测

图 2–4–20 自定义实时数据巡测

点击条件选择，出现如图 2–4–21 界面。

在选择数据类型中选择要巡测的数据类型，在数据项列表中选择选测数据项，点击确定按钮，自定义巡测界面转换为如图 2–4–22 界面。

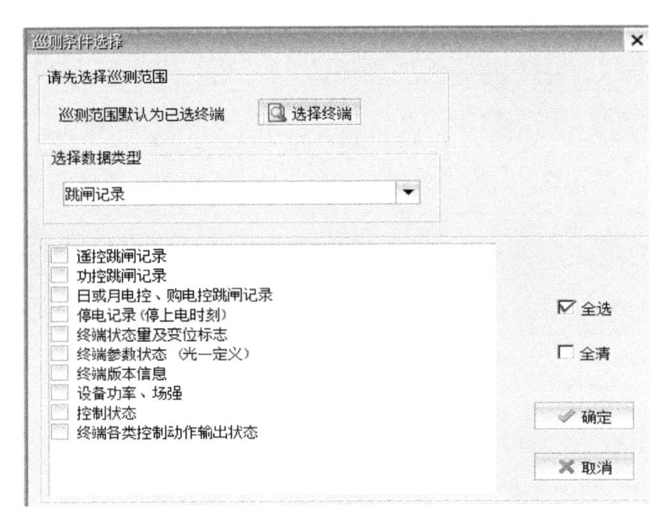

图 2–4–21　巡测条件选择

待办业务　自定义实时数据巡测

条件选择　▸开始　停止　补测　全选　全清　选择　刷新　导出

选择	终端地址	总户号	采集点名称	站点	用户地址
☑	XXXXX	XXXXXXXXXX	营销测试010	gxy96(wuxi)	XX工业园
☑	XXXXX	XXXXXXXXXX	营销测试004	230M信道96-czq	XX村
☑	XXXXX	XXXXXXXXXX	营销测试003	230M信道96-czq	XX村
☑	XXXXX	XXXXXXXXXX	营销测试005	gxy96NJ	XX村
☑	XXXXX	XXXXXXXXXX	营销测试007	gxy96NJ	XX村
☑	XXXXX	XXXXXXXXXX	营销测试001	230M信道96-czq	XX农场
☑	XXXXX	XXXXXXXXXX	营销测试008	gxy04	XX总降变电所
☑	XXXXX	XXXXXXXXXX	营销测试009	230M信道(04)-专家	XX村

图 2–4–22　自定义实时数据巡测选择结果

点击列表中的复选框，选中（打钩）表示将对此终端进行数据巡测，未选中（不打钩）表示不对此终端进行数据巡测。点击开始按钮，开始巡测。巡测完成后，在此界面内可查看巡测结果。

四、数据采集主动上报任务设置

主动上报任务是只对公网通信方式的终端设置实时数据(一类数据)、历史数据(二类数据)、事件记录等主动上报任务的配置。

1. 实时数据、历史数据主动上报配置

在主界面上选择“参数设置”→“终端参数设置”菜单，再选择“上报任务”选项卡，出现如图 2–4–23 所示界面。在此界面内可以新建、修改、删除和查看、主动上报任务。

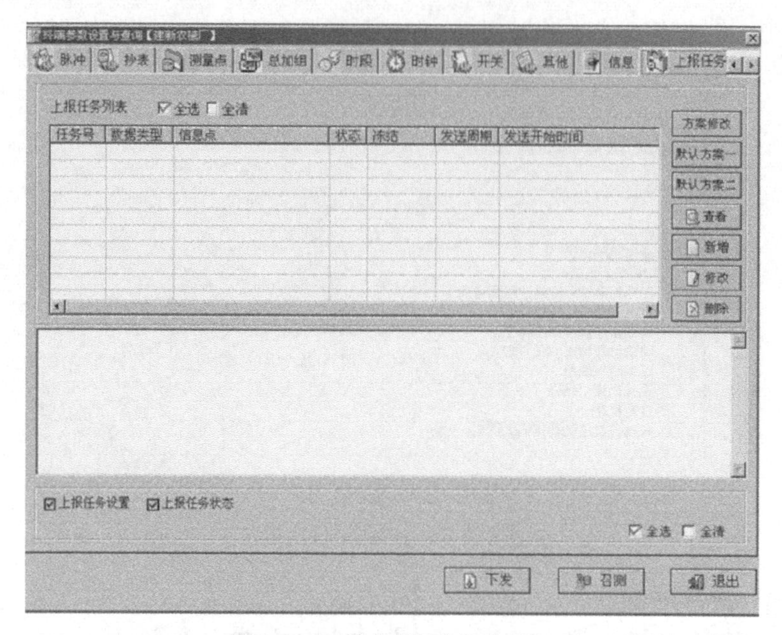

图 2–4–23 “上报任务”选项卡

点击“新增”按钮可以创建主动上报任务，出现如图 2–4–24 所示界面。

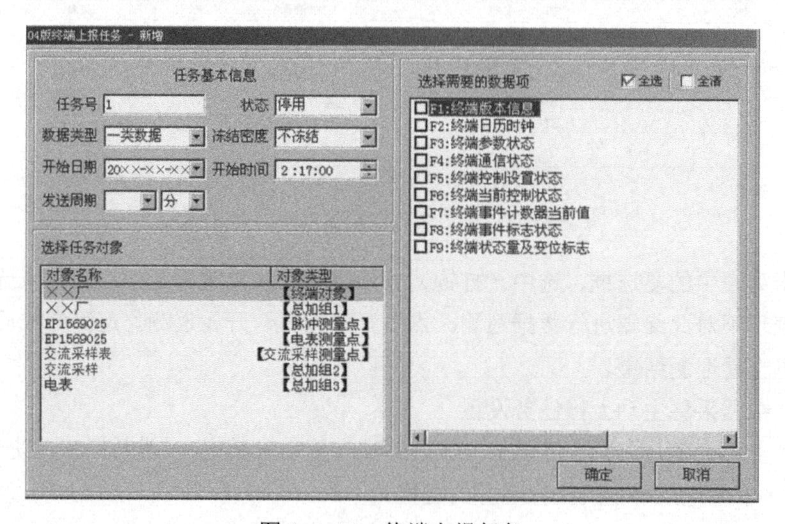

图 2–4–24 终端上报任务

在图 2–4–24 所示界面中输入任务状态、冻结密度、开始日期、开始时间、发送周期等。如果是实时数据，则数据类型选择一类数据；如果是历史数据，则数据类型选择二类数据；然后选择任务对象和需要上报的数据项，点击“确定”按钮。创建好所有的任务后，点击“下发”按钮，下发给终端。

修改主动上报任务方法为：点击“修改”按钮，接下来的操作与新增相同。

删除主动上报任务方法为：先在任务列表中选择需要删除的任务，然后点击“删除”按钮即可。

2. 事件记录主动上报

将终端设置参数为允许上报后，定义为重要类型的事件在信道允许的情况下将自动上报。

五、数据补测

1. 日数据补测

在主界面上点击“菜单”→“数据管理”→“日数据补测”，出现如图 2–4–25 所示界面。

在图 2–4–25 所示界面内输入需要补测的日期范围，点击确定按钮，出现如图 2–4–26 所示界面。

图 2–4–25　日数据补测日期选择

待办业务　终端日数据补测

日期选择　刷新列表　开始　全选　全清　反选　部分　选择　导出　查看详细

选择	终端地址	采集点名称	用户户号	线路	3月16日（共有83台）
☑	00006	BS显示添加测试01	0738018840		待测
☑	00034	采集点测试006	0661411155		待测
☑	00011	scl	0661411155	××变#1变三侧	待测
☑	00122	zlg04测试			待测
☑	00007	czq_04江苏	0190000134		待测
☑	00034	采集点测试003	0661411155	××变#1变三侧	待测
☑	00034	采集点测试0042	0661411155		待测
☑	00234	采集点测试005	0661411155	××变#1变三侧	待测
☑	12123	saveDocManage			待测
☑	00012	123			待测
☑	00001	××96版			待测
☑	00001	××96版			待测
☑	00001	××96版			待测

图 2–4–26　终端日数据补测用户

点击列表中的复选框，选中（打钩）表示将对此终端进行日数据补测，未选中（不打钩）表示不对此终端进行日数据补测。点击日期选择按钮，可以重新选择日数据补测的日期范围。点击开始按钮，开始数据补测。补测完成后，在此界面内可查看补测结果（成功或失败）。点击查看详细按钮可以查询某个终端具体数据项的补测结果。

2. 电能表数据补测

在主界面上点击“菜单”→“数据管理”→“电能表数据补测”，出现如图 2–4–27 所示界面。

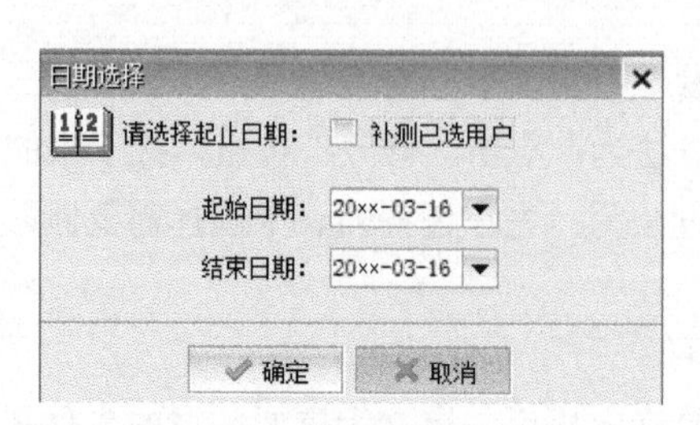

图 2–4–27　电能表数据补测日期选择

在图 2–4–27 所示界面内可以选择电能表数据补测的日期范围。点击确定按钮，出现如图 2–4–28 所示界面。

图 2–4–28　电能表日数据补测

点击列表中的复选框，选中（打钩）表示将对此电能表进行数据补测，未选中（不打钩）表示不对此电能表进行数据补测。点击日期选择按钮，可以重新选择电能表数据补测的日期范围。点击开始按钮，开始进行数据补测。补测完成后，在此界面内可查看数据补测结果（成功或失败等）。

【思考与练习】

1. 说明数据采集任务的分类与区别。
2. 如何新建一个数据采集自动任务？
3. 召测与查询的区别？
4. 若要召测某用户的抄表实时数据，该如何操作？
5. 若要成批召测若干终端的控制状态，该如何操作？

◢ 模块 5　系统配置与维护（Z29E1005Ⅲ）

【模块描述】本模块包含系统参数配置与管理。通过对系统通信信道、站点、终端型号和电能表型号等参数的配置介绍，掌握主站系统参数配置与管理操作方法。

【模块内容】

一、信道管理

点击“系统管理”→“信道管理”，进入信道管理界面（见图 2–5–1），主要功能是新建、修改和删除信道。

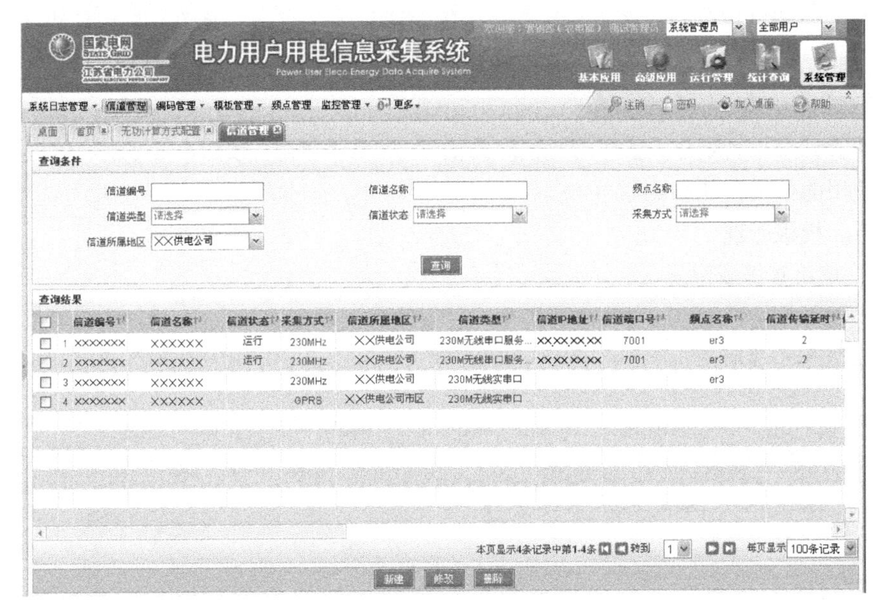

图 2–5–1　信道管理界面

1. 新建信道

在信道管理页面，点击“新建”按钮，进入新建信道管理界面，如图 2–5–2（a）所示。

输入“信道编号”“信道名称”“信道类型”等信息，点击“保存”按钮，保存成功即可完成信道的新建。要注意的是：信道编号不能重复；信道 IP 地址要输入正确的 IP 地址格式；若采集方式选择“230MHz”，需输入频点等其他相关信息，如图 2–5–2（b）所示。

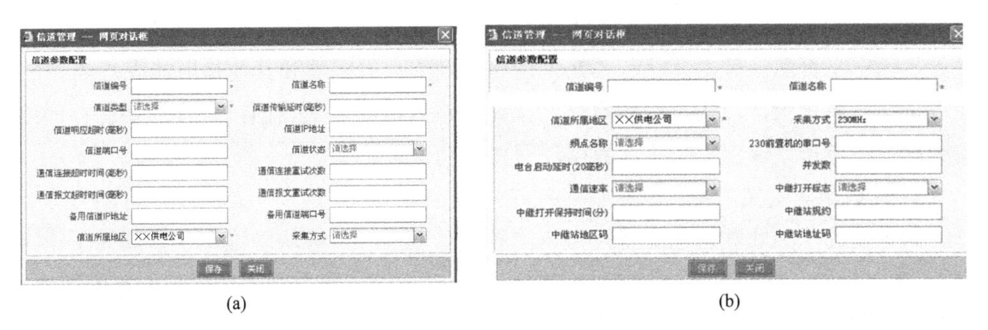

(a)　　　　(b)

图 2–5–2　新建信道界面

2. 修改信道

在查询结果列表中，选择一需要修改的信道记录，点击“修改”按钮，进入修改信道页面。输入数据，点击“保存”按钮，信道修改成功。

3. 删除信道

在查询结果列表中，选择需要删除的信道，点击“删除”按钮，即可删除信道（注：已被使用的信道不能删除）。

二、模板管理

1. 规约数据项配置

点击“系统管理”→“模块管理”→“规约数据项配置”，进入规约数据项配置界面，如图 2–5–3 所示。

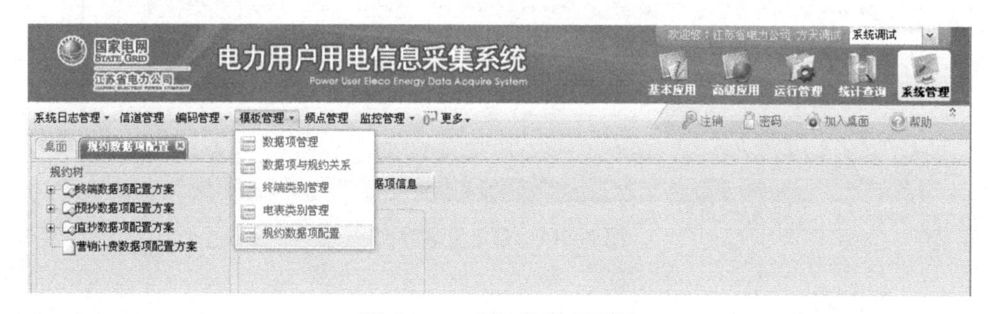

图 2–5–3 规约数据项配置

选择左侧规树中选择规约，点击数据项信息 TAB 页，点击“查看”按钮，钩选需要配置的数据项，点击保存按钮，保存成功即可完成规约数据项的配置

在中间供电单位树中选择供电单位，可查看所选规约已配置的信息并可进行新建、修改、删除操作

2. 规约定义

进行规约大类的数据项定义：点击“系统管理”→“模块管理”→“规约定义”，进入规约定义页面，其中 04 版、376.1 是终端规约，电能表和其他是电能表规约。

选择一条记录，点击“规约定义”按钮，进入规约定义页面，选择需要保存的终端数据项，点击“保存”按钮，数据项即可成功保存。

3. 规约子集定义

制定规约子集及数据项配置：点击“系统管理”→“模块管理”→“规约子集定义”，进入规约子集定义页面，在此界面可以完成规约子集及规约数据项配置的新建、查看、修改、删除等操作，如图 2–5–4 所示。

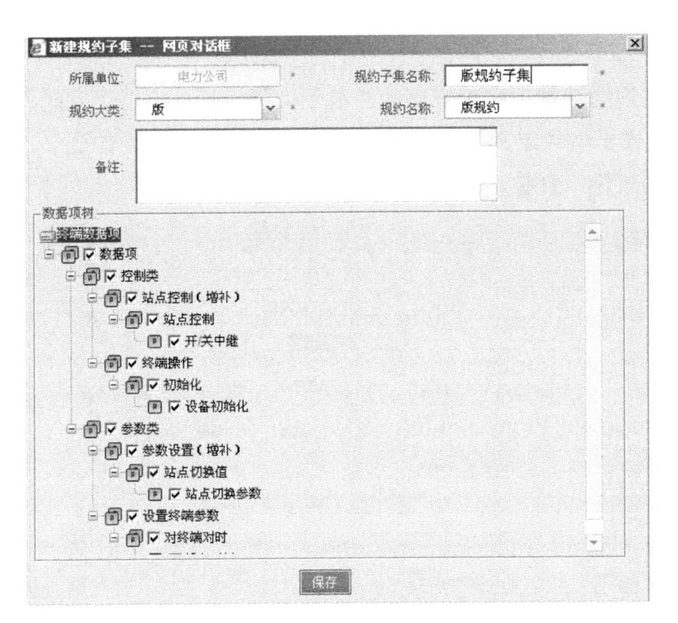

图 2–5–4 规约数据项的配置界面

4. 终端子型号定义

制定终端规约数据项配置方案的终端子类型信息：点击“系统管理”→“模板管理”→“终端子型号定义”，进入终端子型号定义页面，界面如图 2–5–5 所示，在此页面，可以进行新建、查看、修改、删除等操作。

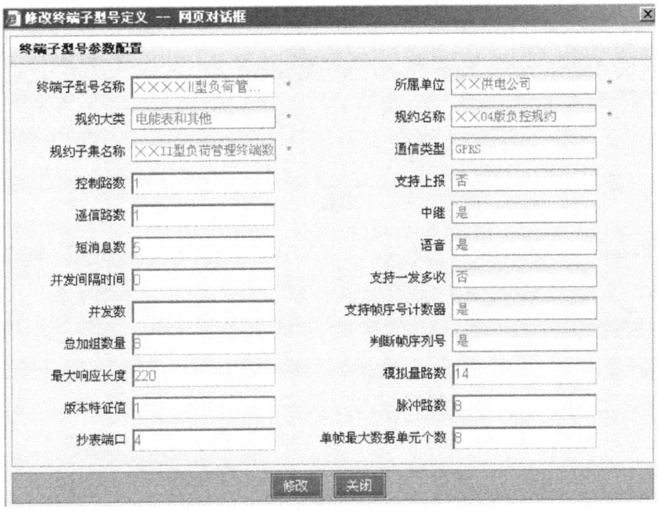

修改终端子型号定义 -- 网页对话框

终端子型号参数配置

终端子型号名称	××××Ⅱ型负荷管...	所属单位	××供电公司
规约大类	电能表和其他	规约名称	××04版负控规约
规约子集名称	××Ⅱ型负荷管理终端数	通信类型	GPRS
控制路数	1	支持上报	否
遥信路数	1	中继	是
短消息数	5	语音	是
并发间隔时间	0	支持一发多收	否
并发数		支持帧序号计数器	是
总加组数量	8	判断帧序列号	是
最大响应长度	220	模拟量路数	14
版本特征值	1	脉冲路数	8
抄表端口	4	单帧最大数据单元个数	8

修改 关闭

图 2–5–5 终端子型号定义界面

5. 电能表子型号定义

制定电能表规约数据项配置方案的终端子类型信息：点击“系统管理”→“模块管理”→“电能表子型号定义”，进入电能表子型号定义页面，如图 2–5–6 所示。在此页面，可以进行新建、查看、修改、删除等操作。

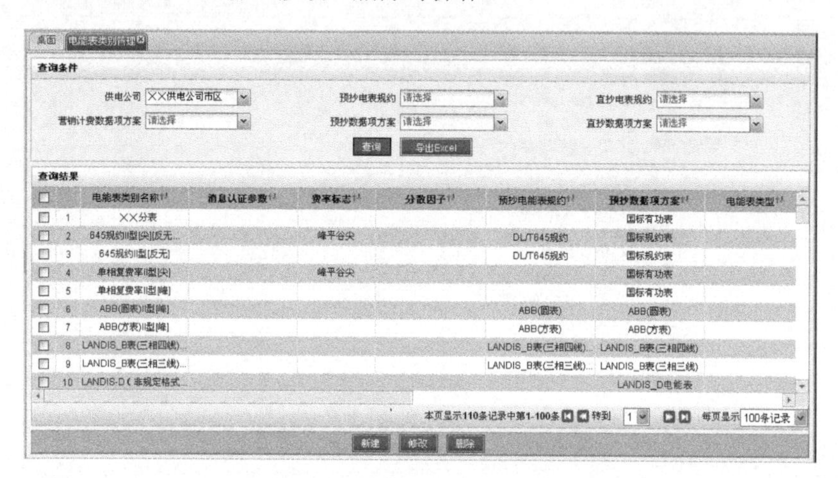

图 2–5–6 电能表子型号定义界面

三、频点管理

点击功能菜单“系统管理”→“频点管理”，进入频点管理页面，如图 2–5–7 所示，主要功能是新建、修改和删除频点，已与信道关联的频点记录不能删除。

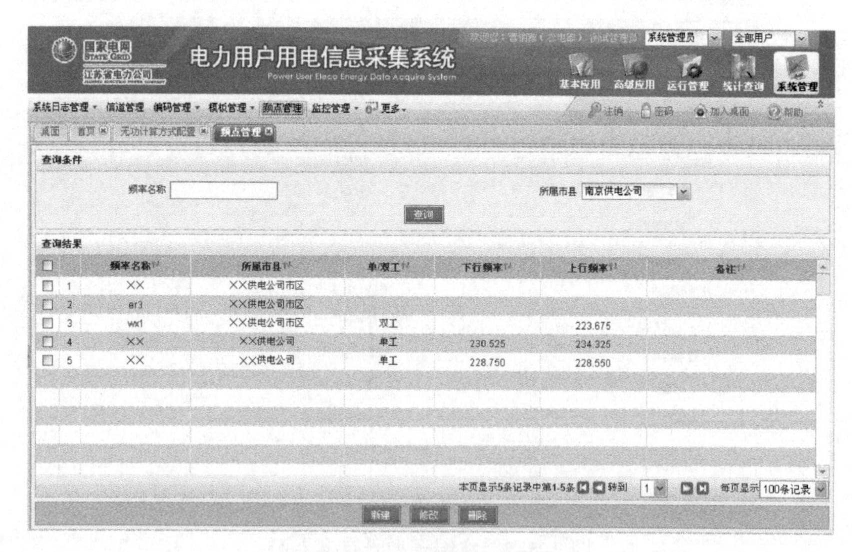

图 2–5–7 频点管理界面

【思考与练习】

1. 在电力用户用电信息采集系统中如何对站点进行设置和下发？
2. 预抄数据项配置在哪个界面里操作，如何新增和修改？
3. 正确设置系统默认档案有何益处，如何操作？

模块 6　系统权限管理（Z29E1006Ⅲ）

【模块描述】本模块包含系统的权限管理内容。通过对系统权限管理办法介绍及权限设置的操作演示，掌握权限管理的作用和操作配置。

【模块内容】

权限管理用来对系统用户进行权限控制和密码设置。

1. 业务组织管理

系统管理员角色登录采集系统，点击功能菜单中的“系统管理”→“权限和密码管理”→“业务组织管理”，进入业务组织管理页面，主要功能有业务组织的新增、修改、删除和导出，如图 2–6–1 所示。

图 2–6–1　业务组织管理页面

（1） 新增业务组织。选中业务组织导航树菜单上的业务组织节点，点“新增”按钮，可选同级业务组织或者下级业务组织，即可弹出“新增同级（或下级）业务组织”页面，输入业务组织的属性保存后即可完成业务组织的新增。

注：所有业务组织的编码不能重复，上级业务组织相同的业务组织的业务组织名称和简称不能重复。

（2） 修改、删除业务组织。选中业务组织列表中的记录，点“修改”按钮，弹出修改业务组织页面，填入数据保存后即可完成业务组织的修改。选中业务组织列表中的记录，点“删除”按钮，确认后即可完成业务组织的删除。

注：同步过来的业务组织不能修改和删除。

2. 用户管理

点击功能菜单中的“系统管理”→“权限和密码管理”→“用户管理”，进入用户管理页面，如图 2–6–2 所示。在此界面可进行系统用户信息（如“登录名”“密码”“密码有效期”“用户名称”“性别”“所属单位”“所属部门”等）的新增录入、修改、删除等管理操作。

图 2–6–2 用户管理界面

注：登录名不能重复；从营销同步过来的用户记录，用户名称不能修改。

密码重置操作：在用户列表中，选择一用户记录，点击“密码重置”按钮，弹出“你确认要重置密码？”提示信息，如图 2–6–3 所示，选择“是”，用户密码重置成功；选择“否”，返回用户管理页面。

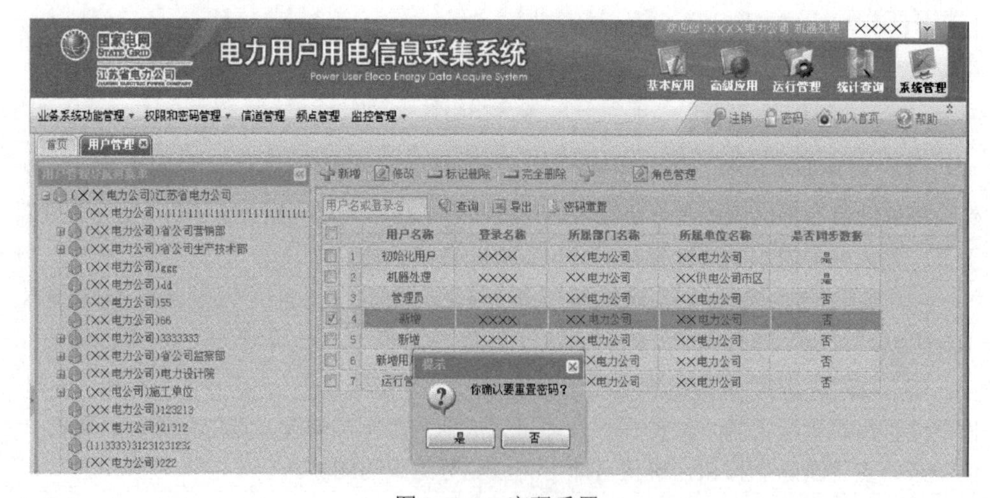

图 2–6–3 密码重置

3. 业务角色管理

点击功能菜单中的“系统管理”→“权限和密码管理”→“业务角色管理”，进入业务角色管理页面，如图 2–6–4 所示。在此界面可进行新增、修改、删除业务角色操作。

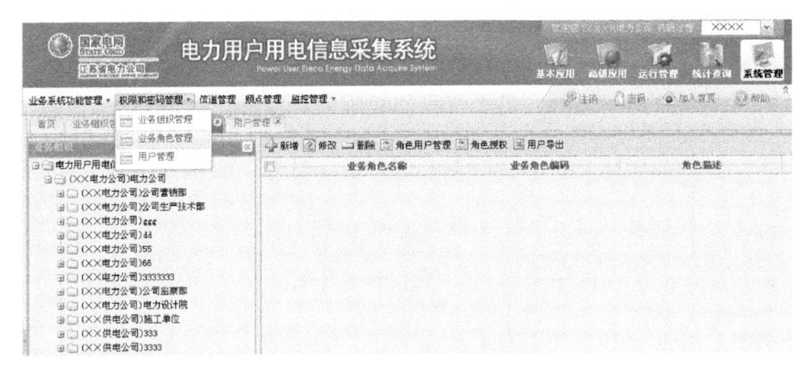

图 2–6–4　业务角色管理

4. 角色用户管理

在业务组织角色列表中，选择一业务角色记录，点击“角色用户管理”按钮，进入业务组织角色用户页面，为所选角色添加用户。

5. 角色授权

在业务组织角色管理列表中，选择一业务组织角色，点击“角色授权”按钮，进入角色授权页面，如图 2–6–5 所示。在角色授权页面，钩选要授权的菜单项，点击“保存”按钮，角色授权成功。

图 2–6–5　角色授权

6. 用户导出

在业务组织角色列表中，选择需要导出用户的角色，点击“用户导出”按钮，即可导出所选业务组织角色关联的用户记录。

【思考与练习】

1. 操作员如何修改自己的登录密码？
2. 试对主站运行操作人员进行业务角色配置操作。
3. 试对用采系统现场维护人员进行操作权限配置操作。

第三部分

终端安装、调试与维护

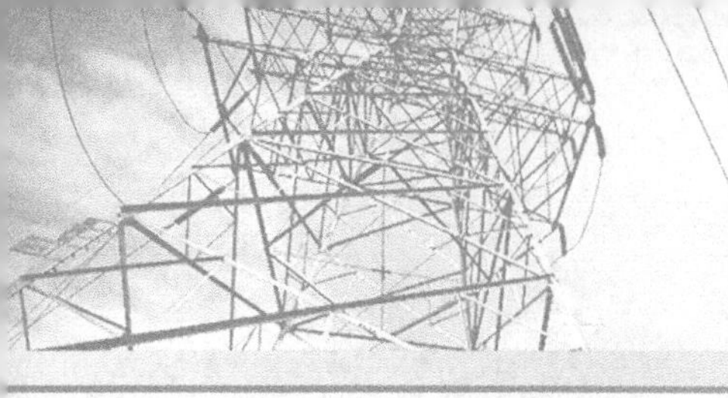

第三章

终端安装调试与方案制定

模块1 终端安装现场勘察（Z29F1001Ⅰ）

【模块描述】本模块包含终端安装现场勘查内容。通过对专变终端现场运行环境的基本要求和客户基本信息、供用电信息等参数收集填写的讲解，掌握终端运行需具备的条件，掌握正确填写勘察信息表的能力。

【模块内容】

终端安装的现场勘察工作是终端安装方案制定的重要依据，现场勘察质量的好坏，决定了终端安装方案制定的科学性和合理性，决定了终端能否与客户用电设备同期投运，决定了终端后期运行维护的方便性和实用性。特别要重视高压多电源客户、有多路高压出线、主接线方式较复杂变电所的现场勘察工作。

一、终端对现场运行环境的基本要求

终端设备正常运行的气候条件分类见表 3–1–1，终端设备使用场所大气压力分级见表 3–1–2。

表 3–1–1 终端设备正常运行的气候条件分类

<table>
<tr><th rowspan="2">场所类型</th><th rowspan="2">级别</th><th colspan="2">空 气 温 度</th><th colspan="2">湿 度</th></tr>
<tr><th>范围（℃）</th><th>最大变化率①（℃/h）</th><th>相对湿度②（%）</th><th>最大绝对湿度（g/m³）</th></tr>
<tr><td rowspan="2">遮蔽</td><td>C1</td><td>−5～45</td><td>0.5</td><td>5～95</td><td rowspan="2">29</td></tr>
<tr><td>C2</td><td>−25～55</td><td>0.5</td><td rowspan="2">10～100</td></tr>
<tr><td>户外</td><td>C3</td><td>−40～70</td><td>1</td><td>35</td></tr>
<tr><td>协议特定</td><td>C_X</td><td colspan="2">特定</td><td colspan="2">特定</td></tr>
</table>

① 温度变化率取 5min 时间为平均值。

② 相对湿度包括凝露。

表 3–1–2 终端设备使用场所大气压力分级

级 别	大气压力（kPa）	适 用 高 度
BB1	86～108	海拔 1000m 以下
BB2	66～108	海拔 3000m 以下
BBX	协议特定	

终端运行环境除了符合规定的气候条件外，在具体位置选择时需考虑的因素如下：

（1）安装在通风干燥的地方，避免阳光直射或雨水滴漏到终端箱体上，必须安装在室外（如电杆上）时，要使用室外防护箱。

（2）注意终端、高频电缆和天馈线等装置与高压母线、配电屏的距离。

（3）应留出安全距离及工作人员操作的空间。

（4）安装高度便于人员操作查看（安装高度通常为终端箱体底部离地面 1.2～1.4m 左右）。

（5）方便维护人员维修更换。

（6）对于无人值守的地方，应考虑防盗。

（7）天馈线长度要尽量短，并要综合考虑控制线、信号线、遥信线、电源线的长度和走向。

（8）避免安装在较潮湿、有强电场和强磁场的地方。

（9）一般不占用巡视通道，若配电房确无其他合适位置时，同时有两个巡视通道时可以部分占用通道，但要保证该通道的剩余部分不窄于 50cm，以便巡视人员通过。

二、终端安装基础知识

介绍以 230MHz 无线专网终端（又称Ⅰ型终端）为例，GPRS/CDMA 等公网终端（又称Ⅱ型终端）因在信号发送接收方式上的不同，其天馈线（高频）部分十分简洁，其他区别则在于减少了控制和信号采集的接口数量。

1. 终端安装示意图

终端安装的内容包括终端装置、电源线、控制电缆、脉冲信号线、室外天线及高频传输馈线等。终端安装示意图如图 3–1–1 所示。

2. 相关标准

以前，在用户变电所的设计中，终端装置的二次回路设计无相应国家标准规范作为依据。因此，在用户变电所的二次回路设计中往往给忽略了，造成在变电所接电前对涉及终端的二次回路进行改接的极不规范的状况。为此，有些省市出台了相关的地方标准，如江苏省在修改《35kV 及以下客户端变电所建设标准》（江苏省工程建设标准 DGJ32/J14–2005）时加入了有关负荷控制装置安装的条文，摘要内容为：

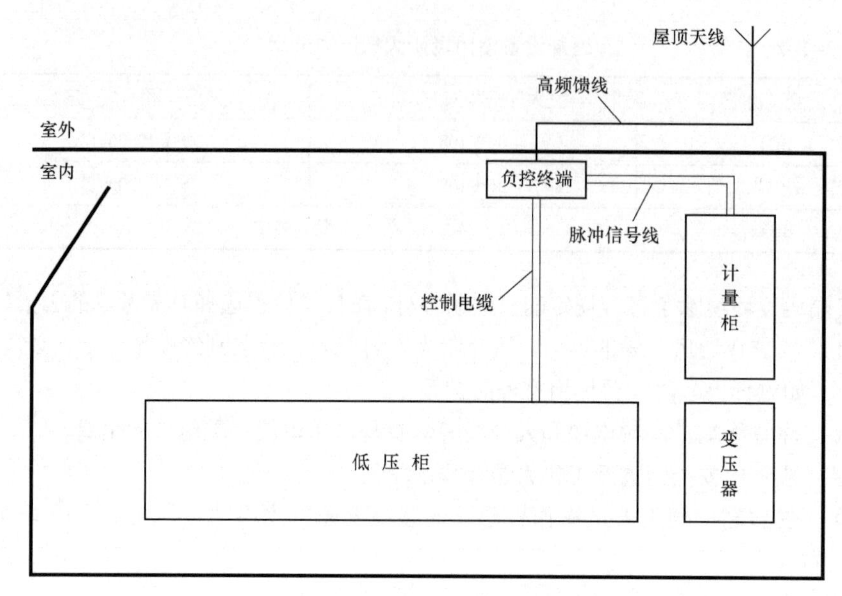

图 3-1-1 终端安装示意图

8 终端装置

8.1 一般规定

8.1.1 电力终端装置，应与变（配）电工程同时设计、施工及验收。

8.1.2 终端装置的结构，宜采用立柜式或壁挂式。

8.1.3 终端装置应尽量靠近计量柜（屏），并兼顾与被控开关的距离。

8.2 二次回路

8.2.1 计量柜上的二次回路应符合下列规定：

1 计量柜（屏）（包括分计量）上应装设负荷管理专用八档端子排组，并可铅封。

2 移开（抽出）式计量柜的负荷管理专用端子排组应设两组。一组装于手车上计量表计附近，另一组装于柜体仪表室，两组端子二次接线通过手车转接插头转接。当电能计量用互感器采用固定安装时，可在仪表室装设一组专用端子排。

3 负荷管理使用的转接插头端子专用，不得接有与负控无关的二次接线亦不得接地。

4 计量引出的弱电信号二次接线，为避免干扰，转接时应与强电部分至少隔开一档空端子。

8.2.2 断路器的配置应符合下列规定：

1 进线断路器及 100A 及以上的低压出线断路器，必须具备电气分闸功能。

2 进线断路器及 100A 及以上的低压出线断路器，应至少有一副空的辅助接点供负荷管理专用，若有位置继电器的空接点亦可代替。装设六档专用端子排组。

3 开关柜采用移开式（抽出式）时，应将电动分闸接点通过转接插头引至开关柜体仪表室。

4 为避免因绝缘击穿造成误跳开关及强电对弱电的干扰，应采取隔开一档空端子。

8.3 电源

8.3.1 终端装置的工作电压为交流110/220V。

8.3.2 终端装置的电源取向原则为：只要该户有电，终端即不应失电。

一般可取电源侧 TV 柜 100/230V 中间变压器、所用变压器、低压总断路器电源侧。

8.4 对其他专业的要求

8.4.1 终端装置的下方应留有沟、洞，并与计量柜（屏）、电源柜（屏）、开关柜、TV 柜或中央信号屏等相通，预埋钢管直径不小于100mm。

8.4.2 对于高压侧有计量点的用户，其高低压室之间应留有电缆通道，预埋钢管直径不小于100mm。

8.4.3 天线装置，应符合下列规定：

1 土建设计时，应包括负荷管理天线支架及馈线电缆通道（预埋管）。天线支架一般装设在变（配）电所房顶上。高层建筑宜装设在裙楼的顶部。

2 支架上部应有一根长度不小于800mm，外径不小于25mm的镀锌钢管，以固定天线。钢管与支架底部应焊接牢固。

3 支架本身高度不低于2m（含上部钢管高度）。

4 支架与邻近建筑物的距离不小于1500mm。

5 支架应与接地网可靠连接。

6 支架的过电压保护，应在变（配）电工程中一并考虑。

7 馈线电缆长度一般不宜超过100m。

8.4.4 采用预装（组合）箱式变电站时，应符合下列规定：

1 欧式箱变结构：宜采用有终端装置室设计的箱变。二次回路应符合第8.2节的规定。

美式箱变结构：应在箱变外，设置装设终端装置的不锈钢保护柜（800×550×190）。柜底应有基础并留有通往箱变的电缆通道。预埋管直径不小于100mm。箱式变电站顶部应装设负荷管理天线支架的固定装置，并符合第8.4.3条的规定。

箱式变电站应预留负荷管理天线固定装置与终端装置安装处的馈线电缆通道，其预埋管直径不小于50mm。

3. 装置配套材料、组件的作用

控制电缆：用于终端对控制对象的连接，其中包括连接被控开关、检测开关变位情况，以及检测供电线路的电压和电流值（如交采）。

信号电缆：主要用于对信号的采集，其中包括脉冲电能表脉冲信号的采集和智能电能表485接口信号的采集。通常使用屏蔽电缆，具有一定的抗干扰作用。

高频电缆：连接终端电台与天线，用于传送高频信号。

天线：用于接收和发射高频信号，230M无线专网终端通常配用五单元定向天线。

4. 终端安装工作要求

终端安装涉及用电检查、业务、计量等专业配合工作，现已纳入营销业务流程，各相关专业应按各自的职责执行，满足终端安装同时设计、同时施工、同时验收、同时投运的“四同时”的要求。

与终端安装有关的营销系统流程有：用电信息采系统与营销系统已紧密集成，营销系统中涉及终端现场安装流程包含了终端安装、调试等环节，如新装流程、增容流程、迁址流程、改压流程、移表流程，用采运维人员接到通知后完成相应的安装调试维护工作。

三、现场勘察需要收集的内容

终端现场勘察的主要内容包括用户变（配）电环境状况、设备及用电情况、安装施工方案等。为了保证终端的正常安装和今后的良好运行，需要收集客户现场的信息内容如下。

（1）客户的基本信息：客户名、总户号、地址、管电部门、联系人、电话、班次、休息日。

（2）客户电气设备信息：主供线路、备供线路、电压等级、主变压器容量、所属线路、自备电源、一次接线、电能表型号、TA、TV、计量性质、计量点位置。

（3）客户开关接入控制方案信息：开关名称、开关型号、控制负荷、跳闸方式、遥信属性。客户的开关应按照负荷重要性分轮次接入，总开关作为最终控制手段一般须接入。原则上凡停电不会造成人身伤亡、重要设备损坏、重大经济损失的用电设备均应接入终端控制轮次；政府部门、人员密集场所、大专院校、化工单位按照负荷性质和供电可靠性特性选择接入终端控制轮次的开关。

（4）交流采样信息：交流采样采取的方式、互感器型号、变比、有无联合接线盒。

（5）天线的安装位置、馈线走向、长度。

（6）与客户协商的控制轮次。

（7）预约的终端安装工作时间，客户电气设备及房间布置平面图。

（8）客户配电室所处的经纬度。

（9）客户所在位置的通信场强。Ⅱ型终端安装前应提前进行公网信号测试，信号强度低于系统规定标准时，应及时联系网络运营商及时解决。

以上的勘察信息一般以表格的形式出现，各地根据管理需要略有不同，终端安装现场勘察单参见表 3–1–3。

表 3–1–3　　　　电力用采系统终端安装现场勘察单

<table>
<tr><td colspan="7">1. 客户基本信息</td></tr>
<tr><td colspan="2">客户名称</td><td colspan="2"></td><td>总户号：</td><td colspan="2"></td></tr>
<tr><td colspan="2">客户地址</td><td colspan="5"></td></tr>
<tr><td colspan="2">联系人</td><td colspan="2"></td><td>联系电话</td><td colspan="2"></td></tr>
<tr><td colspan="2">休息日/生产班次</td><td colspan="2"></td><td>正常负荷</td><td colspan="2"></td></tr>
<tr><td colspan="7">2. 供电电源信息</td></tr>
<tr><td colspan="2">主供电源</td><td colspan="2"></td><td>辅供电源</td><td colspan="2"></td></tr>
<tr><td colspan="2">变电站名称</td><td colspan="2"></td><td>变电站名称</td><td colspan="2"></td></tr>
<tr><td colspan="2">电压等级</td><td colspan="2"></td><td>电压等级</td><td colspan="2"></td></tr>
<tr><td colspan="2">TV/TA</td><td colspan="2"></td><td>TV/TA</td><td colspan="2"></td></tr>
<tr><td colspan="2">电能表型号</td><td colspan="2"></td><td>电能表型号</td><td colspan="2"></td></tr>
<tr><td colspan="2">电能表局编号</td><td colspan="2"></td><td>电能表局编号</td><td colspan="2"></td></tr>
<tr><td colspan="2">表地址</td><td colspan="2"></td><td>表地址</td><td colspan="2"></td></tr>
<tr><td colspan="2">主变压器容量</td><td colspan="2"></td><td>主变压器容量</td><td colspan="2"></td></tr>
<tr><td colspan="2">计量方式</td><td colspan="2">高供高计　高供低计</td><td>计量地点</td><td colspan="2">客户侧 变电站侧</td></tr>
<tr><td colspan="7">3. 客户开关接入控制方案</td></tr>
<tr><td colspan="2">控制轮次</td><td>第一轮</td><td>第二轮</td><td>第三轮</td><td colspan="2">第四轮</td></tr>
<tr><td colspan="2">开关名称</td><td></td><td></td><td></td><td colspan="2"></td></tr>
<tr><td colspan="2">开关型号</td><td></td><td></td><td></td><td colspan="2"></td></tr>
<tr><td colspan="2">控制负荷</td><td></td><td></td><td></td><td colspan="2"></td></tr>
<tr><td colspan="2">跳闸方式</td><td></td><td></td><td></td><td colspan="2"></td></tr>
<tr><td colspan="2">遥信属性</td><td></td><td></td><td></td><td colspan="2"></td></tr>
<tr><td colspan="7">4. 交流采样信息</td></tr>
<tr><td>电压互感器</td><td>型号</td><td></td><td>变比</td><td>精度</td><td colspan="2">联合接线盒</td></tr>
<tr><td>电流互感器</td><td>型号</td><td></td><td>变比</td><td>精度</td><td>有</td><td>无</td></tr>
</table>

续表

<table>
<tr><td colspan="4">5. 客户电气设备一次接线图

</td></tr>
<tr><td colspan="4">6. 终端安装位置　　经度____度______分_____秒　纬度____度______分_____秒</td></tr>
<tr><td>终端电源位置：</td><td colspan="2">电源电压：</td><td>电源线长：</td></tr>
<tr><td>天线位置及走向：</td><td colspan="2">天线高度：</td><td>馈线长度：</td></tr>
<tr><td>是否外接扬声器：</td><td colspan="2">控制线长度：</td><td>信号线长度：</td></tr>
<tr><td>客户确认可控方案：是　否</td><td>安装时间</td><td colspan="2"></td></tr>
<tr><td>客户签字：</td><td>勘察人：</td><td colspan="2"></td></tr>
<tr><td colspan="4">勘察日期：</td></tr>
</table>

【思考与练习】

1. 终端安装位置的选择要注意哪些因素？
2. 终端安装需要哪些配套材料、组件，作用是什么？
3. 与终端安装有关的营销系统流程有哪些？
4. 现场勘察应收集哪些信息？

模块 2　终端本体安装（Z29F1002 Ⅰ）

【模块描述】本模块包采集终端本体安装的内容。通过对终端本体安装的基本要求和工作前安全措施的讲解，掌握终端本体安装的工作步骤和要求。

【模块内容】

一、工作中的注意事项

用电信息采集与监控终端的安装工作面较大，每台终端的安装环境都不一样，现场安全措施也不尽相同，不能以统一标准确定工作中的安全注意事项，除了在工作票中明确各项安全措施外，工作负责人在施工现场应重点考虑以下几方面因素：

1. 工作范围确定

根据制定的终端安装方案，初步确定施工人员现场作业的活动范围，指出工作中需要接触的相关设备位置及安全注意事项，明示安装天馈线时的上下通道和高空作业的工作平台及活动范围，根据需要设置围栏并挂相应的指示标示牌。

2. 危险点分析及预控措施（见表 3–2–1）

表 3–2–1　终端安装时的危险点分析及预控措施

序号	危险点	预控措施
1	触电	（1）工作时必须戴手套和安全帽，穿长袖衣服工作。 （2）工作前应熟悉工作地点带电部位。工作前应检查现场安全遮栏、安全标示牌等安全措施。 （3）在接电表等设备时应设专人监护，使用合格的绝缘柄工具，工作时站在干燥的绝缘物上进行。 （4）需要带电连接终端电源时应先分清相线、中性线，选好工作位置。应先接地线，后接相线。 （5）在二次回路上工作必须使用专用的短路片或短路线，短路应可靠，严禁用导线缠绕。严禁将 TA 二次侧开路，TV 二次侧短路。严禁在 TA 与短路端子之间的回路上进行工作。严禁将 TA 二次回路的永久接地点断开。 （6）必须使用装有剩余电流动作保护器的电源盘。螺钉旋具等工具金属裸露部分除刀口外其他部分要做绝缘处理。接拆电源时至少有两人执行，必须在电源开关拉开的情况下进行
2	遥控回路误动	在接用户断路器时，要与设备主人沟通，取得其支持，做好防止误动的应急措施
3	摔伤、碰伤	（1）不得借助安全情况不明的物体或徒手攀登。 （2）梯子应绑牢、防滑，有专人监护，梯上有人，禁止移动。 （3）登高时严禁手持任何工器具。 （4）人员应系好安全带，严禁低挂高用，戴好安全帽
4	高空落物	（1）现场地面工作人员均应戴好安全帽。 （2）作业现场设置围栏，对外悬挂警告标志。 （3）工具材料下上传递用绝缘绳，扣牢绳结，工作场地防止行人逗留。 （4）要防止物件滑落
5	搬运物品	（1）进入工作现场必须戴安全帽。 （2）搬运物品时，防止跌倒、被物品压伤。 （3）在高压设备区内搬运物件，必须至少由两人抬行，且与带电设备应保持安全距离

注　工作负责人必须根据具体工作的实际情况增减相关危险点和预控措施。

二、终端安装

（一）开箱检验

（1）外观检查。

1）对终端外壳、标识、铭牌、资产编号、接线图、频率表等的检查。

2）检查设备在运输过程中是否变形或损伤，零部件是否脱落、松动。

3）相应的标识、铭牌、接线图是否出现错误。

4）与终端配套的扩展接线箱、交流采样、控制、遥信、脉冲、RS485 等接线端口、扩展接线箱或安装箱中试验接线盒、端子排的正确性检查。

（2）通电检查。

1）对终端进行通电检查，检查终端通电后的自检过程是否正常。

2）终端是否有零部件烧焦、过热等异常现象。

3）显示屏应能正常显示，根据按键操作显示相关内容。

4）检查终端软件版本号应与公司发布版本号一致。

5）终端应能与测试主站进行通信。

（二）终端安装

终端应安装在预留位置，可靠的固定，不歪不斜，有可靠的接地。

1. 230MHz 带扩展接线箱的终端安装

终端与扩展接线箱配套安装于配电室墙壁的，如图 3–2–1 所示。交流采样、电能表 RS485 与脉冲连接线、遥控与遥信等接线由外部设备引到扩展接线箱，扩展接线箱与终端的接线用厂商提供的线缆连接。

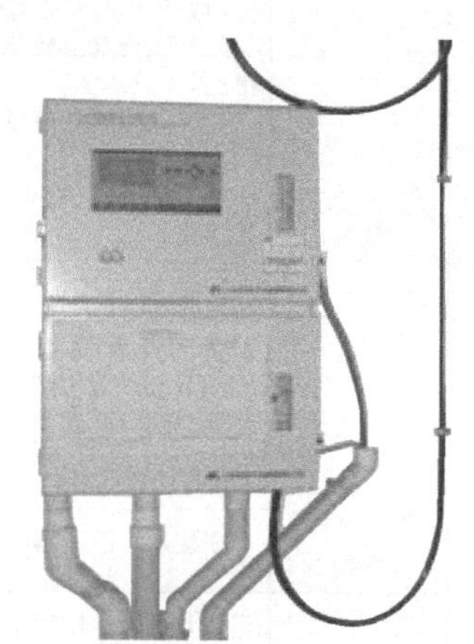

图 3–2–1 带扩展接线箱的终端安装

终端的安装高度为终端箱体底部离地面 1.2～1.4m，便于查看和接线。终端由四颗 8～10mm 膨胀螺钉固定。安装的螺钉距离参照终端说明书。终端安装后，不应晃动，目视无倾斜。

2. 230MHz 终端安装于预留的配电柜

在进行用户变电站设计时，也会将终端的安装位置设计在用户进线柜或计量柜附近的终端小室。高供低量（计）的安装如图 3–2–2 所示，高供高量（计）的安装如图 3–2–3 所示。

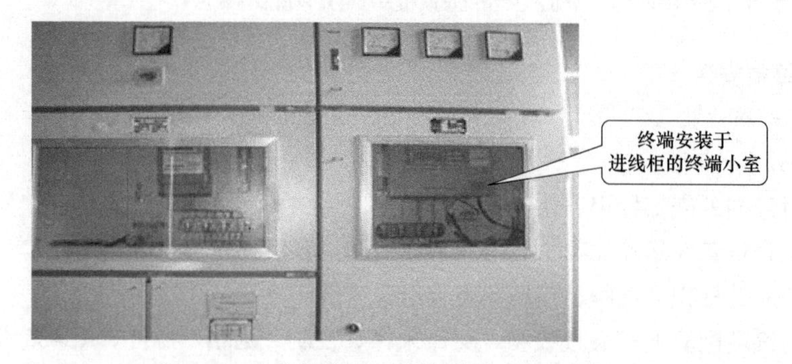

图 3–2–2 终端安装于预留的配电柜（低计）

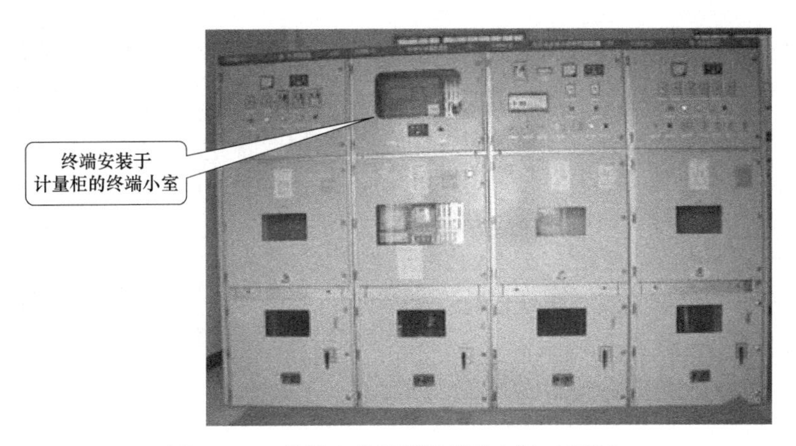

图 3–2–3　终端安装于预留的配电柜（高计）

3. 230MHz 终端安装箱变压器

对于箱式变压器（简称箱变）用户，若箱变中有适合终端安装的位置，可将终端按照室内式安装原则安装在箱变内。如欧式箱变一般空间较大，终端可安装于箱变内合适位置，如图 3–2–4 所示；若无适合的位置，可在箱变外侧或周围合适位置加装终端箱。如美式箱变空间较小，可采用终端箱方式安装于箱变侧面，如图 3–2–5 所示。终端或终端箱的安装位置应尽可能远离变压器高压侧，以保证安全及终端设备可靠工作。

图 3–2–4　欧式箱变终端

4. 230MHz 终端安装于杆上变压器

当计量装置在杆上，且计量装置与配电室距离较近，在终端安装方案制定时应考虑将终端安装在用户配电室内，此时终端安装可按上述任一方式进行。若计量装置与配电室距离较远，可采用在杆上加装终端箱，将终端安装在终端箱内；如需进行负荷

图 3–2–5 美式箱变终端安装

控制，将控制、遥信线引至配电房接入相应控制轮次开关的控制触点。

计量装置在杆上，且无配电室的用户，终端安装可采用在杆上加装终端箱的方案，对于控制开关位于杆上的用户，当具备自动控制触点引出条件时，原则上应接入控制。

对于柜式终端和采用公网通信的终端安装，可参照上述安装方式进行。

在安装时应注意设备的牢固固定，防止设备掉落，并满足安全规定的有关规定，保证足够的安全距离。

5. Ⅱ型终端安装

（1） SIM/UIM 卡的安装或更换。Ⅱ型终端使用公网 SIM/UIM 卡，如图 3–2–6 所示，其安装或更换方法为：打开终端下部的铅封螺钉、盖板。移开后盖，用工具推动卡座的推杆，卡座将会自动弹出，拉出卡座，将需要安装或更换的 SIM/UIM 卡放入卡座，然后将卡座推入通信模块。

注意：需在断电情况下对 SIM/UIM 卡进行安装或更换。

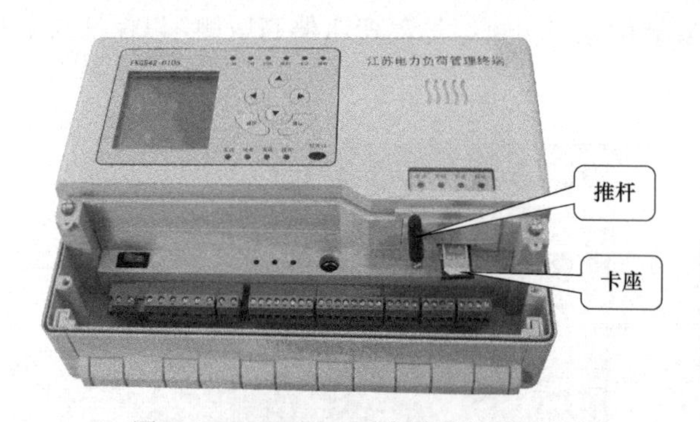

图 3–2–6 SIM/UIM 卡的安装或更换

（2） 外置天线安装。Ⅱ型终端外置天线安装见图 3–2–7：打开终端下部的后盖，将内置天线从通信模块上卸下，然后将外置天线装上，应从后挡板底部直接接出。注意：需在断电的情况下对外置天线进行安装。

（三）终端接线和铺设

接至终端的各种接线一般应从电缆沟引至终端下侧，再通过穿线塑料管，从终端箱体底部穿线孔进入终端，再接入相应的端子上。

遥信线和遥控线不能采用同一根多芯电线，电源线、脉冲线、遥信线和遥控线应

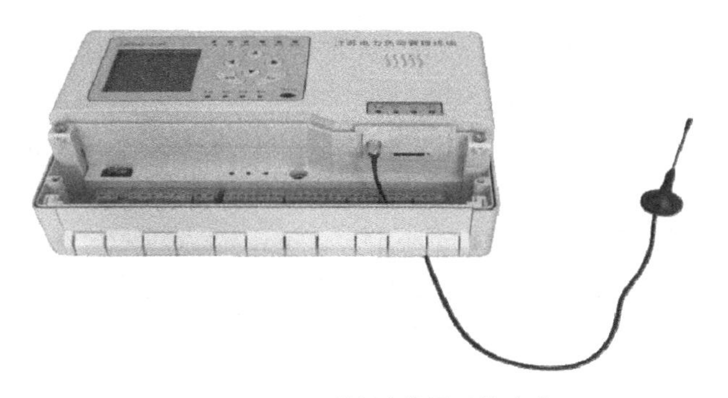

图 3-2-7　Ⅱ型终端外置天线安装

各自用一根穿线塑料管。

脉冲信号的输入线应采用双芯屏蔽线，并将屏蔽层良好接地，脉冲线和遥信线应尽量远离交流电源线及其他干扰源，在与其他强电电源线平行时，应至少保持 60mm 以上的间距。

裸露于室外的电缆宜加装套管，当所放的电缆处于配电柜内时，可根据安全需要确定是否加装套管。

三、天线及馈线安装

天馈线必须规范安装：天线是终端和主站通信的重要通道，任何微小的错误都可能致终端通信出现问题。安装时或许能正常开通，但信号受外界天气、环境的变化影响很大，如果信号临界或指标恶化（进水），立即就会出现通信问题，现场需要返工和检修，影响系统的稳定性，增加工作量。常用的天线安装固定方法如图 3-2-8 所示。

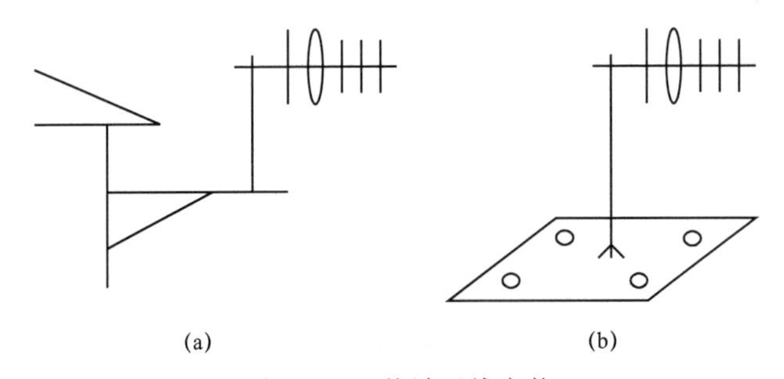

(a)　　(b)

图 3-2-8　终端天线安装

（a）天线安装在墙上；（b）天线安装在屋顶上

（1）天线安装尽量利用原有建筑物，以降低天线杆塔高度。天线支架一般装于变（配）电房顶部，城市高楼地下配电房或在居民区内的，可以装在建筑物主体的裙楼上，兼顾安全美观。天线的振子与地面垂直，即垂直极化。切不可使天线的平面与地面平行，否则将影响通信效果。

（2）天线应固定于天线支架上，支架应有一根长不短于 800mm，外径不小于 25mm 的镀锌钢管，钢管与支架底座应焊接牢固。支架本身高度不低于 2m（含上部铁管高度）。支架与邻近建筑物的距离不小于 1500mm。支架应与地网可靠连接。

（3）天线馈线电缆长度一般不要超过 100m，如果使用的馈线电缆较长，应尽量采用低损耗电缆。有源振子与馈线的接头处要拧紧，电缆接头应用防水胶带处理，防止进水。

（4）终端天线为定向天线安装在室外，其方向应对向主台天线，天线安装位置的前方近距离内应无高大建筑物和地形阻挡，两侧及尾部与其他建筑保持 80cm 以上距离。天线外部接点应与天线电缆拧紧后用自粘胶带及防水胶带密封，以免雨水浸入。天线振子离地面或屋面最小距离一般应大于 3m。如在城市建设密集地区或信号不稳定地区，宜采用复合型天线。

（5）若附近无防雷保护设施，天线支架必须安装避雷针，避雷针的高度要合适，确保整个天线处于其 45° 角的保护范围之内，以防人身伤亡事故及损坏终端设备。

（6）馈线在铺放时，一般隔 1.5m 左右进行固定，高层建筑要做到每一层楼固定一点，但力度要适中，防止固定不牢或损伤电缆。馈线在转弯处要保证有足够的曲率半径，一般不小于 30cm，防止过度弯曲损坏电缆。馈线在进屋时要在入口处做一个 U 形的弧度，以防下雨的雨水顺电缆进入室内，甚至漏进终端内部而影响其正常运行。保护好电缆外护套不应有破损。

（7）终端只有在天线及天线电缆连接后才能进行试发射，否则容易损坏电台。

（8）天线安装后可作适当方向调整，以获得最佳接收效果。调整方法：手动使终端电台发射，以主台接收强度指示最大为准。

【思考与练习】

1. 终端的通电检查都有哪些内容？
2. 230MHz 终端安装时会有几种现场？对应每种现场的终端安装方法是什么？
3. 安装终端的线缆辅放有什么要求？
4. 230MHz 终端天线的安装应注意哪些问题？

模块 3 终端电源连接（Z29F1003 Ⅰ ）

【模块描述】本模块包含终端电源连接的内容。通过终端对电源的基本要求介绍，不同的电气运行方式下的终端电源接线原理讲解，掌握终端供电原则和运行要求。

【模块内容】

一、终端选择供电电源的原则

1. 终端对电源的要求

（1）终端使用单相或三相供电。三相供电时，电源故障（三相三线供电时，断一相电压；三相四线供电时，断两相电压）的条件下，交流电源能维持终端正常工作。

（2）额定值及允许偏差如下。

1）额定电压：220V/380V/100V，允许偏差–20%～+20%；

2）频率：50Hz，允许偏差–6%～+2%。

目前的终端电源多采用开关型稳压电源，它能在供电电压 AC 170～280V 或 AC 85～140V 范围内正常工作，抗干扰（谐波）能力强，功耗小，体积小。

终端的开关电源一般设有工作电压选择开关，可选择交流输入电压 220V 或 100V。开关选择位置一定要与实际输入电压相符，否则可能损坏电源。

2. 终端供电点选取的原则

对于终端运行来说，光有高质量的终端电源组件不够，还需选择合适的供电电源接入点，以保证在各种工作条件下（如限电跳闸）终端工作电源能稳定可靠，对终端电源接入点的选取有以下原则：

（1）接入的外部电源必须与终端所要求的电源电压相一致。

（2）理想的终端运行条件是："只要客户的高压设备带电，终端就有电"。双电源或多电源的客户终端应配置多路电源管理装置（即终端工作电源自动切换装置），保证在客户电源不全部失电的情况下终端能正常运行。

（3）终端的功率大于 5VA（每相）时，终端电源不得取自电能计量用电压互感器的计量绕组。

当客户的高压母线上具有母线操作 TV 时，此条件实现起来比较方便，但对客户的高压母线上没有母线操作 TV，且有多台变压器运行的一次接线方式来说相当困难，此时宜使用终端工作电源自动切换装置，保证当客户的任一台主变设备带电，终端即能正常运行。

3. 电源的接线位置选择

根据终端供电点的接入原则，选取终端电源供电点时，首先要对客户的一次接线图进行分析，了解其运行方式，确定终端电源选取的位置。表 3–3–1 给出了不同的一次系统的终端电源接线位置。

表 3–3–1 不同一次接线方式下的终端电源的选择

用电情况	取电源处
一次接线有母线 TV 的	一般取母线 TV 的电源
单电源单变压器客户	一般取在变压器低压总出线端的隔离开关上端
多路电源或多变压器客户	配用终端工作电源自动切换装置，接入点取母线 TV 的电源或变压器低压总出线端的隔离开关上端

二、终端电源的连接

1. 电源线的选择

一般可采用 KVV 3×1.5 铜芯硬线。

2. 电源的接线

相线应接到终端电源接线端子的 220～L 标记的端子上，零线接到有 220～N 标记的端子上。

接地线一端应接至客户配电设备的接地母线。如客户的配电设备是 TN 系统，属于零地线共用，则将零线和地线同时接在地线上。接地线另一端接在终端电源的地线端子上，也可接在终端外壳的接地端子上。

终端一定要接地，且接地电阻小于 8Ω，否则会影响终端抗干扰功能和防雷。对于有特殊要求的终端，也可为其独立设置独立的接地装置，以减少外界干扰。

三、终端工作电源自动切换装置工作原理

双电源供电的终端电源自动切换装置工作原理如图 3–3–1 所示。

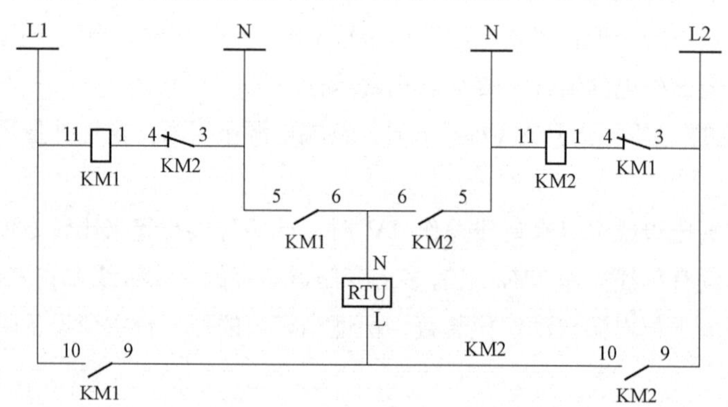

图 3–3–1 双电源供电终端电源自动切换装置工作原理

电路的工作原理分析如下：

电路图中 N 为公共零线，L1、L2 分别接入不同的供电电源，终端（RTU）电源取自 L 和 N。二路电源的工作情况有以下三种：

（1）当 L1，N 之间有电，L2、N 之间无电时，则 KM1 继电器动作，通过 KM1 的动合触点 5—6，9—10 向终端 RTU 供电。

（2）当 L2，N 之间有电，L1，N 之间无电时，则 KM2 继电器动作，通过 KM2 的动合触点 5—6，9—10 向终端 RTU 供电。

（3）当 L2，N 之间有电，L1，N 之间也有电时，考虑到此种情况，故在继电器 KM1 线圈回路串联 KM2 动断触点，同理，也在继电器 KM2 线圈回路串联 KM1 动断触点，实现相互闭锁。

当一个供电电源的一次或二次熔断器熔丝熔断时，该装置会自动将终端电源切换到另一供电电源，确保终端不间断供电。

【思考与练习】

1. 终端对工作电源的要求有哪些？
2. 终端采用开关型稳压电源有哪些优点？
3. 终端选择供电电源的原则？

模块 4 终端与电能表脉冲接线（Z29F1004 Ⅰ）

【模块描述】本模块包含终端与电能表脉冲回路接线内容。通过电能表脉冲输出指标的介绍，终端与电能表脉冲回路工作原理讲解，电能表三种脉冲输出方式与终端连接的应用举例，掌握电能表脉冲输出指标和三种脉冲输出与终端的接线技能，掌握利用上拉或下拉电阻原理处理现场问题。

【模块内容】

一、终端与电能表脉冲回路的工作原理

1. 光耦合器件的作用和原理

光耦合器（又称光电耦合器，简称光耦）是 20 世纪 70 年代发展起来的电子器件，主要由三部分组成：光的发射、光的接收及信号放大。输入的电信号驱动发光二极管（LED），使之发出一定波长的光，被光探测器接收而产生光电流，再经过进一步放大后输出。这就完成了电—光—电的转换，从而起到输入、输出、隔离的作用。由于光耦合器输入输出间相互隔离，电信号传输具有单向性等特点，因而具有良好的电绝缘能力和抗干扰能力。又由于光耦合器的输入端属于电流型工作的低阻元件，因而具有很强的共模抑制能力，它在长线传输信息中作为终端隔离元件可以大大提高信噪比。所以，它在各种电路中得到广泛的应用。目前它已成为种类最多、用途最广的光电器件之一。光耦器件的结构见图 3–4–1。

目前电能计量表的脉冲输出口、终端的小信号输入输出接口很多使用光耦实现电

气隔离。

2. 电能表脉冲输出

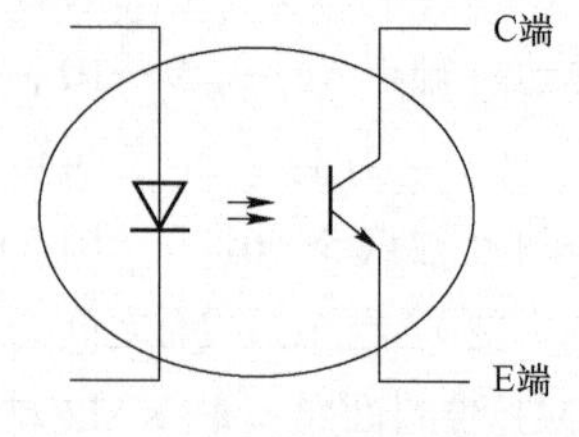

图 3–4–1 光耦合器件的结构

电能表的脉冲输出从电源供给形式上可分为：有源输出和无源输出二大类；有源输出是此电能表的输出回路内已配置了工作电源，运行中的计量表能在输出端口测量到电压信号，见图 3–4–2 左侧电能表内（虚框）部分电路。

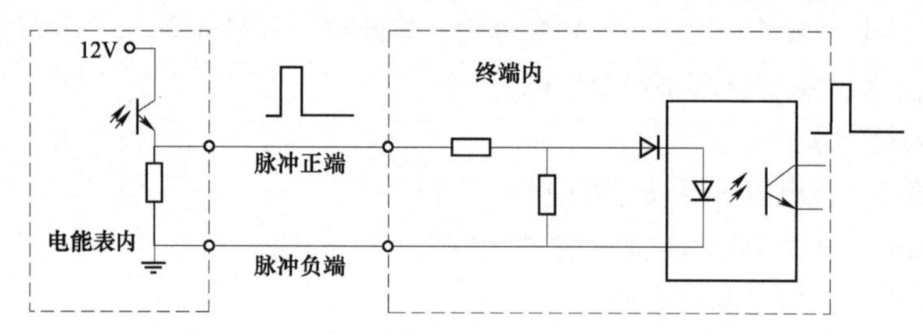

图 3–4–2 有源电能表与终端脉冲接线原理图

无源输出电能表仅提供输出的器件或接点，对输出部分不配置电源，使用时需提供外部工作电源才能取得电能表接口上的输出信号。

无源输出根据输出器件的种类可分为电子开关型和继电器型（接触点输出）。

电子开关型根据输出信号是由光耦的哪一引脚输出分为：发射极、集电极和 OC 门输出方式，发射极输出方式和空接点输出方式，其输出脉冲为正脉冲，集电极输出方式和 OC 门输出方式其输出脉冲为负脉冲。

3. 终端接入电能表脉冲的接线原则

虽然电能表的脉冲输出方式较多，但能归纳以下三种：光耦集电极输出型、光耦发射极输出型、继电器（接触点）输出型，以无源输出方式为主。

与终端连接时，前二种对外加电源有极性要求：应在电能表输出光耦集电极至发射极间加正向工作电压，否则因光电耦合器不导通，无脉冲输出；继电器输出型因为通过触点开闭输出，在电能表端对外加电源无极性要求。

对终端输入回路的要求：脉冲输入时光耦输入端的二极管得到正向偏置电压（导通发光），从电能表光耦输出到终端输入的直流回路形成通路。

二、终端脉冲回路的连接

1. 发射极输出方式

将终端 12V 电源+端接至电能表输出光耦的 C 端，终端脉冲输入的+端接电能表输出光耦的 E 端，脉冲负端接 12V 电源–端，可以看出当有脉冲时，终端电源 $12V_+$端经电表内光耦C–E、终端输入电路、终端电源12V–端形成回路，回路产生电流，发射极输出方式时，终端的输入接线原理图见图3–4–3、图3–4–4。

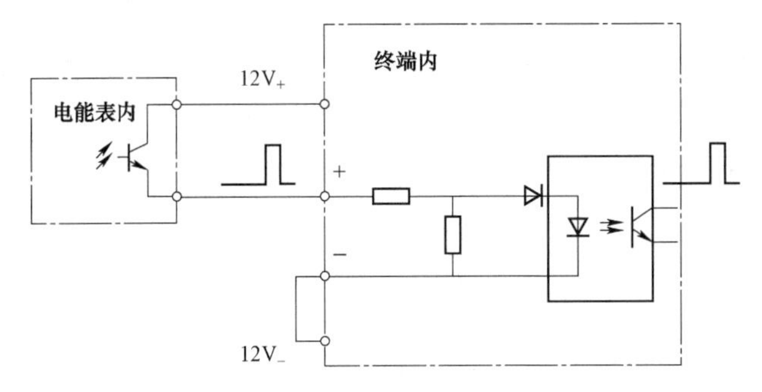

图3–4–3　发射极输出接线原理图

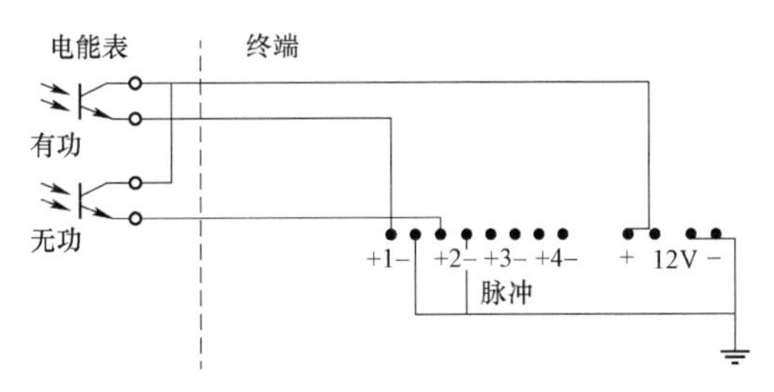

图3–4–4　发射极输出方式有、无功接线图

下面以终端和DSSD××××电能表的接线介绍发射极输出方式的接线实例。如图3–4–5所示，电能表的光耦集电极从4、6脚并接至终端$12V_+$，发射极从5、7

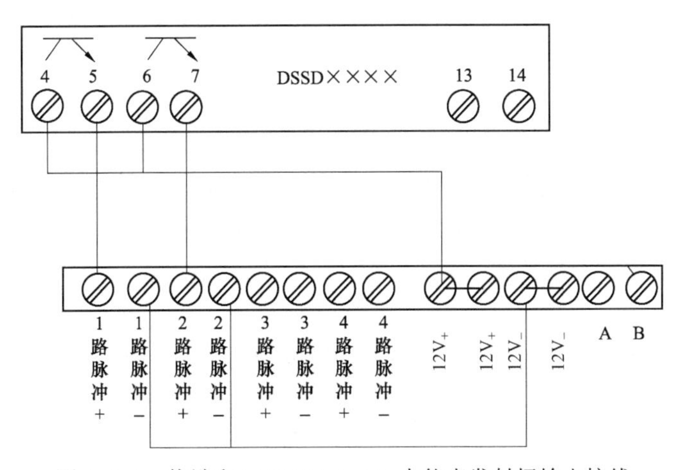

图3–4–5　终端和DSSD××××电能表发射极输出接线

脚分别输出有功和无功脉冲至终端脉冲输入Ⅰ、Ⅱ回路的正，脉冲输入回路的负与终端 $12V_-$相连，沟通了 $12V_+$～$12V_-$的电流回路。

2. 集电极输出方式

将终端的 $12V_+$端接脉冲回路的正端，脉冲回路的负端接电能表光耦的 C 端，电能表的光耦的 E 端接 $12V_-$端，可以看出当有脉冲时，回路将产生电流，发射极输出方式接线法原理图如图 3–4–6、图 3–4–7 所示。

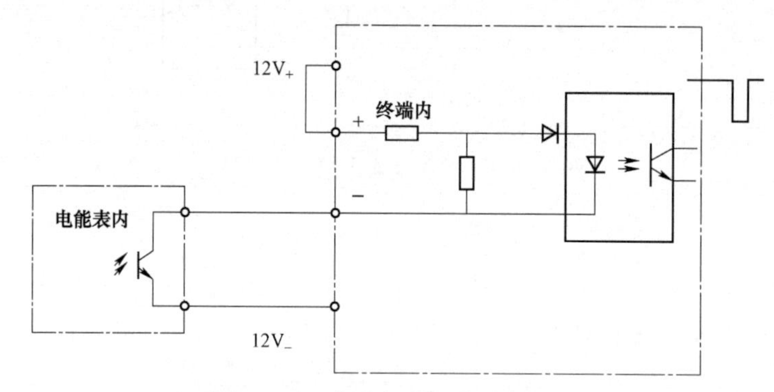

图 3–4–6 集电极输出接线原理图

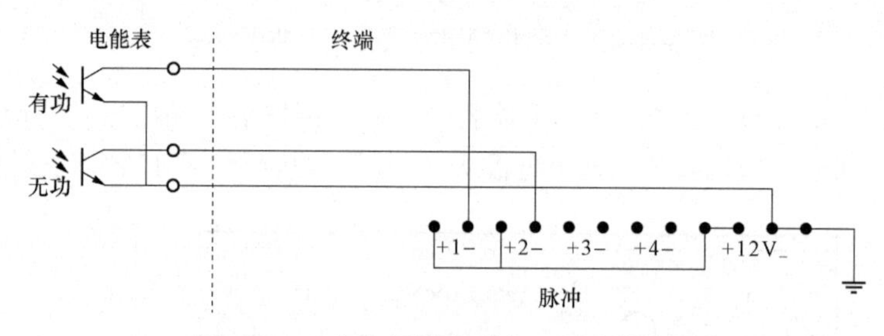

图 3–4–7 集电极输出型有、无功接线图

下面以终端和 DSSD××× 电能表的接线介绍集电极输出方式的接线实例，如图 3–4–8 所示，终端 $12V_+$接至终端脉冲输入Ⅰ、Ⅱ回路正端，脉冲输入回路的负分别接电能表的光电耦合器件集电极从 4、6 脚，光耦的发射极 5、7 脚接终端 $12V_-$，沟通了电流回路。

图 3–4–9 为目前广泛使用的新型智能电能表辅助端子接线图，从图中可以看出，该表的有、无功脉冲输出口为 19、20，端子 21 为共用公共地，只能内接输出光耦的发射极（对 12V 电源，地为低电位），此表所采用的是集电极输出方式。

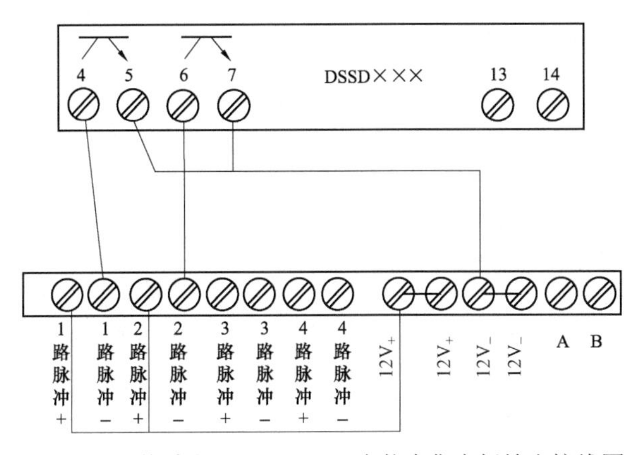

图 3–4–8　终端和 DSSD×××电能表集电极输出接线图

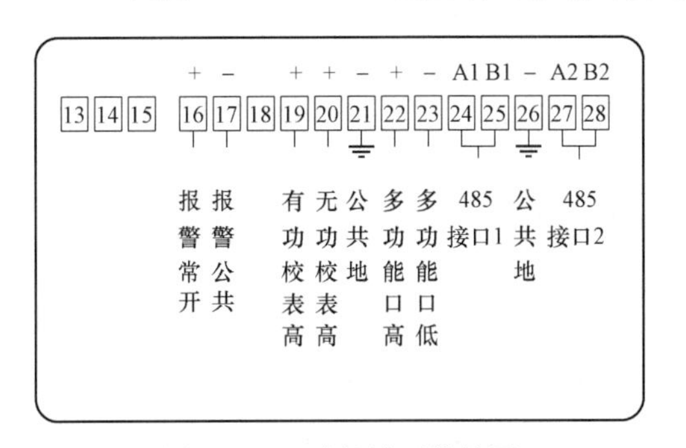

图 3–4–9　功能端子接线图

3. 继电器型（空接点）输出方式

由于继电器型（空接点）输出是继电器接点型（无极输出）的，在电能表侧无电压极性要求，只需满足终端输入电路内光电耦合器件的电位要求即可，用以上两种（集电极或发射极输出方式）接线方法均可。图 3–4–10、图 3–4–11 为发射极输出方式接法，可以看出当有脉冲时，回路将产生电流。

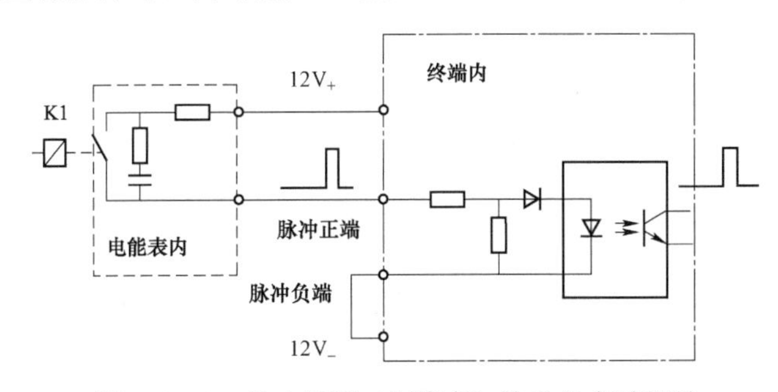

图 3–4–10　继电器型（空接点）输出方式原理图

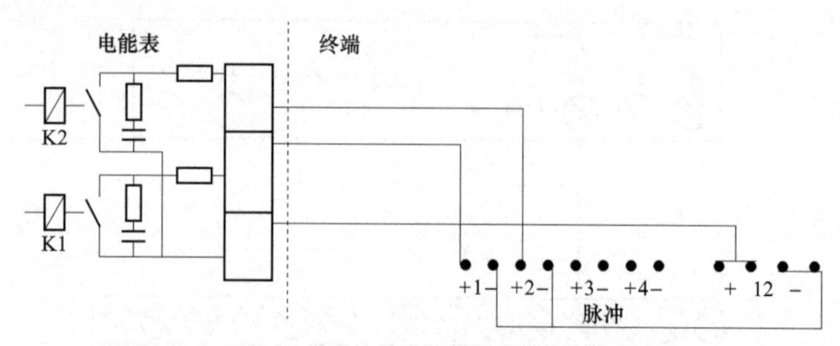

图 3–4–11 继电器型（空接点）输出方式接线图

4. 接线时的注意事项

（1） 脉冲接线一般采用 RVVP 2×16/0.15 双芯多股屏蔽信号电缆。

（2） +12V 直流电源用于对无源脉冲电能度表提供脉冲电源，所接负载电流最大不得超过终端可供限额（如 100mA）。

（3） 电能表与终端的脉冲接口均为弱信号输入端，内部均有半导体器件，接线过程中应防止误碰强电损坏。

（4） 电能表的脉冲接线端子与计量输入电源端子距离较近，接线过程中要注意安全距离并采取安全措施。

（5） 屏蔽层要求单端接地，一般屏蔽层就近接至机箱接地螺丝上，另一端剪断裸露金属，用绝缘胶带包扎好。

屏蔽层一端接地的原理：由于终端与电能表之间传输的是弱电信息，容易受到外界强电信号的干扰，所以都采用具有屏蔽功能的信号线，将外界的干扰信息隔离，确保设备之间的信号正常传送。在对屏蔽层的处理中，如果采用二点接地，则存在二点地电位不等的可能，形成回路电流，将对信号形成干扰，失去屏蔽线的屏蔽作用，所以采用一点接地方式，而不采用二点接地的方式。

【思考与练习】

1. 光耦合器的作用是什么？
2. 电能表脉冲输出的方式有几种？
3. 终端接入电能表脉冲的接线原则是什么？
4. 脉冲接线过程中有哪些注意的事项？
5. 屏蔽层为什么要一端接地？

模块 5 终端与电能表 RS485 通信连接（Z29F1005 Ⅰ）

【模块描述】 本模块包含终端与电能表 RS485 通信的连接与调试内容。通过对

RS485 通信指标、常用芯片的原理介绍，实现相互之间通信的操作过程及出现干扰的处理讲解，掌握终端与电能表 RS485 连接、调试和维护技能。

【模块内容】

一、RS485 通信的基础知识

在用采系统中，终端与电表进行数据通信主要采用 RS485 通信方式，在此首先介绍 RS485 通信的基础知识。

1. RS485 概述

为了弥补 RS232 通信距离短、速率低等缺点，电子工业协会（EIA）于 1983 年制订并发布 RS485 标准，并经通讯工业协会（TIA）修订后命名为 TIA/EIA–485–A，习惯称为 RS485 标准。RS485 标准只规定了平衡驱动器和接收器的电特性，而没有规定接插件、传输电缆和应用层通信协议。

RS485 标准与 RS232 不一样，数据信号采用差分传输方式（Differential Driver Mode），也称作平衡传输，它使用一对双绞线，将其中一线定义为 A，另一线定义为 B，如图 3–5–1 所示。

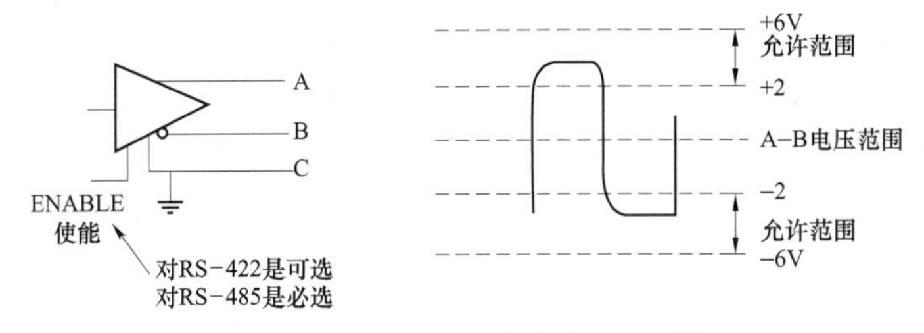

图 3–5–1 RS–485 发送器的示意图

通常情况下，发送驱动器 A、B 之间的正电平在+2～+6V，是一个逻辑状态；负电平在–2～–6V，是另一个逻辑状态。另有一个信号地 C，还有一个“使能”控制信号。“使能”信号用于控制发送驱动器与传输线的切断与连接，当“使能”端起作用时，发送驱动器处于高阻状态，称作“第三态”，它是有别于逻辑“1”与“0”的第三种状态。

对于接收驱动器，也作出与发送驱动器相对的规定，收、发端通过平衡双绞线将 A–A 与 B–B 对应相连。当在接收端 A–B 之间有大于+200mV 的电平时，输出为正逻辑电平；小于–200mV 时，输出为负逻辑电平。在接收驱动器的接收平衡线上，电平范围通常在 200mV～6V 之间，参见图 3–5–2

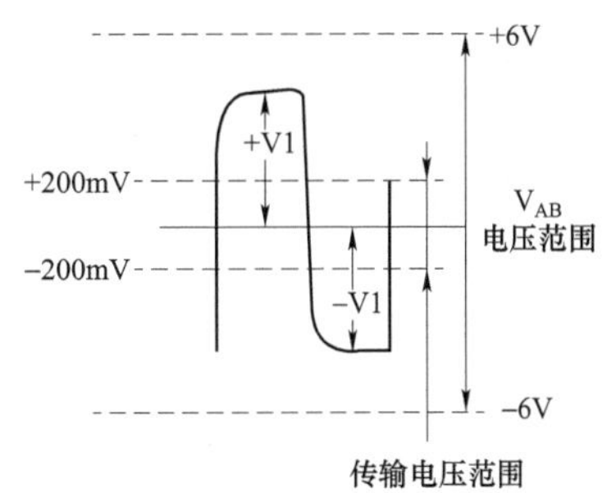

图 3–5–2 RS485 接收器的示意图

所示。

定义逻辑 1（正逻辑电平）为 B>A 的状态，逻辑 0（负逻辑电平）为 A>B 的状态，A、B 之间的压差不小于 200mV。

2. RS485 串行通信的标准和应用注意事项

RS485 串行通信的标准性能如表 3–5–1 所示。

表 3–5–1　　RS485 串行通信标准的性能

规格	RS485	最小差动输出	±6V
传输模式	平衡	接收器敏感度	±0.2V
电缆长度@90kbit/s 4000	1200m	驱动器负载（欧姆）	60
电缆长度@10Mbit/s	15m	最大驱动器数量	32 单位负载
数据传输速度	10Mbit/s	最小驱动器数量	32 单位负载
最大差动输出	±1.5V	—	—

RS485 标准的最大传输距离约为 1200m，最大传输速率为 10Mbit/s。

通常，RS485 网络采用平衡双绞线作为传输媒体。平衡双绞线的长度与传输速率成反比，只有在很短的距离下才能获得最高速率传输。

RS485 网络采用直线拓扑结构，需要安装 2 个终端匹配电阻，其阻值要求等于传输电缆的特性阻抗（一般取值为 120Ω）。在短距离或低波特率数据传输时可不需终端匹配电阻，即一般在 300m 以下、19 200bit/s 不需终端匹配电阻。终端匹配电阻安装在 RS485 传输网络的两个端点，并联连接在 A–B 引脚之间。

二、RS485 在系统中的应用

电能量信息采集与监控系统常用 MAX485 系列、SN75 系列及 SP485 系列产品。

1. RS485 数据通信原理

以 MAX485 系列芯片介绍 RS485 的电路工作原理，如图 3–5–3 所示。图中左侧是 RS232 的接收、发送和控制部分，负责与单片机进行数据交换并受其控制，A1、A2、A3 是收信、控制和发信的信号放大电路，光耦合器件起输入输出电路隔离作用，MAX485 进行 RS232 对 RS485 的电平转化，可使数据传输达到多个通信单元共用一个 RS845 总线。

电路的工作过程：当控制端为高电平时，MAX485 中的 DE 使能，让 RS485 处于在数据发送状态。MAX485 从 DI 上接收到数据，在输出端口 A，B 上变成±10V 的差分信号，将数据输送到 RS485 的总线上。当控制端为低电平时，使 MAX485 中的 RE 使能，这时 MAX485 处在数据接收状态，RS845 总线上的±10V 的数据差分信号在

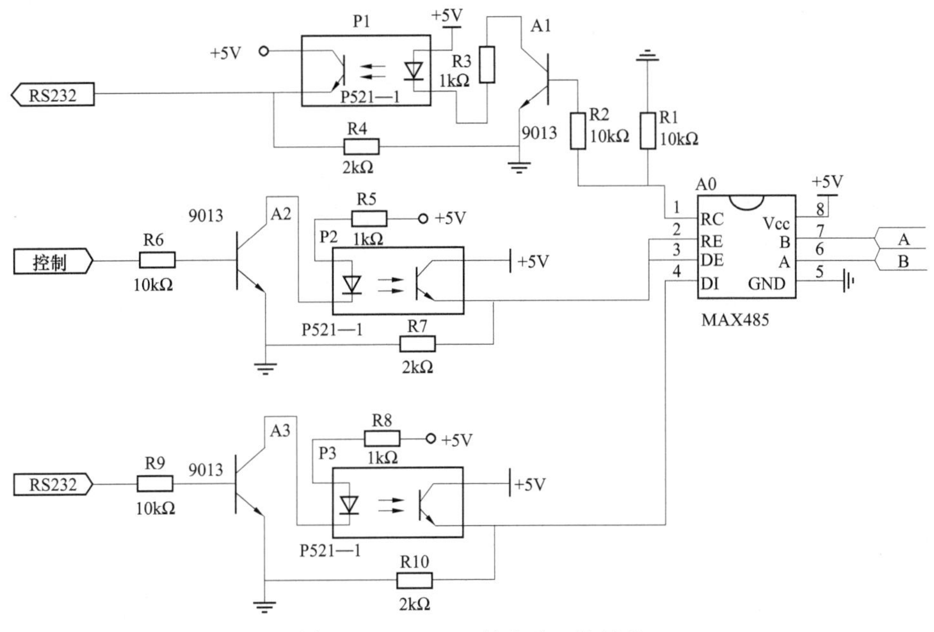

图 3–5–3　RS485 的电路工作原理

RC 端变成 RS232 信号，传回 P80C552 中的接收寄存器中，并在单片机内部产生一个串行中断，通过这个中断程序可以读出接收到的数据。

因为 RS485 的传输距离比较长，所以 P80C552 与 MAX485 之间采用光耦进行数据光电隔离。数据在传输中以字符形式输送，数据形式采用波特率为 1200、奇偶校验位为 n、数据位为 8 和停止位为 t。

2. RS485 的基本接线方式

终端与多功能表 RS485 连接线采用 RVVP2×16/0.15 双芯屏蔽电缆。虽然产品生产厂家不同，但电路原理和收发设备的接线方式基本相同，也就是 A–A 相连，B–B 相连，并根据需要在二端接入匹配电阻，如图 3–5–4 所示。

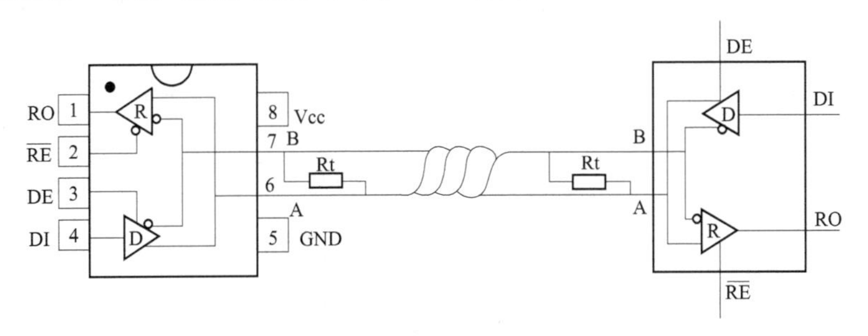

图 3–5–4　RS485 接线示意图

3. 与不同电能表的通信连接

对于具有 RS485 通信接口的电能表，只要将电能表的 A、B 口接到终端相应的 A、B 口端子上即可，如图 3-5-5 所示。

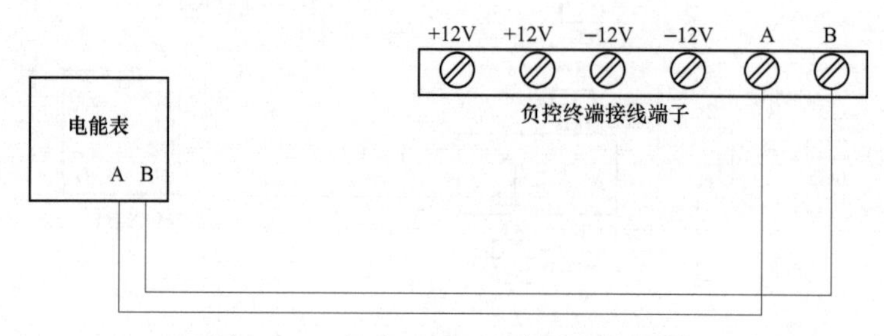

图 3-5-5 同为 RS485 通信设备的接线

对于 Landis_B，ABB_AINRT 等电流环输出接口的电能表，由于其输出方式和 RS485 不统一，需增加接口转换器，如图 3-5-6 所示。

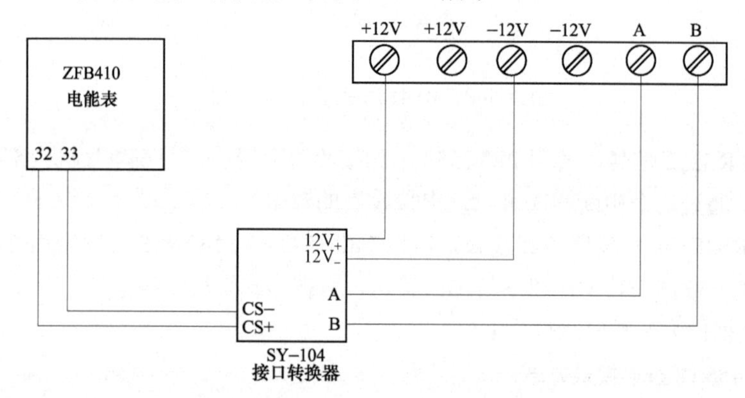

图 3-5-6 RS485 通过接口转换器与电能表连接

已配置电流环接口的终端，在接入两线电流环接口和四线电流环接口时，其接线方式分别如图 3-5-7、图 3-5-8 所示，在现场安装时应注意不能同时接入两线电流环表和四线电流环表。

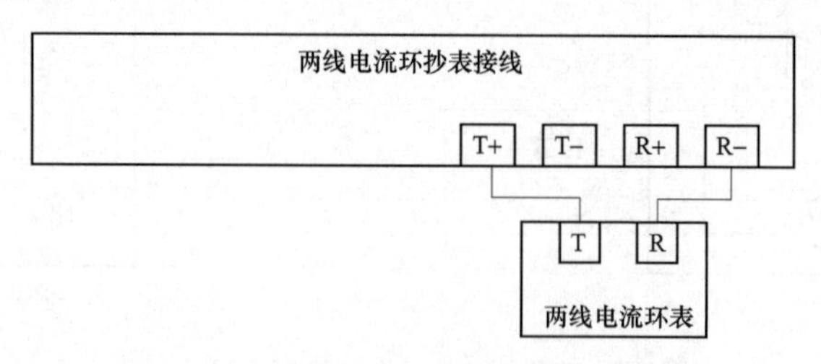

图 3-5-7 两线电流环抄表接口接线图

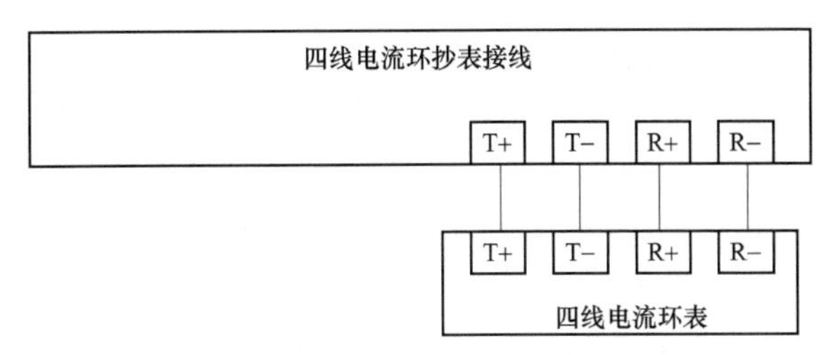

图 3–5–8　四线电流环抄表接口接线图

三、电能表通信参数的选取和联调

终端与电能表之间的 RS485 电缆连接完成后，还需要进行以下工作：

1. 电能表内的设备地址和通信速率的确定

由前述可知，RS485 通信可以实现一对 N 的方式，这就需要对通信设备进行地址定位和传输速率的确定，也就是电能表的通信地址和速率，表通信地址和速率在电能表的特定数据项内，有些地区表通信地址设置为与局编号一致。但也有和局编号相差几位或完全不一样情况。表地址或速率设置错误将导致抄表失败，如果条件允许应从电能表内读出（多数可通过显示屏显示得到）。由于电能表各厂家对电能表的通信地址定义和通信速率配置不尽相同，给现场安装调试人员的工作带来困难，解决的方法有：

（1） 从电能表显示数据项查询通信地址和速率。

（2） 从计量专业或电能表厂家获取电能表的通信地址和速率。

（3） 用软件读取电能表内信息获取地址和速率。

（4） 采用广播地址暂时解决通信异常（一台终端下只能接入一只电能表）。

（5） 统一各生产厂家的地址、速率设置方式，如以局编号作为电能表的地址号，某一速率为默认值。

2. 终端抄表功能的调试

当现场施工人员进行终端抄表功能调试时，需将收集的电能表规约和地址通过主站下发到终端，终端进行抄表时，一般接口电路板上显示抄表的发送和接收指示灯会交替点亮（新型智能电表显示屏也有相应的通信指示），表明终端与电能表有数据交换，说明抄表回路基本正常。

如果电能表通信规约、地址和接线正确但抄表不正常时，可分别检查电能表和终端的 485 接口，静态下 A、B 两端应该有 200mV～6V 的电压，也可启动终端抄表按钮，用万用表检查 A、B 二端电压指针应有明显摆动。

终端抄表异常，需要检查的内容有：

（1） 检查表地址、表规约、通信速率设置是否正确。

（2） 检查终端与电能表之间连线是否正确、松动。

（3） 检查终端电流环或 RS485 口是否故障。

（4） 检查电能表电流环或 RS485 口是否故障。

（5） 检查下发的电能表传输波特率设置是否正确。

（6） 检查是否下发了电能表密码。

（7） 检查终端 12V 电源是否正常（对电流环输出电能表）。

（8） RS485 通信时，收发信号的时间配合是否满足要求，电平、阻抗是否匹配。

【思考与练习】

1. RS485 的标准有哪些？

2. RS485 标准的最大传输距离是多少？最大传输速率是多少？

3. 哪些因素影响终端抄表？

4. 图 3–5–9（a）（b）为某多功能表辅助接线端子及功能参数，由此可得到该表与终端安装运行相关的哪些参数？

脉冲输出类型及项目										通信		监控			
☐	☐	☐	√	√	√	☐	☐	√	☐	☐	√	√	√	√	√
发射极输出	集电极输出	OC门输出	空接点输出	正向有功	感性无功	反向有功	容性无功	感容合一	串口设置	RS232	RS485	跳闸输出	报警输出	失电压记录	停电抄表

辅助端子																	
1	2	3	4	5	6	7	8	9	10	11	12	13	14	15	16	17	18
电池地	电池正	时钟频率	正向有功		感性无功		反向有功		容性无功		通信地	RS232 串口出	串口入	跳闸		报警	
(−)	(+)		(+)	(−)	(+)	(−)	(+)	(−)	(+)	(−)		RS485 A	$\bar{A}$				

(a)

预付费	串口设置	分时计量	负荷控制	无功需量	电压合格率	全失电压记录	四象限无功	特制标识	串口协议				波特率				BASE精度调节		DL/T 645费率顺序		脉冲耐压		计量方式			
									威胜		DL/T 645		1200	4800	9600		2	4	尖峰平谷	峰平谷尖	48V	220V	有功		无功	
									V4.0	V4.1							有无功功	正感反容有无功功					正+反	正反	感+容	感容
√	√	√	√								√		√				√		√		√		√		√	

(b)

图 3–5–9 某多功能辅助接线端子及功能参数

（a）某多功能表辅助接线端子；（b）为某多功能表辅助接线端子说明

模块 6 终端与交采设备的连接与调试（Z29F1006 Ⅰ）

【模块描述】本模块包含终端与交采设备连接与调试的内容。通过对交采电气特性和线缆选择要求的介绍，交采回路接线、调试方法和注意事项讲解，掌握终端与交采回路接线技能。

【模块内容】

一、交流采样基础知识

1. 概述

交流采样装置是随电子技术和大规模集成电路技术的高速发展而产生的一项新兴技术，它是相对于以前采用的直流采样方式而命名的。在交流采样技术和交流采样装置出现前，为了测量三相交流电的电流、电压、功率等数据时，先将被测量进行整流和滤波，使之变成为一个直流量，然后才对其进行采样，从而得到其幅值的大小，也就测出了电压、电流等的有效值。但由于对该交流信号进行了整流和滤波，就失去了交流信号的相位、频率以及谐波成分等交流信号的重要特征信息。

以前之所以这样做，是因为采样速度太慢，跟不上 50Hz 交流电的变化。随着电子技术和半导体技术的发展，现在的 A/D 转换速度已有了非常大的提高，同时随着大规模集成电路技术的提高，高速度高性能的计算机系统也得到了推广应用。因此现在已完全能对 50Hz 的交流电进行直接采样，然后通过傅里叶转换理论，不仅可以计算出这些交流电信号的幅值，还可以计算出这些交流电的相位、频率、谐波分量等数据，同时如果同步采样电流和电压信号，还可得到有功功率、无功功率、功率因数等参数，如果能够保证一定的采样密度，通过累积的办法还可以得到有功电量和无功电量，总之几乎所有的数据都可有这套装置来得到。以前要很多套仪表才能完成的功能，现在只要一套装置就可以全部完成了。正是因为这个原因，所以交流采样装置得到了快速的推广应用。与终端配合使用，可随时检测用户侧用电情况，起到防窃电功能。

2. 交流采样的工作原理

（1）交流采样单相功率计算的方法。计算式为

$$U=\sqrt{\frac{1}{T}\int_0^T u^2(t)\mathrm{d}t} \tag{3-6-1}$$

$$I=\sqrt{\frac{1}{T}\int_0^T i^2(t)\mathrm{d}t} \tag{3-6-2}$$

$$P=\frac{1}{T}\int_0^{Tt} u(t)i(t)\mathrm{d}t \tag{3-6-3}$$

根据电工原理，单相周期为 T 的电压、电流、平均功率的定义为：如果对电压 $u(t)$、电流 $i(t)$在一个周期内均匀采样 N 个点，则式（3–6–1）～式（3–6–3）可转化为计算机可实现的离散计算公式

$$U=\sqrt{\frac{1}{N}\sum_{n=0}^{N-1}u^2(n)} \tag{3-6-4}$$

$$I=\sqrt{\frac{1}{N}\sum_{n=0}^{N-1}i^2(n)} \quad (3\text{–}6\text{–}5)$$

$$P=\sum_{n=0}^{N-1}u(n)i(n) \quad (3\text{–}6\text{–}6)$$

式（3–6–4）～式（3–6–6）中 $u(n)$、$i(n)$ 分别为电压、电流离散采样的序列值。只要同步采样电路设计合理，有足够的模数转换精度，在理论上可以到达很高的计算精度。

（2）交流采样三相功率计算的方法。

1）三相四线的计算。计算公式为

$$P=P_A+P_B+P_C \text{ 或 } P=u_A\times i_A+u_B\times i_B+u\times i_C$$

接线方法是三相电压和电流及地线都要接入，每相单独计算，再取和。

2）三相三线的计算公式。高供高计需要加入电压和电流互感器，且多为三相平衡用电。假定三相电流平衡，即

$i_A+i_B+i_C=0$，变换得到

$$i_B=-i_A-i_C$$

代入 P 的公式则得到

$$P=(u_A-u_B)\times i_A+(u_C-u_B)\times i_C=u_{AB}\times i_A+u_{CB}\times i_C。$$

因此三相三线的接线方法，仅接入电压三相，电流 A、C 两相。只需要两个 TV 和 TA，可以节省一组 TV 和 TA。

3. 交流采样装置的基本组成

交流采样装置的基本组成见图 3–6–1。

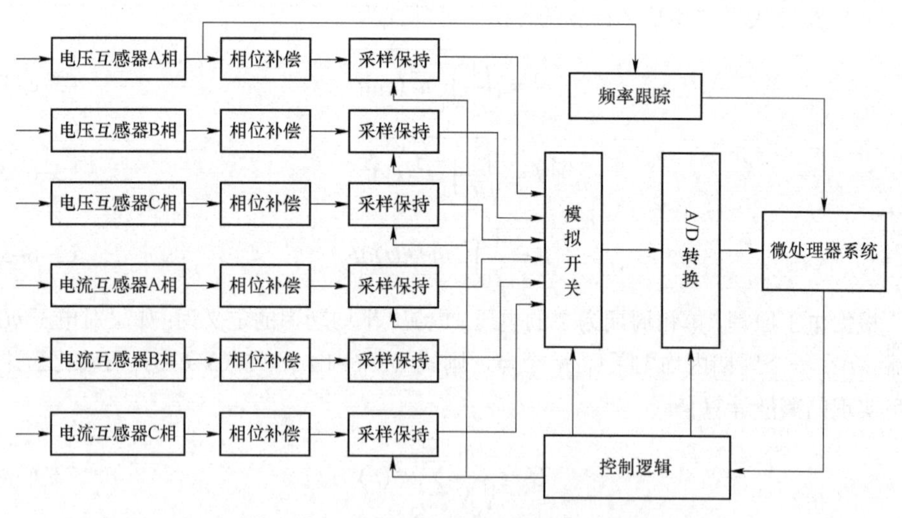

图 3–6–1 交流采样装置的基本组成框图

通常交流采样装置的输入端首先是二次互感器，通过二次互感器，将较高的电压和较大的电流转换成电子线路可以接受的较低的电信号。通常交流采样装置的输入电压为交流 100V 或 220V，输入电流则为交流 5A。根据所选器件的规格，二次互感器的输出电压通常在交流 1～3V 左右，对于电流互感器则还要加转换电阻，将电流信号转换成电压信号。

由于互感器一般为感性器件，所以会对交流信号产生相位的延迟（相移）而产生对计算的误差。这种相移的数量一般较小，在一度以内，但已对计算产生了极大的误差，而且这种相移是无法通过软件来补偿的，因为速度根本跟不上，所以为消除这种误差，一般在互感器后要有硬件构成的相位补偿电路和信号调理电路。由于技术和新型材料的发展，目前互感器的相移做的越来越小，对于一般精度要求的场合，甚至可以不进行相位补偿，因此，有时也可看到无相位补偿电路的交流采样装置。

交流信号通过二次互感器变成小信号并经过相位补偿后，进入采样保持电路。采样保持电路有两个作用，一是将三相的电流和三相的电压同步保存下来，然后通过模拟开关电路，逐路由 A/D 转换电路进行 A/D 转换，这样六路信号只要一个 A/D 转换器件就可以完成了，因为 A/D 转换器件的成本较高，这样做可大大降低装置的成本；第二个作用是在同一时间锁定 6 个信号，使得得到的信号在相位上是一致的。

控制逻辑电路的作用则是产生控制逻辑和时序，协调各单元电路工作。

频率跟踪电路的作用是实时跟踪当前的电网周波。根据傅里叶转换的原理，采样频率必须为被采样周期波频率的整数倍，因电网的周波一直在变，如果以固定的 50Hz 的某倍数频率进行采样的话，将带来非常大的误差，所以必须时刻跟踪当前电网的周波变化，随时调整采样的频率，才能保证计算数据的正确。

交流采样电路的工作过程是这样的，首先根据装置的性能指标要求确定采样频率，比如每周波采样 20 点。根据频率跟踪电路检测到的当前电网周波的周期，将其除以 20 得到采样间隔值，这个采样间隔值约为 1ms（一个周波的 1/20，如果为标准的 50Hz，则为正好为 1ms），将这个值置入控制逻辑电路的采样间隔产生电路中，以控制该电路的采样触发间隔时间，但此时控制逻辑电路尚未正式启动工作，只是处于准备好状态。当正式需要启动采样时，微处理器给控制逻辑电路一个启动信号，控制逻辑电路正式开始工作，它首先产生第一次触发信号给采样保持电路，让采样保持电路进行工作，待采样保持电路采集到信号并稳定后，再启动模拟开关电路，将第一路电压信号送到 A/D 转换电路中进行 A/D 转换，A/D 转换结束后，A/D 转换电路将产生一个中断信号，通知微处理器将转换好的数据取走，然后控制逻辑电路再控制模拟开关电路，将第二路电压信号送到 A/D 转换电路中进行 A/D 转换。以此类推，直到三路电压和三路电流全部转换完毕，则一个采样点的数据采样完毕。控制逻辑电路在前述微处理器给它预置的时间间隔数据的控制下进行延时，待时间间隔到后，自动产生第二次触发信号，再次启动采样保持电路，进行第二点的采样，直到20个采样点的数据全部采样完毕。微处理器在取得这些数据后，便可进行运算以得到所需的结果。

为了保证采样的精度，启动采样前必须进行频率跟踪的计算，就是说要保证频率跟踪的数据是最近的，因为周波是一直在变化的。为了保证计算的精度，通常还采取连续采多个周波计算平均值的方式。

二、交流采样装置的功能和性能

1. 性能

交流采样装置的性能通常可分为大气环境要求、机械性能要求、安全和电磁兼容性要求、精度和规格要求等几类。

对于大气性能要求，主要规定了装置工作的气压、温度、湿度等要求，只要根据自己的实际工作环境进行选择便可。

机械性能要求，主要规定了装置能承受的机械震动、冲击等级的要求，还规定了防尘、防水等要求。也是按自己的实际使用环境情况进行选择。

电磁兼容和安全性则有严格的国家标准，可按标准要求执行。

精度和测量规格的要求完全要根据自己的使用要求来定。交流采样装置的通常电压规格有交流三相四线220V（380V）；交流三相三线100V（57.7V），电力规格有交流5A和交流1A。对于三相四线装置，电流测量电路有三电流和四电流两种，四电流方式的装置，中心线的电流是直接测量出来的，三电流方式的装置，中心线的电流是计算出来的。三相三线装置电流测量回路只有两路。

精度要求就是对装置测量的精度要求，可根据自己的实际使用情况提出。由于装置的特点，通常装置的电压、电流等直接测量精度会比功率、电量等间接计算量的指标高一个等级，而无功功率和无功电量等数据，则精度还要低一个等级。

2. 功能

交流采样装置在设计的初期主要是用于测量交流电的电压、电流、有无功功率、有无功电量等直接测量的，这些称之为直接功能。后来又逐步延伸用来完成一些检测、记录、统计等功能，这些称为间接功能。

（1）直接功能。

1）测量三相交流电压、测量三相交流电流。

2）测量三相有功总功率和分相功率、测量三相无功总功率和分相功率。

3）测量三相有功总电量和分相电量、测量三相无功总电量和分相电量。

4）测量三相总有功最大需量和分相有功最大需量和记录发生时间，测量三相总无功最大需量和分相无功最大需量和记录发生时间。

5）测量功率因数。

6）测量周波、谐波测量功能。

（2）间接功能。

1）三相电压记录功能，以生成电压曲线；三相电流记录功能，以生成电流曲线。

2）分时电量记录功能。

3）分相最大电压和发生时间记录、分相最小电压和发生时间记录、分相最大电流和发生时间记录。

4）超电压和欠电压检测和记录功能（次数、累计时间）。

5）过电流检测和记录功能（次数、累计时间）。

6）分相断电（缺相）发生时间和累计次数记录，装置断电发生时间和累计次数记录。

7）电压合格率统计功能。

（3）其他功能。

1）通信功能。由于交流采样装置一般都记录有大量的数据，通过现场人工察看、分析的办法已不可能完成对数据的处理，所以一般交流采样装置都具备通信接口，通过通信接口可以将数据输入电脑，由电脑对数据进行处理。

2）时钟功能。装置一般都具备独立的硬时钟电路，为记录数据提供时间基准。通常该时钟电路具备断电运行能力，还要保证相当高的精度。

3）时钟的设定和修改功能。为了保证时间的准确，装置的时钟必须是可以被设置和修改的，但也为了防止一些意外的发生，一般装置的时钟设置和修改命令会有很多的限定和保护措施。

4）断电数据保持功能。因为装置要记录大量的数据，这些数据必须在装置没电的情况下不丢失，所以装置必须具备断电数据保持功能。

三、交流采样装置的应用

交流采样装置与终端配合使用，可随时检测用户侧实际用电情况与表计数据是否相符，起到防窃电功能。交流采样装置可安装在计量柜中，与计量表计并列放置，安装要求同计量表计，各接入小线应保证接线正确、接触可靠。

1. 接线方式

安装时要求交流采样装置安装在非计量回路（保护回路或仪表回路）的进线监测端，作为参照回路。TV 回路可并接在参照回路的 TV 上，TA 回路串接在参照回路的电流回路。如果双回路，则两个回路都接，对脉冲和交采的电量进行总加。

接线方式如图 3–6–2 所示。

三相三线要求接 A、B、C 三相电压，A 相和 C 相电流，要求相序、相位正确。

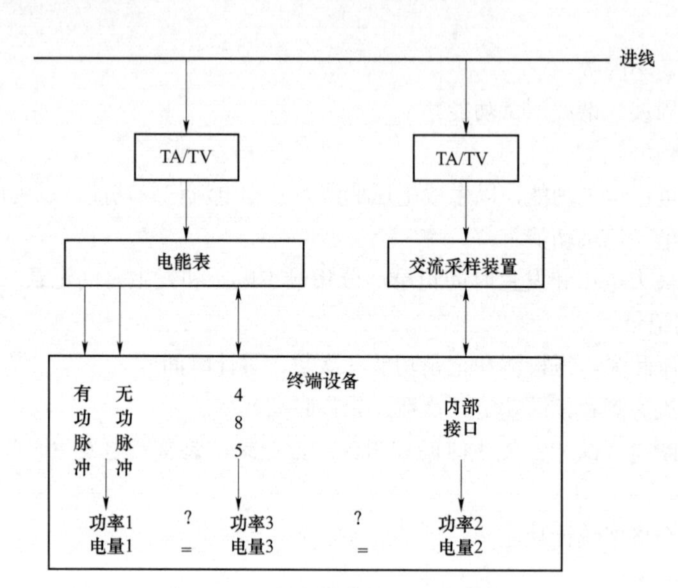

图 3–6–2 交流采样装置的接线方式

三相四线要求接 A、B、C、N 四相电压，A 相、B 相和 C 相电流，要求电压和电流相位相对应。

（1） 高供高计用户。TV 二次交采绕组接线端子与计量箱交采接线盒电压端子采用电缆（4mm×4mm）连接，TA 二次交采绕组接线端子与计量箱交采接线盒电流端子采用电缆连接（其中三相三线 TA 与接线盒的连接电缆为 4×4mm，三相四线 TA 与接线盒的连接电缆为 6×4mm）。

三相三线制接线图（3×100V，5A），见图 3–6–3。

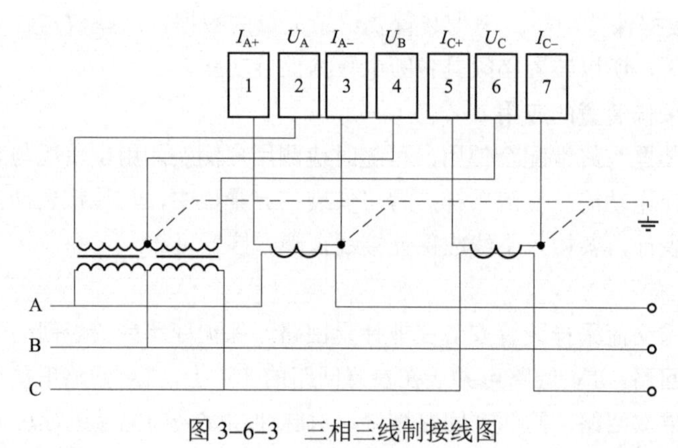

图 3–6–3 三相三线制接线图

（2） 高供低计客户。交采模块电压线采用电缆（4×4mm）与计量箱交采接线盒电压端子连接；交采 TV 二次绕组端子采用电缆（6×4mm）与计量箱交采接线盒电流端子连接。

三相四线制接线图（3×220V/380V，5A）见图 3–6–4。

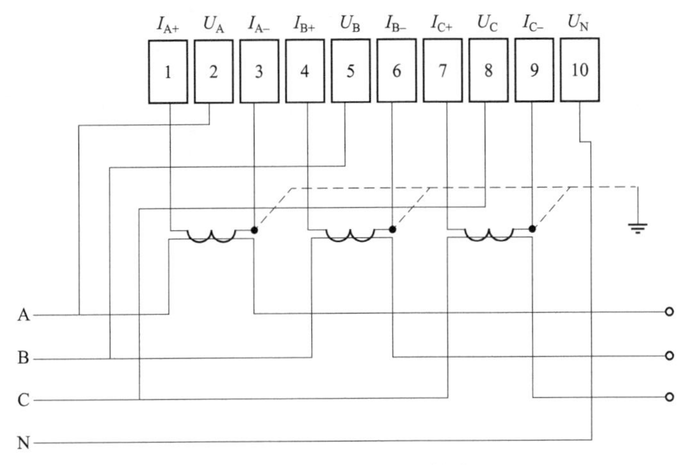

图 3–6–4　三相四线制接线图

2. 调试要求

（1） 主站下发脉冲参数的 TV、TA 和 K 值与现场实际情况对应。

（2） 交采参数的 TV 和 TA 值与所接回路一致，在主站上的路数正确（即与表计参数的交采的路数一致）。

（3） 交采的相位角度正确（接线无误），可在停电或送电后用伏安相位表进行检查，并根据检查结果进行调整。也可从进线柜开始检查，并通过万用表和电气识绘图的知识找出对应关系。

（4） 送电前对整体接线和回路进行测量，保证电流回路是短路状态的，电压回路是开路的。

（5） 终端开通前，测量接线盒的电压端子，并根据接线方式对应不同的电压。

交采调试中，脉冲功率和交采功率可能会有三种情况：

1） 脉冲的有功功率和无功功率与交采功率×TA 倍率×TV 倍率/1000 的值差不多，功率因数也差不多。相位角的度数也在正常值附近，正确。

2） 脉冲和交采的有功功率和无功功率无法对应。但功率因数差不多。相位角的度数也在正常值附近。这有可能是用户的负荷变化大，一时无法对应。也可能是交采和脉冲的 TA 参数不正确引起的。需要核对 TA 参数。因为交采一般取的仪表电流，有时无法确定 TA 变比，最好能够在停电接线时核实参数。

3）脉冲和交采的有功功率有时差不多，但也可能差很多，无功功率对应不上。相位角的度数也在正常值附近。此时，接线肯定存在错误，需要调整。

3. 接线检查与调整方法

（1）电压、电流检查。应该首先确保各相的电压和电流均有数值即不缺相，其次，确定各相电压和电流的数值是正确的。

1）电压检查。以三相三线为例，电压值 U_{AB} 和 U_{CB} 应该为 100V 左右，如果低于 90V 就有问题，需要检查是否断相。三相四线高供高计用户 U_A、U_B 和 U_C 应该为 57V 左右，高供低计用户 U_A、U_B 和 U_C 应该为 220V 左右。如果电压数值不对，应该检查 TV 的接线。

2）电流检查。检查交采的电流大小，对于三相三线用户两相电流应该基本平衡，差不多大小。对于三相四线用户，各相电流和相对应的电压大小关系应该相反，如 A 相电压最高，则 A 相电流值应该是最小。如果表计为全电子表时，应该将表计的电流和交采电流按下式比较：

表计各相电流×表计 TA 倍率=交采各相电流×交采 TA 倍率，两者应相近，如果相差较大时，应该检查 TA 的数值和接线。

（2）调整时注意以下几点：

1）刚送负荷时，不要调整，等 2～3min 后，相位稳定后再调整。

2）负荷很小时，电流相位角变化很大，不能轻易调整，需连续三次相位角趋势相同时再调整。

3）用户有电容投入时，将电容解除，再调整。

4. 安装要求

为了维护和使用调整方便，每个交流采样应该加装一个联合接线盒。图 3–6–5 是三相三线交流采样加装联合接线盒的接线图。

四、主站如何判别客户的窃电嫌疑

当交采安装调试完毕后，第二天起，终端的防窃电曲线应该保持吻合，在缺陷分析中，可以查找，对比电量相差一定数值的终端，此数值可以调节，如查找交采电量和脉冲电量相差超过 10%的终端，显示出的终端是有窃电嫌疑的客户。进一步分析是必要的。

调出防窃电对比曲线，查看曲线的吻合情况，如果是曲线的某一段不吻合，则不吻合的时间是否有规律，找到客户窃电时间规律。

在客户曲线不吻合的时间，如果用户的计量表是全电子表，召测电能表内的电流，电压，看是否有断相和电流的不平衡，同时召测交采的电压、电流，分析见表 3–6–1。

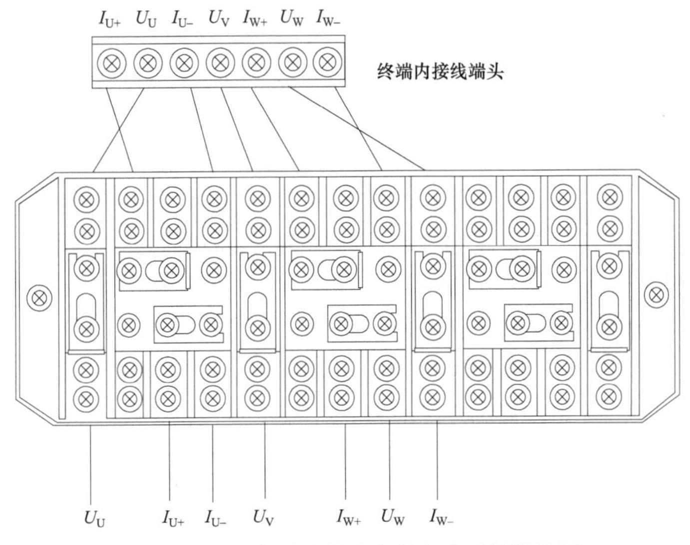

图 3–6–5　加装联合接线盒的交流采样接线图

表 3–6–1　　**交采曲线异常分析表**

电能表	交采	曲线情况	情　况	措　施
电压断相	电压正常	交采电量高于脉冲电量	可能用户的计量 TV 断或用户窃电	迅速通知有关部门现场检查断相的 TV
电压断相	电压断相	曲线不吻合	可能用户的计量回路和参照回路 TV 断或用户窃电	检查计量和参照回路的 TV
电压正常	电压断相	脉冲电量高于交采电量	可能用户的参照回路 TV 保险断	及时检修参照回路的 TV 保险
电流不平衡	电流平衡	交采电量高于脉冲电量	可能用户对电流回路短路进行窃电或 TA 接触不好，引起计量故障	迅速通知有关部门现场检查偏小的那一相 TA
电流平衡	电流不平衡	交采电量高于脉冲电量	参照回路的 TA 接触不好或故障	检查交采所接的 TA 接线

如果用户计量表是机械表等没有电流、电压的电度表，则召测一下交采的相位角和电流，如果均正常，则用户有窃电嫌疑。需要用钳形电流表和万用表到现场检查 TV 和 TA。

【思考与练习】

1. 在安装交流采样时，为什么要加装联合接线盒？
2. 为什么对安装交流采样所用材料的截面有要求？
3. 交流采样接入相序错误的后果是什么？

模块 7 终端与开关设备的连接与调试（Z29F1007 Ⅰ）

【模块描述】本模块包含用户开关设备和终端连接与调试内容。通过对断路器的分类和原理介绍，终端和开关跳闸、信号回路连接的基本方法和调试步骤的讲解，终端遥信功能的扩展应用举例，掌握终端与用户开关设备接线与调试技能。

【模块内容】

一、断路器的基本构造与工作原理

断路器在电网运行中起着接通、分断电路正常电流，也能在规定的非正常电路运行模式（过载、短路）下接通一定时间和分断电路的一种开关；当系统发生故障时，能快速判断并切断故障回路，保证无故障设备的正常运行。

1. 断路器的分类及组成

断路器的分类方法很多，一般包括按电压等级分类，按灭弧介质分类，按安装方法分类，按用途分类，按接线方式分类，按极数分类，按操作方式分类和按脱扣器形式分类等，由于只需了解断路器的跳闸回路的相关知识，所以对断路器分类仅按脱扣器形式进行分类，一般分为瞬时动作脱扣器型，热动+电磁脱扣型脱扣器，全电磁型脱扣器，电子脱扣器型，智能脱扣器等。

低压断路器有可电跳闸和手动跳闸开关两种，用采系统用于接入控制的开关均为可电跳闸型的，可电跳闸的开关柜多在面板上有按钮。

低压断路器一般由以下几部分组成：触头系统，灭弧室（罩），手动操作机构，电动操作机构，释放电磁铁，智能型控制器，互感器一、二次接线座，分励脱扣器，欠电压脱扣器等。

2. 热–磁型断路器跳闸的工作原理

断路器的工作原理总体上是相同的，以低压断路器（高压断路器的控制部分一般由继电保护装置完成）为例介绍其工作原理。

如图 3–7–1 所示，断路器用作合、分电路时，依靠扳动其手柄（或通过外部转动手柄）或采用电动机操动机构使动、静触头闭合或断开。在正常情况下，触头能接通和分断额定电流；当出现异常时，断路器能够根据现场情况选择适当的跳闸方式切断回路。

（1） 当出现过负荷时，双金属元件 6 受热（或通过它近旁的发热元件发热的传导、辐射或双金属元件与发热元件串联通电发热）产生变形、弯曲，使锁扣 3 脱钩，动静触点在弹簧 1 的牵引下分开，断路器跳闸。

（2） 如线路（或电动机）短路，则一定值的短路电流会使电流脱扣器 4 （电磁铁）

吸合，使锁扣 3 脱钩，动静触点在弹簧 1 的牵引下分开，断路器跳闸。

（3） 在线路出现欠电压时，欠电压脱扣器 7 在电压低于 70% U_n（额定电压）时，其衔铁释放，使锁扣 3 脱钩，动静触点在弹簧 1 的牵引下分开，断路器跳闸。

（4） 在正常操作或要远距离控制断路器的跳闸时，可控制跳闸按钮 8 闭合，分励脱扣器 5 通电，它的衔铁被吸合，使锁扣 3 脱钩，动静触点在弹簧 1 的牵引下分开，断路器跳闸。

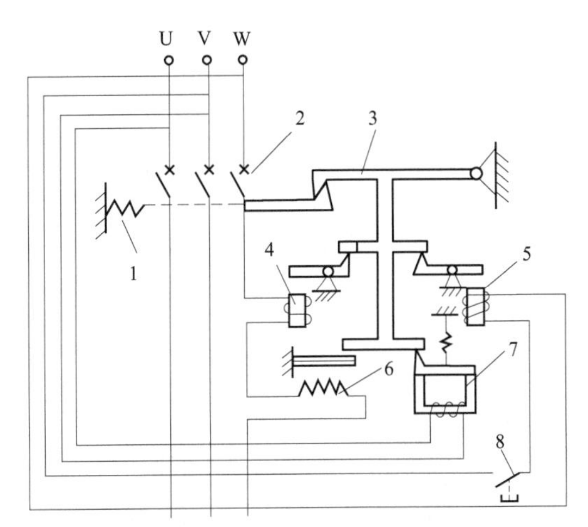

图 3–7–1 热–磁型断路器工作原理

1—储能弹簧；2—动静触头；3—锁扣；4—过载脱扣器；5—分励脱扣器；
6—双金属元件；7—欠电压脱扣器；8—跳闸按钮

3. 电子脱扣器的工作原理

电子脱扣器（又称半导体脱扣器）是由半导体保护装置和执行部件组合而成的。其框图如图 3–7–2 所示，电子脱扣器通常是由信号处理、信号判别、延时电路、触发电路、电源和执行部件等组成。

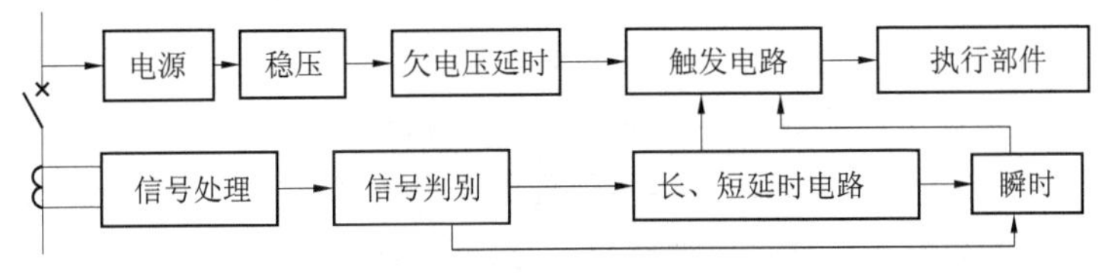

图 3–7–2 电子脱扣器原理框图

互感器采集的信号送信号处理单元进行电流–电压转换，由判别电路进行分析比对，当信号电压超过设定的基准电压时，送出控制信号。长、短延时电路由 RC 阻容元件实现。触发环节采用斯密特触发器，完成对晶闸管的导通，当触发器导通后，由执行部件控制断路器的跳闸。

4. 智能型脱扣器

智能型脱扣器由电源、信号互感器、饱和铁心互感器、环境温度检测、电压电流采样放大及多路选通开关、CPU、数据断电保护、显示器、整定键盘、脱扣信号输出、RS485 通信接口、故障检测输出和执行元件等部分组成，如图 3–7–3 所示。其工作原理是

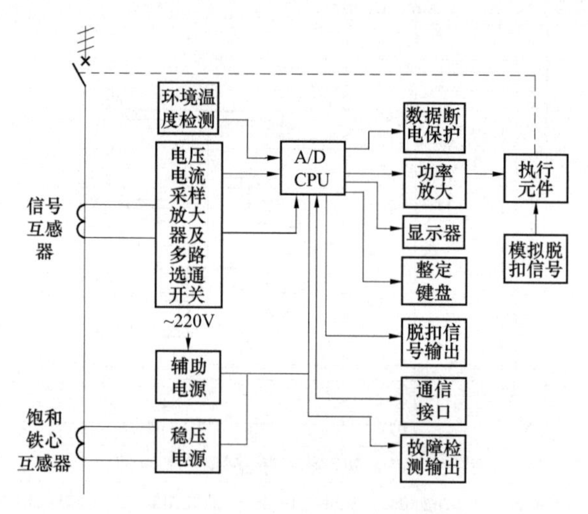

图 3–7–3 智能型脱扣器原理框图

由饱和铁心互感器提供稳压电源并与辅助电源一起分别供应 CPU、电流、电压采样及脱扣驱动机构等部件工作。

信号互感器包括电压和电流互感器，互感器采集的信息经采样及信号处理放大后由多路选通开关送 CPU 处理。

由整定键盘预先设置欠电压、过载、短路短延时、短路瞬动的电流值和动作时间，并将这些数值送 CPU，作为系统运行的基本参数。

CPU 根据预先设置的参数监测线路运行，当线路发生故障时（达到或超过预设定值时），信号互感器采集的信息通过信号处理电路送 CPU，CPU 经过运算对比后，发出跳闸命令，经驱动电路（功率放大器），由执行元件控制断路器跳闸，切断电路。

CPU 还连接外扩数据断电保护、显示器、脱扣信号输出、通信接口及故障检测输出等外围电路，实现数据信息的双向交换。

不论是什么类型的断路器，为了进行自动控制和断路器的分合状态的显示输出，

都带有一定数量的辅助触点，这些触点可以按照设计需要，成为断路器控制电路的一部分。辅助触点是与开关的分合状态相关联的一组触点，不同断路器的辅助触点数量不同，用于控制回路的电路形式也不相同。

二、终端与断路器的连接与调试

通过了解断路器跳闸回路的工作原理，掌握将终端控制继电器接点接入断路器的跳闸回路中（遥控），实现远程控制功能；同时将断路器的分合位置信息接入到终端中（遥信），以掌握断路器的运行情况。

（一）终端与断路器辅助触点（遥信）的连接与调试

1. 遥信连接时的注意事项

（1）终端的遥信输入电路直接接入光耦器件输入端，要求接入的辅助触点必须是空接点，即接点上不能带有电位或电压，也不能与其他带电的设备共用同一组辅助触点，若误接入遥控线，会损坏接口板。

（2）一般采用双芯护套控制电缆 KVV 2×1.5 的铜芯线作为遥信的连接线。

（3）当在带电设备上接线时，为了防止接线过程中的误碰损坏终端，在接遥信回路时宜先接断路器侧，后接终端侧。

（4）连接断路器的遥信电缆接头应做成羊眼状，防止线头脱落，误碰其他带电设备。

2. 终端与断路器遥信回路的连接与调试

将来自断路器辅助触点或其他遥信量（对地悬浮、无电位）输入点的信号线通过机箱的过线孔，接到接口板对应的遥信接线端子。

遥信板在终端右侧接线仓的下层。遥信每路均有指示灯，接通时灯亮，断开时灯灭（可用来验证接线是否正确）。

当断路器处于分闸状态时，辅助触点处于导通状态时为动断触点，反之为动合触点。

终端接入断路器的辅助触点是为了采集断路器的变位信息，所以对接辅助触点的属性没有要求（不论是动合或动断触点都可与终端连接，只需将触点属性报主站进行设置，即可实现信息关系的对应）。

遥信接点确定后可用双芯护套控制电缆进行连接，一端接到被控跳闸断路器的辅助触点上（接头需采用羊眼处理），另一端的两根线接至终端接口板的“遥信”标记的两个端子上。每路遥信的两根线无正负极性之分，只要接至对应的端子上即可。通常遥信和遥控接线关系是对应的，即接入控制第一轮的开关，其对应的遥信端口也为遥信一。

部分断路器可能会无多余的辅助触点供遥信使用，此时可采用在断路器的合闸或

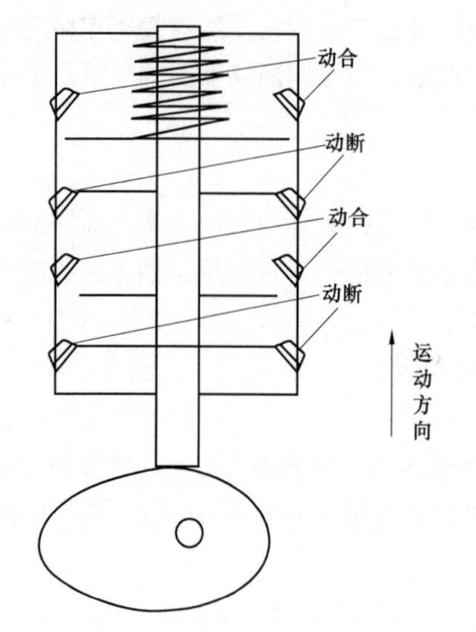

图 3–7–4 DW 系列断路器辅助触点示意图

分闸指示回路增加中间继电器，从中间继电器的输出接点取遥信信号。

断路器的辅助触点的查找，早期的低压断路器（如 DW 系列）的遥信触点如图 3–7–4 所示，可以看到在跳闸机构旁，有一个双排的接线端子，其辅助触点受开关分合闸机构控制，可以分别接通不同的触点。

智能型低压开关的辅助触点由二次回路接线端子排输出，一般在端子排的右侧，可用万用表的 $R\times1$ 或 $R\times10$ 挡查找出相应的辅助触点。

由于高压断路器离终端设备较远，连接或查找其辅助触点的工作量较大，则要分析其设备工作原理，在其图纸上找到相应端子，并确定端子的动合或动断属性。

遥信接点确定后可用双芯护套控制电缆进行连接，一端接到被控断路器的辅助触点上，另一端的两根线接至终端接口板的“遥信”标记的两个端子上。

每路遥信的两根线无正负极性之分，只要接至对应的端子上即可。

遥信回路接线完毕后，可进行简单测试，主要是用万用表的 $R\times1$ 或 $R\times10$ 挡判断断路器辅助接点的通断是否可靠，整个回路是否沟通，如果终端已经通电，也可查看接口板中的遥信指示灯的亮灭状况来确定遥信回路是否正常。

（二）终端与断路器跳闸回路 （遥控）的连接与调试

分励脱扣器（加压）脱扣机构是指跳闸线圈两端平常无电压，当加上一定电压信号时，机构动作开关分闸。这种机构一般并接入终端继电器的动合触点。

欠电压脱扣器（失压）脱扣机构是指线圈两端平常就有电压，当电压信号失去为零时，机构动作开关分闸。这种机构一般串接入终端继电器的动断触点。

将控制继电器的输出端子按对应轮次接到跳闸机构，对失电压型跳闸机构，控制线串接至终端输出继电器的动断触点，对加压型跳闸机构，控制线并接至终端输出继电器的动合触点。

对失压型跳闸操作机构，遥控线应接到终端输出继电器的动断触点，见图 3–7–5（a）；对非失压型跳闸操动机构，遥控线接动合触点，见图 3–7–5（b）。对直流操作机构，跳闸触点开关应与操作机构的辅助开断开关动断触点串联后再接入操作机构的跳闸线圈，否则可能烧毁终端的跳闸触点。

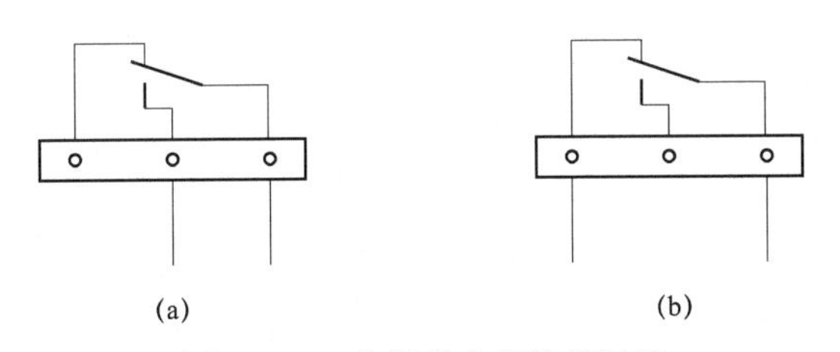

图 3–7–5　终端继电器接线回路

（a）并接至有压脱扣跳闸回路；（b）串接至失电压脱扣跳闸回路

1. 遥控连接时的注意事项

（1） 接控制回路时要注意终端的接点容量是否满足回路要求，终端的触点容量一般为 AC250V/5A，380V、2A 或 DC110V、0.5A 纯电阻负载（不同产品稍有区别）。

（2） 选用双芯护套控制电缆 KVV 2×1.5 的铜芯线作为遥控的连接线。

（3） 接线应牢固，有条件时应将电缆接头应做成羊眼状。

2. 控制的接入点的选择

（1） 按照图纸接入终端控制触点。

高压断路器的控制回路是由继电保护完成的，在查找和接入控制回路时应尽量查阅电路图，将终端的遥控动合触点并接在断路器跳闸按键的触点二侧的电路中，图 3–7–6 断路器跳闸的触点，可将终端的控制触点并接在其二侧（图中的 KM 触点为终端的遥控接入点），就可以实现远程遥控的目的，需要指出的是，在电路中可以控制断路器跳闸的动合触点较多，但不是所有触点都可以并接到终端的遥控触点上的。

（2） 根据断路器现场运行情况接入终端控制触点。在实际工作中，有时很难找到电路图纸，或找到图纸因种种原因与实际接线不符（如现场接线修改，但图纸未改），此时需要在实际电路中查找可接入的控制触点。查找的起始位置在断路器的跳闸按钮上。

跳闸控制操作按钮一般有两种形式，一种是按钮，另一种是旋转开关（也叫万能组合开关 KK）。

若为按钮则找到按钮两端的接点，在停电情况下用万用表电阻挡测量其通断，或在有电的情况下测量接点二端电压，如果接点开路状态或其二端电压值等于断路器操作电压的数值，则断路器的跳闸方式为分励脱扣跳闸方式（又称为给压式和加压式），此时将终端控制的常开接点并接在跳闸按钮二端回路中的适当位置；如果接点二端电阻或电压值等于 0，则断路器的跳闸方式为欠电压脱扣跳闸方式，此时将终端控制的常闭接点串接在跳闸按钮二端回路中的适当位置。

采用旋转开关（KK）控制断路器分合的都是高压断路器，其二次回路的标准设计图纸规定了旋转开关的 6—7 是控制断路器的跳闸接点，5—8 控制断路器的合闸接点。一般 5、6 接点接入操作电源的正母线，7、8 分别接入跳闸线圈和合闸线圈，在此基

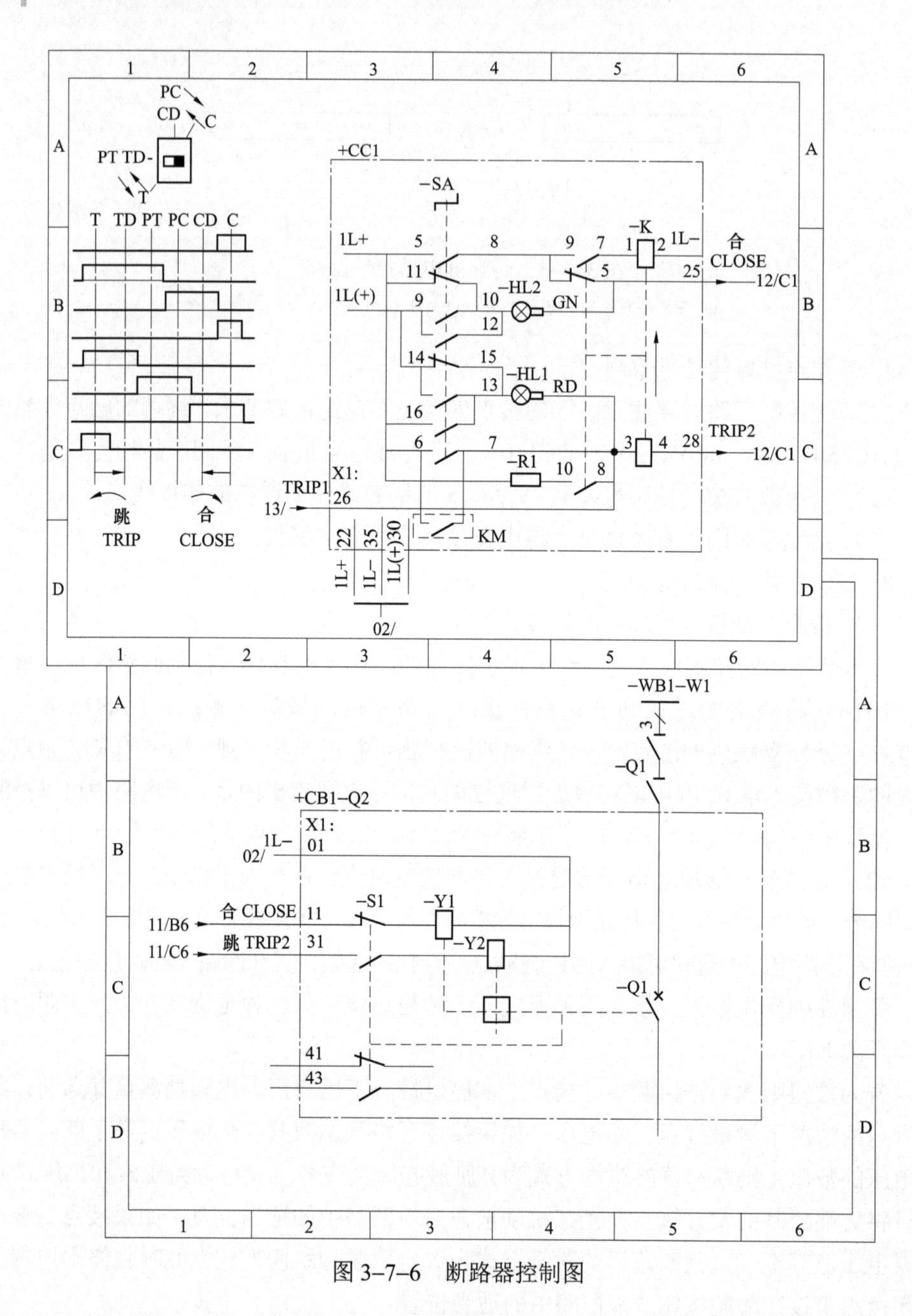

图 3-7-6 断路器控制图

础上还要对电路进行检查，有条件的话还要进行跳闸试验，确定控制接点选择的正确性，则将终端的遥控跳闸常开接点并接在旋转开关的 6—7 上，如图 3-7-6 的 KM 触点，其控制回路是：1L+→开关的 6 脚→7 脚（或 KM 触点）→中间断电器→断路器辅助触点→TQ（跳闸线圈）→1L−。也可另取相同电压等级的电源，直接由终端的控制触点向跳闸线圈供电，实现跳闸控制。

旋转开关（KK）是由多组触点组成的，其结构如图 3−7−7 所示，触点规定是：从旋转开关的背面，由左上角开始，顺时针向外为 1，2，3，4，5，6，7，8，……，每一层有 4 个接点。

（3）不同断路器的跳闸接线举例。

1）终端与 380V 交流接触器跳闸连接如图 3−7−8 所示。

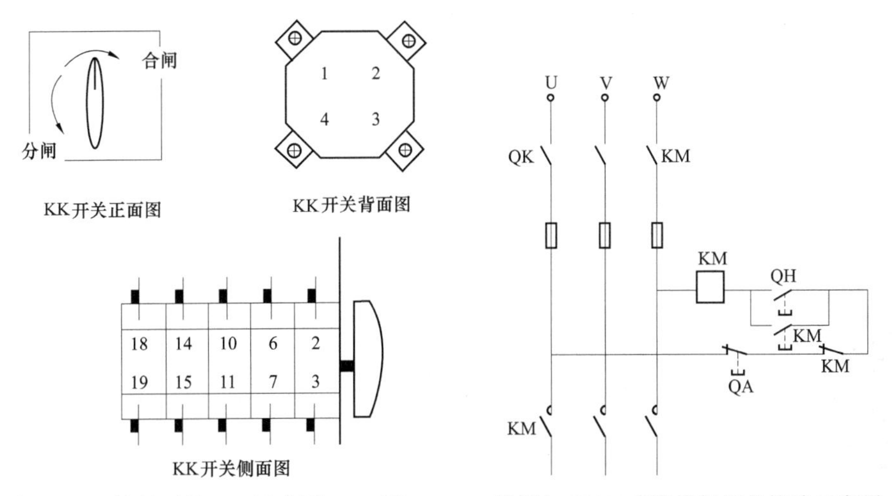

图 3−7−7 旋转开关 KK 示意图

图 3−7−8 终端与 380V 交流接触器的接线示意图

KM—交流接触器；QH—合闸按钮；QA—分闸按钮

2）终端与采用失电压脱扣跳闸的断路器连接如图 3−7−9 所示。

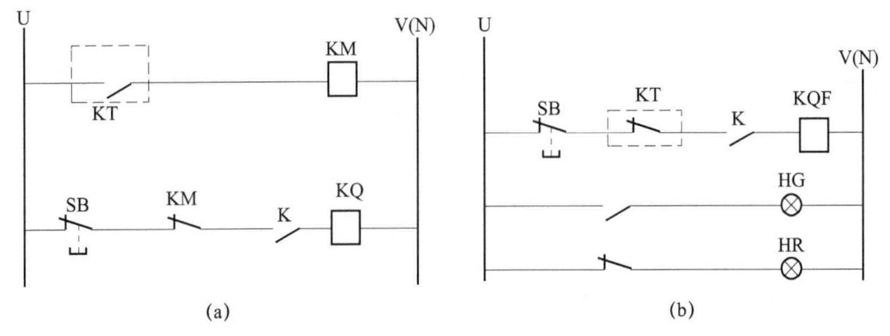

图 3−7−9 终端与失电压脱扣断路器的接线示意图

（a）利用中间继电器接入（终端采用动合触点）；（b）采用终端动断触点

KQF—跳闸线圈；SB—分闸按钮；K—断路器辅助触点；KM—中间继电器；

KT—终端动合、动断触点；HG、HR—指示灯

3）终端与采用分励脱扣跳闸的断路器连接如图 3–7–10 所示。

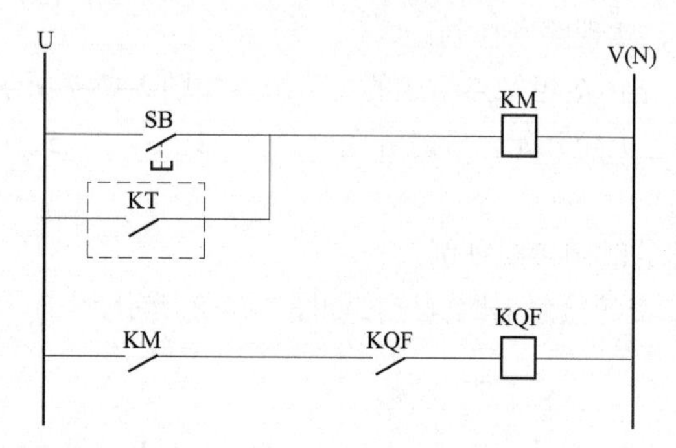
U
V(N)
SB
KM
KT
KQF
KM
KQF

图 3–7–10 终端与分励脱扣断路器的接线示意图

KQF 断路器跳闸线圈；SB 分闸按钮；KQF 断路器辅助触点；KM 中间继电器；KT 终端动合触点

4）终端控制输出回路连接片的投入

为了在最短时间内将用户断路器退出终端控制回路，终端接口板有禁控开关，当将开关拨至关时，切断了继电器的工作电源，终端不起控制作用；为了确保将继电器触点完全退出断路器控制回路，也有部分终端加装了具备分断与短接功能的端子，用于与跳闸回路的连接。

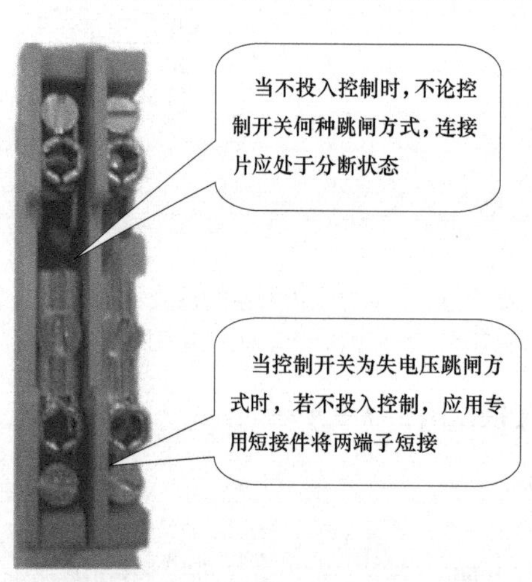
当不投入控制时，不论控制开关何种跳闸方式，连接片应处于分断状态
当控制开关为失电压跳闸方式时，若不投入控制，应用专用短接件将两端子短接

图 3–7–11 控制连接片的分断与短接

当需要终端具备控制功能时，端子压板都应在连通位置。当需要终端退出控制功能时，对于采用分励脱扣的断路器，应将连接片断开；对于采用失电压脱扣的断路器，当不投入跳闸功能时，应在端子排上将跳闸回路短接，并将连接片处于分断状态，端子排的分断与短接示意如图 3–7–11 所示。

5）报警线的连接。终端提供报警输出功能，报警接口仅为一组动合触点，在终端报警时可接通用户的灯光或音响报警系统，控制和告警电路接线如图 3–7–12 所示。

（三）终端遥信功能的扩展应用（门禁）

2004 版规范Ⅰ型终端，有八路遥信输入口，除用于采集遥控变位信号外，还可用于终端遥信功能的扩展应用。如通过在计量柜门上安装门控开关，并将信息送入终端，可监测计量柜门的开关事件。通过采集变压器温度传感器中的告警信息，可实现、

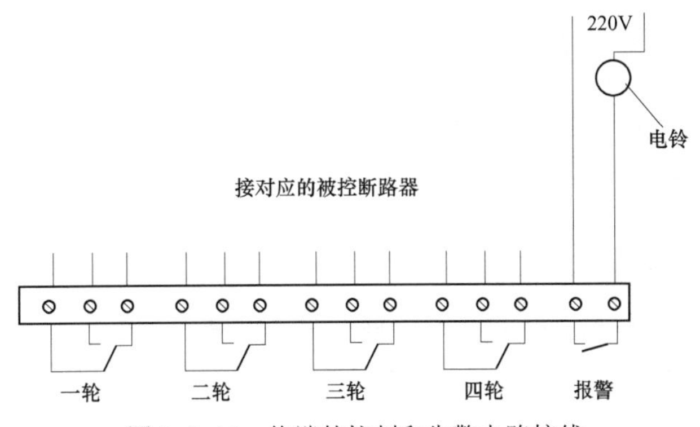

图 3–7–12　终端的控制和告警电路接线

对变压器温度报警的监测与告警。也可配合终端的扩展继电器箱使用，监测断路器变位信息。

终端的遥信端口作为监测计量柜门禁的接入，当多个门禁开关接到终端同一门禁触点时，应注意门禁开关触点属性一致，若选用不同触点属性，将无法正常检测门禁状态。

【思考与练习】

1. 断路器的工作原理是什么？
2. 断路器辅助触点的动合和动断属性是如何规定的？
3. 终端与断路器的遥信回路连接时有哪些注意事项？
4. 终端与断路器的遥控回路连接时要注意哪些因素？

模块 8　主站与终端联调（Z29F1008Ⅰ）

【模块描述】本模块包含终端开通调试内容。通过对终端调试具备的条件、通电前的准备工作介绍，终端通电后的运行参数设置、调试操作步骤和注意事项的讲解，掌握终端调试流程，能根据主站下发的调试参数判别终端的运行状况。

【模块内容】

终端本体安装完毕，各种接线连接完毕后，进入终端与主站联调环节。

一、终端与主站的调试需具备的条件

（1）终端、天馈线安装完毕。

（2）电能计量表接线完毕。

（3）遥控、遥信接线完毕。

（4）交流采样装置接线完毕。

（5）复查各类接线，正确无误。

（6）清点所有工具、材料，未有遗漏在工作现场。

（7）现场完成清扫工作。

（8）所有安装工作人员完成工作，撤出工作场地。

（9）客户的电源已送上。

二、终端通电前的准备工作

终端通电前应进行如下测试检查，以确保终端设备安全。

（1）工作电源电压设置正确：用万用表测量终端工作电源输入端，确认所接的电源电压与终端设置选择的工作电压一致。

（2）检查遥信接点确保不带电：测量遥信接点两触点对地电压，判断遥信接点是否带电。

（3）检查控制触点类型是否正确。有压跳闸的开关应接动合触点，失电压跳闸的开关应接动断触点。

（4）接地线应该牢靠（包括终端接地和天线的避雷接地）。

（5）对于交流采样回路，应用万用表的交流电压挡测量接线盒的电压输入，并根据接线方式确定测量的数值是否正确。然后，将接线盒处电压的连接片与上端连接，使 TV 二次电压进入终端的交流采样电压回路；将接线盒的电流短路片打开，使电流进入终端的电流回路。

（6）将天线电缆接至终端的天线插座中。如果有功率计，可将功率计串入终端和馈线电缆之间。

三、终端通电后的基本操作

（1）打开电源开关，终端接通电源后，首先检查终端自检和显示是否正常，设置电台信道、通信速率和终端地址。目前终端的设置方式有硬件设置和软件设置两种方式，由于终端生产厂家众多，设置方式也不相同，具体的设置方法应参阅终端说明书。观察下面几项，检查终端是否有故障。

1）显示屏。能正常显示字符，背景灯应该能打开（没有亮的时候，按一下按键），无缺行现象。

2）指示灯。运行指示灯应该闪烁，其余指示灯在功能调试的时候观察。

3）按键。按一下各个按键，检查一下是否正常。

（2）终端安装后应保证有足够的信号强度：用场强仪测试现场的场强，调整天线方向，保证现场场强不小于 20dBμV，否则调整天线方向或升高天线高度。

另一简单的方法是与主站进行通话，如果通话双方的通话声音清晰，背景噪声小，说明无线通信正常（这是保证数据传输的基本条件），否则说明收到的信号弱，信噪比低，则应检查天线馈线接头，转动定向天线方向及观察有无近距离阻挡。GPRS 终端则可通过终端面板显示的 GPRS 信号强度来简单判断。

（3）检查终端发射信号（电台、天馈线系统）正常：终端通电后，用功率计测试天馈线驻波比，应小于 1.3（驻波比是天馈线正常与否的重要指标，可用来衡量天馈系统的匹配和性能，驻波指标好坏直接影响系统成功率）；测试终端电台功率，核对所设置或终端配置电台的发射功率（一般大于 7W）。

当终端上行信号场强较弱时，在终端可采用的措施有：① 提高终端天线架设高度；② 采用低损耗高频电缆或高增益天线；③ 提高电台发射功率；④ 采用中继通信。

四、终端调试

终端完成安装后，需经过调试才能投入运行前，包括系统建档、运行参数设置、数据采集、核对、功能检查、抄表等作业，调试由现场维护人员配合主站下发的命令，检查终端的执行，对于出现的异常进行相应的处理。

（一）主站建立用户档案

记录用户用电参数：用户电压、电流变比（TV/TA），用户用电档案，用户计量表型号，表号，以及计量表地址、电能表常数等，报主站建立系统用户档案，并由主站分配用户终端地址。

上报终端参数终端档案及运行参数主要包括跳闸开关属性、遥信属性、跳闸接入路数、脉冲接入路数、表计型号、表计局编号、表地址、电能表电压变比、电流变比、K 值以及用户一些基本信息，如用户总户号、变压器容量、用户地址、联系人、联系电话、进线名称等。

（二）终端通信设置

进入终端设置界面或由终端内拨位开关设置系统分配的区域码、地址码；设置电台工作频点；设置通信速率。（目前终端的设置方式有硬件设置和软件设置二种方式，由于终端生产厂家众多，设置方式也不尽相同，具体的设置方法请参阅终端说明书。）

终端面板有三个功能区：液晶屏，运行状态指示灯区，面板按键区。液晶屏显示终端的参数以及运行信息，可通过面板按键选择显示内容；运行状态指示灯可以一目了然地看到终端的运行状态以及当前控制状态；按键区则可以让用户选择查看液晶屏显示的内容，此外按键还可用于设置部分终端参数。

按键由四个方向键和两个功能键组成。方向键用户选择，功能键用于确认和返回。在参数设置状态下，左右方向键用户移动光标，上下方向键用户改变光标处的值。

（三）检查通信状况

由主台召测时钟、召测终端密码，现场人员观察，在和主站的通信过程中终端的发射、接收指示灯应该闪烁。主台运行人员检查终端的通信成功率。

（四）召测终端密码

在调试终端前，先要召测终端的密码，保证终端密码与主台数据库一致，只有终端与主站一致，初始化和参数才能下发下去。如果设备密码与库存密码不一致，则系统会自动提示，点击“是”按钮，保存设备密码至数据库。

1. 通话功能

通话功能，包括远程控制和当地强制两项内容。

（1） 主站值班人员发送允许通话命令，如果终端正常接收，则通话指示灯点亮，带有外置 Modem 的终端 DTR 信号变化，并发出报警声，带有语音功能的终端发出“主站要与你厂通话，请回答”的语音提醒，无语音功能的终端发出“嘟嘟”报警声，终端向主站发送打开通话的确认信息，表明上下行数据传送正常，并且终端的报警功能和通话正常；主站发送关闭终端通话。

（2） 现场强制通话操作：查看终端面板上的“通话”指示灯是否亮，“通话”指示灯亮表示允许通话，如不亮可打开强制通话开关，通话灯亮，通话打开 （强制通话的操作方式因终端而异，需查看终端说明书），在允许通话状态下，将手持送话器插头插入“MIC”插座，手按送话器开关，可以与主站通话。松开送话器开关，可以从喇叭中听到主站方面的通话，这时表明电台已开始正常工作。

2. 初始化

对终端进行初始化操作。

主站：在终端参数设置界面。选择初始化标签选项卡，进入初始化设置界面，选择硬件初始化，参数区初始化和数据区初始化，点击下发按钮，完成对终端的初始化操作。

终端：终端收到数据和参数初始化命令后，显示画面出现“终端初始化”字样，此时终端内除时钟等出厂信息外，将无任何终端运行参数和数据；收到硬件初始化命令终端只是复位一次。

3. 下发和核对参数

主站在接到终端设置完毕通知后，下发通信参数；对时；下发密码（主站密码默认为零，终端设备密码在召测完成并存库后，主站操作人员可以对终端设备密码进行更改）。下发刚建好的新用户终端参数，参数中抄表、脉冲、测量点、总加组参数是保证终端正常工作的最重要的参数，下发时，要按照抄表、脉冲、测量点、总加组的顺序下发。

抄表参数：测量点号，表号表规约，抄表日、抄表间隔。

脉冲参数：测量点号和 K 值。

测量点：基本参数、测量点冻结参数、电能表局编号、费率标志、测量点限值参数、测量点功率因数限值。测量点基本参数主要是把 TA、TV 下发给终端，测量点冻结参数是把冻结密度下发给终端。

只有抄表、脉冲、测量点基本参数和冻结参数都下发成功，终端才能产生测量点的数据，主站才能采集到电能表和脉冲分路的数据。如果电能表数据的峰、平、谷、尖数据错位，可以下发费率标志调整。测量点限值参数和功率因数限值是终端产生事件的门限值。

总加组要下发总加组配置、总加组冻结、设置配置参数。总加组配置给终端下发总加组，总加组有哪些测量点组成；总加组冻结给终端下发总加组数据冻结的密度；设置配置参数给终端下发总加组数，电能表总数，脉冲路数，电压电流路数。只有总加组配置、总加组冻结、设置配置参数下发成功，终端才能产生总加组的数据，主台才能采集到总加组的数据。

现场通过液晶屏查看终端参数，确认参数下发正确，语音提示正常，核对采集功率数据与现场用户实际功率一致，抄表数据与电能表数据一致，遥控遥信相关功能正常；有交采表的还要校对交采数据是否跟计量表电压，电流等一致或相近。

4. 对时功能

主站下发对时命令，如正常接收，终端应显示与主站相同的时间。

5. 脉冲功能

查看终端脉冲总加组功率和现场用户实际功率是否一致，可采用瓦秒法核对实际负荷与终端显示的功率比较，如果负荷相差较大（因终端的功率显示是 1min 刷新一次，指示仪表是动态显示，脉冲核算法的计算周期与终端的不同），需要核查 TA、TV 和 K 参数是否与现场一致，或计量回路是否有异常。

6. 抄表功能

主站下发表规约、表地址等参数后，现场核对参数无误，查看终端显示或主站召回的抄表数据，与现场表计核对是否正确；抄表数据查看抄表是否成功，如果不成功，需现场核对抄表线、表规约、表地址是否正确。终端具有现场启动终端自动抄表功能。

7. 交流采样调试

抄交流采样数据、相位角，保证三相三线的相位角为：I_U 相位角 30°，I_W 相位角

270°，U_{WV}相位角 300°，三相四线电压和电流的相位角保持一致。交流采样调试正确的标准是交流采样有、无功功率乘变比后，与脉冲功率相近。

交流采样调试中，脉冲功率和交流采样功率可能会出现以下三种情况：

（1）脉冲的有功功率、无功功率和功率因数与交流采样回路的值应相差不多，交流采样的相位角也在正常值附近（I_U相位角 330°～359°、0°～90°，I_W相位角 210°～330°）。

（2）脉冲和交流采样的有功功率和无功功率无法对应，但功率因数差不多，相位角也在正常值附近。这有可能是客户的负荷变化大，一时无法对应；也可能是交流采样和脉冲的参数不对，因为交流采样一般取仪表电流互感器，此电流互感器不变换相位，同时标牌不清晰，现场确定 TA 变比比较困难。

（3）脉冲和交流采样的有功功率有时差不多或差很多，无功功率对应不上，相位角也在正常值附近。此时，接线肯定存在错误，需要调整。先根据脉冲功率确定相位角的大概范围，相位角与脉冲功率关系见表 3–8–1。为了确保调试准确应退出客户的电容补偿，让负荷呈感性（也能从表计读数来判断）。

表 3–8–1 相位角与脉冲功率的关系

脉冲功率关系	I_U相位角	I_W相位角	U_{WV}相位角	负荷特性	可能的原因
反向无功大于有功	330°～345°	210°～225°	300°	容性	负荷较小补偿电容投多
反向无功小于有功	0°～30°或 345°～359°	225°～270°	300°	容性	投补偿电容
有功大于无功	30°～75°	270°～315°	300°	感性	—
有功小于无功	>75°	>315°	300°	感性	感性负荷大，需投电容

（4）确定相位角的大概范围后，再看实际相位角，先确定电压的相序。对地测量三相电压，无电压的一相则认为是 V 相，V 相在当中且U_{WV}相位角为 300° 时，电压相位正确，调整电流即可。如果U_{WV}相位角为 60°，则交换 U、W 相，使电压相位为 300°。

（5）分析调整电流，先根据脉冲负荷情况预测电流相位角范围。大多数的错误为电流 U、W 相错位（即 U 相相位角为 270° 左右，W 相相位角为 30° 左右）或电流 U、W 反向（即 U 相相位角为 210° 左右，W 相相位角为 90° 左右）。

另外，当I_U和I_W相位角相差 120° 或 240° 时，两个电流同极性（同正或同反）。当I_U和I_W相位角相差 60°～80° 或 270°～300° 时，两个电流极性相反，即有一相极性反了。

（6）如果无法确定 V 相，则只能用排除法，先将 U_{WV} 相位角调为 300°，并假定为正确相序，试着用互换电流、反向等方式，看是否能得出与脉冲负荷相对应的相位角。如果可以，则先调整，看功率是否对应；如果调不出，则旋转 120°、240° 重复上述步骤。

8. 遥信功能

如果接入的遥信接点属性为动合，则当开关合闸后对应轮次的遥信指示灯应亮，否则调整属性或查看接线。

9. 遥控功能

解除终端保电状态，发送所接轮次的遥控跳闸，查看终端是否报警，观察开关是否动作（注意，部分终端具有上电 10min 保电功能），每跳完一轮后，由主站下发允许合闸，测试结束将保电投入。

10. 中文信息显示功能

由主站发送中文信息，终端应发出“信息已更改，请注意查看。”的语音或报警声，同时面板显示下发的信息。

11. 参数保存

关闭终端电源约 5min 后打开电源，观察终端参数是否丢失，如果参数丢失，表示主板存在故障。

12. 测试记录

调试结束后，做好相关调试记录。

五、开通调试注意事项

（1）禁止在终端调试时使用群组控制命令。

（2）试验跳闸时，必须确认所操作的客户无误，可以采用再次发送允许通话的命令来确认。

（3）试验跳闸机构时，须征得客户的同意，以免造成客户的损失。

（4）终端在调试过程中，各种终端参照说明书对所具有的功能进行调试。

（5）调试完毕应关闭终端通话，锁上终端门（加铅封）。

【思考与练习】

1. 终端调试需要具备哪些条件？
2. 终端调试过程中的注意事项是什么？
3. 终端开通调试的一般步骤？

模块9 终端安装调试记录（Z29F1009Ⅰ）

【模块描述】本模块包含终端安装资料的记录。通过对终端安装记录、现场调试记录、安装竣工验收报告等记录表格的填写内容介绍，掌握终端安装记录的填写内容和要求。

【模块内容】

安装完成后，应及时将客户的施工图纸及竣工验收报告和其他施工说明等资料收集齐全，做好资料归档管理工作。

终端安装调试记录材料一般采用表格形式，现场工作时依实际情况填写，相关记录示例见表Z29F1009Ⅰ–1、表Z29F1009Ⅰ–2、表Z29F1009Ⅰ–3。

一、终端安装记录

1. 安装档案

表3–9–1为GPRS公网终端安装档案示例。

表3–9–1 GPRS公网终端安装档案

用户信息			
用户名称		总户号	
用户地址			
联系人		联系电话	
终端信息			
终端型号		终端地址	
终端局编号		SIM卡号	
终端安装位置			
遥信开关名称		遥信开关属性	
遥信1接线		动合（ ） 动断（ ）	
遥信2接线		动合（ ） 动断（ ）	
遥信3接线		动合（ ） 动断（ ）	
遥信4接线		动合（ ） 动断（ ）	
脉冲表号		有功/无功	
脉冲1		有功（ ）/无功（）	TA= TV=
脉冲2		有功（ ）/无功（）	TA= TV=
脉冲3		有功（ ）/无功（）	TA= TV=
脉冲4		有功（ ）/无功（）	TA= TV=
遥控1接线		控制容量	
遥控2接线		控制容量	

续表

<table>
<tr><td colspan="6">现场电表信息</td></tr>
<tr><td>序号</td><td>表地址</td><td>规约类型</td><td>通信速率</td><td>局编号</td><td colspan="2">备注</td></tr>
<tr><td>1</td><td></td><td></td><td></td><td></td><td colspan="2"></td></tr>
<tr><td>2</td><td></td><td></td><td></td><td></td><td colspan="2"></td></tr>
<tr><td>3</td><td></td><td></td><td></td><td></td><td colspan="2"></td></tr>
<tr><td>4</td><td></td><td></td><td></td><td></td><td colspan="2"></td></tr>
<tr><td>5</td><td></td><td></td><td></td><td></td><td colspan="2"></td></tr>
<tr><td colspan="2">安装人员</td><td colspan="2"></td><td colspan="2">安装日期</td><td></td></tr>
<tr><td colspan="2">安装单位签字</td><td colspan="2"></td><td colspan="2">供电公司签字</td><td></td></tr>
</table>

2. 施工材料

记录施工所用材料一般采用表格形式，不同类型终端安装施工时所需使用的材料不同，所用的施工工程材料记录单也需按现场情况设计填写，安装施工所用的材料记录单示例见表 3–9–2。

表 3–9–2　　施 工 工 程 材 料 单

<table>
<tr><td>用户名称</td><td colspan="2"></td><td>总户号</td><td></td></tr>
<tr><td>用户地址</td><td colspan="2"></td><td>终端地址</td><td></td></tr>
<tr><td>类别</td><td>名称</td><td>规格</td><td>单位</td><td>使用数量</td></tr>
<tr><td>电源线</td><td>KVV 型电缆</td><td>2×1.5mm²</td><td>m</td><td></td></tr>
<tr><td>遥控、遥信信号线</td><td>KVV 型电缆</td><td>2×1.5mm²</td><td>m</td><td></td></tr>
<tr><td>脉冲信号线/485 接口线</td><td>RVVP 型电缆</td><td>8×0.5mm²</td><td>m</td><td></td></tr>
<tr><td>分表信号线</td><td>RVVP 型电缆</td><td>2×0.5mm²</td><td>m</td><td></td></tr>
<tr><td rowspan="5">电线头制作材料</td><td>端子排</td><td>16 位</td><td>个</td><td></td></tr>
<tr><td>端子头</td><td>0.5mm²</td><td>个</td><td></td></tr>
<tr><td>端子头</td><td>1.5mm²</td><td>个</td><td></td></tr>
<tr><td>号码管</td><td></td><td>m</td><td></td></tr>
<tr><td>标记管/标识牌</td><td></td><td>个</td><td></td></tr>
<tr><td rowspan="4">螺丝/垫片</td><td>镀锌膨胀螺丝</td><td></td><td>套</td><td></td></tr>
<tr><td>自攻螺丝</td><td>4×30mm</td><td>支</td><td></td></tr>
<tr><td>尼龙膨胀管</td><td>6×80mm</td><td>支</td><td></td></tr>
<tr><td>镀锌螺丝</td><td>4×5mm</td><td>个</td><td></td></tr>
</table>

续表

类别	名称	规格	单位	使用数量
螺丝/垫片		5×5mm	个	
		6×40mm	个	
	垫片	16mm	个	
		10mm	个	
水泥钉		2.5×30mm	个	
绝缘胶布			卷	
油泥			kg	
泡沫剂			桶	
尼龙扎带		4×200mm	条	
尼龙扎带		4×100mm	条	
箱体固定铁架			个	
PVC 管材	PVC 线管	ϕ25mm	m	
	PVC 管弯头	ϕ25mm	个	
	PVC 管直接头	ϕ25mm	个	
	PVC 管卡	ϕ25mm	个	
	PVC 线槽	40mm	个	
	线槽弯头	40mm	个	

二、现场调试

不同类型终端现场调试项目内容均有差异，所现场调试记录单需按实际情况设计填写，下面几种示例供参考。

1. 230M 无线专网终端

230M 无线专网终端现场调试记录见表 3-9-3。

表 3-9-3 230M 无线专网终端现场调试记录表

用户信息				
单位名称			用户编号	
联系人		联系电话		
终端型号		终端地址		
经纬度				

续表

信道调试			
功率（W）		驻波比	
天线型号		馈线型号	
馈线长度		信号强度	

功能调试			
调试项目	结果		备注
	正常√	不正常×	
对时			时钟一致
通话			通话声音清晰
终端初试化			清除各类数据
发参数			参数一致（综合比=TV 值×TA 值/K）
语音			有无
脉冲功率（总加）			与现场功率表比较，是否相等
抄表			主台读数与当地表记一致与否
遥信			主台与当地一致
遥控			执行与否
中文信息			与主站对比
备注信息：			

安装人员		安装日期	

2. GPRS 公网专变终端

GPRS 公网专变终端现场调试记录见表 3–9–4。

表 3–9–4　　GPRS 公网专变终端现场调试记录表

用户信息			
用户名称		用户编号	
用户地址			
联系人		联系电话	
终端安装信息			
终端型号		终端地址	
终端局编号			

续表

SIM 卡 IMEI 号		SIM 卡手机号	
终端安装位置			
遥信 1 接线		遥信属性	动合（ ）/动断（ ）
遥信 2 接线		遥信属性	动合（ ）/动断（ ）

现场电表信息

序号	表地址	规约类型	通信速率	用户号	序列号	抄表异常情况
1						
2						
3						
4						
5						
6						
7						
8						

功能调试

调试项目		结果		备注
		正常√	不正常×	
信号强度	内置天线			在内置天线信号弱时填写两种天线接收信号强度
	吸盘天线			
对时				时钟一致
终端初试化				清除各类数据
发参数				参数一致（综合比=TV 值 × TA 值/K）
本地抄表数据核对				终端与电表数据是否一致
遥信				主台与当地一致
远程抄表数据核对				主台读数与当地表记一致与否
指示灯				各指示灯是否正常

备注信息：

安装人员		安装日期	
审核			

三、竣工验收

终端安装竣工验收记录示例见表 3–9–5，实际工作中应根据需要对记录表进行设计填写。

表 3–9–5　　GPRS 公网专变终端安装竣工验收表

<table>
<tr><td colspan="2">户　名</td><td></td><td>总户号</td><td></td></tr>
<tr><td colspan="2">联系人</td><td></td><td>电话</td><td></td></tr>
<tr><td colspan="2">验收地点</td><td></td><td>信号强度</td><td></td></tr>
<tr><td colspan="2">参加验收人员</td><td></td><td>日期</td><td></td></tr>
<tr><th colspan="3">验收内容</th><th>通过与否</th><th>备　注</th></tr>
<tr><td colspan="2" rowspan="4">技术资料</td><td>《进网作业许可证》</td><td>□通过　□未通过</td><td></td></tr>
<tr><td>《终端装接通知单》</td><td>□通过　□未通过</td><td></td></tr>
<tr><td>《终端说明书》</td><td>□通过　□未通过</td><td></td></tr>
<tr><td>施工过程中需要说明的其他资料</td><td>□通过　□未通过</td><td></td></tr>
<tr><td rowspan="21">现场核查</td><td rowspan="3">防护箱</td><td>安装必须稳固且防雷</td><td>□通过　□未通过</td><td></td></tr>
<tr><td>接地的良好可靠</td><td>□通过　□未通过</td><td></td></tr>
<tr><td>进出线完整可靠</td><td>□通过　□未通过</td><td></td></tr>
<tr><td rowspan="3">终端安装</td><td>安装牢固、插槽完好</td><td>□通过　□未通过</td><td></td></tr>
<tr><td>应有可靠的接地措施</td><td>□通过　□未通过</td><td></td></tr>
<tr><td>应有可靠的工作接入电源</td><td>□通过　□未通过</td><td></td></tr>
<tr><td>SIM 卡</td><td>GPRS 连通测试</td><td>□通过　□未通过</td><td></td></tr>
<tr><td rowspan="7">电缆/芯线</td><td>敷设平整妥贴，转角处满足转弯半径要求</td><td>□通过　□未通过</td><td></td></tr>
<tr><td>不承受拉力，不凌空飞线，不摊放地面</td><td>□通过　□未通过</td><td></td></tr>
<tr><td>各柜内电缆套头是否均已挂牌写字</td><td>□通过　□未通过</td><td></td></tr>
<tr><td>所有柜内电缆芯线号牌、二次小线接线头，标明编号且字迹清晰不褪色</td><td>□通过　□未通过</td><td></td></tr>
<tr><td>芯线应整齐成束敷设，在一束线内部避免交叉缠绕</td><td>□通过　□未通过</td><td></td></tr>
<tr><td>与带电、发热、可动部件保持足够的距离</td><td>□通过　□未通过</td><td></td></tr>
<tr><td>终端、电能表及抄表盒之间连线应按图正确接线</td><td>□通过　□未通过</td><td></td></tr>
<tr><td rowspan="3">远程抄表</td><td>由电能表引出的数据电缆屏蔽层应与大地可靠连接。柜式终端在柜内接地，挂式终端在抄表盒内接地</td><td>□通过　□未通过</td><td></td></tr>
<tr><td>应将电表型号、地址、底数等数据记录并告知主台</td><td>□通过　□未通过</td><td></td></tr>
<tr><td>终端与开关正确接线，每轮开关均试跳成功，记录清楚</td><td>□通过　□未通过</td><td></td></tr>
<tr><td>开关</td><td>电缆盖板是否均已盖好</td><td>□通过　□未通过</td><td></td></tr>
</table>

续表

<table>
<tr><th colspan="3">验收内容</th><th>通过与否</th><th>备 注</th></tr>
<tr><td rowspan="4">现场核查</td><td rowspan="4">其他</td><td>有关的孔洞是否均已封堵良好</td><td>□通过 □未通过</td><td></td></tr>
<tr><td>工具、器件是否有遗留</td><td>□通过 □未通过</td><td></td></tr>
<tr><td>施工现场是否清扫干净</td><td>□通过 □未通过</td><td></td></tr>
<tr><td>安装工艺质量符合有关标准要求</td><td>□通过 □未通过</td><td></td></tr>
<tr><td colspan="2" rowspan="2">验收试验</td><td>接线正确性检查</td><td>□通过 □未通过</td><td></td></tr>
<tr><td>终端主台调试是否正常</td><td>□通过 □未通过</td><td></td></tr>
<tr><td colspan="2">验收结果</td><td colspan="3"></td></tr>
<tr><td colspan="2">安装电工姓名</td><td></td><td>施工单位名称</td><td></td></tr>
<tr><td colspan="2">施工单位签字</td><td></td><td>供电公司验收人签字</td><td></td></tr>
</table>

【思考与练习】

1. 终端的安装记录资料有哪几种类型？
2. 终端安装调试记录有哪些内容？
3. 如何填写终端安装竣工验收记录？

模块 10 低压台区本地通信采集系统架构（Z29F1010 Ⅰ）

【模块描述】本模块包含低压台区本地采集系统架构的内容。通过概念讲解和结构介绍，掌握集中抄表系统的概念、构架、组成及其采集方式。

【模块内容】

一、低压用户用电信息采集系统简介

（一）集中抄表系统的定义

低压用户用电采集系统，简称“集中抄表系统”，是用电信息采集系统的一个重要组成部分。集中抄表系统是由主站通过传输媒体（无线、有线、电力线载波、光纤等信道或IC卡、手持电脑等介质）将多个电能表电能量的记录值（窗口示值）的信息集中抄读的系统。

该系统主要由采集用户电能表电能量信息的采集终端（或采集模块）、集中器、信道以及网关和主站等设备组成。集中器数据可通过信道远距离地传输到主站或经 IC卡、手持电脑等介质集中抄收后输入到主站计算机。系统集电子技术、数字通信技术及网络、计算机技术于一体。实现对低压用户端的用电量及相关数据的采集、管理、监控、控制的自动化管理系统。

由于采集的对象为居民和中小型工商用户，客户数量占全部用电客户的80%以上。因此低压用户用电信息采集系统有别于公、专变信息采集。公、专变用电信息采集终端采集对象较少，一般不超过8个，但数据密度要求较高，每隔30min甚至15min就生成该时间点的数据。而低压用户特点是采集对象很多，一般都在100块电能表以上，有些甚至达到500块表以上，但数据密度要求较低，一般一天一个数据点，重点用户可每个小时一个数据点。低压用户采集对象很多，而且较为分散，因此选择合适的技术方案实现低压用户用电信息采集尤为重要。

（二）集中抄表系统的基本框架

图3-10-1为目前常用集中抄表系统的基本架构图。

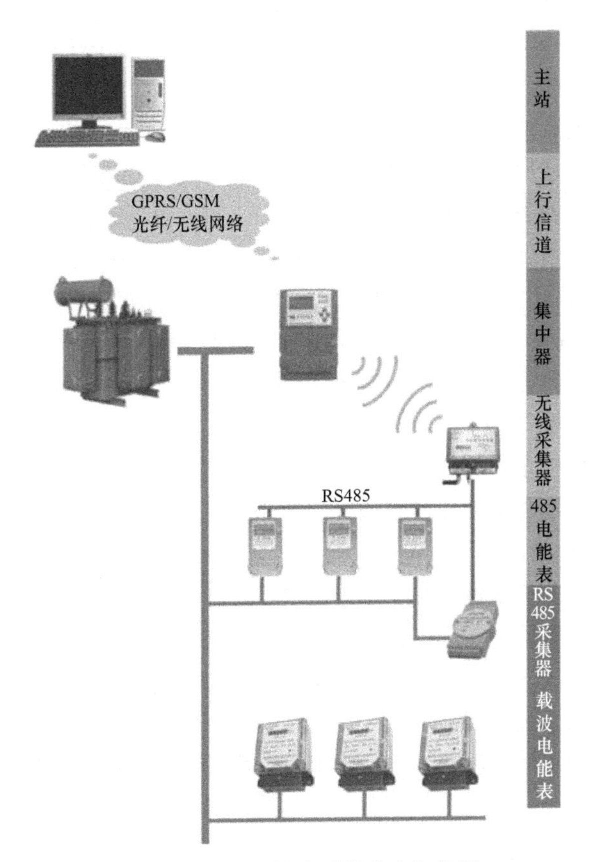

图3-10-1 集中抄表系统基本架构图

二、本地通信组网方案

由于本地通信由集中器、采集器、电能表等组成，而各类设备又有多种通信接口。

目前各类设备具备的通信接口如下。

1）采集器：宽带载波、窄带载波、小无线、RS485。

2）集中器：宽带载波、窄带载波、小无线、远程通信（GPRS、CDMA、光纤等）。

3）三相智能表：宽带载波、窄带载波、小无线、RS485、远程通信（GPRS、CDMA、光纤等）。

4）单相智能表：窄带载波、RS485。

根据设备组网方式和采用的通信方式，可采用多种组网模式，常见的组网模式介绍如下：

1. 窄带电力线载波

低压窄带载波通信是指载波信号频率范围≤500kHz 的低压电力线载波通信。DL/T 698 规定载波信号频率范围为 3～500kHz，优先选择 IEC 61000–3–8 规定的电力部门专用频带 9～95kHz。

载波通信调制方式（ASK、FSK、PSK），是将信息调制到载波信号的幅度、频率、相位三种参数上，采用窄带滤波技术滤除有效信号频带之外的各种噪声。该结构较为简单，集中器与电能表通过电力线直接通信，在间隔较远的地方可根据需要安装中继器，该方案较为适用于表计分散区域，如农村、城郊等区域。

根据现场低压用户电能表安装方式和用电信息采集需求，窄带电力线载波通信的典型组网方式主要有三种：集中器+载波电能表，集中器+采集器+RS485 电能表，集中器+采集器+RS485 电能表+载波电能表。三种组网方式的网络拓扑结构如图 3–10–2 所示。

窄带载波通信技术的数据传输速率较低，双向传输，无须另外铺设通信线路，安装方便、可以方便地将电力通信网络延伸到低压用户侧，实现对用户电表的数据采集和控制，适应性强。但电力线存在信号衰减大、噪声源多且干扰强、受负载特性影响大等问题，对通信的可靠性形成一定的技术障碍，具体应用时需要软、硬件技术结合完成组网优化，如使用中继器。

窄带载波通信技术适用于电能表位置较分散、布线较困难、用电负载特性变化较小的台区，例如城乡公变台区供电区域、别墅区、城市公寓小区。窄带电力线载波通信作为本地通信信道的一种，主要应用于集中器与采集器和集中器与载波电能表之间的数据通信。

2. 宽带电力线载波

和窄带电力线载波技术不同，宽带电力线载波系统工作在 1～40MHz 频率范围内，较好地避开了 KHz 频段的常规低频干扰，采用正交或扩频调制方式实现兆级以上的数据传输，数据物理层传输速率最高可达 200Mbit/s。

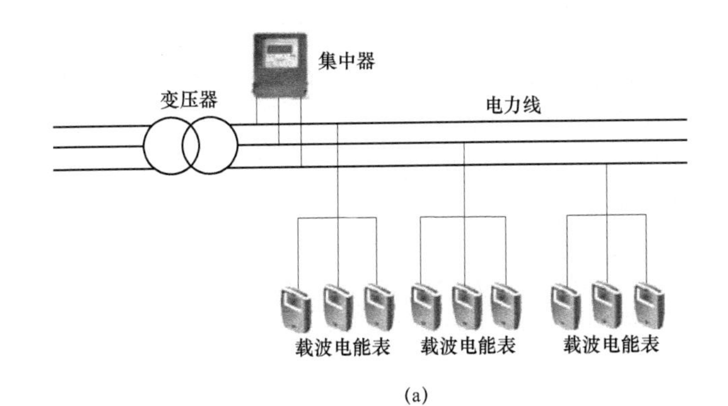

(a)

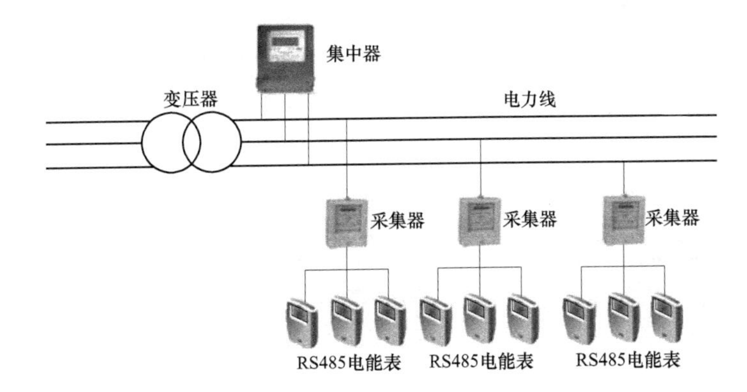

(b)

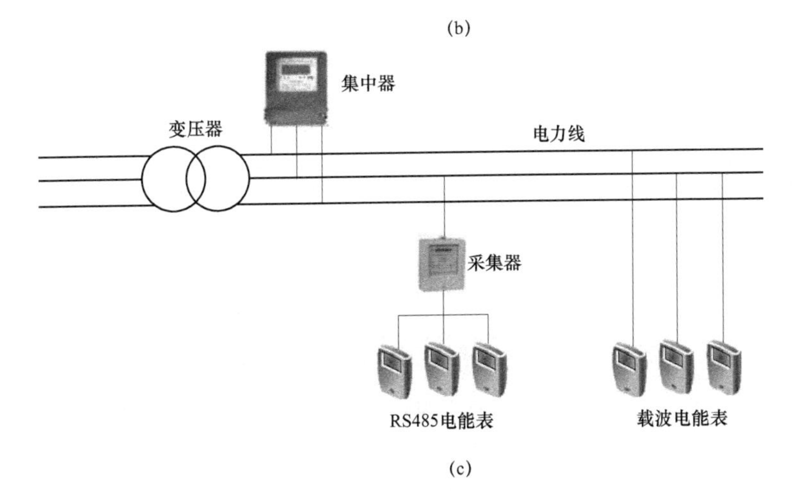

(c)

图 3–10–2　三种组网方式的网络拓扑结构图

（a）集中器+载波电能表通信方案；（b）集中器+载波采集器+RS485 电能表通信方案；

（c）集中器+载波采集器+RS485 电能表+载波电能表方案

图 3–10–3 为通过宽带电力线载波方式组网结构图，其中图 3–10–3 （b）为集中器（集成宽、窄带）+采集器+RS485 电能表+载波电能表方案。基于宽带载波的短距离和少分支的特性，宽带载波信道在用电信息采集系统中的适用对象为城区集中表箱布置的新建高层或者多层楼宇居民区。由于宽带电力线载波模块成本较高，对有分散表计的台区宜选择其他组网模式。

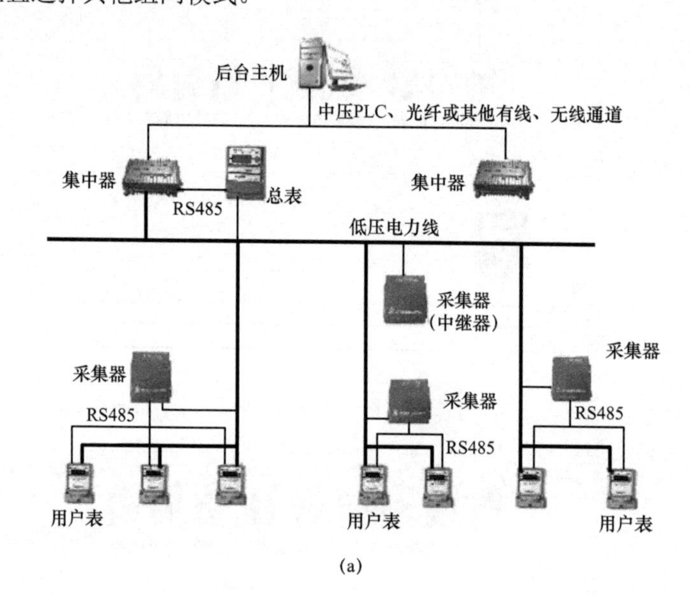

(a)

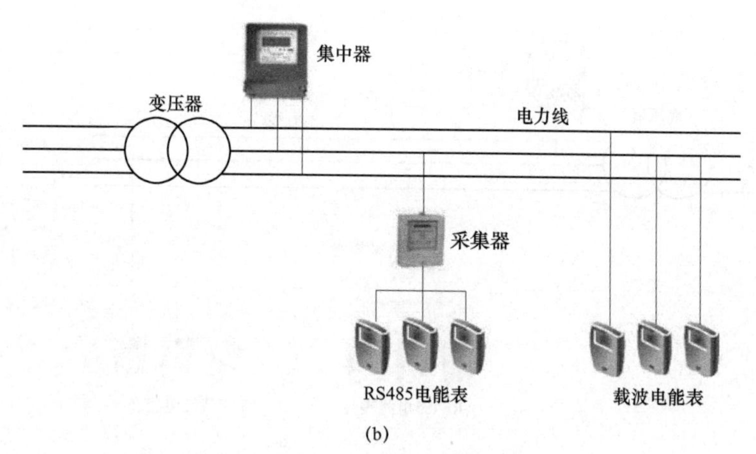

(b)

图 3–10–3 宽带电力线载波方式组网结构图

（a）电能表集中分布的典型的应用组网方案；（b）宽带窄带载波混合应用方案

3. RS485 通信

该通信方式结构也较为简单，集中器通过 RS485 通信线实现与电能表之间的信息交互，如图 3–10–4 所示。该方式设备成本低，但由于 RS485 线布线难度较大，且维护较为困难，一旦出现短路故障排查难度很高。该方式较适宜部分表计较少且安装集中的台区。

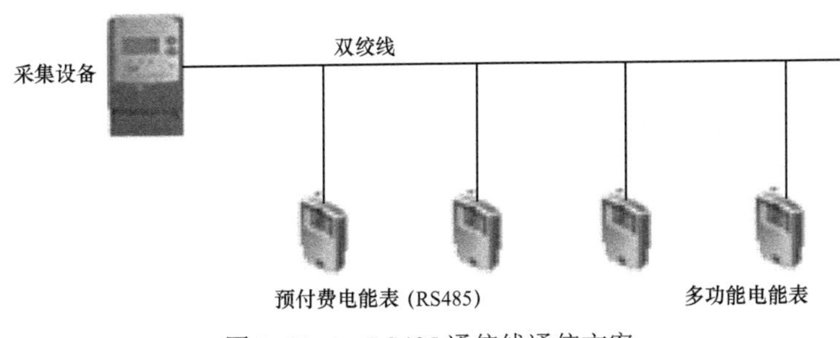

图 3–10–4　RS485 通信线通信方案

4. 采集器带远程通信功能通信

若采用具备远程通信功能的采集器，系统网络结构也变得很简单，如图 3–10–5 所示。主站与采集器通过无线公网或光纤等直接通信，采集器通过 RS485 通信线实现与电能表之间的信息交互。该方式结构简单，易于维护，通信稳定性和可靠性均较高，适用于表计集中安装的台区。

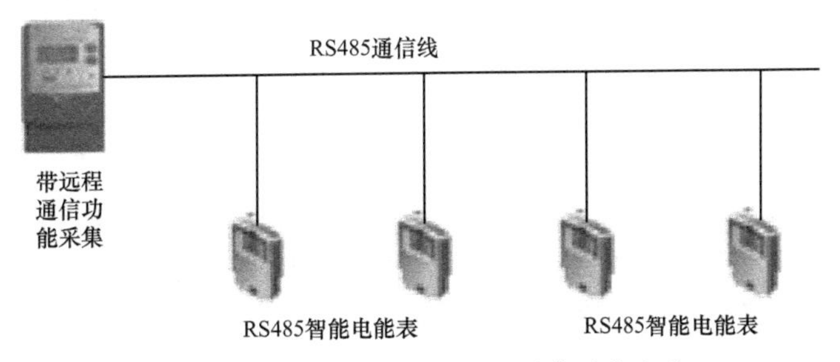

图 3–10–5　采集器具备远程通信功能方案

5. 微功率无线通信

图 3–10–6 为微功率无线通信方案组网图［无线集中器（无线中继器）+无线采集器+485 电能表方案］。通过小无线组网方式具有无须布线，安装成本低，信道质量不受电网质量的影响的优点。但传输距离受到障碍物及频段范围内其他无线设备的影响很大，适宜安装在较为空旷且安装密度较高的区域。

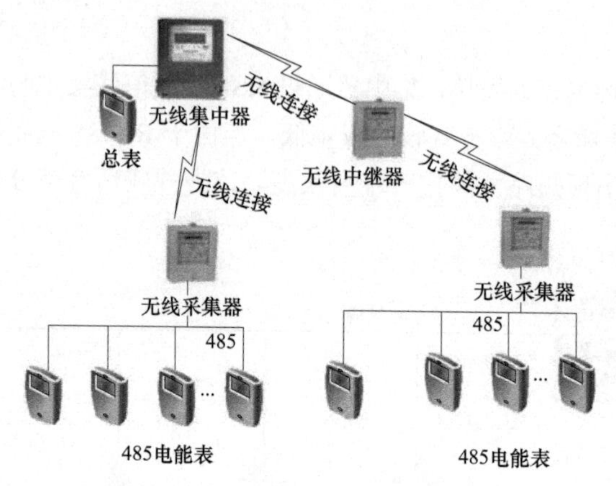

图 3-10-6 微功率无线通信方案

【思考与练习】

1. 集中抄表系统由哪几部分组成？
2. 窄带电力线载波通信的典型组网主要方式有哪几种？
3. 目前适用于用电信息采集系统的本地通信网络的主要方式有哪几种？

模块 11 集中抄表终端安装现场勘察（Z29F1011Ⅰ）

【模块描述】本模块包含集中抄表终端安装现场勘察的内容。通过要点归纳，熟悉集中抄表终端安装现场的要求以及现场勘察收资的主要内容，掌握正确填写勘察信息表的能力。

【模块内容】

集中抄表终端（指集中器、采集器）安装的现场勘查工作是集中抄表终端安装方案制定的重要依据，现场勘查质量的好坏，决定了集中抄表终端安装方案制定的科学性和合理性，决定了终端能否与客户用电设备同期投运，决定了终端后期运行维护的方便性和实用性。

终端与主站采用公网通信，表若为载波表，则终端与表计直接通信，若为RS485表，则需要加采集器，采集器与终端通过无线或载波通信，采集器与表计通过RS485通信。

一、终端对现场运行环境的要求

（1）安装在通风干燥的地方，避免阳光直射、雨水淋或灰尘侵蚀。

（2）有适用强度的公网信号覆盖。

（3）注意终端和高频电缆等装置距离高压母线、配电屏的距离。

（4）应留出安全距离及工作人员操作的空间，方便维护人员维修。

（5）应考虑防盗，馈线长度要尽量短，外置天线要避免行人破坏。

（6）避免有强电场和强磁场的地方。

二、现场勘察需要收集的内容

为了保证终端的正常安装和今后的良好运行，还需要收集现场的以下信息内容。

（1）台区基本信息：台区名称、台区编号、抄表段编号、供电范围、经纬度坐标、交通地址、管理部门、台区管理员。

（2）电气设备信息：供电线路、杆塔号、变压器容量、总表资产号、TA。

（3）终端安装位置，若台区总表附近无公网信号，则应将终端安装在本供电台区的其他位置，总表更换为载波表，终端与总表采用载波通信。

（4）馈线走向、长度，天线的安装位置。

（5）若表为RS485表，确认采集方案，根据现场情况明确上行通信方式：载波、无线、RS485总线，选择对应通信方式的采集终端、数量，每个采集器的安装位置、经纬度坐标、所接户表情况。

以上的勘查信息一般以表格的形式出现，各地根据管理需要略有不同，终端安装现场勘查单参见表3-11-1。

表3-11-1　集中抄表终端安装现场勘察

<table>
<tr><td colspan="6">1. 台区基本信息</td></tr>
<tr><td colspan="2">台区名称</td><td></td><td colspan="2">台区编号</td><td></td></tr>
<tr><td colspan="2">抄表段号</td><td></td><td colspan="2">经纬度坐标</td><td></td></tr>
<tr><td colspan="2">管理部门</td><td></td><td colspan="2">台区管理员</td><td></td></tr>
<tr><td colspan="2">供电范围</td><td></td><td colspan="2">交通地址</td><td></td></tr>
<tr><td colspan="6">2. 电气设备信息</td></tr>
<tr><td colspan="2">供电线路</td><td></td><td colspan="2">杆塔号</td><td></td></tr>
<tr><td colspan="2">变压器容量</td><td></td><td colspan="2">总表资产号</td><td></td></tr>
<tr><td colspan="2">TA</td><td></td><td colspan="2">采集器数量</td><td></td></tr>
<tr><td colspan="6">3. 加采集器方式</td></tr>
<tr><td>采集器型号</td><td colspan="2"></td><td colspan="2">集中器型号</td><td></td></tr>
<tr><td>采集器1</td><td colspan="2"></td><td colspan="2">安装位置</td><td></td></tr>
<tr><td>户表资产号</td><td></td><td>户表资产号</td><td></td><td>户表资产号</td><td></td></tr>
<tr><td>户表资产号</td><td></td><td>户表资产号</td><td></td><td>户表资产号</td><td></td></tr>
<tr><td>户表资产号</td><td></td><td>户表资产号</td><td></td><td>户表资产号</td><td></td></tr>
</table>

续表

采集器坐标：经度_____时______分_____秒 纬度_____时______分_____秒					
采集器 N			安装位置		
户表资产号		户表资产号		户表资产号	
户表资产号		户表资产号		户表资产号	
户表资产号		户表资产号		户表资产号	
采集器坐标：经度_____时______分_____秒 纬度_____时______分_____秒					
勘查人：			勘查日期：		
客户签字：			安装时间		

【思考与练习】

1. 集中抄表终端安装对现场运行环境的要求有哪些？
2. 现场勘查收集哪些方面的内容？
3. 如何填写集中抄表终端安装现场勘察？

模块 12 电力载波通信的安装调试与运行维护（Z29F1012Ⅰ）

【模块描述】本模块包含电力载波通信设备安装调试与运行维护的内容。通过要点归纳和步骤讲解，熟悉电力载波通信设备的安装规范及运行巡视的工作要求，掌握电力载波通信设备的调试及异常处理方法。

【模块内容】

在低压集中抄表系统本地信道中，电力载波通信方式应用广泛，必须规范电力载波通信设备的安装调试质量，才能确保系统的可靠运行。

一、设备安装规范

1. 载波电能表安装规范

（1） 电能表在出厂前经检验合格，并加铅封，即可安装使用。

（2） 安装点周围不能有腐蚀性的气体和强烈的冲击振动，环境要通风干燥

（3） 电能表安装在专用的计量柜或表箱内，安装高度要符合规范，在计量柜内安装的电能表其下端离地不能小于 1m，悬挂式表箱内安装的电能表其下端离地不能小于 1.8m。

（4） 电能表垂直安装并要固定可靠。

（5） 电能表应按照接线盒上的接线图进行接线，载波电能表的L（火）、N（零）线不允许接错或接反。

2. 载波采集器安装规范

（1）载波采集器在安装前应经过功能测试。

（2）安装点周围不能有腐蚀性的气体和强烈的冲击振动，环境要通风干燥。

（3）载波采集器安装在采集电能表的专用计量柜或表箱内。

（4）载波采集器应垂直安装并固定可靠。

（5）载波采集器电源应按照接线盒上的接线图进行接线，采集器的L（相）、N（零）线不允许接错或接反。

（6）采集器与电能表间的RS485通信线应采用屏蔽双绞导线，按照接线盒上的接线图进行接线，RS485的A、B线不允许接错或接反。布设信号线时将屏蔽导线的单端接地，以提高通信的可靠性。

（7）所采集电能表的RS485通信协议应符合DL/T 645要求，

（8）安装完毕，上电后，应在现场使用手持抄表终端（简称手持机）对采集器进行电能表表号地址设定（部分采集器产品不需要进行表号设置，详见使用说明书）。

3. 载波集中器安装规范

安装实施过程中，为保证台区考核表抄读成功率，对集中器安装地址的选择非常重要。

（1）一般情况下可以将集中器安装在配变出口总表位置（计量箱或柜）。如现场实际情况不允许时，可选择将集中器安装在台区负荷中心位置，以提高集中器抄读效率。

（2）如集中器与用户电能表间存在电缆分接箱或双电缆接头，在实际抄收成功率不理想的情况下，应在电缆分接箱或双电缆接头位置加装载波中继器（现已有具备此功能的载波采集器，可作为载波中继器使用），以减少载波信号过电缆接头的阻抗变化带来衰减的影响。

（3）集中器安装地址选择时应先对安装位置的无线网络（GPRS、TD–LTE等公网）信号情况进行测试检查，如安装地点信号不良，可适当选择安装高增益公网天线或重新选择安装地点。

（4）终端天线应安装在计量柜或表箱外，天线应固定可靠，天线同轴电缆应穿孔进入计量柜或表箱，不得从门缝或活动部分中穿入。安装在室外时，电缆应在室外部分作下垂处理，防止雨水顺电缆流入。

（5）集中器在安装完毕上电后，应在现场通过手持机（或通过主站远程设置）将该集中器隶属电能表表号（地址）进行设置录入，此时应确保电能表表号及其隶属关系正确，否则将导致无法抄表。带自动定位功能集中器不需要进行人工录入，上电后系统会自动采集隶属电能表的表号（地址）信息，并进行登记上报。

4. 载波中继器安装规范

（1）载波中继器在安装前应经过功能测试。

（2）安装点周围不能有腐蚀性的气体和强烈的冲击振动，环境要通风干燥。

（3）载波中继器安装在计量柜、表箱或电缆分接箱内。

（4）载波中继器应垂直安装并固定可靠。

（5）载波中继器电源应按照接线盒上的接线图进行接线，采集器的L（相）、N（零）线不允许接错或接反。

二、调试方法及参数配置

（1）带自动定位功能的载波通信抄表系统如集中器选址合适，电力线拓扑网络不复杂，基本上无须进行任何调试及表号设置工作。

（2）用采系统与营销系统已实现同步，能读取营销系统相关信息，普通载波通信抄表系统在安装完毕后上电后，应尽量采用通过主站主动下发参数的方式设置终端的运行参数，以避免出现人工设置错误，必要时也可在现场通过手持机设置。运行参数主要为该集中器隶属电能表表号（地址），若设置错误会导致无法抄表。

现场手持机设置方法：通过手持机将该集中器隶属电能表表号（地址）进行设置录入，此时应确保电能表表号及其隶属关系正确，否则将导致无法抄表。

表号录入：将手持机插入集中器手持机通信串口中。

在手持机工作界面菜单中选择："集中器表号维护"功能项，按"确定"键。

选择"增加表号"，按"确定"键。

在"表号"项中输入待增加的载波电能表表号（地址），输入完后按"确定"键，输入下一块载波电能表表号（地址）。

全部输入完后，在表号项中直接按"确定"键，即可结束本次输入。

输入过程中如发现输入错误，可以用光标键直接上移至错误表号，按"确定"键重新输入。

（3）载波集中器在初次安装时，应对集中器进行主站参数设置，以使集中器可以与主站建立数据连接通道。

主站参数录入：将手持机插入集中器手持机通信串口中。

在手持机工作界面菜单中选择："主站参数维护"功能项，按"确定"键。

选择"修改"，按"确定"键。

在"主站IP地址"等项目中输入各主站参数，输入完后按"确定"键，进入下一项目输入。

全部输入完后，光标跳转到"保存"项上，按"确定"键，即可结束本次输入。

输入过程中如发现输入错误，可以用光标键直接上移至错误项目，重新输入。

（4）载波通信抄表系统在初期上电运行时，系统需要自动进行路由适应，此阶段可能需要 1～4 天（与终端下用户数有关）。如系统运行稳定后，仍有部分载波电能表无法抄收或抄收成功率不理想，则应使用现场测试设备对现场情况进行测试与分析：如存在集中器选址不合理或存在电缆分接箱且接头处无载波表等载波设备时，应考虑在此处安装载波中继器，以减少载波信号过电缆接头的阻抗变化带来衰减的影响。如存在电力谐波污染源或强干扰源，则可考虑在该线路载波电能表出线侧的线路上加装消谐器（磁环），以隔离该干扰源的影响。

（5）主站远程设置

主站集抄系统中集抄终端的调试内容包括新建采集点终端档案、为已经建立档案的终端（采集终端）添加电能表、下发参数、召测、终端投运等。

1） 新建采集点终端档案。新建采集点终端档案，主要是设置终端型号（集中器类型），操作界面如图 3–12–1 所示。采集系统具有批量建档功能，可在集抄终端调试页面，通过导入 Excel 文档进行。

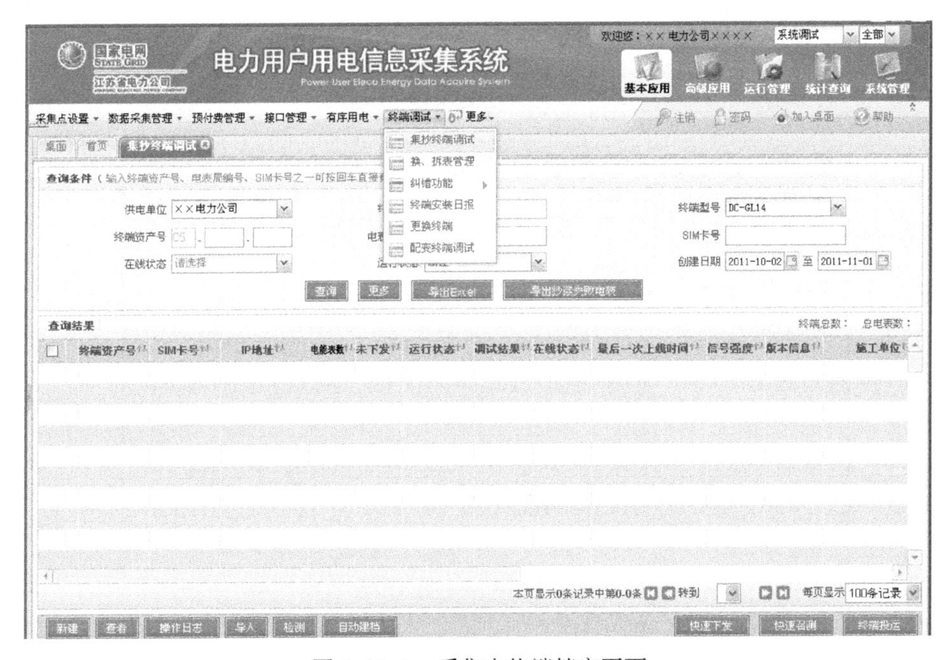

图 3–12–1　采集点终端档案页面

2）添加电能表。在添加电能表界面（如图 3–12–2 所示）可根据用户编号、电能表局编号、抄表段编号、台区编号或者表箱编号查询出电能表信息，选择需要添加且电能表挂接状态为“未挂接”的电能表，点击“添加”按钮，添加成功即可完成添加电能表操作。载波集中器可以采用按台区添加操作，见图 3–12–3。

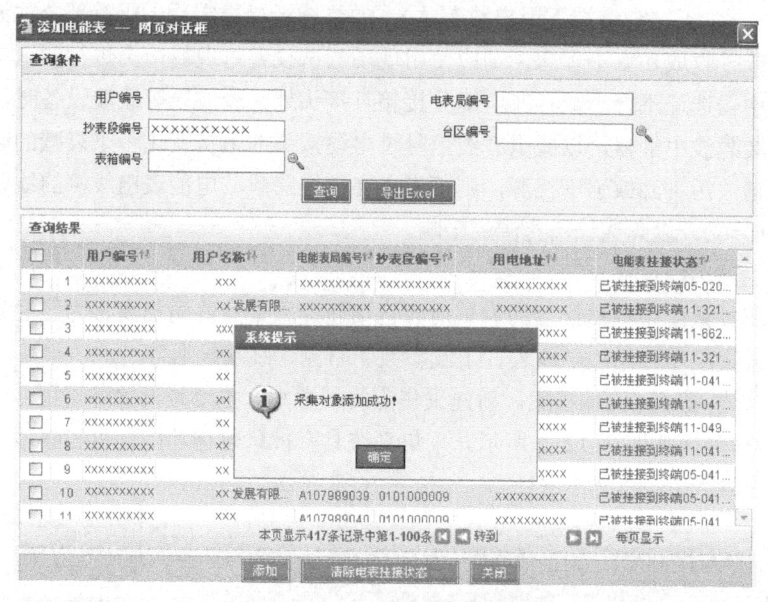

图 3–12–2　添加电能表界面

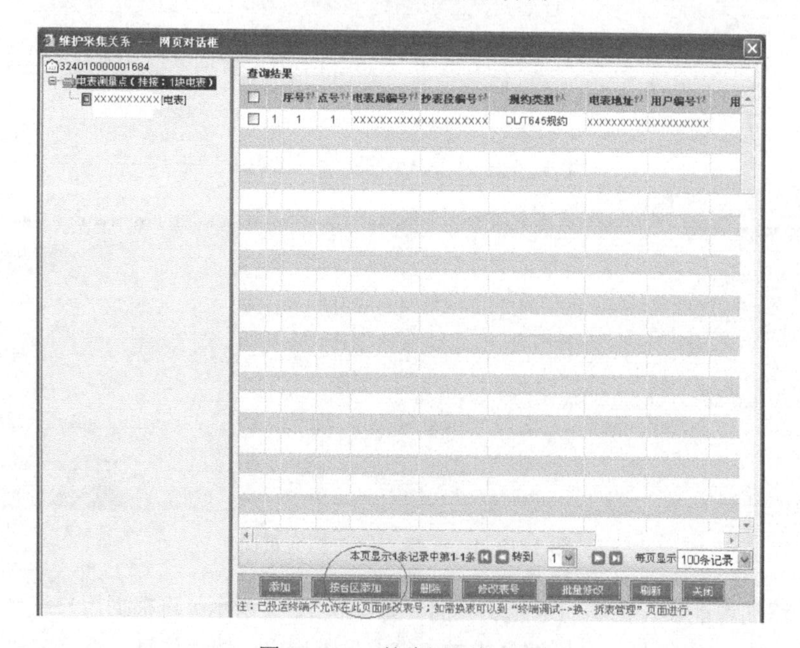

图 3–12–3　按台区添加界面

3）　下发参数。单户终端的对时、参数下发界面如图 3–12–4（a）所示，系统具有批量下发参数功能，图 3–12–4（b）。

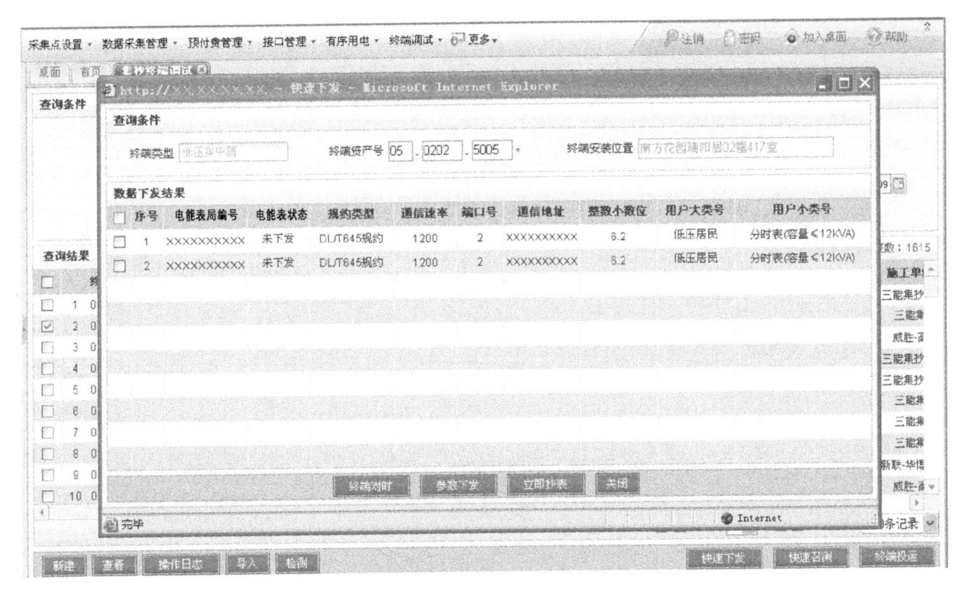

(a)

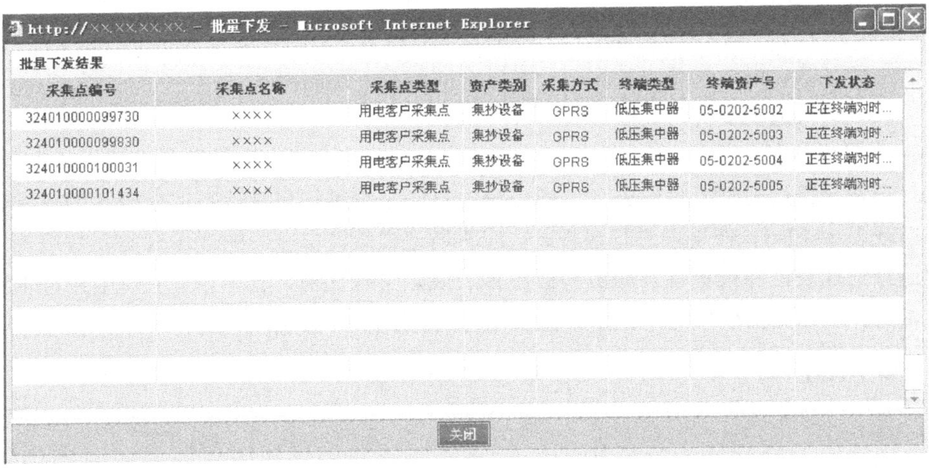

http://XX.XX.XX.XX. - 批量下发 - Microsoft Internet Explorer

批量下发结果

采集点编号	采集点名称	采集点类型	资产类别	采集方式	终端类型	终端资产号	下发状态
324010000099730	××××	用电客户采集点	集抄设备	GPRS	低压集中器	05-0202-5002	正在终端对时…
324010000099830	××××	用电客户采集点	集抄设备	GPRS	低压集中器	05-0202-5003	正在终端对时…
324010000100031	××××	用电客户采集点	集抄设备	GPRS	低压集中器	05-0202-5004	正在终端对时…
324010000101434	××××	用电客户采集点	集抄设备	GPRS	低压集中器	05-0202-5005	正在终端对时…

关闭

(b)

图 3–12–4　参数下发界面

（a）单户终端对时；（b）批量对时

4） 召测。召测包括召测终端时钟、信号强度、实时数据（历史日数据）等操作，以确定终端是否工作正常，能否投运，操作界面如图 3–12–5 所示，系统具有批量召测、批量投运功能。

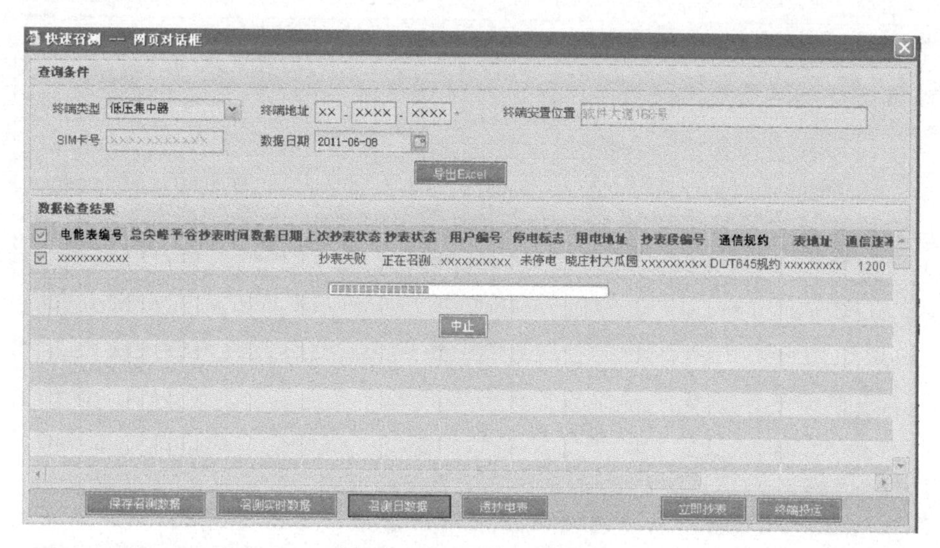

图 3–12–5 调试召测界面

三、常用低压电力线载波方案介绍

目前，常用低压电力线载波方案（芯片）有晓程、鼎信、力合微、东软、瑞斯康等，其主要工作参数见图 3–12–6，不同电力线载波方案，因调制方式和中心频率不同，不能互通互联，现场安装应禁止同一台区不同载波方案的混装。

四、运行巡视及异常处理

1. 日常运行巡视

日常运行巡视时填写应先在主站系统中打印出将进行日常运行巡视台区的日常运行巡视表 3–12–1，在现场进行巡视时，应将所巡视载波电能表的现场真实底数填入日常运行巡视表，并根据现场底数与载波抄表底数进行比对，如差值＜1.5×用户日平均电量时，应在结果栏填写“正常”或“√”，否则填写“异常”。

表 3–12–1 日常运行巡视表 打印日期：

配变编号/名称	载波电能表编号	载波抄表底数	日平均电量	现场底数	结果（正常/异常）

续表

配变编号/名称	载波电能表编号	载波抄表底数	日平均电量	现场底数	结果（正常/异常）

审核：　　　　　巡视人：

鼎信
载波中心频率：421kHz
调制方式：BFSK

东软
载波中心频率：270kHz
调制方式：BFSK

晓程
载波中心频率：120kHz
调制方式：BPSK

力合微
载波中心频率：60kHz
调制方式：正交多载波
载波通信速度：800bps

瑞斯康
载波中心频率：132kHz
调制方式：BPSK
载波通信速率：5400bps

(a)

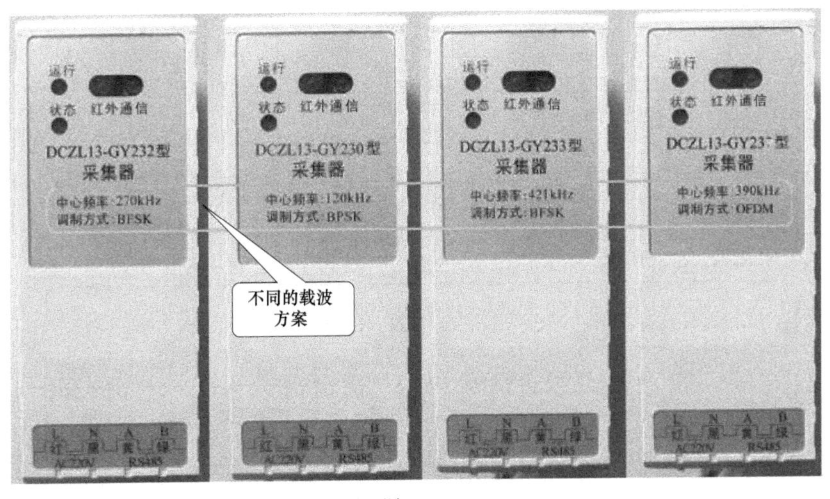

(b)

图 3-12-6　常用低压电力载波方案

(a) 不同电力线载波方案的调制方式和中心频率；(b) 不同电力线载波方案的调制方式和中心频率

2. 异常处理

系统运行过程中，如发现载波电能表底数与现场抄表底数不相符时，应对该电能表进行更换，并记录在案。

五、现场安装调试实例

以Ⅰ型集中器（GPRS方式）+Ⅱ型采集器（电力线载波）方案为例介绍安装调试实例，方案由“表计+Ⅱ型采集器+Ⅰ型集中器”，Ⅰ型集中器上行通过GPRS与主站通信，下行通过载波与Ⅱ型采集器通信（也可通过RS485与电能表通信）。Ⅱ型采集器上行通过载波与集中器通信，下行通过RS485总线与表计通信。

（一）Ⅰ型集中器安装

1. 集中器端子介绍

集中器接线相关知识见图3–12–7。

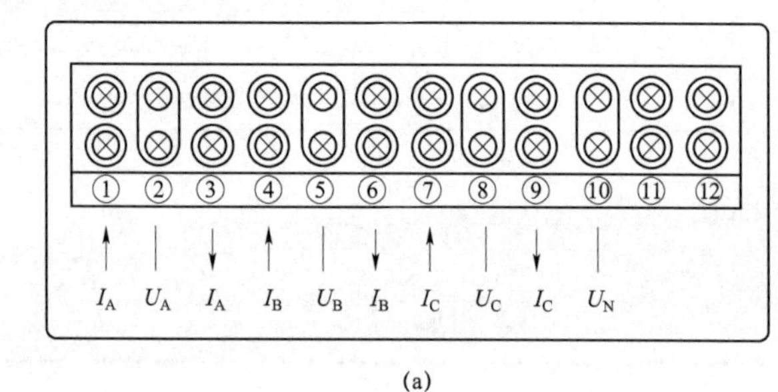

(a)

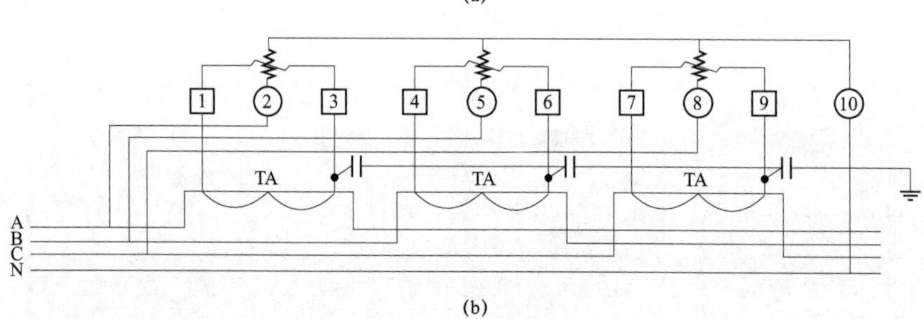

(b)

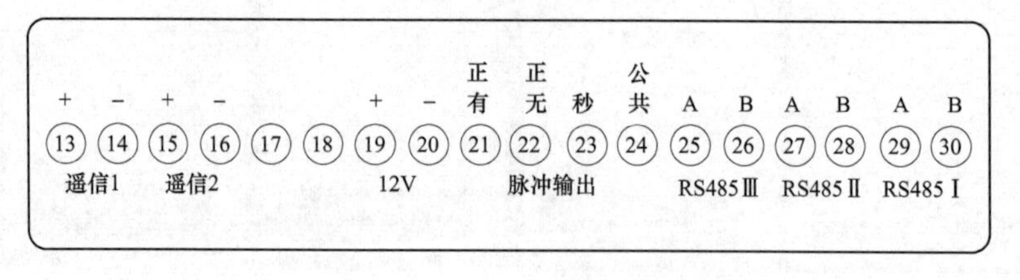

(c)

图3–12–7 集中器的接线

（a）Ⅰ型集中器主接线端子图；（b）集中器接线原理图；（c）集中器辅助端子图

2. 集中器状态指示灯

（1）面板指示灯。

电源：集中器正常运行时该指示灯常亮。

告警：当集中器有告警事件发生时，该指示灯亮，此时告警动作。

RS485–Ⅰ：通信通道有数据发送或接收时，对应指示灯闪烁。

RS485–Ⅱ：通信通道有数据发送或接收时，对应指示灯闪烁。

RS485–Ⅲ：通信通道有数据发送或接收时，对应指示灯闪烁。

有功：有功脉冲输出指示灯。

无功：无功脉冲输出指示灯。

（2）远程通信模块状态指示。

电源灯——模块上电指示灯，红色。灯亮时，表示模块上电；灯灭时，表示模块失电。

NET 灯——网络状态指示灯，绿色。

T/R 灯——模块数据通信指示灯，红绿双色。红灯闪烁时，表示模块接收数据；绿灯闪烁时，表示模块发送数据。

（3）载波通信模块状态指示。

电源灯——模块上电指示灯，红色。灯亮时，表示模块上电；灯灭时，表示模块失电。

T/R 灯——模块数据通信指示灯，红绿双色。红灯闪烁时，表示模块接收数据；绿灯闪烁时，表示模块发送数据。

A 灯——A 相发送状态指示灯，绿色。

B 灯——B 相发送状态指示灯，绿色。

C 灯——C 相发送状态指示灯，绿色。

LINK 灯——以太网状态指示灯，绿色。表示以太网口成功建立连接后，LINK 灯常亮。

DATA 灯——以太网数据指示灯，红色。以太网口上有数据交换时，DATA 灯闪烁。

3. 集中器按键说明

集中器的六个按键位于右上方，分别如下。

“取消”键：位于左侧，返回上级菜单；

“确认”键：位于右侧，进入当前目录；

“上翻”键：位于中上侧，光标向上移动；

“下翻”键：位于中下侧，光标向下移动；

“左翻”键：位于中左侧，光标向左移动；

“右翻”键：位于中右侧，光标向右移动。

根据面板显示通过按键操作可对所需数据项进行查看操作。

4. 集中器显示界面

集中器显示界面为160×160的图形LCD，配置6个按键，实现集中器的当地数据查询和参数设置功能。集中器的参数设置和现场调试功能需要输入密码才能进行。

集中器主界面显示风格见图3–12–8。

主显示界面信息：显示终端日期和时间；

顶层状态栏：显示固定的一些参数，如终端登录状态、信号强度、信道类型、告警提示、测量点号、终端时钟等，详见表3–12–2。

图3–12–8 集中器主显示界面

表3–12–2 集中器顶层状态栏图标功能说明

分类	图标	图标功能说明
顶层状态栏		终端登录状态指示： 当终端正在登录时，闪烁； 当终端登录成功后，常亮；登录失败后，消失
		信号强度指示，最高是4个，最低是1格。 当信号只有1～2格时，表示信号弱，通信不是很稳定。 信号强度为3～4格时信号好，通信比较稳定
	G↕	G表示GPRS通信方式；C表示CDMA通信方式 “G”表示处于服务端监听状态，“↑”表示终端以客户端建立到主站的TCP连接（主动上报），“↓”表示终端以服务端模式响应主站发起的TCP连接
		异常告警指示，表示集中器或测量点有异常情况。 当集中器发生异常时，该标志将和异常事件报警编码轮流闪烁显示
	00	事件编号
	01	表示第几号测量点数据

底层状态栏：显示终端各端口通信运行状态，当某端口图标闪烁时表示该端口处于通信状态，包括以太网通信接口、本地通信接口、GPRS/CDMA通信接口、载波通信接口、交流模拟量数据采样、RS485通信接口、USB维护接口、FLASH数据存储接口。

底层各状态符号含义如表 3–12–3 所示。

表 3–12–3　　集中器底层状态栏图标功能说明

底层状态栏图标	功　　能
	集中器以太网通信状态标识，通信时闪烁
	集中器本地维护接口通信状态标识，通信时闪烁
	集中器无线公网（GPRS/CDMA）通信状态标识，通信时闪烁
	集中器电力线载波通信状态标识，通信时闪烁
	集中器抄表 RS485 Ⅰ 通信状态标识，通信时闪烁
	集中器抄表 RS485 Ⅱ 通信状态标识，通信时闪烁
	集中器抄表 RS485 Ⅲ 通信状态标识，通信时闪烁
	集中器本地 USB 接口操作状态标识，数据读写时闪烁
	集中器存储器操作状态标识，数据读写时闪烁

5. 集中器安装注意事项

（1）在安装集中器前先确认现场安装位置，原则上安装在配变台区计量箱（柜）处。当计量箱（柜）处通信信号较差、或安装位置不足等其他原因时，应另安装专用集中器表箱，加装联合接线盒后安装集中器。

（2）接线过程中应保证电源线断开，安装完成进行线路检查再送电。

（3）集中器工作电源为三相四线交流 220V/380V，允许偏差–30%~+30%。

（4）若使用的集中器带计量功能，集中器的取电应在断路开关之前。

（5）集中器的主接线需要使用至少 2.5mm^2 的硬芯铜线，一般选择 2.5mm^2 或者 4mm^2 的硬芯铜线来连接。

（6）集中器电源取自电能表联合接线盒，按电压 A、B、C、N 相序，导线颜色按黄、绿、红、黑接入集中器接线桩。

（7）安装完成并通电后观察指示灯情况确认集中器工作正常，如果 SIM 卡已安装，应能检测到网络信号并上线（屏幕左上方的“G”常亮）。

（8） 详细记录该集中器的位置及相关的安装信息。

6. 集中器调试

（1） 集中器上行通信调试

1） 确认集中器供电正常，集中器各指示灯正常。

2） 确认集中器的 SIM 卡安装正确且相关服务已开通。

3） 确认外置天线安装完好，并且天线所处的位置信号良好。

4） 确认集中器的通信模块的各个指示灯工作正常。

5） 确认集中器资产编码与主站档案相符，行政区码及终端地址与主站档案相符。

6） 确认集中器的通信参数设置正确（主站 IP 及端口、APN、在线方式、心跳周期），可以通过按键设置或使用手持机测试。

7） 确认集中器上线（屏幕左上方的“G”常亮），并与主站通信正常。

8） 详细记录该集中器的位置及相关的安装信息。

集中器通信参数一般在出厂已按要求设置好。可以按键查看集中器液晶显示。集中器上线过程如下：

SIM 卡安装正确，通电后集中器及其通信模块电源指示灯闪烁均正常，通信模块上 NET 灯闪烁正常，在集中器登陆主站过程中出现“Y”和“.ıl”标志表示集中器成功读取信号强度，集中器出现“G”标志表明集中器成功与主站连接。

（2） 集中器下行通信的调试。主站下发表参数后进行集中器下行通信（载波抄表）的调试：

1） 通过手持机点抄某个表计（集中器附近）数据成功，表示载波通信正常。

2） 启动集中器显示界面的立即抄表，等待一段时间，发现集中器部分表计数据抄读成功，表示载波通信正常。

3） 查看集中器显示界面的交采数据，显示电流和电压正常，表示集中器电源接线正确。

（二）Ⅱ型采集器安装调试

1. Ⅱ型采集器接线端子标识

Ⅱ型采集器接线端子如图 3–12–9 所示。

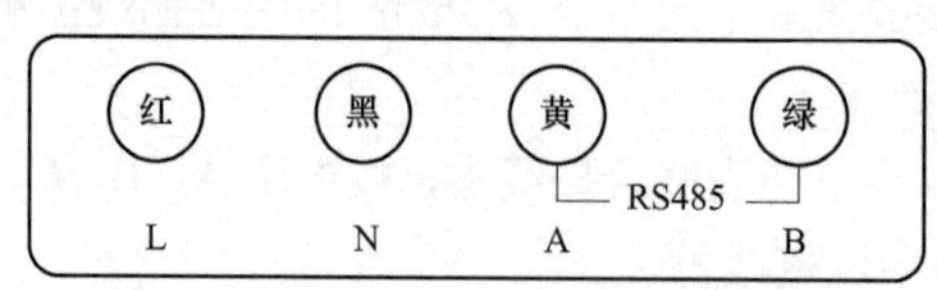

图 3–12–9 Ⅱ型采集器接线端子

L：对应红色线，交流220V电源L相输入；N：对应黑色线，交流220V电源N相输入；

A：对应黄色线，RS485通信线A；B：对应绿色线，RS485通信线B。

2. Ⅱ型采集器状态指示

红外通信：红外通信口，用于采集器参数的读设和数据的读取，1200bit/s，偶校验，8位数据位，1位停止位。

运行灯：红色LED指示，0.5Hz频率闪烁，表示采集器正在运行，常灭表示未上电。

状态灯：红绿双色灯，红灯闪烁，表示RS485数据正在通信，绿灯闪烁，表示载波数据正在通信。

3. 采集器安装注意事项

（1）采集器安装在电能表箱或专用采集器箱内，固定在导轨上或用螺丝固定，用户表箱安装位置不足时，宜采用外置采集箱。

（2）采集器安装时应距离电能表6cm以上，防止因采集器的变压器漏磁问题导致电能表异常走字。

（3）采集器单相220V交流供电，电源应取自电能表的进线端，确保连接可靠。

（4）确保采集器RS485接线与表计接线正确，A、B端不能接反，连接可靠。

（5）安装完成并通电后观察指示灯情况确认采集器工作正常；使用手持机进行穿透表计测试，确认表计与采集器通信正常。

（6）详细记录该采集器的位置及相关表计信息。

4. 采集器调试

（1）确保采集器供电正常，指示灯正常。

（2）通过手持机进行本地穿透抄，验证终端电源接线或通信线连接正确性。

（3）通过载波抄控器测试采集器的载波通信是否正常。

（4）记录相关调试信息及表计信息。

【思考与练习】

1. 常用低压电力线窄带载波方案有哪些，为何不能在同一台区混装？
2. 载波集中器初次上电后应进行哪些设置工作？
3. 载波集中器安装注意事项有哪些？

模块13　RS485总线通信的安装调试与运行维护（Z29F1013Ⅰ）

【模块描述】本模块包含RS485总线通信设备安装调试与运行维护的内容。通过要点归纳和步骤讲解，熟悉RS485总线通信设备的安装规范及运行巡视的工作要求，掌握 RS485 总线通信设备的调试及异常处理方法。

【模块内容】

基于 RS485 的本地数据传输系统主要由数据采集器、数据集中器、专变终端、表计等组成。利用 RS485 进行抄表需在采集设备与电能表间布线，应用于低压用户采集系统时也带来施工量大、维护不便等问题。RS485 在用电信息采集系统中已经有多年的应用，已经非常成熟，适用于箱内采集设备和电能表的连接及新装居民用户的用电数据集中采集。

一、设备安装规范

1. RS485 电能表安装规范

（1）电能表经检验合格，并加铅封，即可安装使用。

（2）安装点周围不能有腐蚀性的气体和强烈的冲击振动，环境要通风干燥。

（3）电能表安装在专用的计量柜或表箱内，安装高度要符合规范，在计量柜内安装的电能表其下端离地不能小于 1m，悬挂式表箱内安装的电能表其下端离地不能小于 1.8m。

（4）电能表垂直安装并要固定可靠。

（5）电能表应按照接线盒上的接线图进行接线，电能表的进、出线及对应的 L（相）、N（零）线不允许接错或接反。

2. RS485 采集器安装规范

（1）RS485 采集器在安装前应经过功能测试。

（2）安装点周围不能有腐蚀性的气体和强烈的冲击振动，环境要通风干燥。

（3）RS485 采集器安装在采集电能表的专用计量柜或表箱内。

（4）RS485 采集器应垂直安装并固定可靠。

（5）RS485 采集器电源应按照接线盒上的接线图进行接线。

（6）采集器与电能表间的 RS485 通信线应采用屏蔽双绞导线，按照接线盒上的接线图进行接线，RS485 的 A、B 线不允许接错。布设信号线时将屏蔽导线的单端接地，以提高通信的可靠性。

（7）所采集电能表的 RS485 通信协议应符合 DL/T 645 要求。

（8）安装完毕，上电后，应在现场使用掌上电脑对采集器进行电能表表号地址设定（部分采集器产品不需要进行表号设置，详见使用说明书）。

二、调试方法及参数配置

（1）RS485 通信抄表系统在采集器安装完毕上电后，应在现场通过手持机（或通过主站远程设置）将该采集器下属电能表表号（地址）进行设置录入，此时应确保电能表表号及其隶属关系正确，否则将导致无法抄表。

使用手持机进行表号录入：

将手持机插入集中器手持机通讯串口中。

在手持机工作界面菜单中选择："采集器表号维护"功能项，按"确定"键。

选择"增加表号"，按"确定"键。

在"表号"项中输入待增加的 RS485 电能表表号（地址），输入完后按"确定"键，输入下一块 RS485 电能表表号（地址）。

全部输入完后，在表号项中直接按"确定"键，即可结束本次输入。

输入过程中如发现输入错误，可以用光标键直接上移至错误表号，按"确定"键重新输入。

（2）采集器在初次安装时，应进行主站参数设置，以使采集器可以与主站建立数据连接通道。

主站参数录入过程：

1）将手持机插入采集器手持机通信串口中。

2）在手持机工作界面菜单中选择："主站参数维护"功能项，按"确定"键。

3）选择"修改"，按"确定"键。

4）在"主站 IP 地址"等项目中输入各主站参数，输入完后按"确定"键，进入下一项目输入。

5）全部输入完后，光标跳转到"保存"项上，按"确定"键，即可结束本次输入。

输入过程中如发现输入错误，可以用光标键直接上移至错误项目，重新输入。

三、运行巡视及异常处理

1. 日常运行巡视

日常运行巡视时填写应先在主站系统中打印出将进行日常运行巡视台区的日常运行巡视表见表 3–13–1，在现场进行巡视时，应将所巡视 RS485 电能表的现场实时底数填入日常运行巡视表，并根据现场底数与系统抄表底数进行比对，如差值<1.5×用户日平均电量时，应在结果栏填写"正常"或"√"，否则填写"异常"。

表 3–13–1　　日常运行巡视表　　打印日期：

配变编号/名称	RS485 电能表编号	系统抄表底数	日平均电量	现场底数	结果
					正常/异常

续表

配变编号/名称	RS485 电能表编号	系统抄表底数	日平均电量	现场底数	结果

审核：　　　　巡视人：

2. 异常处理

系统运行过程中，如发现 RS485 电能表底数与现场抄表底数不相符时，应对该电能表进行更换。并记录在案。

四、现场安装调试实例

（一）RS485 本地通信信道调试案例

RS485 本地通信信道是采集终端（如终端或采集器）与电能表间的通信信道，是稳定可靠的有线通信方式。其技术要求是：

（1）接收器的输入电阻 R_{1N}≥12kΩ，驱动器能输出±7V 的共模电压，输入端的电容≤50pF。

（2）在节点数为 32 个，配置了 120Ω的终端电阻的情况下，驱动器至少还能输出电压 1.5V。

（3）传输距离为 1200m，若增加传输距离及接入容量，应加入中继器。

RS485 通信调试时应重点关注 AB 极性安装是否正确、电能表负载数量、RS485 总线距离等问题。

（1）采集系统的工程施工经常出现采集终端与电能表的 RS485 的极性接反导致无法通讯，这需要对工程施工人员进行良好培训，要求施工人员按照电能表和采集终端的 A、B 接口指示进行接线。测试方法可采用手持机进行 RS485 穿透抄表试验，确定 RS485 接口是否良好及接线是否紧固，如图 3-13-1 所示。

（2）当采集终端的 RS485 抄表口下接电能表数量较多时，常出现由于驱动能力不足无法通讯，需要在 RS485 总线的末端接入阻抗匹配电阻，才能解决问题。

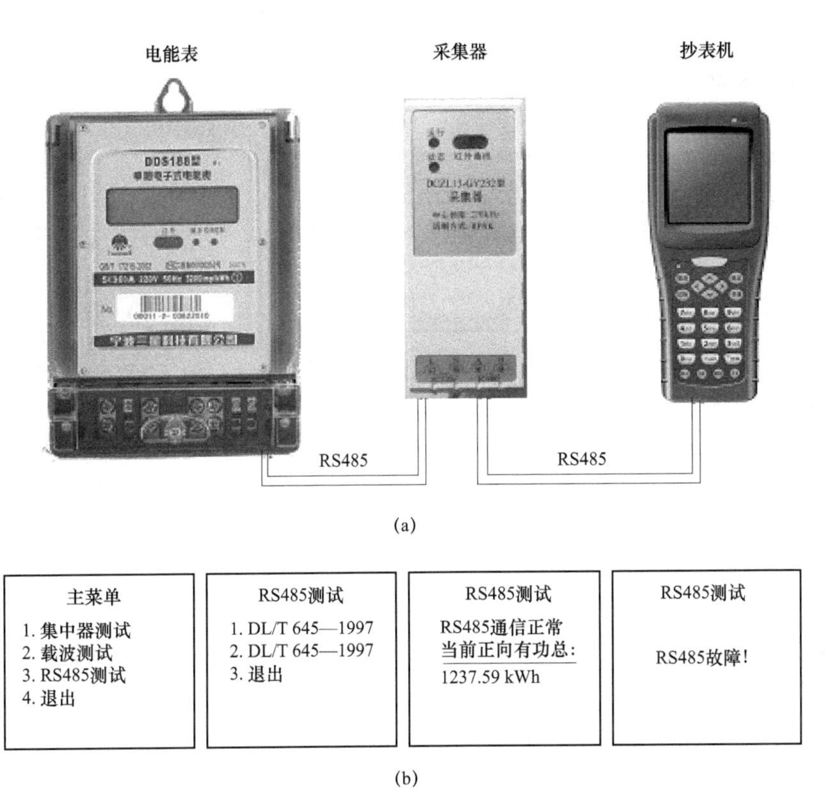

图 3–13–1　手持机进行 RS485 穿透抄表测试

（a）手持机进行 RS485 穿透抄表测试接线示意图；（b）手持机抄表测试界面

（3） 部分地区电能表安装分散时，RS485 传输距离过长时，应该采用 RS485 放大器（中继器），以增加传输距离和接入容量。

某 RS485 放大器（中继器）外形及主要性能指标见图 3–13–2。

（二）Ⅱ型集中器（GPRS 集中抄表终端）方案

以Ⅱ型集中器（GPRS 集中抄表终端）方案为例介绍安装调试实例，此方案由“表计+Ⅱ型集中器（GPRS 方式）”组成，Ⅱ型集中器上行通过 GPRS 与主站通信，下行通过 RS485 总线与表计通信。

1. Ⅱ型集中器介绍

（1） 外观及端子图。Ⅱ型集中器外观及端子图 3–13–3。

序号	技术特点	性能指标
1	每路 RS485 可以驱动 256 个节点	额定电压：220V，允许偏差–20%～+20%；频率：50Hz，允许偏差–6%～+2%
2	波特率 1200bit/s 以上自适应	功率消耗：在工作状态下，线端消耗的有功功率小于 0.5M
3	每路 16kV ESD 保护以及 600M 雷击浪涌保护	正常工作温度：–40℃～+70℃
4	RS485 输出特提供低 EMI 的行业应用	相对湿度：≤100%
5	具备 Failsafe 功能接收器，可对总线开路、短路、总线挂起可自动侦测保护	IP 防护等级：IP51
6	大规模 CPLD 实现复杂控制逻辑，提高性能降低功耗	通信速率：1200bit/s～200kbit/s
7	逻辑自动判别通信速率及方向。零延迟投切控制传输	具有浪涌保护和静电保护能力
8	逻辑内置自我恢复机制，防止外部错误逻辑误判	通信距离：1200m

图 3–13–2 某 RS485 放大器外形及性能指标

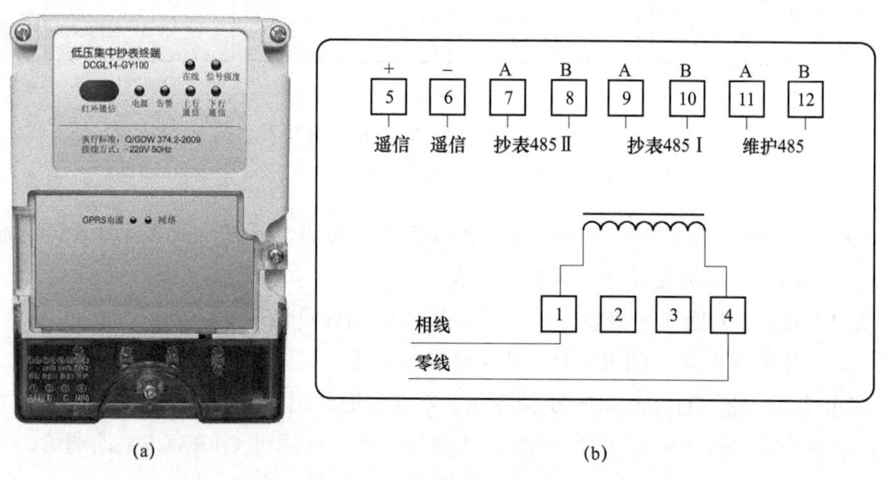

图 3–13–3 Ⅱ型集中器外观及端子图

（a）Ⅱ型集中器外观；（b）Ⅱ型集中器端子图

（2） Ⅱ型集中器状态指示灯。

Ⅱ型集中器状态指示灯见表 3–13–2。

表 3–13–2　　Ⅱ型集中器状态指示灯

<table>
<tr><th colspan="2">指示灯</th><th>描述</th><th colspan="2">功能</th></tr>
<tr><td rowspan="17">面板指示</td><td rowspan="2">在线</td><td rowspan="2">终端在线指示灯（绿色）</td><td>常亮</td><td>终端 G 网在线</td></tr>
<tr><td>常灭</td><td>终端 G 网掉线</td></tr>
<tr><td rowspan="3">信号强度</td><td rowspan="3">G 网信号强度指示灯（红绿色）</td><td>红灯亮</td><td>G 网信号最弱</td></tr>
<tr><td>绿灯亮</td><td>G 网信号最强</td></tr>
<tr><td>红绿灯亮</td><td>G 网信号中等</td></tr>
<tr><td rowspan="2">电源</td><td rowspan="2">电源指示灯（红色）</td><td>闪烁</td><td>系统正常</td></tr>
<tr><td>常亮/常灭</td><td>系统异常</td></tr>
<tr><td rowspan="3">告警</td><td rowspan="3">终端状态指示灯（红色）</td><td>闪烁</td><td>后备电池电压低</td></tr>
<tr><td>常灭</td><td>终端运行正常</td></tr>
<tr><td>常亮</td><td>系统异常</td></tr>
<tr><td rowspan="3">上行通信</td><td rowspan="3">上行通信状态指示灯（红绿色）</td><td>红色闪烁</td><td>上行通道接收数据</td></tr>
<tr><td>绿色闪烁</td><td>上行通道发送数据</td></tr>
<tr><td>常灭</td><td>无数据收发</td></tr>
<tr><td rowspan="3">下行通信</td><td rowspan="3">下行通信状态指示灯（红绿色）</td><td>红色闪烁</td><td>终端下行通道接收数据</td></tr>
<tr><td>绿色闪烁</td><td>终端下行通道发送数据</td></tr>
<tr><td>常灭</td><td>下行通道无数据收发</td></tr>
<tr><td rowspan="3">模块指示</td><td rowspan="2">电源</td><td rowspan="2">电源指示灯（红色）</td><td>常亮</td><td>系统正常</td></tr>
<tr><td>闪烁/常灭</td><td>系统异常</td></tr>
<tr><td>网络</td><td>终端状态指示灯（红色）</td><td>—</td><td>不同类型模块状态不同</td></tr>
</table>

2. Ⅱ型集中器安装注意事项

（1） Ⅱ型集中器电源接线采用 BV–1.5mm² 电缆。

（2） 表箱内Ⅱ型集中器与电表间 RS485 线选用双芯护套电缆（BVS–2×0.4），表箱间的 RS485 线选用双芯屏蔽电缆（BVSP–2×0.75），特征阻抗 120Ω。

（3） 每个Ⅱ型集中器最多可下接 64 块电能表，每路 RS485 原则上不超过 32 块电能表，并且尽可能两路分布相当。

（4） Ⅱ型集中器安装位置尽可能安装于电能表箱内，如无安装位置需加装采集器箱。安装时需确保正常运行时信号良好，或将天线延长或正确引出。

3. Ⅱ型集中器的调试

（1） Ⅱ型集中器上行通信调试。

1） 确认终端供电正常，各指示灯正常。

2） 确认 SIM 卡安装正确且相关服务已开通，可以通过无线通信测试仪单独测试 SIM 卡状态，如不具备条件也可以用手机进行简单的网络信号测试。

3） 确认外置天线安装完好，并且天线所处的位置信号良好。

4） 确认终端资产编码及终端地址与主站档案相符合。

5） 确认终端通信参数设置正确（主站 IP 及端口、APN、在线方式、心跳周期、工作模式），可以通过手持机进行读取测试。

6） 确认终端上线，在线灯点亮（终端首先以客户端尝试登录，上行通信及下行通信灯交替点亮，完成登录后在线灯点亮，当主站无通信时 1min 后灭，终端工作在服务器模式，等待主站的连接）。

7） 详细记录该终端的位置及相关信息。

（2） Ⅱ型集中器下行通信（抄表）调试。

1） 安装接线测试。为防止出现安装接线问题，在安装接线完成后进行穿透抄调试。

首先通过条码手持扫描仪进行表计扫描，同时也完成了建档功能（本档案可自动导入主站完成建档），然后用手持机进行 RS485 穿透抄测试，验证安装接线正确。

2） 主站下发参数后调试。Ⅱ型集中器上线，主站建档并下发完表参数后发送立即抄表，Ⅱ型集中器的下行指示灯会红绿交替闪烁，依次进行抄表，抄表完成后读取抄表数据进行排查工作。如有异常，从以下几点进行检查：

【表计】通过手持机确认表计无故障并且时钟及数据正确。

【接线】通过手持机确认 RS485 接线是否正常。

【档案参数】确认电能表地址与主台配置档案一致，表计规约、表地址、通信速率是否正确。

【记录】详细记录终端及电能表的相关信息。

【思考与练习】

1. RS485 采集器的安装规范有哪些？
2. RS485 采集器初次上电后应进行哪些设置工作？
3. Ⅱ型集中器安装注意事项有哪些？

模块 14 微功率无线通信的安装调试与运行维护（Z29F1014Ⅰ）

【模块描述】本模块包含微功率无线通信设备安装调试和运行维护的内容。通过要点归纳和步骤讲解，熟悉微功率无线通信设备的安装规范及运行巡视的工作要求，掌握微功率无线通信设备的调试及异常处理方法。

【模块内容】

随着无线通信技术的不断发展，短距离无线技术也在低压集抄中得到应用。每个电能表（或采集器）均带有短距离无线通信模块，集中器与各电能表（或采集器）通过无线通信技术传输数据。目前应用于低压集抄的短距离无线通信有433MHz/470MHz微功率无线（也称为小无线），还有近年来呼声比较高的Zigbee技术。微功率无线通信无须布线，安装成本低，信道质量不受电网质量的影响。但传输距离受到障碍物及频段范围内其他无线设备的影响的影响很大，且无线数据收发是敞开式的，在射频范围内其他设备都可以收到，需要通过多种方式实现安全数据传输。

微功率无线适用于电能表安装相对比较分散、无障碍的场合，可作为电网质量恶劣无法为载波提供良好信道情况下的补充。

一、设备安装规范

1. 无线抄表电能表安装规范

（1）电能表在出厂前经检验合格，并加铅封，即可安装使用。

（2）安装点周围不能有腐蚀性的气体和强烈的冲击振动，环境要通风干燥。

（3）电能表安装在专用的非金属计量柜或表箱内，安装高度要符合规范：在计量柜内安装的电能表，其下端离地面高度不能小于1m；悬挂式表箱内安装的电能表，其下端离地面高度不能小于1.8m。

（4）电能表垂直安装并要固定可靠。

（5）电能表应按照接线盒上的接线图进行接线，电能表的L（相）、N（中性线）不允许接错或接反。

2. 微功率无线采集器安装规范

（1）无线采集器在安装前应经过功能测试。

（2）安装点周围不能有腐蚀性的气体和强烈的冲击振动，环境要通风干燥。

（3）无线器安装在采集电能表的专用计量柜或表箱内。

（4）无线采集器应垂直安装并固定可靠。

（5）无线采集器电源应按照接线盒上的接线图进行接线。

（6）采集器天线应安装在计量柜或表箱外，天线应固定可靠，天线同轴电缆应穿孔进入计量柜或表箱，不得从门缝或活动部分中穿入。安装在室外时，电缆应在室外部分作下垂处理，防止雨水顺电缆流入。

（7）安装完毕，上电后，应在现场使用掌上电脑对无线采集器进行电能表表号地址设定。

二、调试方法及参数配置

（1）微功率无线通信抄表系统在安装完毕后上电后，应在现场通过手持机（或通过主站远程设置）将该采集器器隶属电能表表号（地址）进行设置录入，此时应确保电能表表号及其隶属关系正确，否则将导致无法抄表。表号录入步骤如下：

1）将手持机插入采集器手持机通信串口中。

2）在手持机工作界面菜单中选择“采集器表号维护”功能项，按“确定”键。

3）选择“增加表号”，按“确定”键。

4）在“表号”项中输入待增加的无线抄表电能表表号（地址），输入完后按“确定”键，输入下一块无线抄表电能表表号（地址）。

5）全部输入完后，在“表号”项中直接按“确定”键，即可结束本次输入。

6）输入过程中如发现输入错误，可以用光标键直接上移至错误表号，按“确定”键重新输入。

（2）微功率无线采集器在初次安装时，应对采集器进行主站参数设置，以使采集器可以与主站建立数据连接通道。主站参数录入步骤如下：

1）将手持机插入采集器手持机通信串口中。

2）在手持机工作界面菜单中选择“主站参数维护”功能项，按“确定”键。

3）选择“修改”，按“确定”键。

4）在“主站 IP 地址”等项目中输入各主站参数，输入完后按“确定”键，进入下一项目输入。

5）全部输入完后，光标跳转到“保存”项上，按“确定”键，即可结束本次输入。

6）输入过程中如发现输入错误，可以用光标键直接上移至错误项目，重新输入。

（3）微功率无线通信抄表系统在初期上电运行时，系统需要进行路由适应。如系统运行稳定后，仍有部分无线抄表电能表无法抄收或抄收成功率不理想，则应使用现场测试设备对现场情况进行测试与分析。如存在无线信号盲区或存在通信距离太远时，应考虑在适当位置安装微功率无线中继器。

三、运行巡视及异常处理

1. 日常运行巡视

日常运行巡视时，应先在主站系统中打印出将进行日常运行巡视台区的日常运行巡视表（见表 3–14–1），在现场进行巡视时，应将所巡视无线抄表电能表的现场真实底数填入日常运行巡视表，并根据现场底数与系统抄表底数进行比对，如差值小于“1.5×用户日平均电量”时，应在结果栏填写“正常”或“√”，否则填写“异常”。

表 3–14–1 日常运行巡视表 打印日期：

配电变压器编号/名称	无线抄表电能表编号	系统抄表底数	日平均电量	现场底数	结果（正常/异常）

审核： 巡视人：

2. 异常处理

系统运行过程中，如发现无线抄表电能表底数与现场抄表底数不相符时，应对该电能表进行更换，并记录在案。

【思考与练习】

1. 微功率无线采集器安装规范是什么？
2. 微功率无线采集器初次上电后应进行哪些设置工作？
3. 无线抄表电能表的安装规范是什么？

模块 15 终端安装方案制定（Z29F1015Ⅱ）

【模块描述】本模块包含终端安装方案制定的内容。通过对终端安装方案的制定原则及人员、工具、材料配置是否满足安全施工需要的介绍，掌握制定终端安装方案的原则并组织施工。

【模块内容】

制定科学合理终端安装方案，涉及施工的难易程度、材料的使用量、施工过程中人员的配备、安全措施的落实等方面，还会影响终端今后的运行维护等多个方面。对此，首先需要熟悉终端安装的相关知识。

一、终端安装基础知识

1. 安装工作流程

终端安装的工作流程见图 3–15–1。

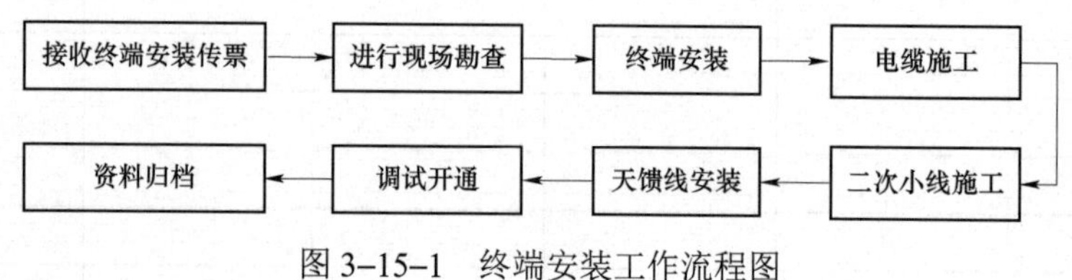

图 3–15–1 终端安装工作流程图

2. 安装准备工作

终端安装前的准备工作见表 3–15–1。

表 3–15–1 安装作业前准备工作

序号	项目	内容
1	现场勘查	确定终端安装位置、电源取向、天馈线走向、开关轮次、电能表信息、客户联系等信息
2	图纸设计	绘制施工所需的电能表接入、开关接入、电源接入等二次图纸
3	准备施工所需的材料、工器具	包括终端、天馈线、各种缆线、二次小线等施工材料，万用表、起子、冲击电钻、老虎钳等施工所需的工器具
4	与客户联系施工日期	—

二、终端安装方案制定的原则

制定科学合理终端安装方案，涉及施工的难易程度、材料的使用量、施工过程中人员的配备、安全措施的落实等方面，还会影响终端今后的运行维护等多个方面。终端安装方案的制定的原则包括以下方面：

（1）根据现场勘察信息表和营销信息系统中提供的相关数据确定安装日期，确保终端能与用户设备同时投入运行。

（2）确定终端安装位置。要根据终端安装现场勘察单（表 3–1–3）中提供的用户配电室结构、一次接线、计量方式、接入终端的断路器位置和馈线走向等信息，结合终端运行环境和终端安装位置选择的要求，考虑施工和运行等因素确定。

（3）确认客户断路器接入终端控制轮次的数量和合理性。主要依据客户用电性质、断路器的跳闸方式和断路器上负荷的重要性来确认。

（4）根据计量表计的总分长的接线是串联还是并联来确定电能表接入终端脉冲回路的类型和采集内容。

（5）根据工程量和工作环境等因素确定需要配备的工具和材料。

（6）确定终端天线高度和防雷处理措施。终端天线的高度一般依据系统组网设计的规定执行。当终端与主站之间的通信指标能满足要求时，可由施工人员现场确定天线安装高度和位置，也可根据下列经验公式计算出终端天线的高度

$$d = 4.12(\sqrt{H} + \sqrt{h}) \quad (3\text{–}15\text{–}1)$$

$$d = 3.57(\sqrt{H} + \sqrt{h}) \quad (3\text{–}15\text{–}2)$$

式中　H、h——主站和终端的天线高度，m。

式（3–15–1）是对应于平坦地面条件下的视距传输且大气常数 K=4/3 时应用；如果要求全年 90%以上情况下都满足视距传输条件，应使用式（3–15–2）进行计算。

计算时，主站和终端两点之间距离可通过地图进行简单计算，也可通过主站和终端两点的经纬度求出，即经度差乘以 111km 等于东西方向的实际距离。纬度差乘以 111km 等于南北方向的实际距离，再通过直角三角形的几何公式求出两点距离。由于地球曲率的变化，此方法是存在误差的，且纬度越高，误差越大，各地可参照使用。

三、危险点分析与预防控制措施

终端安装作业的危险点分析与预防控制措施见表 3–15–2。

表 3–15–2　　危险点分析与预防控制措施

序号	防范类型	危险点	预防控制措施
1	触电	客户开关、电能表接入	加强监护，防止误入间隔，防止误碰
2	高空坠落	天线安装	加强监护，做好高空安全防护措施

四、工程人员的组成、职责和分工

（一）工程人员的职责

1. 工作票签发人

（1）工作必要性和安全性。

（2）工作票上所填安全措施是否正确完备。

（3）所派工作负责人和工作班人员是否适当和充足。

2. 工作负责人（监护人）

（1）正确安全地组织工作。

（2）负责检查工作票所填安全措施是否正确完备和工作许可人所做的安全措施是否符合现场实际条件，必要时予以补充。

（3） 工作前对工作班成员进行危险点告知，交代安全措施和技术措施，并确认每一个工作班成员都已知晓。

（4） 严格执行工作票所列安全措施。

（5） 督促、监护工作班成员遵守规程，正确使用劳动防护用品和现场安全措施。

（6） 检查工作班成员精神状态是否良好，变动是否合适。

3. 工作班成员

（1） 熟悉工作内容、工作流程，掌握安全措施，明确工作中的危险点，并履行确认手续。

（2） 严格遵守安全规章制度、技术规程和劳动纪律，对自己在工作中的行为负责，互相关心工作安全，并监督安全规程的执行和现场安全措施的实施。

（3） 正确使用安全工器具和劳动防护用品。

（4） 作业辅助人员（外来）必须经公司相关部门对其进行施工工艺、作业范围、安全注意事项等方面培训，并经考试合格后方可参加工作。

（5） 所有作业人员必须具备必要的电气知识，基本掌握专业作业技能及《电业安全工作规程》的相关知识，并经《电业安全工作规程》考试合格。

（6） 工作负责人必须经公司批准。

（二）人员组成表及分工

（1） 用电信息采集与监控专业工作人员：总体负责终端的安装和协调，工程质量验收，终端开通调试，各项资料记录，向客户介绍终端的使用，其中有一人为工作负责人。

（2） 熟悉继电保护的人员：对于较复杂的施工现场，需要配备继电保护人员，负责现场交流采样的线路整改和接入、微机保护控制电路分析接入、特殊运行方式的检查工作。

（3） 用电监察人员：负责在终端安装过程中的高压设备的停送电安全和与客户的沟通协调。

（4） 装表接电人员：负责电能表的开、封，查询表计的运行参数（如表地址），参与交流采样接线工作。

（5） 终端厂家技术人员：负责指导终端的安装、调试以及开通过程中的异常处理。

（6） 普通施工人员：负责终端、天线支架固定，各类电缆铺放。

在终端安装方案制定的过程中，人员配备可根据工程量和现场施工的难度合理配置。

五、工器具材料

1. 工器具配备

终端安装用工具配备明细见表 3–15–3。

表 3–15–3　　终端安装用工具配备明细

<table>
<tr><th>名　称</th><th>规格（型号）</th><th>数量</th><th>用　途</th></tr>
<tr><td>电烙铁</td><td>内热＞60W，外热＞50W</td><td>1</td><td rowspan="3">制作 L16 和 SL16 电缆头，脉冲线上锡</td></tr>
<tr><td>焊锡丝</td><td></td><td></td></tr>
<tr><td>松香</td><td></td><td></td></tr>
<tr><td rowspan="4">板牙</td><td>15D–M5</td><td>1</td><td rowspan="4">制作 N7J、N–9J、N–12J、N–15J 电缆头</td></tr>
<tr><td>12D–M4</td><td>1</td></tr>
<tr><td>9D–M3</td><td>1</td></tr>
<tr><td>7D–M2.5</td><td>1</td></tr>
<tr><td>板牙架</td><td></td><td>1</td><td>制作 N7J、N–9J、N–12J、N–15J 电缆头</td></tr>
<tr><td>钳形万用表</td><td></td><td>1</td><td>检测线路</td></tr>
<tr><td>剥线钳</td><td>6in</td><td>1</td><td></td></tr>
<tr><td>尖嘴钳</td><td>6in</td><td>1</td><td></td></tr>
<tr><td>斜口钳</td><td>6in</td><td>1</td><td></td></tr>
<tr><td>老虎钳</td><td>6in</td><td>1</td><td></td></tr>
<tr><td>螺钉旋具</td><td>套</td><td>1</td><td></td></tr>
<tr><td>镊子</td><td></td><td>1</td><td>做电缆头</td></tr>
<tr><td>剪刀</td><td></td><td>1</td><td>做电缆头</td></tr>
<tr><td>电工刀</td><td></td><td>1</td><td>剥高频电缆外皮</td></tr>
<tr><td>电锤</td><td>0～20mm</td><td>1</td><td>固定天线支架、墙体开孔</td></tr>
<tr><td>手枪电钻</td><td>0～10mm</td><td>1</td><td>固定终端或在铁皮上开孔</td></tr>
<tr><td>电焊机</td><td></td><td>1</td><td>焊接接地线</td></tr>
<tr><td>梯子</td><td>4m</td><td>1</td><td>登高安装天馈线</td></tr>
</table>

注　1in=25.4mm。

2. 材料配备

每台终端安装过程中的材料消耗不尽相同，具体数量要根据施工现场的实际情况来定，表 3–15–4 列出了终端安装所需材料和数量，仅供参考。

表 3–15–4　　终端安装所需材料明细

名　称	型　号	用　途	需　量
控制电缆	KVV–2×1.5mm^2	连接客户断路器跳闸回路	平均 30m/路
信号电缆	KVV–2×1.5mm^2	连接客户断路器遥信回路	平均 30m/路
信号电缆	RVVP7×0.5mm^2	电能表脉冲和 RS 485 通信	平均 30m/表
信号电缆	RVVP2×0.5mm^2	连接客户的门禁	平均 30m/路
联合接线盒		用于交流采样接线	1 只/电能表
信号电缆	KVV3×2.5mm^2	三相三线交流采样电压回路	平均 31m/路
信号电缆	KVV4×2.5mm^2	三相三线、三相四线交流采样电压、电流回路	平均 30m/路
信号电缆	KVV6×2.5mm^2	三相四线交流采样电流回路	平均 30m/路
电源线	KVV2×1.5mm^2	接终端电源	10m/终端
终端接地线	2.5mm^2	单股铜芯线接终端电源	10m/终端
标牌		标记线缆	10 个/终端
套管		标记线缆	2m
接地扁铁	40mm×4mm	镀锌扁铁或　8mm 镀锌圆钢，天线支架接地用	20m/终端
自黏胶带			若干
PVC 绝缘胶带			若干
记号笔		填写标牌和套管	
膨胀螺钉或螺栓、螺母	6mm	膨胀螺钉用于将终端安装在墙上，螺栓、螺母安在配电柜上	4 个/终端
膨胀螺钉	6mm	镀锌固定终端	4 个/每台
	12mm	镀锌固定天线支架	4 个/每台
塑料管或线槽		金属或阻燃工程塑料管	10m/终端
塑料线卡/扎线		固定馈线、电缆	若干
镀锌钢绳		固定天线支架	10m/终端

【思考与练习】

1. 终端安装方案的制定需考虑哪几个方面的因素？
2. 如何确定终端天线高度？
3. 主站和终端的距离如何确定？

模块 16 集中器与采集器安装方案制定（Z29F1016Ⅱ）

【模块描述】本模块包含集中器与采集器安装方案制定的内容。通过要点归纳，掌握制定集中器与采集器安装方案的原则以及人员、工具材料的配置要求。

【模块内容】

制定科学合理终端安装方案，涉及施工的难易程度、材料的使用量、施工过程中人员的配备、安全措施的落实等方面，还会影响终端今后的运行维护等多个方面。

一、终端安装方案制定

终端安装方案的制定包括以下方面：

根据现场勘查信息表和营销信息系统中提供的相关数据确定安装日期，确保终端能与用户设备同时投入运行。

若为老台区，则应提前发布停电信息，在小区公布停电时间。

根据工程量和工作环境等因素，完成施工前的安全措施和人员配备，确定需要配备的工具、材料、集中器或采集器。

申领终端与 SIM 卡，申请集中器通信地址，集中器接临时电源，测试上行通信。

二、工程人员的组成、职责和分工

（1）负荷管理专业工作人员：担当工作票签发人、工作负责人，总体负责终端的安装和协调，工程质量验收，终端开通调试，各项资料记录。

（2）台区所属单位管理人员：负责停电信息的发布，台区停电、有关安全措施，并担当工作许可人。

（3）装表接电人员：负责电能表的开、封，查询表计的运行参数（如表地址）。

（4）普通施工人员：负责集中器、采集器的安装、各类电缆铺放。

在安装方案制定的过程中，以上人员配备可根据工程量和现场施工的难度合理配置。

三、工具材料

1. 工具配备

工具配备见表 3-16-1。

表 3-16-1 安装用工具明细表

名称	规格（型号）	数量	用　途
钳型万用表		1	检测线路
剥线钳	6 寸	1	
尖嘴钳	6 寸	1	

续表

名称	规格（型号）	数量	用　途
斜口钳	6寸	1	
老虎钳	6寸	1	
螺丝刀	套	1	
电工刀		1	剥电缆外皮
手枪电钻	0～10mm	1	固定终端或在铁皮上开孔
电焊机		1	焊接接地线
梯子	4m	1	登高安装集中器、采集器等

2. 材料配备

安装过程中消耗的材料不尽相同，具体数量要根据施工现场的实际情况来定，表 3–16–2 列出了安装所需材料和数量，仅供参考。

表 3–16–2　　安装材料明细表

名称	型号	用途	需量
控制电缆	KVV–2×1.5mm²	集中器、采集器电源线	集中器平均 3m，采集器 1m/台
信号电缆	RVVP2×0.5mm²	电能表 RS485 通信	总表 3m，户表 1m/块
快速断路器	3P　6A	集中器的进线电源开关	1 只
快速断路器	1P　1A	采集器进线电源开关	1 只/采集器
终端接地线	2.5mm²	单股铜芯线	2m/集中器
标牌		标记线缆	2 个/集中器
套管		标记线缆	2m
自粘胶带			若干
PVC 绝缘胶带			若干
记号笔		填写标牌和套管	
支架		固定集中器	1 个
螺栓螺母	ϕ4mm	将集中器安装在支架上	3 个/集中器、3 个/采集器
塑料线卡/扎线		固定馈线、电缆	若干

【思考与练习】

1. 老台区集中器、采集器的安装在服务方面需要考虑哪些因素？
2. 集中器的安装由谁做许可人？
3. 集中器或采集器的安装需要准备哪些工器具？

第四章

终端维护、检验与消缺

模块 1　终端日常维护（Z29F2001 Ⅰ）

【模块描述】本模块包含专变终端日常维护内容，通过对终端本体、天馈线、防雷与接地、连接线巡视内容和异常处理的讲解，掌握终端日常巡视要求和维护技能。

本模块仅介绍专变终端的日常维护内容，集中抄表终端的日常维护在其他章节中已作介绍（第三章模块 12、模块 13、模块 14）。

【模块内容】

用电信息采集与监控终端设备包括用电信息采集与监控终端本体、终端箱、外置交流采样装置（针对分体机）、天馈线避雷器及控制客户开关的输入输出相关回路等设备。用电信息采集与监控终端是用采系统的重要组成部分，其运行是长时间连续性的，为确保其稳定可靠运行，对其进行日常维护检查是非常重要的。

一、终端日常巡视维护的主要内容

1. 终端设备巡视维护检查周期

终端设备运行中，应定期对终端设备进行巡视检查，当接到通过主站系统或现场发现设备异常通知时，要及时作出相应的处理。

终端的巡视一般分为正常情况下的定期巡视、特殊情况时的临时特巡和设备异常时的故障巡视。

（1） 定期巡视。一般终端故障率在 5%以下时，巡视周期为半年一次；当终端故障率大于 5%，根据故障率情况，依次递增巡视次数。

（2） 故障巡视。根据终端异常情况通知在规定期限内到达现场对设备进行维修或更换。终端故障维护期限：及时处理实行终端预购电和控制时出现异常的故障终端；对一般故障，市区范围内 48h 内、郊区 96h 内，节假日除外。

（3） 临时特巡。指如迎峰度夏（冬）、恶劣天气期间或重大活动前，临时安排对部分终端设备进行的特别巡视工作。巡视工作主要对有关技术参数进行测试，对终端跳闸回路进行试验，对客户的开关、跳闸回路和遥信回路进行检查。

2. 定期巡视检查项目

在日常定期巡视维护中，以外观、环境、功能、电源检查为主，并不定期将主站操作记录、客户信息与现场记录进行核对。对终端设备主要从以下各项进行巡视检查：

（1）查看终端、终端箱、天馈线、天线支架等设备是否安装牢固、整洁，及时清理终端内外灰尘和污垢。

（2）查看终端及其相关设备环境是否有危及设备运行和通信的异常状况。不得在终端相关设备上乱挂、堆放任何东西，设备附近不得放置火炉、易燃、易爆物品。

（3）与主站通话和数据传输是否良好，面板数据显示是否正常，各种信号指示是否正常，天线方向是否正确，公网通信方式终端应检查信号强度是否满足要求。

（4）核对终端现场参数与主站参数是否一致。

（5）核对客户现场与档案记录是否一致，包括户名、地址、终端设备资产信息、表型、表号、TA、TV、变压器容量、负荷控制的开关轮次等内容。

（6）铅封及门锁是否完好，终端至各屏、柜的电缆及小线、接地端子等有无异常。

（7）终端机壳是否清洁，有无污垢、水渍或损伤，接地是否松脱。

（8）检查终端元器件有无过热、损坏，接插件有无接触不良等异常现象。

（9）核对现场负荷与终端采集实时负荷是否一致，电能表止度与终端抄表止度是否一致。

3. 巡视维护中应注意事项

发现终端异常或接客户要求维修的报告后，维护检修人员应及时赴现场查明原因进行处理，重要客户、预付费客户采集终端异常应优先安排检修计划。现场工作人员要快速准确判断、处理故障点，在设备维护过程中避免或减少人为因素加重故障的情况，必须注意以下问题：

（1）巡视中发现的异常情况，应及时处理并上报系统主站人员登记。

（2）终端设备定期巡视的情况，包括异常情况和处理结果都应作详细记录，并录入系统中。

（3）进行故障维修时，如果用户正常生产，注意保证用户的跳闸回路不发生动作。如果需要停电，应及时与用户进行沟通。

（4）进行故障维修更换部件时，严禁带电插拔，应该将电源关闭后再进行更换。

（5）检查可疑部件时，请先确定给它供电的电源正常。

（6）如果怀疑是复杂的故障，则应该用排除法，缩小可疑的范围。

（7）维修结束时，除对故障功能检测外，最后应对终端的通信和其他功能进行粗略检测，以免在维修后，引起其他的故障。

（8）进入配电室应注意观察周围环境的安全状况，确认无危险后方可进入。带电检查高压设备时应保持足够的安全距离。

（9）开关的操作要由有操作权的人员操作，现场工作人员不得越权擅自操作。通常，变、配电站开关由运行人员操作，客户侧开关原则上由客户电工操作。若无电工在场，应先检查开关的完好情况和了解设备的主接线，在确认有把握并征得客户同意后方可操作，否则，应通知客户电工到场操作。操作时应注意正确的操作步骤和使用合格的绝缘工具。

二、终端本体维护

终端本体的组成一般由用电信息采集与监控终端、终端接线扩展箱等组成。扩展箱也可作为辅助元件来对待。由于终端型号多样，各种型号的终端在电路设计上有较大区别，但组成单元与工作原理基本相同。用电信息采集与监控终端一般由电源、交流采样单元、主控制单元、显示单元、通信单元，输入输出单元等组成。

日常维护内容如下：

（1）每隔半年至一年，应清除终端外壳上部和机内的积尘。

（2）工作电源应在交流额定电压±20%范围内，如电源熔丝熔断则需更换熔丝。

（3）终端通信不正常或功能工作不正常时，首先要检查终端外部电源、天线以及天线接头是否正常，检查操动机构和一次仪表及连接线头是否正常，检查主台操作命令和终端参数是否正常。

（4）终端出现故障时，应由专业人员处理。在更换故障部件时，应先断开交流电源，再拔插各有关插头和部件，维修结束后需按产品技术要求进行必要调整。

（5）在安装、维修设备时，人体切勿接触带有高压的部件，以免造成人身事故。

三、天馈线维护

230MHz 天线采用定向天线，由一根龙骨、三根引向振子、一根反射振子和一根有源振子组成。230MHz 天线组成结构及安装如图 4–1–1（平面安装）和图 4–1–2（靠墙安装）所示。

天线通过固定夹与支撑杆相接，松动固定夹可调整天线方向，维护时应注意天线方向是否松动、是否与中继站偏离，一般偏离中继站方向的角度应在 10° 以内，同时注意天线所对的方向应避开近距离建筑物和其他物体的阻挡。巡查定向天线的振子是否与地面保持垂直，倾斜度应小于 5°，若出现不垂直或倾斜度大于 5° 的，应立即纠正。巡查终端引向振子、反射振子排列是否正确，不正确的要立即纠正。巡查固定支撑杆（架）、固定盘等是否出现锈损，固定膨胀螺钉是否松动；支撑杆（架）与固定盘是否固定牢固；支架的固定拉锁是否松动，出现不牢固的应予以纠正。

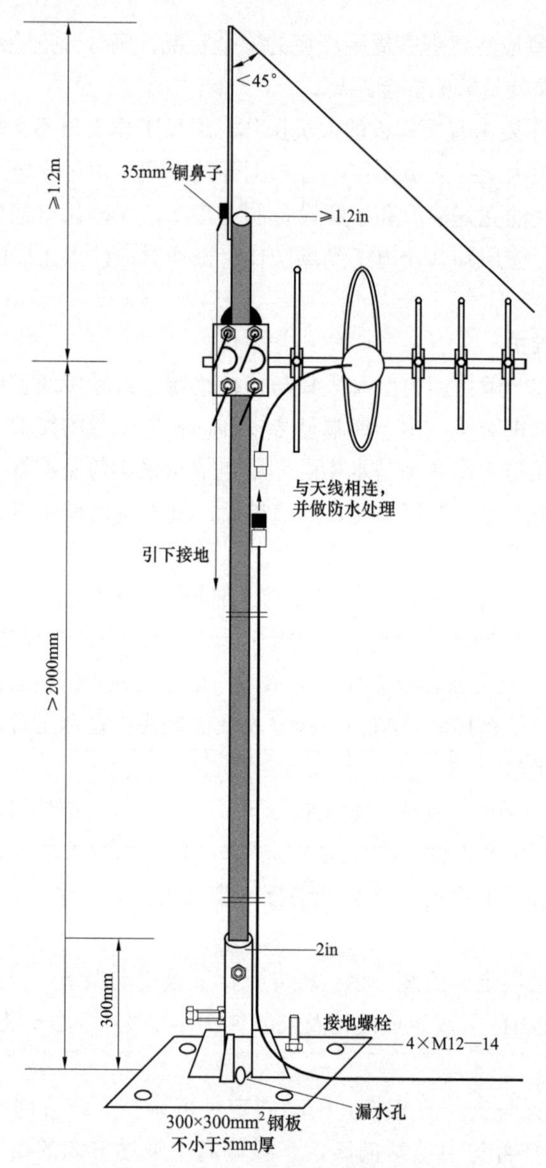

图 4–1–1 230MHz 天线平面安装示意图

注：1in=2.54cm。

巡查天线有源振子与馈线接头是否拧紧、密封，出现松动的应拧紧、密封，以防渗水。巡查天线端引下来的馈线每隔 1.5m 左右是否有用尼龙线扎固定在支架及其他物件上，以及是否松动或过紧，太松则固定不牢，太紧则损伤馈线。巡查馈线在转弯处是否保留有足够的曲率半径，一般应不小于 300mm，以免弯曲过度而损伤电缆，发现小于 300mm 的，应及时纠正。巡查馈线进入配电室处的回水弯（U 形弯）是否过平，应保持有一定弧度的回水弯，以防雨水进入屋内。

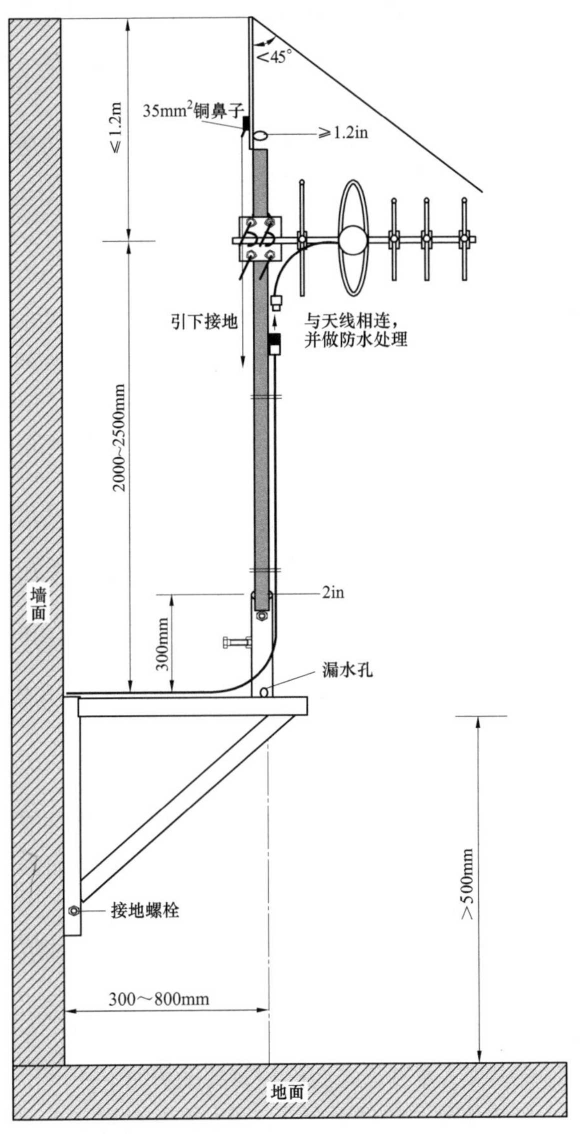

图 4–1–2　230MHz 天线靠墙安装示意图

注：1in=2.54cm。

天线由于长期暴露在户外，可能会引起一些故障，可用功率计测试天线及其馈线是否故障，从而引起终端的通信故障。

若天线驻波比大于 1.5，则可能为天线或天馈线故障引起，可进一步检查天线与天馈线之间测试情况，判断是天线故障还是天馈线故障。

若天线驻波比无功率，则可把天线从电台输入端卸下，用万用表测量馈线屏蔽层和芯是否短路，若馈线短路，则更换馈线，若不短路，馈线开路，则可能是馈线头没做好或馈线断，重做馈线头或更换馈线。

若天线驻波比全反射，再判断天线有源振子输入端与地之间是否存在短路现象，如存在，则可能是天线存在短路现象，更换天线。

四、防雷与接地维护

1. 天线

天线的安装高度，应确保在周围高大建筑或避雷针（线）45° 保护区范围内。可以采用加长的天线支撑杆作为避雷针，如图 4–1–1 和图 4–1–2 所示，避雷针的高度应确保天线处于其 45° 保护区范围内。支撑杆及支架应装设可靠接地线，接地线规格应不小于以下数值：10mm^2 铜芯线或 40mm×4mm 镀锌扁铁或 8mm 镀锌圆钢。不能以房屋的防雷接地条作为固定馈线的支架。

维护时应检查：天线是否在周围高大建筑或避雷针线 45° 保护区范围内；支撑杆作避雷针（线）的金属部件是否弯曲、变形；各部件连接及焊接是否变形、锈蚀；接地引下线是否断裂、断股。

2. 避雷线

避雷装置应具有良好的接地性能，接地电阻应小于 5Ω。对年雷暴日小于 20 天的地区，接地电阻可小于 10Ω。

3. 同轴电缆馈线

同轴电缆馈线进入配电室（所）后与终端设备连接处应装设馈线避雷器，馈线避雷器接地端子应就近引接到机房的接地母线上，接地线采用截面参照馈线避雷器安装说明，一般为截面不小于 25mm^2 的多股铜线。

检查馈线避雷器是否良好，避雷器接地端子是否松动，接地引下线与接地母线连接是否完好。

五、各连接线维护

终端连接线回路有多种，主要连接线回路及其维护如下：

（1） 电源连接。是指终端工作用电源与系统电源间的连接。维护时，应检查电源侧的连接是否有松动、烧损等接触不良情况，电缆有无被损坏，接入终端接线盒处是否有松动、脱落。

（2） RS485 连接。检查电能表表尾到 16 端子（过渡端子）间接触是否松动、电缆是否损坏，过渡端子到终端间的两端连接是否松动、电缆是否损坏。

（3）脉冲线连接。检查电能表表尾到16端子（过渡端子）间接触是否松动、电缆是否损坏，过渡端子到终端间的两端连接是否松动、电缆是否损坏。

（4）控制回路连接。检查终端到连接片间接触是否松动、电缆是否损坏；控制连接片投入（或解除）是否正确，连接是否可靠；控制电缆是否损坏；与开关操动机构的连接是否松动。

（5）馈线连接。检查馈线与天线的连接是否松动、漏水；防雨罩是否损坏；馈线固定是否牢固；馈线途径警示标识是否清晰；馈线进入机房的回水弯是否良好，是否有雨水进入屋内；馈线、天线和同轴避雷器的连接是否旋紧、密封处理，所有接头伸缩胶带密封是否严密；馈线弯曲和扭转角度是否变形并超出馈线指标要求。

六、终端故障检修

（一）终端工作原理

本节以Ⅰ型终端为例介绍终端的构成与工作原理。

1. Ⅰ型终端的基本构成

（1）硬件结构及功能。

目前系统内装用最多的Ⅰ型终端硬件结构如图4–1–3所示，主要由数传电台、主控板、显示电路、I/O接口及电源等模块组成。

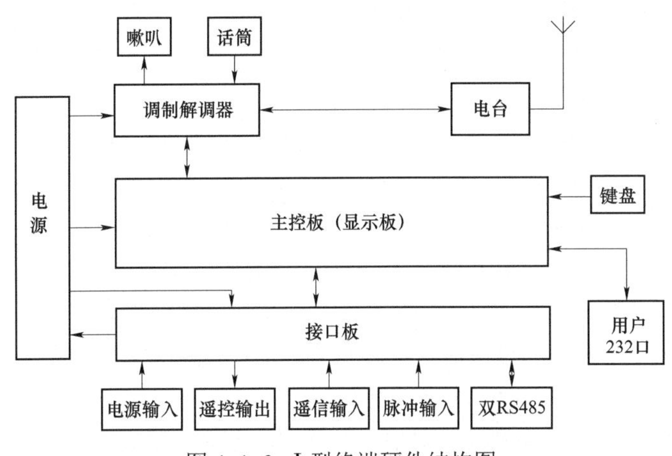

图4–1–3　Ⅰ型终端硬件结构图

1）电台。主要作用是接收和发送数据。采用FM—2FSK制时，电台接收过程：主站发送无线调频（FM）信号，经接收机鉴频器解调后变成频率键控（2FSK）信号，然后由FSK解调电路还原为数据信号，经接口电路送至主控板。电台发送过程：主控板的数据信号经接口电路送至发射机，先由FSK调制电路变成频率键控（2FSK）信号，再经发射机调频电路调制成调频（FM）信号后，以足够的发射功率向主站发送。

终端信号接收处理部分设有静噪电路，作用是为了消除不通话或通话间歇时音频输出端的噪声。在未收到信号时自动闭锁接收机的低频放大器，使喇叭没有噪声输出，而在接收到信号时，能自动解除闭锁，是接收机正常工作。

2）主控板。主控板是双向终端的核心，是双向终端与主控站通信、实现各种功能的指挥中心。它是一个单片机系统，CPU 采用单片机芯片，系统包括必要的总线驱动电路、译码电路、接口电路和 I/O 电路，以及 ROM 和 RAM 等。

3）显示电路。显示电路的安排比较灵活，有的终端其显示电路是设计在主控板上，有的则有独立的显示板。显示板主要作用是显示该终端所监测用户的各种用电指标和用电情况。常见的显示方法有数字显示、汉字显示，有的终端还结合所显示内容开发有语音提示等功能。

4）电源。终端电源部分主要作用是将 220V 市电变换成机内各部件所需的直流电源。一般为 5V 和±12V 种电压等。5V 输入电压供主控板，12V 用于驱动输出继电器、脉冲采样、遥信遥测电路和供电台使用（终端电台大多使用 13.8V 工作）。电源主要要求高可靠性和较高的转换效率。

Ⅰ型终端各部分工作电源：

主板：12V、5V，显示板工作电源多由主板转供

电台：13.8V（大电流负荷、专供）

接口板：12V

调制解调板：12V

注：单片机系统一般使用低电压（5V 供），出口继电器一般使用 12V 电压驱动。

5）I/O 接口板。I/O 接口板的主要作用是将由监控对象所引入的遥控线、遥信线、遥测线、脉冲线、485 线等，经光电隔离或电平转换与主控板连接，完成各自功能。

通过 I/O（输入输出）电路的光电隔离，可能减少外部干扰对终端单片机系统的影响。

6）交流采样单元。通过电流或电压互感器采集实时电网交流信号，用以计算电流、电压、功率、电量、相角、周波、谐波等。

（2）软件结构及功能。整个终端软件主要由十个模块组成。这十个模块相互有机配合，共同完成终端的各种功能。

1）采样模块。完成对脉冲量、开关量、模拟量的采样。

2）运算模块。将各种采样值分别按一定的公式，计算出各种所需的数据，如功率、电量、需量、电压、电流等。

3）控制模块。根据中心站命令，执行当地功率、电量的闭环控制以及中心站的

远方遥控命令。

4）键盘及显示模块。处理键盘输入及显示输出。

5）通信模块。负责终端与中心站间的数据信息的上行下达。

6）抄表模块。通过 RS485 通信接口，完成对智能电能表数据的抄读与设置。

7）用户侧通信模块。为用户侧用电管理系统或设备提供终端数据共享。

8）语音模块。为一些重要的控制和事件提供语音提示。

9）时钟及定时模块。为终端各模块提供实时时钟及定时服务。

10）运行监视模块。负责对整个软件各模块运行状态的监视，包括对全部参数的定时校验，确保终端正常运行。

2. 终端的工作原理

终端接通电源后，自动进入复位自检和程序初始化运行，若首次运行则需由主站控制中心发送一系列的运行参数给终端，之后终端会严格按此参数有条不紊地进行工作。

当主站向终端发出信号，该信号经终端天线接收、由电台解调为数字信号送往主控单元。主控单元应用程序截取从异步通信接口送出的每一帧数据，进行分析和识别，根据不同的命令代码执行各种操作。主站发来的命令一般分为两大类，一类是发给区域内的所有终端，即称作广播命令；另一类是发给选定的终端，即为单点命令。若收到的为单点命令，则终端根据命令采集必要的数据，由异步串行接口送给电台，再通过天线将信号发向主站。

终端在投入运行后，根据主站发下来的参数，直接采集交流电量，并运算出相应的功率等数据，终端还可采集电能表送出的脉冲，也可直接抄取电能表的电能量等数据，并自动将之保存在终端中，根据主站设置的定值等参数实现当地控制。主站可直接发出命令，对终端进行实时数据和历史数据的采集命令，并可对终端进行遥控操作。所有的遥控操作均可由遥信输入采集动作的执行情况。

终端通过本地维护口，可实现本地的数据抄读。

（二）终端故障检修流程

终端故障分析处理的一般工作流程：主站运行人员发现终端运行异常，包括通信故障、功率为零及其他异常情况，首先进行故障分析，排除非终端原因（如用户停电、停产、施工等造成终端异常的情况）。填写终端缺陷通知单或工作联系单，通知终端维护人员。终端维护人员到终端现场检查处理，排除故障，填写终端缺陷处理记录和通知单回执，并将通知单返回主站。

（三）终端故障起因

终端出现故障的一般因素为：

（1）在电子设备中，通常工作在高电压、大电流、大功率的电子元器件容易损坏，在终端中电源组件故障率较高；

（2） 电台发射单元工作在高频大功率状态容易损坏，在天馈线不良时射频信号产生较大反射易损坏；

（3） 安装在室外天馈线系统，因橡塑密封件老化发生受潮进水，导致通信成功率下降或失败；

（4） 终端安装在用户变/配电所，环境温度高、电磁干扰强，连续不间断工作，半导体器件对温度特性敏感，使主板单片机系统工作不稳定，导致频繁复位或死机。

（四）故障检修方法

1. 常规检查

观察各种信号指示；查看有无明显的损坏件，用万用表测量关键点的电压、电阻；替换疑损部件等，由此判别故障的单元。

2. 检修方法

（1） 逐次加载法。

适应于检修过电流性故障，如输出板+12V 输出不正常，电源熔断器熔丝熔断等。

1） 输入电源熔断器熔丝熔断；断开电源组件电源输入端、拔掉终端电源所有输出，利用逐次加载的方法可确定故障点。

2） 接口板+12V 输出不正常，断开+12V 负载、测量接口板+12V 输入、输出电压，可判断故障点。

3） 多块计量表抄表不正常时也可采用逐个接入法判断。

（2） 模拟信号法。适应于检修脉冲、遥信采集故障，如功率电量为“0”、遥信不变位等。

1） 脉冲采集故障：用外加 12V 电源模拟脉冲信号输入，由此可判断接口板输入回路故障、计量表脉冲输出口故障等。

2） 遥信不变位：短接接口板遥信输入口，模拟动断触点输入可判断接口板遥信输入口是否正常。

（3） 替换法。适应于检修终端组件故障，如电台、主板、显示板等。

1） 通信故障：如电台有载波检测信号（BUSY 灯闪）、解调板有解码信号（RD 灯闪），主板未响应，则可试更换主板；如电台在主站召测时未显示载波检测信号（BUSY 灯闪），判断天馈线正常时，可试更换电台。

2） 显示故障：若终端通信功能正常，显示异常可试更换显示板。

（4） 最小系统法。适应于检修终端疑难故障，如由于终端内某组件出现过电流故障，通过电源组件影响其他电路的正常工作；外部通过接口板等引入干扰影响终端正常工作等。

1） 通信功能：可断开接口板、显示板等单元电路检查（注：部分终端主板与显示板合一）。

2）显示故障：可在仅主板、显示板通电情况下判断故障。

3）电源故障：可在仅接主板、显示板情况下判断电源是否工作。

（五）终端常见故障及排除

（1）230M 终端常见故障及排除方法见表 4–1–1。

表 4–1–1　　230M 终端常见故障及排除方法

序号	现　　象	原　　因	排除故障方法
1	开机后“运行”灯不亮	无交流工作电源	检查交流电源及熔丝
		开关电源输出电压不正常	更换开关电源
		主板故障	更换主板
2	终端显示屏在终端召测时出现闪屏现象	终端电源损坏或外部电源故障	检查终端输入电源电压情况，若电压在召测时无变化，则更换终端电源，若变化，则处理外部电源故障
3	主控单元工作正常，但显示不正常	显示单元及主板连接线断	检查更换或重接显示单元连线
		显示单元故障	更换显示单元
4	电台接收不到主台信号	天线或馈线不良	检查天线及指向、馈线及电缆接头
		电台频道不对	重新调整频道
		电台损坏	更换电台
5	电台能通话，但收不到主台指令	通信地址设置错误	检查重设通信地址
6	终端有回码，但主台收不到	终端电台发射部分损坏	更换电台
		近距离有阻挡物	调整天线高度和方向
7	实时数据有，但历史数据无	时钟不准或主板损坏	对时或更换主板
8	交采数据不正常	接线不正常	检查接线
		交采单元组件损坏	换组件或换交采单元
		工作参数设置错误	主站重发参数
9	遥控不动作（接口板灯不亮）	遥控 12V 电源无输出或输入输出单元损坏	换电源或输入输出单元
10	遥控不动作（接口板灯亮）	接口板、继电器损坏	换输入输出单元
		被控开关控制回路、机构损坏	
11	脉冲采集故障（脉冲对应指示灯不闪亮）	脉冲接线错误、接线脱落或信号线坏	检查、重接脉冲信号线
		电能表脉冲输出口坏	检查电表脉冲输出口，换表
	脉冲采集故障（脉冲对应指示灯闪亮）	终端无脉冲运行参数或参数设置错误	主站重发参数

续表

序号	现　象	原　因	排除故障方法
12	遥信数据错误	遥信接线错误、接线脱落或遥信线坏；被控开关遥信触点坏	检查接口板遥信对应指示灯是否同步亮灭变化，灯变化检查接口板与主板连线；如灯不变则检查遥信线及接线，检查被控开关辅助触点
13	抄表故障	抄表接线错误、接线脱落或抄表线坏	检查、重接抄表线
		终端无抄表参数或参数设置错误	主站重发参数

（2）GPRS 终端常见故障及排除方法见表 4–1–2。

表 4–1–2　　GPRS 终端常见故障及排除方法

序号	现　象	原　因	排除故障方法
1	开机后“运行”灯不亮或显示屏不显示	无交流电源	检查交流输入电源
		主板工作异常	更换主板或终端
		终端电源工作不正常	更换电源组件或终端
2	网络指示灯不亮	天线故障	检查天线
		GPRS 模块坏	更换 GPRS 模块
		GPRS 模块插座接触不良	检查插座及插头有否氧化，接触是否良好
3	网络指示灯亮，但收发灯不亮	TCP/IP 配置不对	重新配置终端 IP 地址，子网掩码，主站地址及端口等网络参数
		终端地址及区域码错误	重新配置终端地址及区域码等参数
		SIM 卡插座接触不良	检查插座及 SIM 卡有否氧化、接触是否良好
		天线有强干扰	重新布线，天线屏蔽单独接地，避开强电流区
		SIM 卡损坏或故障	利用各厂家指示灯及面板指示查看 SIM 卡是否损坏
4	终端抄表不正常	抄表线未接好或极性错误	重接抄表线并检查极性，查抄表线是否有断路或短路故障
		终端抄表口损坏	更换接口板或终端
		主站抄表报文类型错误	选择正确的规约类型重设
		计量表 485 口损坏	用手持机测试终端和表 485 口，若查为表故障，联系计量人员现场查看

续表

序号	现　象	原　因	排除故障方法
5	终端功率数据不正常	脉冲线未接好	重接脉冲线，检查脉冲是否正常
		输出脉冲异常	检查脉冲是否无源、脉宽、幅度、极性是否正确
		接口电路元件损坏	更换接口板或终端
		脉冲参数错误	主站重发参数
6	跳闸灯亮，控制灯亮，但继电器不动作	继电器供电不正常	更换接口板或终端
		继电器损坏	更换接口板或终端
7	断电无法维持工作	GPRS 模块插座接触不良	检查插座及插头有否氧化，接触是否良好
		终端电池损坏	检查并更换电池
		充电电路故障	更换 GPRS 模块

【思考与练习】

1. 终端日常巡视周期及故障巡视的期限有什么要求？
2. 日常巡视有哪些主要内容？
3. 终端故障分析处理的一般工作流程是什么？
4. 避雷装置接地电阻有什么要求？

模块 2　终端消缺记录（Z29F2002 Ⅰ）

【模块描述】本模块包含终端消缺记录的内容，通过对各种记录表格的填写介绍，掌握规范填写终端消缺记录的技能。

【模块内容】

运行终端消缺记录是指在系统日常运行维护工作中，对运行终端开展的消缺工作进行规范的记录，通过对完整记录的统计分析，可以寻找某段时期或某个设备出现的共性问题，发现存在缺陷的设备或生产工艺，掌握不同季节的多发故障，及时采取有效解决措施。

一、终端消缺业务流程

采集终端的故障包括通信异常、采集数据异常及其他故障等，采集终端消缺指现场维护人员接收主站运行或其他方面传递的采集点故障信息，派工进行现场故障处理。

采集终端消缺业务流程如图 4-2-1 所示。

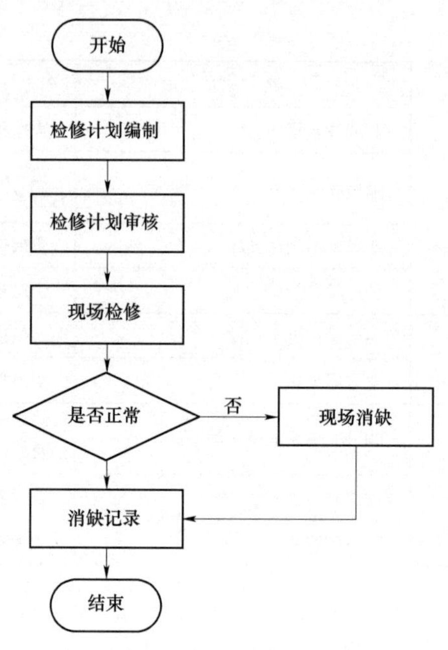

图 4–2–1 采集终端消缺业务流程

二、终端缺陷工作传票

终端缺陷处理应使用工作传票流程，以形成缺陷处理的闭环管理。到达现场开工后，按照消缺作业流程进行终端故障维修。消缺结束后，应详细记录缺陷原因和消缺情况，如表 4–2–1 所示，记录应归入设备运行档案管理，若在系统中配置了消缺传票工作流程，则工作传票的传递、记录、统计和归档等工作均在系统中实现。

表 4–2–1 终端缺陷处理工作传票

年 月 日					
终端名称		地址号		顺序号	
用户名称		总户号		地址号	
用户地址		联系电话		联系人	
分局		终端型号		管电部门	
故障现象		故障发现方式		用户类型	
故障现象		故障发现方式		用户类型	
		故障出现时间			
		填报通知时间		填报人	

续表

<table>
<tr><td rowspan="3">现场状况</td><td rowspan="3"></td><td>抵达现场时间</td><td></td><td>负责人</td><td></td></tr>
<tr><td>处理结束时间</td><td></td><td>负责人</td><td></td></tr>
<tr><td>恢复投运时间</td><td></td><td>值班人</td><td></td></tr>
<tr><td>处理记录</td><td></td><td>故障类型</td><td colspan="3">处理板 外电源 电台 其他 欠费停电
接口板 内电源 天线 抄表故障 用户停电
显示板 保险丝 表计 配电房改造 用户停产</td></tr>
<tr><td>转出原因</td><td></td><td>转出人</td><td></td><td>接收人</td><td></td></tr>
<tr><td>备注</td><td colspan="5"></td></tr>
</table>

三、设备缺陷记录

设备缺陷记录单主要用于记录日常设备巡视中发现的缺陷及处理情况，记录单示例见表 4–2–2。

表 4–2–2 设备缺陷登记表

<table>
<tr><th rowspan="2">序号</th><th rowspan="2">设备名称</th><th rowspan="2">巡视人</th><th rowspan="2">巡视时间</th><th colspan="2">缺陷类别</th><th rowspan="2">处理结果</th><th rowspan="2">恢复时间</th><th rowspan="2">处理人</th></tr>
<tr><th>一般</th><th>严重</th></tr>
<tr><td></td><td></td><td></td><td></td><td></td><td></td><td></td><td></td><td></td></tr>
<tr><td></td><td></td><td></td><td></td><td></td><td></td><td></td><td></td><td></td></tr>
<tr><td></td><td></td><td></td><td></td><td></td><td></td><td></td><td></td><td></td></tr>
<tr><td></td><td></td><td></td><td></td><td></td><td></td><td></td><td></td><td></td></tr>
<tr><td></td><td></td><td></td><td></td><td></td><td></td><td></td><td></td><td></td></tr>
<tr><td></td><td></td><td></td><td></td><td></td><td></td><td></td><td></td><td></td></tr>
<tr><td></td><td></td><td></td><td></td><td></td><td></td><td></td><td></td><td></td></tr>
</table>

四、故障汇总记录

终端故障汇总记录主要用于对终端故障发生情况进行统计分析，寻找某段时期或某个设备出现的共性问题，发现存在缺陷的设备或生产工艺，为采取预防性措施及时消除设备隐患，降低设备故障率提供依据，记录示例见表 4–2–3、表 4–2–4。

表 4-2-3 终端运行故障汇总表

总户号	户名	故障现象	发生时间	修复人	实际问题	处理结果	故障小时数	故障类别	备注

表 4-2-4 故障类别统计表

终端本体故障							
1	2	3	4	5	6	7	
处理板	调制解调	接口板	电台	显示板	内电源	其他 1	合计
非终端本体故障							
8	9	10	11	12	13	14	
天线	线缆	表计	外电源	用户原因		其他 2	合计

【思考与练习】

1. 终端消缺业务流程有哪些环节？
2. 终端缺陷记录的用途是什么？
3. 终端故障分析处理的一般工作流程是什么？

◢ 模块 3 终端检验（Z29F2003Ⅲ）

【模块描述】本模块包含采集终端的型式检验、出厂检验、入网检验、到货验收（批次抽查、全数检验）、周期巡检、故障检测等检验内容，了解采集终端的检验方法，看懂检测报告。

【模块内容】

采集终端各种性能参数的检测主要由专门检测机构在试验室条件下进行。

一、试验室检验

（一）试验系统

（1）专变采集终端的试验系统示意图见图 4–3–1。

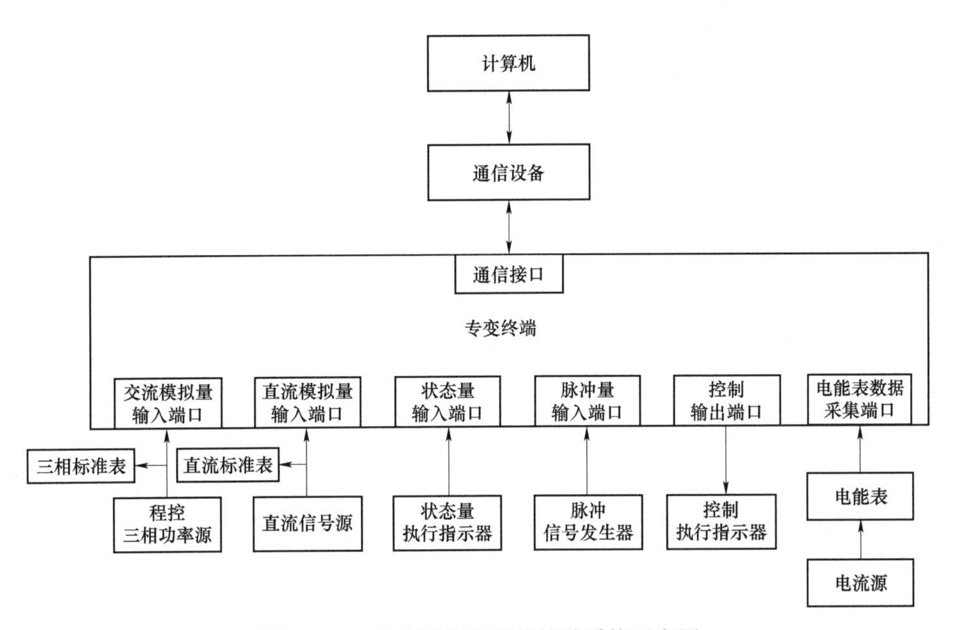

图 4–3–1　专变采集终端的试验系统示意图

（2）集中抄表终端（集中器、采集器）的功能试验和各试验项目的功能验证试验系统由测试主机、集中器、采集器和一定数量（不少于 6 台）的电能表组成一个数据采集试验系统。测试主机定时自动采集或实时采集电能表数据，定时采集的时间间隔可设置为 5～30min。

（二）检验项目与检验环节

采集终端不同检验环节对应的检验项目内容见表 4–3–1，专变采集终端和集中器、采集器检验内容基本相同。

表 4–3–1　　检验项目与检验环节对应表

序号	检验项目	型式试验	出厂检验	符合性检验	到货验收
1	一般检查	✓	✓	✓	✓
2	间隙和爬电距离	✓	✓	—	—
3	外壳和端子着火试验	✓	—	—	—

续表

序号	检 验 项 目	型式试验	出厂检验	符合性检验	到货验收
4	振动试验	√	√	—	—
5	高温试验	√	—	√	√*
6	低温试验	√	—	√	√*
7	湿热试验	√	—	√	√*
8	温升试验	√			
9	绝缘电阻	√	—	—	—
10	绝缘强度	√	—	—	—
11	冲击电压	√	—	—	—
12	电源断相	√	—	—	—
13	电源电压变化	√	—	—	√*
14	功耗试验	√	√	√	—
15	数据和时钟保持	√	—	—	—
16	抗接地故障	√	—	—	—
17	安全防护试验	√	—	—	—
18	功能试验	√	√a	√	√a
19	通信规约一致性	√	—	√	√
20	电压暂降和短时中断	√	—	—	—
21	工频磁场抗扰度	√	—	—	—
22	射频电磁场辐射抗扰度	√	—	—	—
23	射频场感应的传导骚扰抗扰度	√	—	—	—
24	静电放抗扰度	√	—	—	—
25	电快速瞬变脉冲抗扰度	√	—	—	—
26	阻尼振荡波抗扰度	√	—	—	—
27	浪涌抗扰度	√	—	—	—
28	连续通电稳定性	√	—	—	—

注 1. 出厂检验中a表示功能检验时，只检数据通信、参数配置和控制功能。

2. 到货验收中，“√”表示全数检验的项目，a表示功能检验时，只检数据通信、参数配置和控制功能；“√*”表示批次抽查的项目。

（三）功能和性能试验

在实际工作中，设备运行维护人员最关注的是设备的功能和性能指标，相关内容如下。

1. 专变采集终端

（1） 数据采集。

脉冲量采集试验项目内容为：通过输入定量的标准脉冲信号，对功率误差进行测试。

模拟量采集试验项目内容为：输入频率为 50Hz 的交流信号，通过改变信号的电压、电流幅值，电压电流间相位，电压、电流谐波分量时，由比较标准表记录值与被测终端测出值，对有功、无功功率、功率因数、谐波分量等进行基本误差测试。

（2） 数据处理。

此项目检查内容为：实时和历史数据存储；电能表运行状况监测试验。

（3） 电能质量数据。

此项目主要内容为：电压越限、功率因数越限和谐波数据统计等试验。

（4） 控制。

专变采集终端应进行控制试验，项目内容包括：功率定值闭环控制（时段功控，厂休功控，营业报停功控，当前功率下浮控）；电能量定值闭环控制（月电量控，购电量（费）控，催费告警，预付费控制，保电、剔除功能，远方控制）。

（5） 设置和查询。

内容为：时钟对时和走时误差试验、参数设置和查询试验。

（6） 事件记录。

用测试主机对终端设置重要事件和一般事件属性，设置终端参数、停/上电及其他异常情况，终端记录所发生事件，测试主机查询终端事件记录或等待终端主动上报事件，测试主机显示的记录是否符合规定。

（7） 通信协议一致性。

（8） 本地功能试验。

项目内容包括：终端状态指示（观察终端显示屏或信号灯应能正确显示终端电源、通信、抄表等状态）；本地维护接口（通过计算机或其他设置工具连接终端维护接口设置终端参数，终端应能正确设置）；终端维护功能。

2. 集中抄表终端（集中器、采集器）

（1） 一般检查。检查内容与专变采集终端相同。

（2） 功能和性能。检查内容与专变采集终端基本相同，主要区别点是，集中抄表终端无控制功能检查，但增加了数据采集可靠性试验，其项目内容为：① 一次抄读成功率试验，测试对电能表抄读的成功率情况；② 电能数据抄读总差错率，对采集的电能读数的准确度要求情况。

二、检验报告示例

（1）专变终端出厂功能检测报告示例见表 4–3–2。

表 4–3–2 专变终端出厂功能检测报告

<table>
<tr><th>测试项目</th><th colspan="2">项 目 描 述</th><th>测试结果</th></tr>
<tr><td colspan="3">终端参数规约符合度</td><td></td></tr>
<tr><td rowspan="17">终端控制功能</td><td rowspan="5">基本功能</td><td>保电功能</td><td></td></tr>
<tr><td>催费控</td><td></td></tr>
<tr><td>组地址及其剔除功能</td><td></td></tr>
<tr><td>对时功能</td><td></td></tr>
<tr><td>中文信息设置与查询</td><td></td></tr>
<tr><td colspan="2">遥控</td><td></td></tr>
<tr><td rowspan="5">功控</td><td>时段功控</td><td></td></tr>
<tr><td>厂休功控</td><td></td></tr>
<tr><td>营业报停功控</td><td></td></tr>
<tr><td>当前功率下浮功控</td><td></td></tr>
<tr><td>功控优先级</td><td></td></tr>
<tr><td rowspan="2">电控</td><td>月电控</td><td></td></tr>
<tr><td>购电控</td><td></td></tr>
<tr><td rowspan="4">初始化功能</td><td>硬件初始化功能</td><td></td></tr>
<tr><td>数据初始化功能</td><td></td></tr>
<tr><td>参数及数据初始化功能</td><td></td></tr>
<tr><td>除通信参数外初始化功能</td><td></td></tr>
<tr><td rowspan="2">终端数据采集</td><td colspan="2">电能表数据采集测</td><td></td></tr>
<tr><td colspan="2">脉冲采集测试</td><td></td></tr>
<tr><td rowspan="4">终端交采计量</td><td colspan="2">校检表测试</td><td></td></tr>
<tr><td colspan="2">交采数据测试</td><td></td></tr>
<tr><td colspan="2">最大需量测试</td><td></td></tr>
<tr><td colspan="2">时段费率切换</td><td></td></tr>
</table>

续表

测试项目	项　目　描　述	测试结果
终端交采计量	交采事件测试	
	控制命令测试	
	超量程极限测试	
	谐波电流电压测试	
	交采参数测试	
终端事件生成	ERC01：数据初始化和版本变更	
	ERC02：参数丢失记录	
	ERC03：参数变更记录	
	ERC04：状态量变位记录	
	ERC04：状态量变位记录	
	ERC06：功控跳闸	
	ERC07：电控跳闸	
	ERC08：电能表参数变更	
	ERC09：电流回路异常	
	ERC10：电压回路异常	
	ERC11：相序异常	
	ERC12：电能表时间超差	
	ERC13：电表故障信息	
	ERC14：终端停/上电事件	
	ERC17：电压/电流不平衡度越限记录	
	ERC19：购电参数设置	
	ERC20：消息认证错误记录	
	ERC21：终端故障记录	
	ERC22：有功总电能量差动越限事件记录	
	ERC23：电控告警	
	ERC24：电压越限记录	
	ERC25：电流越限记录	
	ERC26：视在功率越限记录	

续表

<table>
<tr><th>测试项目</th><th colspan="2">项 目 描 述</th><th>测试结果</th></tr>
<tr><td rowspan="8">终端事件生成</td><td colspan="2">ERC27：电能表示度下降记录</td><td></td></tr>
<tr><td colspan="2">ERC28：电能量超差记录</td><td></td></tr>
<tr><td colspan="2">ERC29：电能表飞走记录</td><td></td></tr>
<tr><td colspan="2">ERC30：电能表停走记录</td><td></td></tr>
<tr><td colspan="2">ERC31：终端 485 抄表失败</td><td></td></tr>
<tr><td colspan="2">ERC32：终端与主站通信流量超门限</td><td></td></tr>
<tr><td colspan="2">ERC33：电能表运行状态字变位</td><td></td></tr>
<tr><td colspan="2">告警事件基本规则</td><td></td></tr>
<tr><td rowspan="16">终端数据统计</td><td colspan="2">日（月）冻结日（月）最大有功功率及发生时间</td><td></td></tr>
<tr><td colspan="2">日（月）冻结日（月）总及分相最大需量及发生时间</td><td></td></tr>
<tr><td colspan="2">日（月）电压统计数据</td><td></td></tr>
<tr><td colspan="2">日（月）不平衡度越限累计时间</td><td></td></tr>
<tr><td colspan="2">日（月）电流越限统计</td><td></td></tr>
<tr><td colspan="2">日（月）视在功率越限累计时间</td><td></td></tr>
<tr><td colspan="2">日（月）负载率统计</td><td></td></tr>
<tr><td colspan="2">日电能表断相数据</td><td></td></tr>
<tr><td colspan="2">终端日（月）供电时间、复位累计次数</td><td></td></tr>
<tr><td colspan="2">终端与主站日（月）通信流量</td><td></td></tr>
<tr><td colspan="2">日冻结总加组有功功率及其发生时间</td><td></td></tr>
<tr><td colspan="2">月冻结总加组有功功率及其发生时间</td><td></td></tr>
<tr><td colspan="2">日冻结总加组日累计有（无）功电能量</td><td></td></tr>
<tr><td colspan="2">月冻结总加组月累计有（无）功电能量</td><td></td></tr>
<tr><td colspan="2">月冻结总加组超功率定值的月累计时间及月累计电能量</td><td></td></tr>
<tr><td colspan="2">月冻结总加组超月电能量定值的月累计时间及月累计电能量</td><td></td></tr>
<tr><td rowspan="4">终端数据容量</td><td rowspan="4">数据容量</td><td>日冻结数据容量</td><td></td></tr>
<tr><td>月冻结数据容量</td><td></td></tr>
<tr><td>曲线数据容量</td><td></td></tr>
<tr><td>抄表日冻结数据容量</td><td></td></tr>
</table>

续表

<table>
<tr><th>测试项目</th><th colspan="2">项 目 描 述</th><th>测试结果</th></tr>
<tr><td rowspan="3">终端数据容量</td><td rowspan="2">事件容量</td><td>重要事件容量</td><td></td></tr>
<tr><td>一般事件容量</td><td></td></tr>
<tr><td colspan="2">测量点个数</td><td></td></tr>
<tr><td rowspan="5">终端通信功能</td><td colspan="2">GPRS 通信测试</td><td></td></tr>
<tr><td colspan="2">本地红外通信</td><td></td></tr>
<tr><td colspan="2">本地维护口 RS232 通信</td><td></td></tr>
<tr><td colspan="2">以太网通信</td><td></td></tr>
<tr><td colspan="2">RS485 被抄口</td><td></td></tr>
<tr><td rowspan="4">主动上报功能</td><td colspan="2">数据类上报</td><td></td></tr>
<tr><td colspan="2">事件类上报</td><td></td></tr>
<tr><td colspan="2">上报机制测试</td><td></td></tr>
<tr><td colspan="2">上报容量测试</td><td></td></tr>
<tr><td rowspan="6">终端显示功能</td><td colspan="2">终端参数显示</td><td></td></tr>
<tr><td colspan="2">终端数据显示</td><td></td></tr>
<tr><td colspan="2">终端参数设置</td><td></td></tr>
<tr><td colspan="2">终端调试信息显示</td><td></td></tr>
<tr><td colspan="2">实时推出界面显示</td><td></td></tr>
<tr><td colspan="2">组合键功能</td><td></td></tr>
<tr><td rowspan="3">终端其他功能</td><td colspan="2">终端升级测试</td><td></td></tr>
<tr><td colspan="2">广播校时测试</td><td></td></tr>
<tr><td colspan="2">安全认证功能测试</td><td></td></tr>
</table>

（2）集中抄表终端（Ⅰ型集中器）功能检测报告示例见表 4–3–3。

表 4–3–3　　集中抄表终端功能检测报告

<table>
<tr><th>测试项目</th><th>项 目 描 述</th><th>测试结果</th></tr>
<tr><td colspan="2">终端参数规约符合度</td><td></td></tr>
<tr><td rowspan="2">终端载波采集功能</td><td>载波数据采集测试</td><td></td></tr>
<tr><td>日月冻结测试</td><td></td></tr>
</table>

续表

测试项目	项目描述	测试结果
终端载波采集功能	广播校时测试	
	载波中继测试	
	载波穿透抄表	
终端数据采集	电表数据采集测	
	脉冲采集测试	
终端交采计量	校检表测试	
	交采数据测试	
	最大需量测试	
	时段费率切换	
	交采事件测试	
	超量程极限测试	
	谐波电流电压测试	
	交采参数测试	
终端事件生成	ERC01：数据初始化和版本变更	
	ERC02：参数丢失记录	
	ERC03：参数变更记录	
	ERC04：状态量变位记录	
	ERC04：状态量变位记录	
	ERC06：功控跳闸	
	ERC07：电控跳闸	
	ERC08：电能表参数变更	
	ERC09：电流回路异常	
	ERC10：电压回路异常	
	ERC11：相序异常	
	ERC12：电能表时间超差	
	ERC13：电能表故障信息	
	ERC14：终端停/上电事件	
	ERC17：电压/电流不平衡度越限记录	

续表

测试项目	项　目　描　述	测试结果
终端事件生成	ERC19：购电参数设置	
	ERC20：消息认证错误记录	
	ERC21：终端故障记录	
	ERC22：有功总电能量差动越限事件记录	
	ERC23：电控告警	
	ERC24：电压越限记录	
	ERC25：电流越限记录	
	ERC26：视在功率越限记录	
	ERC27：电能表示度下降记录	
	ERC28：电能量超差记录	
	ERC29：电能表飞走记录	
	ERC30：电能表停走记录	
	ERC31：终端 485 抄表失败	
	ERC32：终端与主站通信流量超门限	
	ERC33：电能表运行状态字变位	
	告警事件基本规则	
终端数据统计	日（月）冻结日（月）最大有功功率及发生时间	
	日（月）冻结日（月）总及分相最大需量及发生时间	
	日（月）电压统计数据	
	日（月）不平衡度越限累计时间	
	日（月）电流越限统计	
	日（月）视在功率越限累计时间	
	日（月）负载率统计	
	日电能表断相数据	
	终端日（月）供电时间、复位累计次数	
	终端与主站日（月）通信流量	
	日冻结总加组有功功率及其发生时间	
	月冻结总加组有功功率及其发生时间	

续表

<table>
<tr><th>测试项目</th><th colspan="2">项 目 描 述</th><th>测试结果</th></tr>
<tr><td rowspan="4">终端数据统计</td><td colspan="2">日冻结总加组日累计有（无）功电能量</td><td></td></tr>
<tr><td colspan="2">月冻结总加组月累计有（无）功电能量</td><td></td></tr>
<tr><td colspan="2">月冻结总加组超功率定值的月累计时间及月累计电能量</td><td></td></tr>
<tr><td colspan="2">月冻结总加组超月电能量定值的月累计时间及月累计电能量</td><td></td></tr>
<tr><td rowspan="7">终端数据容量</td><td rowspan="4">数据容量</td><td>日冻结数据容量</td><td></td></tr>
<tr><td>月冻结数据容量</td><td></td></tr>
<tr><td>曲线数据容量</td><td></td></tr>
<tr><td>抄表日冻结数据容量</td><td></td></tr>
<tr><td rowspan="2">事件容量</td><td>重要事件容量</td><td></td></tr>
<tr><td>一般事件容量</td><td></td></tr>
<tr><td colspan="2">测量点个数</td><td></td></tr>
<tr><td rowspan="5">终端通信功能</td><td colspan="2">GPRS 通信测试</td><td></td></tr>
<tr><td colspan="2">本地红外通信</td><td></td></tr>
<tr><td colspan="2">本地维护口 RS232 通信</td><td></td></tr>
<tr><td colspan="2">以太网通信</td><td></td></tr>
<tr><td colspan="2">RS485 被抄口</td><td></td></tr>
<tr><td rowspan="4">主动上报功能</td><td colspan="2">数据类上报</td><td></td></tr>
<tr><td colspan="2">事件类上报</td><td></td></tr>
<tr><td colspan="2">上报机制测试</td><td></td></tr>
<tr><td colspan="2">上报容量测试</td><td></td></tr>
<tr><td rowspan="6">终端显示功能</td><td colspan="2">终端参数显示</td><td></td></tr>
<tr><td colspan="2">终端数据显示</td><td></td></tr>
<tr><td colspan="2">终端参数设置</td><td></td></tr>
<tr><td colspan="2">终端调试信息显示</td><td></td></tr>
<tr><td colspan="2">实时推出界面显示</td><td></td></tr>
<tr><td colspan="2">组合键功能</td><td></td></tr>
<tr><td rowspan="3">终端其他功能</td><td colspan="2">终端升级测试</td><td></td></tr>
<tr><td colspan="2">广播校时测试</td><td></td></tr>
<tr><td colspan="2">安全认证功能测试</td><td></td></tr>
</table>

【思考与练习】

1. 采集终端的检验环节有哪些？

2. 集中抄表终端与专变采集终端在检验项目上的主要不同点是什么？

3. 专变终端功能和性能测试主要包括哪些内容？

模块 4　通信异常消缺（Z29F2004Ⅲ）

【模块描述】本模块包含系统通信异常消缺。通过对主站和终端通信异常的分类介绍，通信异常的原因分析和处理方法讲解，掌握 230MHZ 专网通信异常的消缺技能，了解公网通信中可能出现的异常环节。

【模块内容】

终端故障处理是用采系统运行维护工作的重要部分，做好这项工作既需要熟悉终端的工作原理、各种信号的流程，又需掌握一定的分析判断与操作技巧。

一、230M 终端通信故障处理基础

1. 终端通信信号流程

主站发来的命令一般分为两大类。一类是发给区域内所有终端的命令，即广播命令，另一类是发给选定终端的命令，即为单点命令。如主站下发遥控命令：

（1）主站发送。操作机→前置机→调制解调板→电台→天线→230M 射频信号。

（2）终端接受。无线电射频信号→天线→电台→调制解调板→主板。

2. 主板、调制解调板与电台接口

图 4–4–1 为终端主板、调制解调板与电台接口框图。

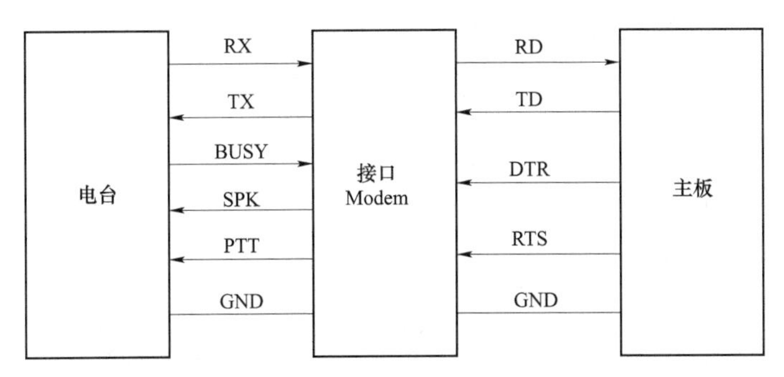

图 4–4–1　终端主板、调制解调板与电台接口框图

TX、RX 分别是电台的输入和输出信号；BUSY 是电台的载波检测信号；PTT 是电台的发射开关；SPK 是接口送出的静音控制信号；TD 是主板来的待调制的数据信

号；RD 是送往主板的已解调数据信号；RTS 是主板发出的请求发送数据的信号；DTR 是主板发出的允许禁止通话（数/话）控制信号。

调制解调板是数传电台的重要部件，普通的无线电台要用于数据传输，应满足如下基本要求（FSK 为例）：

（1） 电台的发射受主板 RTS 信号的控制。

（2） 能将主板 TD 的“1”信号调制成 1300Hz；TD 的“0”信号调制成 2100Hz。

（3） 能将电台接收到的 1300Hz 解调成“1”，2100Hz 信号解调成“0”，由 RD 送往主板。

3. 通信故障部位的分析判断方法

（1） 利用终端各种指示。终端与主站正常通信时，终端电台和终端面板的接收、发送指示灯会依次闪亮，显示终端首先收到主站命令，再将命令的执行情况向主站回发（或按命令应答）。

注：2004 版规范 I 型终端面板上接收灯亮表示主板收到有效报文，即解调板已解出有效数字信号，发射指示灯亮表示主板已响应并向调制板送出数字信号。

若只看到接收灯亮，发射灯不亮，则表明终端未响应。可考虑是否地址设置问题，是否终端接收信号较弱不能有效解码。若终端电台接收灯一直不亮，应首先考虑频道是否设置正确，天馈线及电台是否正常，再考虑是否信号太弱终端无法接收。当怀疑终端接收信号存在问题时，可通过仪器检查主站信号和终端天馈线系统。

以某终端为例：当主站下发参数时可以观察到主板和 MODEM 的接收灯以及发送灯交替点亮，表示终端接收到正确的报文并进行了回码，同时电台的收发灯及终端面板上的接收发送灯也相应点亮。

主板的接收灯 RXD 及发送灯 TXD 如图 4–4–2 所示。

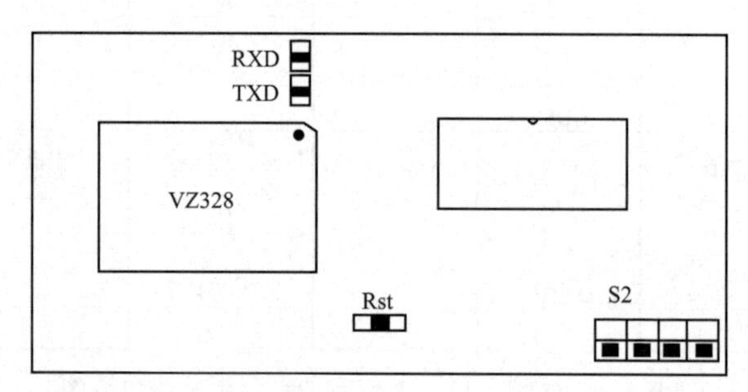

图 4–4–2 某终端主板的接收灯 RXD 及发送灯 TXD 示意图

终端电台接收到工作频点信号时，日精 886/889 电台的 TX/BUSY 灯会闪亮显示，KG510 电台、TAIT2000 电台的 BUSY 灯会闪亮显示（载波检测）。

终端电台发送信号时，日精 886/889 电台的 TX/BUSY 灯会闪亮显示，KG510 电台、TAIT2000 电台的 TX 灯会闪亮显示 。

终端电台指示灯接收信号时通常为绿色，发射时为红色。

协同终端电台接收到工作频点信号，调制解调出信号时，主板或调制解调板上的 RD 灯会闪亮显示。RD 为调制解调后信号指示，此信号送入主板。

如协同终端接受并响应主站命令时，其显示顺序如下。

1） 接受：电台 TX/BUSY 灯闪亮→主板 RD 灯亮。

2） 响应：主板 TD 灯亮→电台 TX/BUSY 灯闪亮。

（2） 利用专用仪器仪表。场强仪可用来判断终端侧的信号是否正常，一般要求主站下行信号大于 20dBμV，如低于此数值，可采用调整天线指向（对准主站方向），位置（保证天线正前方没有遮挡）及提高天线高度等方法解决。确属主站信号不能覆盖地区的终端，可考虑采用信号中继的方式（如中继站、终端中继）。

在没有场强仪的情况下，可使用通话功能粗略判断信号强度。打开终端强制通话，通过话筒向主站喊话，主站应能清晰听到通话声；主站通过基站电台向终端喊话，终端也应能清晰听到通话声。无论终端或主站听到的通话声出现杂音、断续等情况，都可以认为上下行信号有一方较弱。通常，数传对信号质量的要求比通话高，如果通话都存在问题，数传的效果会很差。

只要终端电台设置了正确的频点，主板能打开通话，电台及天馈线部分工作正常，终端即可与主站进行语音通话。若终端通话功能正常，则终端的天馈线系统正常，通常可认为电台也正常，此时通信失败，有可能是终端的地址码/区位码设置错误，或主站下发的 RTS 时间过短（中继站下终端、信号场强较差区域的终端需设长些）。

注：终端地址码设置错误不会影响与主站的通话功能；单工频点系统也能实现通话功能。

二、230M 终端通信故障处理

终端通信失败不应直接更换终端：终端通讯失败的原因有很多，除终端工作是否正常外，还涉及设置错误和通信信号问题。

主站下发与终端上行信号，在信号场强较差区域的终端有时能接收到主站信号，但上行信号主站经常接收失败。主站通常天馈线主备，使用不同的天馈线经常会有差异。

1. 通信故障的原因

主站召测终端失败，可能原因有下列几种：

（1） 所有终端均召测失败。应为主台系统有故障，包括主站天馈线系统、发射电台、控制分机及工作电源等。

（2）较多部分终端召测失败。一般为主站系统中的天馈线有问题，或者是在通信工作频率上有较强的干扰信号。对于有中继站的系统，还应分析故障终端是否经中继站转发，若是则中继站故障可能性较大。

（3）个别终端召测失败。一般为终端装置故障或用户原因，主站系统部分内容在《主站系统设备的安装、维护和操作》中介绍，本节仅讨论终端装置故障引起的通信故障处理。

2. 终端通信失败，主站运行人员检查处理步骤

（1）是否终端所在线路停电。

（2）用户是否正常用电（停产、检修等）。

（3）同一信道其他终端是否正常。

（4）主站通信设置是否正确（终端通信方式、频道、速率、区域、地址、RTS时间）。

（5）排除其他因素后开故障检修联系单。

3. 终端通信失败，检修人员的检查处理方法

（1）看终端指示和显示、测电压判断电源工作是否正常（电源、面板、主板、电台）。

1）电源、主板、面板指示和显示均不正常。故障应在电源或主板；

2）指示和显示正常。终端主板单片机系统运行正常，故障应在通信部分。

（2）观察终端是否能接收主站信号，是否有响应回码（面板和电台的收发指示，主板或调制解调板的编解码指示）。

1）终端未接收到主站信号。

可能原因一：天线或馈线故障、天线方向没有对准主站、天线前方有障碍物遮挡 、到主站距离偏远；

可能原因二：终端电台调制错误；终端电台及调制解调板故障；主板、调制解调板、电台间连接线松动、脱落。

2）终端能接收到主站信号，但无响应回码。

可能原因：地址码、行政区域码、通信速率设置错误；主板故障。

3）终端能接收到主站信号，有响应回码。与主站通话，观察双方的话音是否清晰。

双方话音不清晰。

可能原因一：信号场强不够，检查天线或馈线有无短、开路、受潮进水；天线方向没有对准主站、天线前方有障碍物遮挡 、到主站距离偏远；

可能原因二：电台发射部分性能下降。检查电台的发射功率（根据所用电台的性

能指标参数判断，正常情况下为10～15W）、更换电台。

双方话音清晰。则信号场强足够，更换调制解调板。如换后仍不正常，更换主板。

4. 终端“通信失败”故障可能原因

（1）电源（外部工作电源、终端电源组件）；

（2）电台（工作频点）；

（3）天线（方向、高度、遮挡）、高频馈线；

（4）调制解调板（通信速率）；

（5）主板（终端地址、行政区域码）；

（6）终端电源、电台、调制解调板、主板等组件间的连线；

（7）主站设置通信参数（RTS时间、站点等）。

三、Ⅱ型终端通信异常消缺

本节以GPRS公网终端为例，Ⅱ型终端通信由于涉及公网网络、系统认证等，当终端上电后或工作时通信过程中无法与主站通信时，可能的原因包括：未通过网络认证、未能获得IP地址、未能到主站建立TCP连接、心跳报文发出后未收到确认报文、收到了否认报文等，常见的原因有公网信号、参数设置等。

公网终端一般可通过网络指示灯、状态指示灯，或面板上查看到相关网络情况，具体见各厂家终端说明书，现场处理可结合指示灯或面板显示查找问题。

Ⅱ型终端常见通信故障及解决方法见表4–4–1。

表4–4–1　Ⅱ型终端常见通信故障及解决方法

序号	故障现象	可能原因	解决方法
1	终端不显示	无交流电输入	检查输入交流电源电压
		电源输出不正常	更换电源组件或终端
		接插件连接不良	检查重新接插件，确保连接良好
		电源组件坏无输出	更换电源组件或终端
		主板上有短路	换主板或终端
2	显示乱跳，鸣叫	输入电压不匹配	检查电源电压是否正常
		程序不完整	升级程序或终端
		主板故障	更换主板或终端
		电源输出电压异常	更换电源或终端
3	接不到信号	天线位置或方向问题	调整天线
		网络信号不好	检查当地信号强度
		通信模块损坏	更换通信模块或终端

续表

序号	故障现象	可能原因	解决方法
4	通信模块的电源灯不亮或网络灯一直闪烁，时间超过 2min	通信模块没有可靠接入终端中	检查通信模块确保其可靠接入
		SIM 卡是否放置，放置是否正确，接触是否良好	正确放置 SIM 卡，确保其接触良好
		终端地址及主站相关参数是否设置正确	设置正确的终端地址及主站相关参数
		SIM 卡是否已开通 GPRS/CDMA 功能	与公网运营商联系解决
		SIM 卡是否欠费停机	与公网运营商联系解决
		终端安装位置的信号是否太弱，周围是否被屏蔽	设法改善信号质量，例如：使用外置延长天线
5	终端收到指令，但不回	通信模块故障	更换通信模块或终端
		终端通信参数设置错误	重新设置终端通信参数
6	终端有回码，主台接收不成功	干扰大，有误码	调节天线或更换位置
		通信模块故障	更换通信模块或终端
		线缆上干扰太强	试用屏蔽线等措施抗干扰

【思考与练习】

1. 终端通信失败，检修人员如何进行检查处理？
2. 终端通信失败，主站运行人员如何进行检查处理？
3. Ⅱ型终端常见通信故障有哪些？
4. 终端“通信失败”故障的可能原因有哪些？

模块 5 电能表采集异常消缺（Z29F2005Ⅲ）

【模块描述】本模块包含电能表采集的异常消缺内容。通过对终端显示功率与现场实际功率不符的分析处理过程讲解，终端与电能表 RS485 通信异常或抄表数据错误的原因分析和解决办法介绍，掌握数据采集异常的处理技能。

【模块内容】

终端对电能表数据的采集主要通过电能表脉冲输出口和 RS485 串行接口进行，分析采集故障需要掌握采集数据信号的工作原理。

一、终端电能表采集故障处理基础

1. 终端采集数据信号流程

（1） 主站发送终端运行参数：功率电量类（TA、TV、K、总加、脉冲路数等脉冲设置）、远程抄表类（RS485 通信地址、端口号、通信速率、规约等抄表设置）。

（2） 功率电量：电表有无功脉冲输出口→终端接口板→终端主板，主板根据运行参数和单位时间所计脉冲数计算出功率、电量等数据，对数据进行处理存储。

（3） 远程抄表：终端主板→接口板 RS485 口（请求）→电能表 RS485 口（应答）→终端接口板 RS485 口→终端主板，主板对返回数据进行处理存储。

2. 终端脉冲、抄表接口

（1） 脉冲输入接口。

1） 脉冲输入回路应能与 DL/T 614—2007《多功能电能表》规定的脉冲参数配合，脉冲间隔大于 100ms，脉冲宽度 50～200ms，脉冲幅度为 10V±2V（有源脉冲）。

2） 脉冲输入口的判别。图 4–5–1 为某终端的脉冲信号输入电路原理图，对电路分析可得到，正常情况下，直接加 12V 电压到脉冲输入端口（$12V_+$端接脉冲输入+端、–端接脉冲输入–端），即图中短接计量表脉冲输出口，终端接口板脉冲输入端口对应的 LED 脉冲发光二极管应亮，此判断方法适用于不同类型的终端。

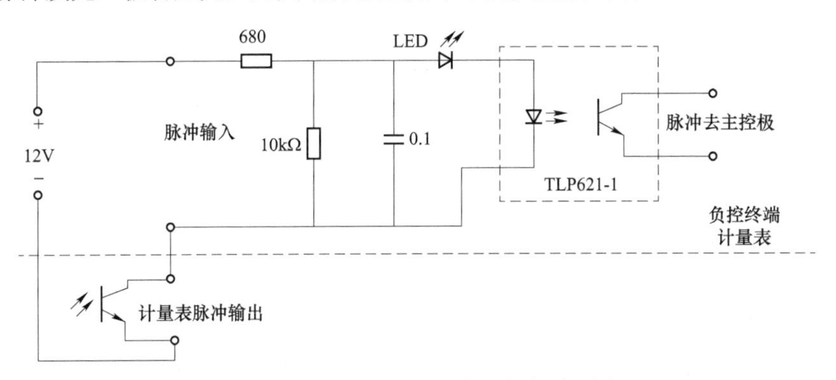

图 4–5–1　终端的脉冲输入电路原理图

（2） RS485 抄表接口。

1） RS485 抄表接口有 2 个，分别为端口 1、端口 2；其中至少有 1 个为标准的 RS485 专用抄表接口。对于电流环接口方式的电能表，可用接口转换设备，有的终端已配有电流环接口。

2） 终端与电能表通信，按设定的抄收间隔抄收和存储电能表数据；可以接受主站的数据转发命令，将电能表的数据通过远程信道直接传送到主站。

3） RS485 抄表接口的判别。用万用表直流低压挡测量 RS485 接口 A、B 端，一

般 U_{AB}≥0.2V（静态下 A、B 两端应该有 200mV～6V 的电压），在终端启动抄表时，用指针式万用表检查 A、B 二端电压指针应有明显摆动。

在终端与计量表 RS485 线连接后，终端进行抄表时，用万用表直流低压挡测量电能表 RS485 接口 A、B 端，一般 U_{AB}≥0.2V，应有微微指针摆动，若有，则终端至电能表 RS485 的 A、B 端正常。

有的终端（如协同、新联）在进行抄表时，接口板上抄表数据发送/接收指示灯会闪烁，由此也可判断抄表通信情况是否基本正常。

主台下发完表号后可以对各测量点发预抄指令进行抄表，或本地通过终端上按抄表键实现抄表。当终端抄表时接口板上的抄表指示灯会交替点亮，分别表示终端对表下行指令和电能表回数据的指示，抄表结束后本地可以进行查看，与电能表核对数据。图 4–5–2 为某终端接口板右下角抄表芯片和指示灯示意图。若电能表地址错误，现象为终端抄表下行灯亮（发送指令正常），但终端上行灯不亮（无接收表计数据）。

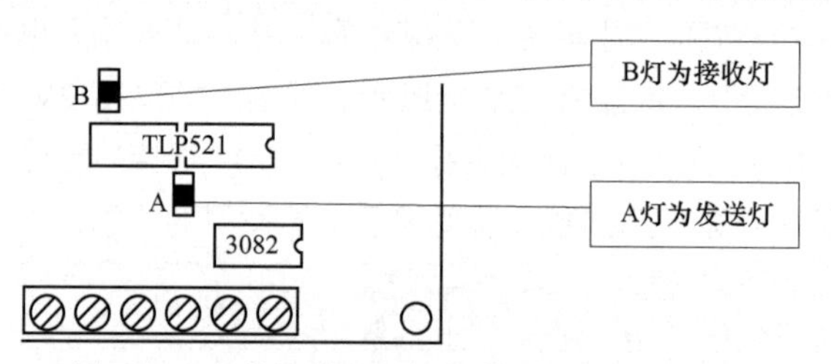

图 4–5–2 某终端主板抄表收发指示灯示意图

3. 电能表脉冲输出口

（1） 脉冲输出口。全电子式多功能表，循环显示正常，未见异常告警和异常接线故障；在用户设备正常用电时，电能表应有相应的脉冲灯闪烁指示，在电能表的脉冲指示灯闪烁同时，脉冲输出口有脉冲输出（观察终端接口板上的脉冲指示灯同步闪亮）。

（2） 电能表脉冲输出口是否正常的判断。

1） 电压法判断：表脉冲输出口（无源）已加上 12V 电压或电能表脉冲输出为有源时，需用电压挡（不能使用电阻挡）判断。方法为用指针式万用表低直流电压挡（大等于 12V 挡）直接测量脉冲输出口。测量时，红表棒（接电能表+端）接脉冲输出“+”端，黑表棒接脉冲输出“–”端，若万用表指针随脉冲输出摆动，则电能表脉冲输出口有脉冲输出。

2） 电阻法判断：电能表无源脉冲接口，在电能表脉冲输出口未接终端连线、或确无 12V 电压供给时（如终端断电无电压输出），用指针式万用表×10k 电阻挡测量电表脉冲输出口。万用表的黑表棒（输出表内电池电压为“+”端）接脉冲输出口的“+”端，红表棒接同一组脉冲输出口的“–”端。当有脉冲时，指针会迅速摆向零刻度方向随即摆回，如果指针不动或指针一直指向高阻值，即为电能表无脉冲输出。

注：电阻挡判断必须是在电能表脉冲输出口未带电压情况下进行，否则可能损坏万用表；宜使用×10k 电阻挡，其他电阻挡因输出电压过低（通常仅为 1.5V，×10k 挡输出电压通常≥9V），输出光耦器件不导通或导通不完全；对触点型输出脉冲的计量表，因输出电路无极性，表棒可任意极性，其他电阻挡也可测量到。

二、终端采集数据故障处理

（一）采集脉冲故障

终端采集脉冲功率为零的可能原因及处理步骤如下。

1. 可能原因

（1） 参数丢失、错误或未发送完全。

（2） 接线错误。

（3） 硬件故障。

2. 主站运行处理步骤

（1） 抄表是否正常，是否换表未接线。

（2） 用户是否正常用电（停产、检修等）。

（3） 主站参数设置是否正确并成功下发（TA、TV、K、总加组、测量点）。

（4） 排除其他因素后开故障现场检修联系单。

3. 现场检查处理方法

观察终端接口板的脉冲输入指示灯是否闪动：

（1） 脉冲输入指示灯闪烁。说明脉冲输入正常，故障原因为接口板故障、接口板到主板的连线故障或主板故障，终端脉冲参数配置错误（测量点、总加组、TA、TV、K）。

（2） 脉冲指示灯不闪烁。故障原因为终端故障、接线方式有误、表计故障、接线断。根据以下步骤排除。

1）有源表：电能表输出脉冲是有源的，用万用表测量表计脉冲输出口和终端接口板脉冲输入口有无电压抖动。若都没有，则表坏；若表有，终端没有，则检查接线是否有错或信号线断。

2）无源表：电能表输出脉冲是无源的，检查终端接口板有无+12V 直流电压输入输出。

3）输入无电压，更换电源。

4）如输入有电压、输出无电压则为接口板或负载故障。

5）输入输出均有电压，可直接将接口板上+12V 直流电压输入至脉冲输入端：①若脉冲灯点亮，说明脉冲输入接口正常，可能原因是电能表脉冲输出、接线方式或电能表与终端的连线有问题，用万用表的电阻挡分别测量电表脉冲输出端和接线端有无电阻变化，可确定是表计还是连线故障；②脉冲灯不亮，则终端接口板该输入口损坏。

注：检查表计和终端之间连线是否正常，可将两端都从端子上解下来，将其中一端短接，在另一端测量电阻，如果短路表明线是通的，否则线有断路；脉冲接线是否正确，可根据计量表脉冲出口光耦 $U_C>U_E$；终端脉冲输入口 $U+>U-$，使用万用表进行判断分析；对疑难故障可用模拟信号法判断接口板、主板是否有故障（含 12V 电源）；脉冲宽度和幅度是否满足要求（脉宽 80ms±20ms、幅度 10V±2V）。

（二）终端抄表故障

终端抄表需在 RS485 通信有效允许距离内，终端抄表故障的可能原因及处理步骤为：

1. 可能原因

（1）参数丢失、错误或未发送完全。

（2）接线错误。

（3）硬件故障。

2. 现场检查处理方法

（1）检查终端抄表地址、电能表类型正确（与电能表实际情况相符）。

（2）如无误则故障应在 RS485 接口的硬件上，如与该终端连接的其他电能表抄表正常，说明故障出在哪块电能表；如与该终端连接的所有电能表抄表都不正常，故障可能出在终端、某块电能表或终端和电能表都出现故障，需现场具体分析查找原因，方法步骤如下：

（3）现场观察终端 RS485 接口上收/发指示灯的亮/灭情况，终端在整分后 10s 内，发送指示灯、接收指示灯是否先后闪烁过，以此进行判别，如还不能判断故障，需用便携式计算机配上 RS232 至 RS485 的接口转换器，并接入 RS485 抄表总线以监视抄表通信情况。可能的几种情况见表 4–5–1。

表 4–5–1 便携式计算机对 RS485 抄表总线监视抄表通信情况列表

发送灯	接收灯	现象解释	下步工作	故障判别及处理
未闪烁	—	终端未进行抄表	再次确认抄表地址、电能表类型	在抄表地址、电能表类型正确的前提下，终端主板（含软件）有问题
闪烁	未闪烁	终端发了抄表命令，电表未应答	用便携式计算机监视终端发出报文	有且正确，电能表故障
				有但不正确，终端软件有问题
				无，RS485 相关接口电路有故障
闪烁	闪烁	终端发了抄表命令，电表也有应答	用便携式计算机监视终端发出报文	有且都正确，终端电能表之间通信的配合上有问题，需提供同类型电能表找出原因后解决
				终端正确，电能表错误

（4） 有的终端可通过查看抄表指示灯判断，终端抄表时，接口板上抄表发送和接收指示灯会交替点亮（或显示屏有相应指示），表明终端与电能表有数据交换，抄表回路基本正常。如果发送灯闪烁后，接收信灯亮，则表明抄表成功，如果发送灯不闪，则有可能抄表参数未下发或终端未成功接收，需重发抄表参数，如果发送灯闪后，接收灯不闪，可能表计或表计接线有问题。

【思考与练习】

1. 终端采集脉冲功率电量为零，试分析其可能的原因及处理步骤。

2. 终端抄表失败，试分析其可能的原因及处理步骤。

3. 叙述电能表脉冲输出口有无输出的判断方法。

模块 6　跳闸回路异常消缺（Z29F2006Ⅲ）

【模块描述】本模块包含终端和断路器跳闸回路异常的内容。通过对断路器跳闸回路异常情况的分类举例和排查步骤讲解，掌握判别跳闸回路可能出现异常的故障范围和原因，掌握跳闸回路异常消缺的技能。

【模块内容】

分析处理终端跳闸故障，首先需要熟悉终端控制输出与开关变位信号采集接口的相关知识。

一、终端控制故障处理基础

1. 终端控制

主站下发的遥控指令仅实时有效，若终端此时处于保电状态，则不会执行跳闸（即使随后立即去除保电状态）；终端处保电状态时，由当地闭环控制（功控、电控）引起的逻辑跳闸，当时终端不执行跳闸，但在此控制有效期内终端若去除保电状态，会立即执行跳闸。

2. 终端遥控、遥信接口

（1） 控制输出口。

1） 触点额定功率：交流 250V/5A、380V/2A 或直流 110V/0.5A 的纯电阻负载；触点寿命：通、断额定电流不少于 105 次。

2） 控制输出口的功能判别：控制输出口内直接接继电器触点，继电器不动作时，用小电阻挡测量，动断（B）与公共端（COM）应呈通路状态，动合（A）与公共端（COM）应处断开状态；继电器动作期间，动合与公共端应呈通路状态，动断与公共端应处断开状态，见图 4-6-1。

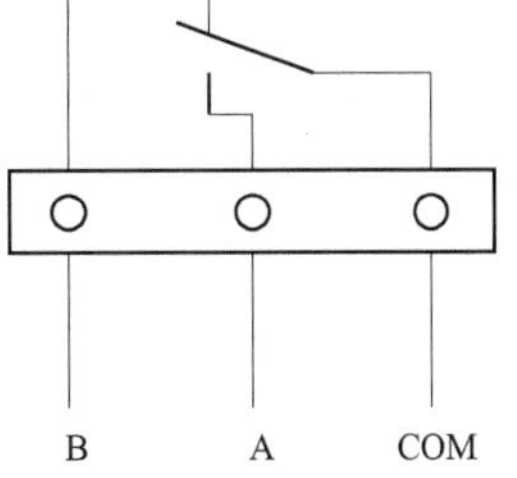

图 4-6-1　终端出口继电器

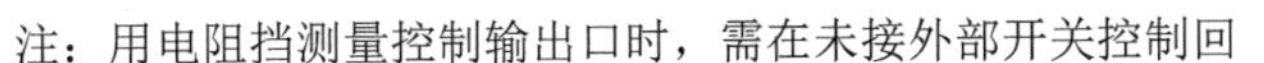

注：用电阻挡测量控制输出口时，需在未接外部开关控制回

路或已接但回路无控制电源情况下才能进行（正常运行中，开关控制回路需接入交流或直流控制工作电源）。终端跳闸继电器可以选用脉冲输出控制方式，跳闸输出继电器每次动作时，仅持续约 1s 时间，以后每分钟再动作一次。

在终端与外部设备连接状态时，对采用接入动合触点控制方式的，短接终端接口板遥控输出的二个接入点，该轮次被控开关应分闸；对采用接入动断触点控制方式的，断开终端接口板遥控输出口任一接入点，该轮次被控开关应分闸。采用短接或断开终端接口板遥控输出接入点进行跳闸的方法，可用来判断接口板接入点后的控制功能是否正常（控制线、被控开关及接入）。

注：因控制回路带电，使用这一方法操作时，须注意操作安全，必须使用绝缘保护完好的工具。

（2） 状态量（遥信）输入口。

1） 状态量输入为不带电的开/合切换触点。每路状态量在稳定的额定电压输入时，其功耗不大于 0.2W。

2） 状态量输入口的判别。正常情况下，直接短接遥信输入端口，接口板遥信输入端口对应的指示发光二极管应亮（等同于遥信接闭合状态）。遥信输入端口的这一特性，可用于在无万用表或其他对线装置情况下进行对线。

在终端与外部设备连接状态，被控开关分合闸动作时，对应的遥信指示（发光二极管）应同时出现亮暗变化，可用来判断遥信接入功能与被控开关遥信是否正常（遥信线）。用万用表电阻挡测量被控开关辅助触点的通断，也可用来判断被控开关遥信输出是否正常。

二、跳闸回路接线方式

在系统中进行遥控操作时，终端遥控输出端和被控对象跳闸机构两端的接线根据被控跳闸机构的性能的不同而不同，分为以下两种方式：

（1） 遥控开关为励磁跳闸方式。遥控线一端的 2 根线接至控制终端相应跳闸轮次继电器的动合触点，遥控线的另一端并接至遥控跳闸回路中。执行遥控操作时，终端遥控输出端由动合转为闭合接通被控对象遥控跳闸机构的分励线圈回路。

（2） 遥控开关为失电压跳闸方式。遥控线一端的 2 根线接至双向终端相应跳闸轮次继电器的动断触点，遥控线另一端并接至遥控开关失电压脱扣跳闸回路中。执行遥控操作时，终端遥控输出端由动断转为打开，断开被控对象跳闸开关脱扣跳闸回路。

为保证终端执行的各种控制输出正确有效，必须根据被控对象跳闸机构的要求而采用相应接线方式。

终端现场接线常见方法为：如果现场跳闸接线端子有引至开关柜端子排，要优先按开关跳闸方式把遥控接线并接接入跳闸所对应的端子排或串接接入；如果是励磁跳闸，遥控接线并接在按钮两端的相应触点在端子上的触点上；如果是失电压跳闸，将遥控接线串接在按钮两端的相应触点在端子上的触点上。

三、跳闸回路故障与排查

跳闸回路故障与排查见表 4–6–1。

表 4–6–1　　跳闸回路故障与排查

故障现象	排　查	故障原因	处理方法
主站发送遥控后，用户开关机构无动作；跳闸指示灯亮，继电器动作	终端处于保电状态	参数设置不对	解除保电，重发控制命令
	终端是否处于上电保电状态		解除保电状态重发控制命令
	面板跳闸指示灯亮，且继电器动作（采用终端现场测试仪可接收到控制输出信号）	跳闸机构坏或接线错误	检查更改接线或维修跳闸机构
跳闸指示灯亮，继电器不动作	面板跳闸指示灯亮，但继电器不动作（采用终端现场测试仪未接收到控制输出信号）	终端故障	更换控制输出接口板
跳闸指示灯不亮，且继电器不动作	面板跳闸指示灯不亮，且继电器不动作（采用终端现场测试仪未接收到控制输出信号）	终端故障	更换主板

四、遥信方面故障与排查

遥信方面故障与排查见表 4–6–2。

表 4–6–2　　遥信方面故障与排查

故障现象	可能故障点	进一步排查	处理方法
遥信与现场停送电情况不符	动合/动断参数不对	遥信与现场情况是否相反	如相反，重发参数
	终端故障或遥信触点接触不好，遥信线缆或接线问题	用短路线短接遥信触点，遥信指示灯变化	遥信触点接触不好，更换或改造触点，检查重接遥信线
		用短路线短接遥信触点，遥信指示灯不变化	更换接线板

【思考与练习】

1. 跳闸回路接线方式有哪几种？
2. 终端跳闸回路故障主要现象有哪些？
3. 终端遥信不变位，试分析其可能的原因及处理步骤。

模块 7 交流采样异常消缺（Z29F2007Ⅲ）

【模块描述】本模块包含终端交流采样异常的处理内容。通过对交流采样相位角的知识介绍，错接线检查的操作步骤、测量数据的分析判断讲解，掌握交流采样回路常见故障的分析与处理步骤。

【模块内容】

一、交流采样常见故障与处理方法

交流采样常见故障与处理方法见表 4–7–1。

表 4–7–1 交流采样常见故障与处理方法

召测数据结果	有功功率、无功功率值	功率因数	电量曲线比较	原 因	处理方法
交流采样与脉冲功率趋势相同，但数值有差	交流采样功率与脉冲总加组功率相近	相近	基本相同	正确，无误差	无须处理
	交流采样功率与脉冲功率相差很大	相近	成一定倍数关系	TA、TV 等参数设置错误	确定参数，重新下发
采集与脉冲功率数值有差，且趋势不同	交流采样功率与脉冲功率相差大	相差大	曲线趋势不同	接线不正确	调整交流采样接线
				交流采样数据为零。交流采样参数及地址未下发；交流采样与主板连接线脱落或故障	重发参数；固定或更换交流采样与主板间连接线
				电量或电压、电流与实际值相差大，有倍数关系	TV 或 TA 参数有误，确定参数，重新下发
				交流采样电流开路、短路、分流	现场处理
				交流采样电压断相、失电压	现场处理
				用户计量问题数据异常	反馈有关部门处理
				交流采样板故障	更换交流采样板

二、终端交流采样相位角

目前大部分终端具备相位角计算功能，其接法与表计接法一致，可通过相位角排查和表计查错接线方法进行交流采样查错接线。

对终端交流采样相位角的表示方式可设定如下：

（1）对三相四线交流采样，电压和电流都是以 U_U 为参考相量，在纯阻性负载时，U_U、U_V、U_W、I_U、I_V、I_W 的相位角分别为 0°、120°、240°、0°、120°、240°。

（2）对三相三线交流采样，电压和电流都是以 U_{UV} 为参考相量，在纯阻性负载时，U_{UV}、U_{WV}、I_U、I_W 的相位角分别为 0°、300°、30°、270°。

三、交流采样相位角调整方法

交流采样正确的标准是交流采样有无功功率乘变比后，与脉冲功率相近。因此可先根据脉冲有功功率、无功功率算出功率因数来判断相位角的大致范围。

对于三相四线接线方式，三相四线电压和电流的相位角基本保持一致，相同相位电流和电压的相位角一般相差约 30°，极端情况也有相差 60°～70° 的。

三相四线接线方式相位角调整一般较为简单，首先通过终端显示确定三相电压值及相位角是否正确，若电压断相或失电压，则先排除电压接线故障，若正常，查电压相序是否正确，若错则调整三相电压接线顺序，以保证正相序接入交流采样，再查电压、电流是否接同相。一般可根据终端中电流相位角显示调整电流接线即可。

对于三相三线接线方式，三相三线相位角与脉冲关系见表 4–7–2。

表 4–7–2　　三相三线相位角与脉冲关系

I_U 相位角（°）	I_W 相位角（°）	U_{WV} 相位角（°）	负荷性质（°）	脉冲功率情况（°）	发现可能原因（°）
330～345	210～225	300	容性	反向无功功率大于有功功率	负荷小，投电容过多
30 或 345～359	225～270	300	容性	反向无功功率小于有功功率	误投电容
30～75	270～315	300	感性	有功功率大于无功功率	一般大多数为此情况
＞75	＞315	300	感性	无功功率大于有功功率	负荷感性大，未投电容

脉冲只接感性无功和容性负荷两种情况时，脉冲功率均表现为无功功率为 0。此时应将用户侧的电容断开，使负荷呈感性，然后再调试。

对于三相三线接线方式，相位角调整一般可按先确定电压相位角，再确定电流相位角方法进行，具体步骤如下：

（1）检查电压值。先确定 3 个线电压值是否接近 100V，若相近，则说明 TV 极性正确或均接反；如有某线电压接近 173V，则有一只 TV 极性接反；如某线电压明显小于 100V，则说明回路存在断相或接触不良故障。

（2）确定V相。对于Vv接法，一般认为无电压相是V相（为方便管理，现一般统一规定TV、TA二次V相接地）。若V相在当中且U_{WV}相位为300°时，则电压相位已正确，调整电流即可。如果U_{WV}相位为60°，则交换U、W相，先将电压相位调成300°，然后再分析电流。调整电流时，根据脉冲负荷情况调整。一般当I_U和I_W相位相差120°或240°时，两个电流同极性（同正或同反）；当I_U和I_W相位相差60°～80°或270°～300°时，两个电流极性相反。

（3）如果无法确定V相，则只能用排除法。先将U_{WV}相位调为300°，假定为正确相序，试着用电流互换、反向等方式，看是否能得出与脉冲负荷相对应的相位角。如果可以，则先调整，然后看功率是否对应。如果调不出，则旋转120°，重复上述步骤。否则，再旋转240°，然后再重复。调整相位角时应注意以下几点：

1）开始送负荷时不要调整，等2～3min相位稳定后再调整。

2）负荷很小时，电流相位角变化很大，不要轻易调整，连续3次相位角趋势相同时调整。

3）用户有电容投入时，将电容解除后，再调整。

四、错接线检查

相关条件：TV没有断相、TA没有失流、TV极性正确、感性负载，功率因数0.8～1（负载为容性，应退出无功补偿电容器）。

相关准则：电流滞后另一相120°的为I_U，超前电流的就近电压为对应的相电压（因为正常情况下电流滞后本相电压）。

（1）测量时，采用双钳相位伏安表。接线如图4-7-1所示，其中I_2为同时测量I_1与I_3的出线值。

测量（召测）电压、电流幅值

U_{12}= V	I_1= A
U_{23}= V	I_2= A
U_{31}= V	I_3= A

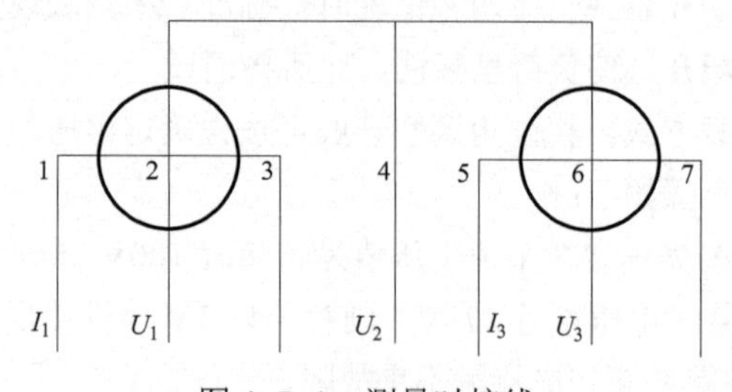

图4-7-1 测量时接线

（2） 将测量值填入表 4–7–3 中。

表 4–7–3 测 量 值

φ $\dot{U}$ \ $\dot{U}$、$\dot{I}$	$\dot{U}_{32}$	$\dot{I}_1$	$\dot{I}_2$	$\dot{I}_3$
$\dot{U}_{12}$			同时测量 $\dot{I}_1$ 与 $\dot{I}_3$ 的出线	
三相电压相序：正（逆）相序				

（3） 相量图分析。

1） 根据测定的三相电压相序及三相电流相位作图。

2） 分析判断电流相位。

3） 确定 I_U、I_W。

4） 根据电流确定就近的电压相别。

（4） 确定接线调整方法。根据相量图确定接线调整方法，见表 4–7–4。

表 4–7–4 相 量 图 接 线 方 法

元件 \ 接线方式	电 压 接 法	电 流 接 法
第一元件		
第二元件		

（5） 改接线。

1） 更改接线，注意要严格按照规定作业，做好安全措施。改接线时，注意防止电流互感器二次回路开路、电压互感器二次回路短路。具体操作步骤如下：

① 将终端交流采样二次回路的联合接线盒电压回路连接片断开，电流回路连接片短接。

② 测试终端交流采样回路是否还有电压、电流存在，也可与终端的面板交流采样实时量核对，进一步确认无电压、电流。

③ 在确认终端交流采样回路无电压、电流后，根据前述结论做好相应标识，拆除接线。

④ 按确定的接线调整方法进行改接线。

⑤ 改接好后，检查所有的改接过接线处的螺钉紧固情况。

⑥ 松开联合接线盒中电流短接片的紧固螺钉，观察交流采样面板实时量有否电流

实时值，同时注意观察紧固螺钉周边有否声响，若有声响说明有开路，应立即将螺钉紧固，查清开路位置并排除，再打开电流短接片的紧固螺钉；待电流各相恢复正常后，再恢复电压回路的短接片，观察交流采样面板实时量有否电压实时值。遇到交流采样面板电压实时量显示异常，均应立即退出电压短接片。

2）确认接线正确。查看改接线后功率、电量、相位角等数据，确认接线是否正确。

3）挂标牌。若现场无法停电，在联合接线盒与终端之间改接线，应以标牌方式记录所改动的接线，包括导线颜色和标记等，并将标牌挂在合适位置，以便后续维护工作。

五、案例

对一个三相三线用户终端接线检查错接线步骤（负载为感性负载，功率因数在0.8～1之间）示例如下。

1. 测量（召测）电压、电流

测量结果见表4–7–5。

表4–7–5 测 量 结 果

U_{12}=100.0V	I_1=3.22A
U_{23}=100.1V	I_2=3.35A
U_{31}=100.3V	I_3=3.51A

2. 测量（召测）三相电压相序及三相电流相位序

测量相序见表4–7–6。

表4–7–6 测 量 相 序

$\dot{U}$ \ φ \ $\dot{U}$、$\dot{I}$	U_{32}	$\dot{I}_1$	$\dot{I}_2$	$\dot{I}_3$
$\dot{U}_{12}$	300°	305°	153°	9°
三相电压相序	正相序			

3. 画出相量图

（1）根据测定的三相电压相序及三相电流相位作图，如图4–7–2所示。

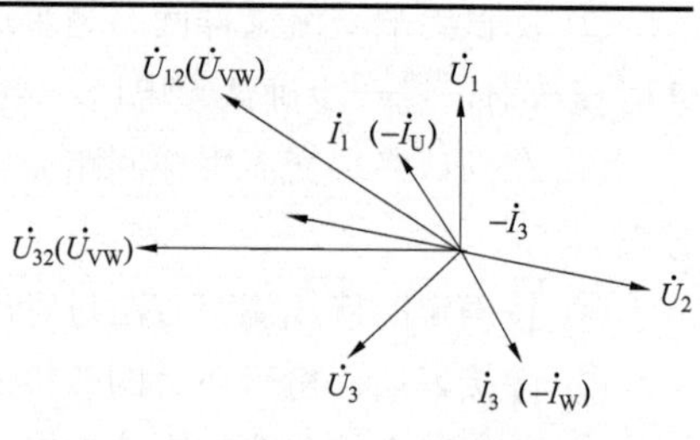

图4–7–2 相量图

（2）分析判断电流相位：I_1滞后U_2为33°，而I_3超前U_2，故I_3为I_W。

（3）确定I_U、I_W，I_1滞后I_3为120°，根据

准则电流滞后另一相 120° 的为 I_V，所以定 I_1 为 I_U、I_3 为 I_W。

（4）根据电流确定就近的电压相别：超前电流的就近电压为对应的相电压，U_3 为 U_U，U_2 为 U_W，U_1 为 U_V。

4. 接线调整

根据相量图得出接线调整方法并调整接线（见表 4–7–7）。

表 4–7–7　　调　整　接　线

元件	错接线结论		
第一元件	$\dot{U}_{VW}$	$\dot{I}_U$	电压：U_{WU} 电流：$\dot{I}_U$，$-\dot{I}_W$
第二元件	$\dot{U}_{UW}$	$-\dot{I}_W$	

【思考与练习】

1. 如何确定交流采样接线错误？
2. 三相三线和三相四线接线正常情况下相位角一般是多少？
3. 交流采样常见故障与处理方法。

模块 8　集中抄表终端通信异常消缺（Z29F2008Ⅲ）

【模块描述】本模块包含集中抄表终端通信异常消缺的内容。通过步骤讲解，掌握集中抄表终端对主站、台区总表、低压户表的通信故障的处理方法。

【模块内容】

通信异常指集中抄表终端对主站、台区总表、低压户表的通信出现故障，因通信方式不一致，异常消缺的方法也不一样，下面分别介绍如何用简单的方法判断故障范围，排除故障。

一、集中抄表终端对主站通信故障消缺

（1）终端是否有电源，若终端无显示，则用万用表测量终端输入电压，无电压，检查电源输入回路；有电压，更换终端。

（2）终端显示正常，但 GPRS 信号强度指示无，取一张网关节点配置为 CMNET 的卡，用手机测试上网情况，能上网，则说明终端 GPRS 模块故障，更换 GPRS 通信模块；不能上网，则说明当地无 GPRS 信号，与移动公司联系。

（3）GPRS 信号强度指示有，但不能注册到主站，检查终端通信参数，若正确，则检查主站与移动公司的专用通道和接入服务器。

（4）0 主站检查，召测其他终端的数据，若能通信，说明专用通道与接入服务器

均无问题，问题在终端，更换终端或检查是否有重地址的情况。

（5）若主站发现其他终端数据召测均失败，检查专用通道设备（光纤收发器、路由器等）、接入服务器，主站故障排除后，再确认终端通信情况，直至故障排除。

二、集中抄表终端对台区总表通信故障消缺

（1）核对电能表通信地址是否与主站配置的一致，对于多规约的电能表，检查主站配置的规约下的地址是否与电能表一致。

（2）断开终端与总表 RS485 连接线，用万用表分别测量终端与总表 RS485 接口电压，若无电压，则 RS485 接口故障，更换电能表或终端。

（3）检查连接线是否存在短路或断路的情况。

（4）用手持机，使用不同的规约现场设置电能表通信地址，若能成功，则说明故障在终端，不能成功，则说明故障在电能表。

三、集中抄表终端对低压户表通信故障消缺

（1）若整个台区的低压户表都采集不到，新上台区则检查台区供电范围是否正确。若集中器以前能成功抄表，现在不行，则一般是终端载波（或无线、RS485）模块故障，更换终端。

（2）若出现部分低压户表抄表故障，则找到故障低压户表的安装点，通过红外，用手持机现场抄读电能表，确认表地址正确、电能表工作正常。

（3）对于载波通信的故障表，可通过手持机，用载波现场抄读电能表，若不能成功，则说明低压户表载波模块故障，更换电能表。

（4）对于 RS485 通信的故障表，可按台区总表通信故障判断方法，不再赘述。

（5）对于通过无线采集器通信的低压户表，可先用判断 RS485 通信故障的判别方法区分低压表还是采集器接口故障，再测试无线通信模块，主站读取现场路由方式，更换当地采集器或在中间节点增加无线中继模块。

四、现场维护及故障处理实例

（一）Ⅰ型集中器维护及故障处理

1. 通信异常现场判断处理方法

通讯异常的现场处理步骤：查看终端电源→查看信号强度→查看终端参数。

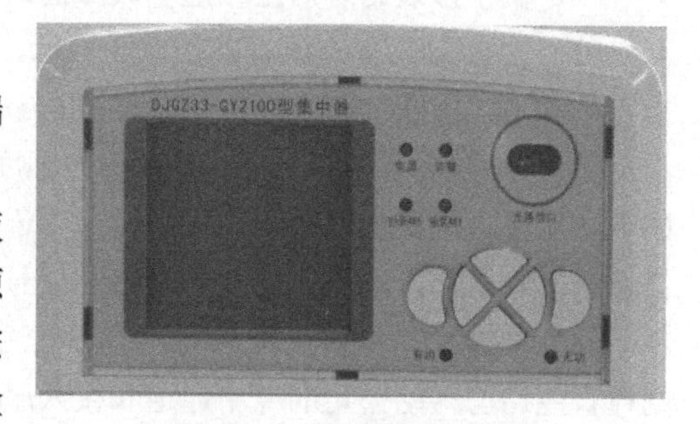

图 4–8–1 Ⅰ型集中器面板

（1）查看终端供电电源。观察终端液晶显示及电源指示灯，若终端液晶及电源指示灯都不亮，见图 4–8–1，按终端的按键无反应，则终端处于断电状态，需要检查终端电源线接线是否有误，如接线有误

则重新接线。

接线正确且电压正常的情况下终端仍不能正常工作，则终端故障需更换终端。

（2） 查看终端信号强度。

1） 信号强度弱。手持无线通信测试仪抄读场强小于–80dB 或液晶显示两格及两格以下判断为信号弱（见图 4–8–2），需要更换长天线、调整天线位置或者更换 GPRS 模块、终端，如果更换天线、调整天线位置或更换模块、终端之后信号强度仍然很弱，就需要联系通信公司处理该地区信号覆盖问题。

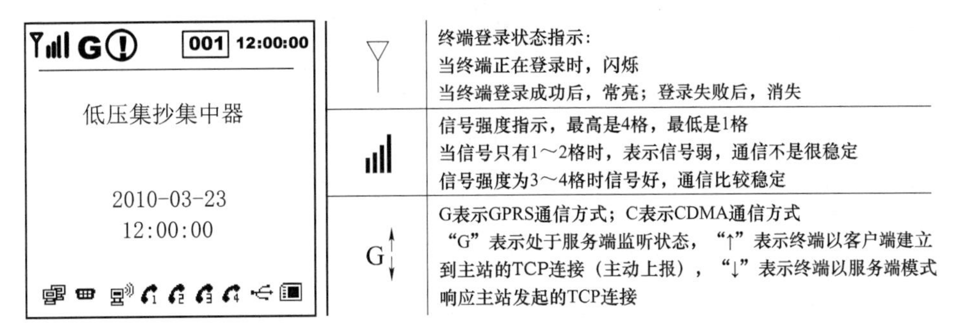

图 4–8–2　I 型集中器顶层显示及含义

2） 终端无信号。查看 GPRS 模块是否故障，如 GPRS 模块指示灯全不亮，需更换 GPRS 模块或更换终端，如图 4–8–3 所示。

查看 SIM 卡好坏，通过无线通信测试仪检查终端内 SIM 卡好坏，如 SIM 卡故障则需要更换卡，如图 4–8–4 所示。

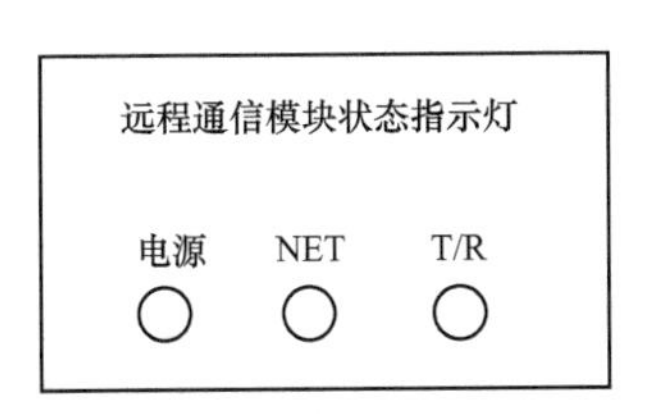

图 4–8–3　远程通信模块状态指示灯

图 4–8–4　检查终端内 SIM 卡

查看天线安装情况，天线是否未安装或未紧固、位置错误，如是需更换长天线、调整天线位置。

如更换 GPRS 模块、终端、天线之后仍然没有信号，需联系通信公司处理该地区信号覆盖问题。

（3） 查看终端通信参数。

通过终端显示界面或者手持机查看终端通信参数是否正确（图 4–8–5），终端显示界面查看方法：参数设置与查看→通信参数→通信方式→主站 IP 地址。

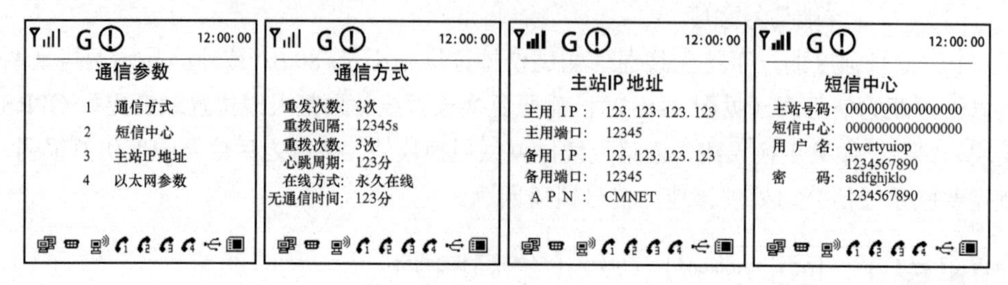

图 4–8–5 终端显示界面

查看通信参数，如有误则设置正确的通信参数；如通信参数正确仍无法上线，则尝试更换新的 GPRS 模块或终端；如模块或终端更换后依然无法上线的，则需要联系终端制造商排除故障。

2. 采集失败现场判断处理方法

（1） 故障集中器下所有电能表都抄不到数据。

1） 设备故障问题。

载波模块坏：观察载波模块电源灯是否正常，见图 4–8–6。若电源指示灯不亮，可能故障为模块接触不良，模块或终端故障，通过重新插拔或更换模块、终端来处理。

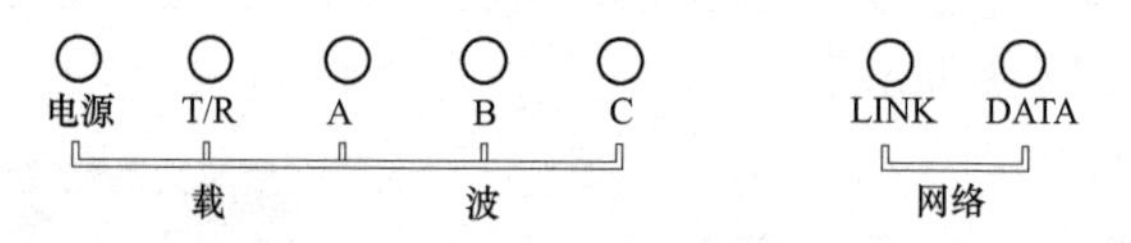

图 4–8–6 载波通信模块状态指示

2） 载波方案问题。

载波方案不匹配：目前使用的各种载波方案中心频率不同，通过查看集中器载波模块标贴上的中心频率与采集器标贴上的中心频率是否一致，判断载波方案是否匹配，如不匹配，需要进行更换（图 4–8–7）。

3） 设备安装问题。设备安装问题主要包括：零线虚接，不接零线，缺相等接线错误；零线虚接或不接会导致抄表失败，缺相会导致某一相上所接的电能表难抄到或抄不到；接线错误可能对抄表成功率存在影响。排查可通过万用表测量每相跟零线之间的电压进行判断。端子接线见图 4–8–8。

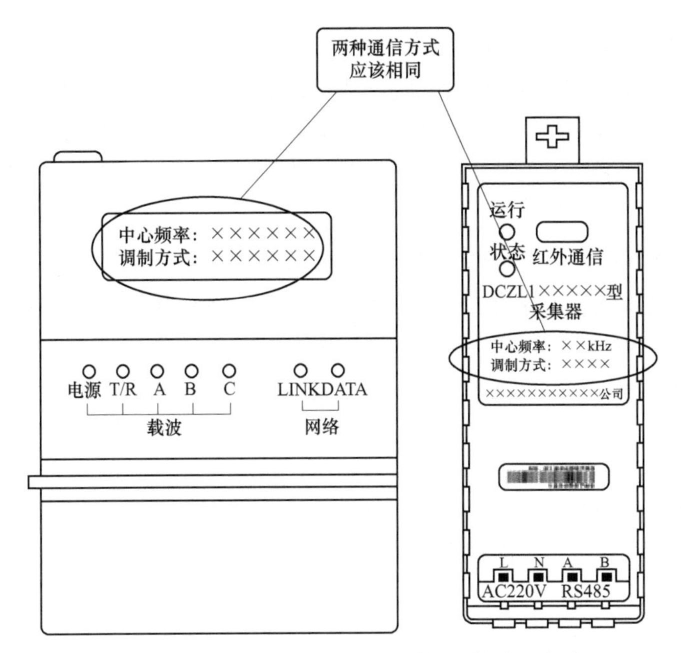

图 4–8–7 集中器载波模块与采集器的中心频率

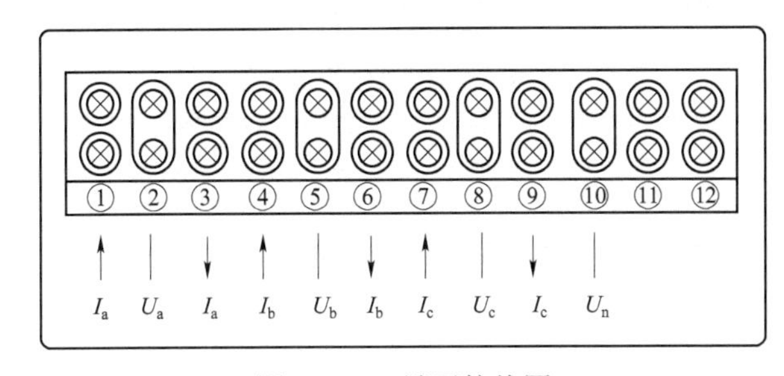

图 4–8–8 端子接线图

4）台区关系问题。集中器中档案与台区实际归属关系不一致，会导致集中器全部采集失败或部分采集失败。由于电力线载波通信具有台区属性，跨台区通信效果较差，所以经常发现集中器存在失败表、抄表不稳定或抄表速度慢等现象时，通过现场排查发现很多电能表不属于该台区。这类问题通常存在两种情况：一是串台区，台区档案中存在不属于该台区的电能表；二是分台区，即台区因调整负荷将部分电能表转移到其他变压器或新增变压器下，档案没有及时调整或调整不完全。

处理方法：确定存在串台区或分台区等现象后，可以采取使用台区识别仪、按线路排查、停电识别等方法确定台区的真实归属关系。

确定台区真实归属关系后对应的调整档案，并将档案正确的发送至集中器中。

（2） 故障集中器下部分电表抄不到数据。

检查采集器RS485是否能抄到电能表数据，如RS485无法抄表则更换采集器或电能表。

检查是否载波方案不匹配，目前使用的各种载波方案中心频率不同，通过查看集中器载波模块标贴上的中心频率与采集器标贴上的中心频率是否一致，判断载波方案是否匹配，如不匹配，需要进行更换。

如载波方案匹配，且RS485抄表正常，可通过点抄确定采集失败原因，在集中器侧通过手持机点抄采集失败电能表，点抄时在采集器侧观察载波通信模块指示灯，如果指示灯无交互数据闪烁，则尝试更换采集器。

更换新采集器后，集中器仍无法采集成功，可能是台区所属关系问题或载波链路问题，如为台区关系问题，可采用台区识别仪、按线路排查、停电识别等方法确定台区的真实归属关系；如为载波通信链路需要通知载波方案厂家处理。

（3） 无效数据现场判断处理方法。用手持机直接连接电能表抄表RS485端口抄读电能表相关数据，若电能表内数据正常，则需要通知终端厂家处理，如电能表内数据异常，则需电能表厂家处理。

3. Ⅰ型集中器故障分析汇总

Ⅰ型集中器常见故障分析汇总见表4–8–1。

表4–8–1 Ⅰ型集中器故障分析汇总表

序号	现象	原　因	处理方法
1	电源无指示	外部供电问题	接线处理
		集中器电源损坏	更换终端
2	集中器无信号	移动信号问题	天线引出或更改安装位置；协调移动公司处理
		SIM卡坏或未开通相关服务	换卡并开通GPRS专网接入服务
		卡未插好	重新插卡
		通信模块、终端坏	更换通信模块、终端
3	有信号但无法上线	信号强度低	天线引出或更改安装位置；协调移动公司处理
		主站IP、端口、在线方式、APN设置错误	重新设置参数
4	抄不到所有表	台区档案错误	修改档案
		载波模块、终端坏	更换载波模块、终端
5	抄不到部分表	采集器载波故障	更换采集器
		采集器未抄到表	检查采集器抄表故障
		线路干扰或载波能力弱	通知厂家处理

（二）采集器维护及故障处理

1. 采集失败现场判断处理方法

（1）查看终端电源。观察终端电源指示灯，若终端电源指示灯不亮，则终端处于断电状态，需要检查终端电源线接线是否有误。

接线正确且电压正常的情况下终端仍不能正常工作，则需要更换终端。

（2）查看电表状态。

表未上电：观察电能表电源指示灯，若电能表电源指示灯都不亮，则电能表处于断电状态，需要检查电能表电源线接线是否有误；接线正确且电压正常的情况下电能表仍不能正常工作，则需要更换电能表。

表通信地址错：手持机抄读电能表地址，若电表地址与局编号不匹配，重新设置电能表地址或换表。

电能表故障：手持机直接连接电能表抄表 485 端口抄读电能表数据，若直接抄表抄不到电能表数据，则需要更换电能表。

（3）检查 RS485 接线及载波通信。手持机能直接抄到电能表数据，检查 RS485 接线正确，接线无误，就需要更换采集器。

手持机能直接抄到电能表数据，RS485 接线无误，需检查载波通信是否正常。

2. 采集器故障分析汇总

采集器常见故障分析汇总见表 4–8–2。

表 4–8–2　　采集器常见故障分析汇总

序号	现　象	原　因	处理方法
1	电源无指示	电源插头松动	接线处理
		外部供电问题	接线处理
		采集器损坏	更换
2	抄不到表	RS485 插头松动	接线处理
		采集器 485 接口坏	更换
		表计 RS485 接口坏	更换表计
		RS485 接线错误	接线处理
		表地址错误	更改表地址参数
3	抄表正常集中器抄不到	载波坏	更换
		载波能力弱	通知厂家处理

（三）Ⅱ型集中器维护及故障处理

1. 通信异常现场判断处理方法

（1） 查看终端电源。

观察电源指示灯（见图 4–8–9），若电源指示灯不亮，则终端处于断电状态，需要检查终端电源线接线是否有误。

接线正确且电压正常的情况下终端仍不能正常工作，则需要更换终端。

（2） 查看终端信号强度。

信号强度较弱（无线通信测试仪抄读场强小于 –80dB\信号强度指示灯为橙色或红色）需要更换长天线、调整天线位置或者更换 GPRS 模块、终端，如果更换天线、调整天线位置或更换模块、终端之后信号强度仍然很弱，就需要联系通信公司处理该地区信号覆盖问题。

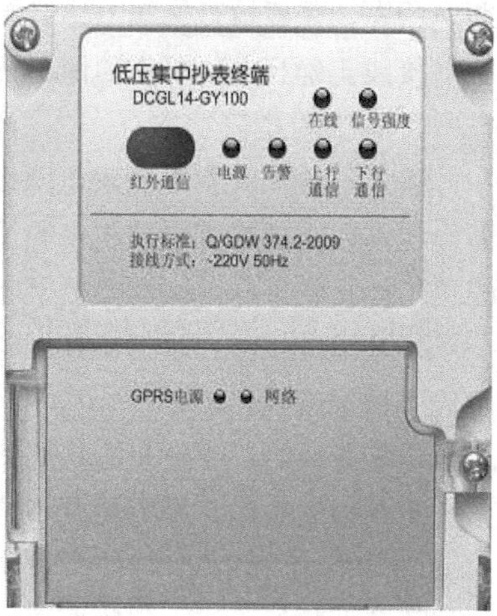

图 4–8–9 Ⅱ型集中器面板

终端无信号，首先通过无线通信测试仪检查终端内 SIM 卡好坏，若 SIM 卡是好的，则需要更换长天线、调整天线位置或者更换 GPRS 模块、终端，如果更换天线、调整天线位置或更换模块、终端之后仍然没有信号，就需要联系通信公司处理该地区信号覆盖问题。

（3） 查看终端通信参数。

通过手持机查看终端通信参数是否正确，若通信参数有误，设置正确的通信参数。

通信参数正确仍无法上线，则先更换新的 GPRS 模块或终端，模块或终端更换后依然无法上线的，则需要联系通信公司排查网络故障。

2. 采集失败现场判断处理方法

（1） 查看终端电源。观察终端电源指示灯，若终端电源指示灯不亮，则终端处于断电状态，需要检查终端电源线接线是否有误。

接线正确且电压正常的情况下终端仍不能正常工作，则需要更换终端。

（2） 查看电能表状态。

1） 表未上电。观察电能表电源指示灯，若电表电源指示灯都不亮，则电能表处于断电状态，需要检查电能表电源线接线是否有误；

接线正确且电压正常的情况下电能表仍不能正常工作，则需要更换电能表。

2） 表通信地址错。手持机抄读电能表表地址，若电能表地址与局编号不匹配，重新设置电能表地址或换表。

3）电能表故障。手持机直接连接电能表抄表 RS485 端口抄读电能表数据，若直接抄表抄不到电能表数据，则需要更换电能表。

（3）检查 RS485 接线。手持机能直接抄到电能表数据，检查 RS485 接线正确，接线无误，就需要更换采集器。

查看终端 RS485 抄表端口下挂接电能表数量，每路抄表 RS485 端口下接电能表不要超过 32 块，防止负载过大。

3. 无效数据现场判断处理方法

用手持机直接连接电能表抄表 RS485 端口抄读电能表相关数据，若电能表内数据正常，则需要通知厂家处理。

4. Ⅱ型集中器故障分析汇总

Ⅱ型集中器常见故障分析汇总见表 4–8–3。

表 4–8–3　　Ⅱ型集中器故障分析汇总

序号	现象	原　因	处理方法
1	电源无指示	外部供电问题	接线处理
		集中器电源损坏	更换
2	集中器无信号	移动信号问题	天线引出或更改安装位置；协调移动公司处理
		SIM 卡坏或未开通相关服务	换卡并开通 GPRS 专网接入服务
		卡未插好	重新插卡
		通信模块、终端坏	更换通信模块、终端
3	有信号但无法上线	信号强度低	天线引出或更改安装位置；协调移动公司处理
		主站 IP、端口、在线方式、APN 设置错误	重新设置参数
4	抄不到表	集中器未抄到表	检查采集器抄表故障

（四）现场故障处理案例分析

1. GPRS 通信故障调试案例

案例 1：SIM 卡坏的案例

问题情况描述：某集中器曾经正常上线，后在主站发现其最近 24h 未登录到主站。

问题分析：集中器掉线 24h。可能原因为终端被停电；终端通信模块坏；终端天线被剪；SIM 卡烧坏。

现场排查：① 现场查看终端供电正常，但终端无信号强度；② 采用无线通信测试仪，检查 SIM 卡，发现 SIM 卡故障。测试方法：首先将终端的 SIM 卡插入无线通信测试仪卡槽中，按确定键开始 SIM 卡测试，稍后屏幕显示测试失败提示，屏幕无法显示当前 SIM 卡的网络运营商信息，尝试几次均失败，确定此 SIM 卡已经损坏，如图 4–8–10 所示。

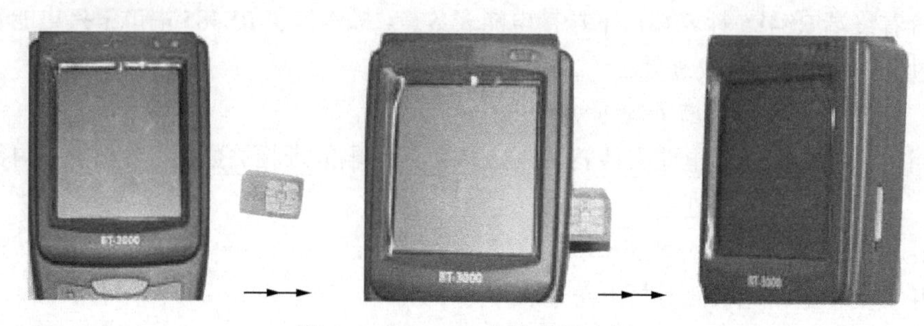

图 4–8–10 SIM 卡检查示意图

处理方法：更换 SIM 卡，用无线通信测试仪测试正常；安装到集中器内，读取到信号强度，并成功登录。

调试结果：更换 SIM 卡后集中器正常登录主站。

2. 电力线载波台区识别案例

电力线载波通信具有台区属性，跨台区通信效果较差。为正确划分不同台区用户，可使用台区用户识别仪进行台区识别，尤其对于地缆走线或架空线私搭乱接地区，台区的户变关系不好确定地区，台区勘察工作量大，可通过采用 TB–1000 系列台变用户识别仪进行台区识别，以下是台区识别仪原理概述及操作方法：

（1） 原理概述。TB–1000 台变用户识别仪由发射主机（TBT–1000 台变发射器）与手持分机（TBR–1000 台变接收器）组成。该仪器利用载波通信和编码调制技术，可在不中断配变对用户正常供电的情况下，直接对电网任意点进行在线检测，通过信号解析，准确判断被检测用户所在台变和相别；还能有效解决了载波信号在同台配变的不同相序的串线问题和两台以上相邻配变的共高压串线和共地串线、共电缆沟串线问题。

（2） 使用方法。台变识别仪由 TBT–1000 发射主机和 TBR–1000 手持分机组成，主机和分机数量可灵活配置，见图 4–8–11。

TBT–1000 发射主机使用：设置两位台变编码（按动拨码开关实现），根据对应相序将主机的黑、黄、绿、红四色线插头一端接在主机端，夹子一端夹在待检查配变低压侧的母线 U_N、U_A、U_B、U_C 端，打开主机电源开关，此时运行指示灯闪烁。主机进入载波信号发送状态，数码管显示台变号和当前载波信号发送相应的相别。载波信号分相发出。每发送一相，蜂鸣器会鸣叫一声。发射主机接线端子见图 4–8–12。

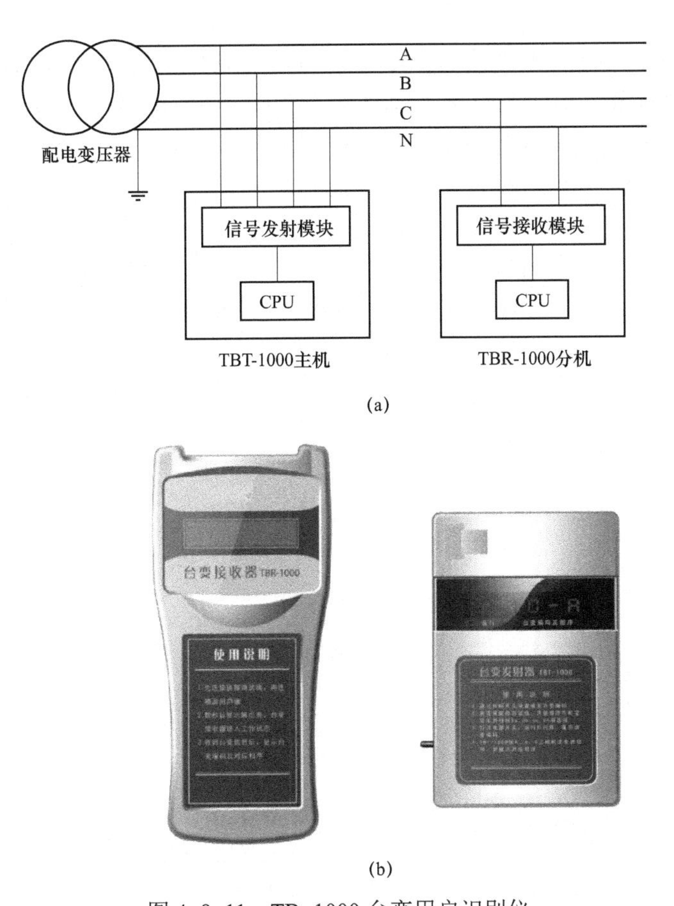

图 4–8–11　TB–1000 台变用户识别仪

（a）TB–1000 台变用户识别仪接线图；（b）TB–1000 台变用户识别仪外形

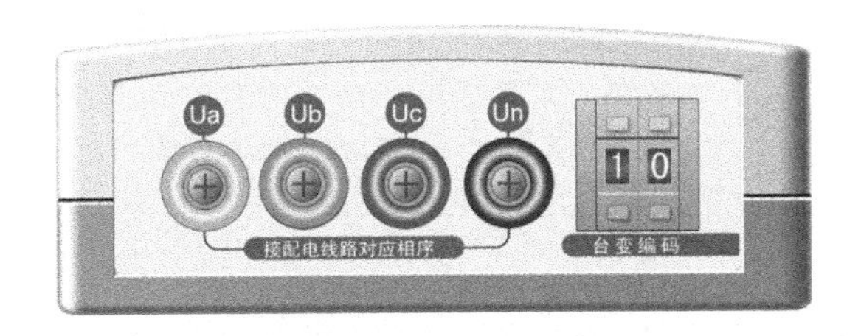

图 4–8–12　发射主机接线端子图

TBR–1000 手持分机使用：手持分机采用手持式终端，将手持分机的红、黑两根测量表一端对应插在手持分机顶部的红、黑插座内，另一端有两种接线方式：夹子或表笔。可夹在用户端的电能表箱进线处，数秒后液晶显示屏上即可显示出该用户所属相别和主机台变编号。

注意：对于信号由于“共高压串线”和“共地串线”及“共电缆沟串线”的情况，可在手持分机顶部的任何一端插座中串入专用选配器（图 4–8–13），通过调节选配器挡位，反复测试最终确定所属变压器和所属相序，达到台变识别效果。如果手持分机提示信号超出范围，需更换测试点或该测试点不属于本台区。

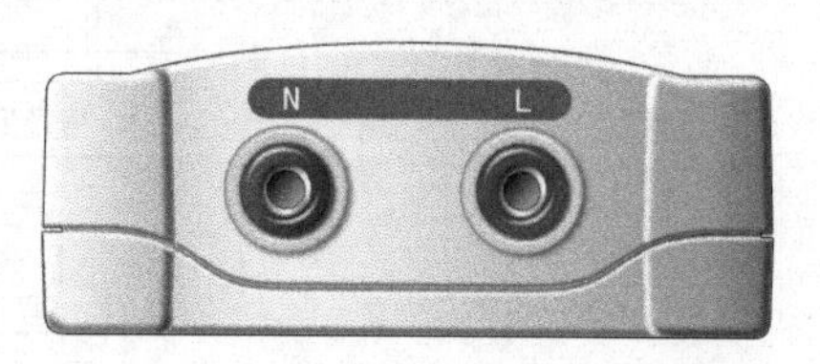

图 4–8–13 专用选配器（TBP–1000）

案例 1：现场台区划分处理案例

问题情况描述：台区电能表数量共 260 只，该台区曾经抄表正常，近 2 周存在近 40 块表无法采集成功的情况。

台区拓扑图见图 4–8–14。

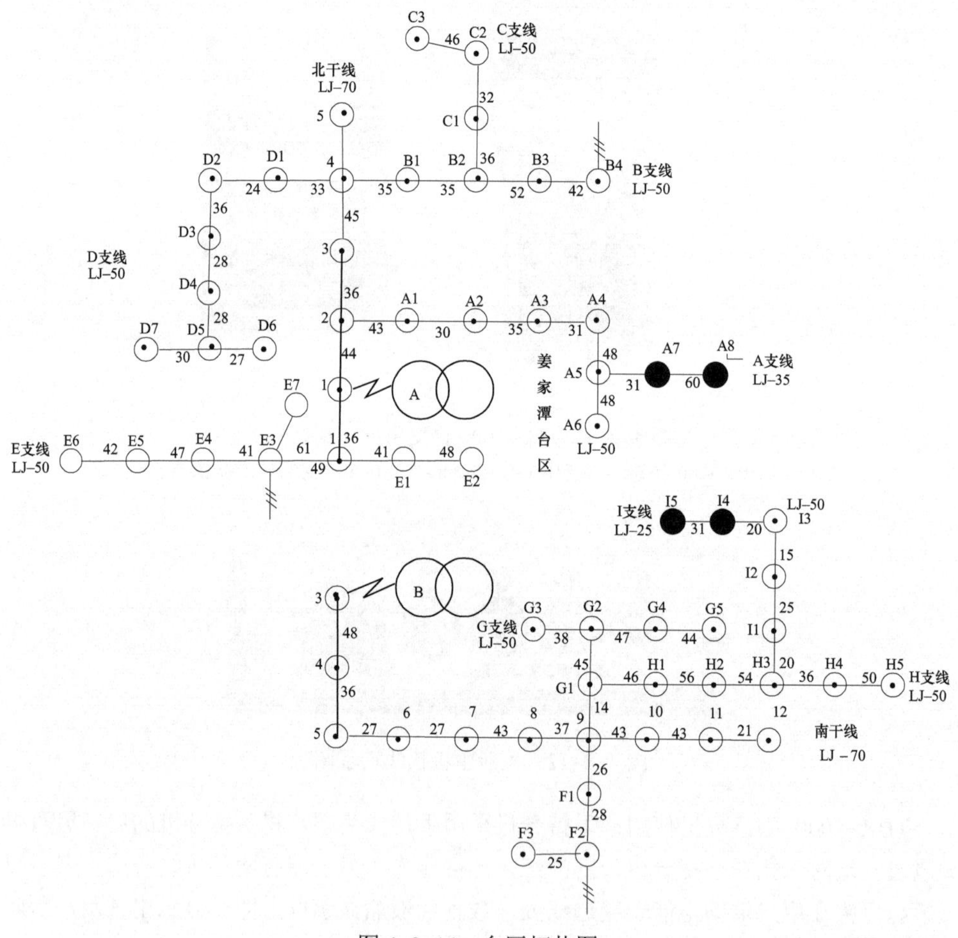

图 4–8–14 台区拓扑图

问题分析：这个台区之前抄表正常，现在出现40多块位置集中的电能表漏抄情况，一般以下3个情况会造成这个情况出现：① 是否存在新建住房，暂时停用电能表的情况；② 线路扩容新增变压器，部分表转移到新变压器下；③ 线路中近期存在个别设备运转产生同频噪声信号干扰。

现场排查：① 找到失败表，发现现场电能表正常上电，排除因建房电能表停电或表拆情况；② 采用台区用户识别仪进行台区识别，将接收分机放在失败电能表处，发射主机安装在失败电能表所属的台区A，接收分机无法接收台区A的信号；将发射主机安装在临近台区B，接收分机可接收到台区B的信号；以此推断失败电能表被划分到台区B。

处理方法：重新将这批电能表下发到台区B对应的集中器内。

调试结果：台区B的集中器抄回这40多块电能表数据。

3. 电力线载波通信测试案例

目前各地采集系统采用的载波方案和终端厂家较多，导致安装时可能出现不同厂家的产品混搭安装现象，而不同载波频率、不同调制方式安装在相同台区会出现无法通信的情况。采用载波通信测试仪，方便现场的不同载波方案的测试。

案例1：电力线载波方案通信测试案例。

PLC4000载波通信测试仪是一款多功能电力线环境分析仪，能满足采集系统的现场维护时及时排除通信故障、定位通信故障终端的需要，测试仪放置现场需要的各种维护接口线和手持机，可方便与多种载波设备通信，用于测试RS485电能表、载波电能表、采集器、终端等多种设备，见图4-8-15。

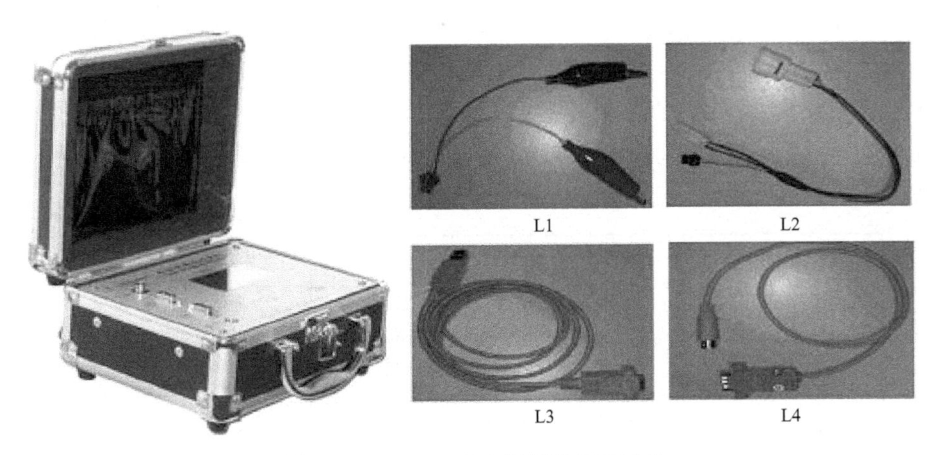

图4-8-15　PLC4000载波通信测试仪

（1）装置操作界面。

测试电缆：配置4种电缆，用来连接不同的现场设备。

L1：RS485接线头（红为A，黑为B），L2：RS485连线转接头，L3：手持机连接线，L4：终端串口连接线。

（2）操作说明。

1）电能表或采集器载波测试。测试载波采集器或载波电能表的电力线载波通信能力，用手持机下发命令通过载波抄控器读取采集器或电能表数据，现场安装的采集器或电能表收到命令后会通过电力线载波回复数据，如果不回复则可能是载波模块坏、载波模块的方案不匹配或载波干扰强等原因，可进一步排查，如回复正常数据，则判断载波采集器或载波电能表通信正常。测试步骤如下：

a. 在现场用电源线连通测试仪，打开测试仪开关。先用电源线现场取电，尽量在采集器或电能表附近且同相位处取电。

b. 打开测试仪电源开关，测试仪的电源指示灯闪亮，测试仪正常工作。

c. 连接手持机线与测试仪，打开手持机，进入开机界面，选择“载波测试”，再选择不同载波方案，进行抄表通信测试，测试过程如图4–8–16所示。

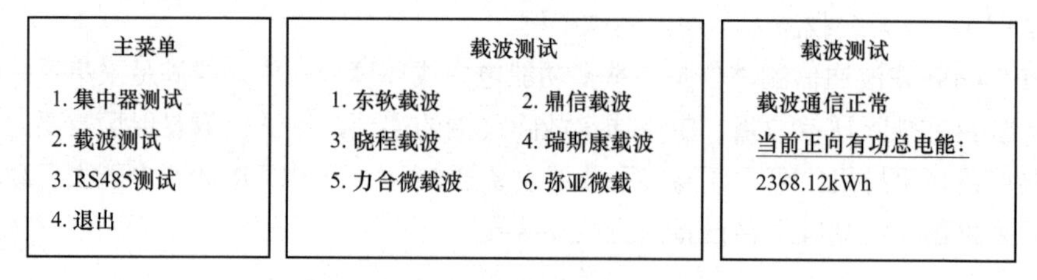

图4–8–16 载波测试操作显示界面

2）集中器载波测试。测试终端的电力线载波通信能力，用手持机与载波通讯测试仪配合模拟载波电能表，当控制终端下发载波抄表命令时，载波测试仪回复手持机的模拟数据，依据终端是否收到载波数据，判断终端的载波收发性能是否正常。测试过程如图4–8–17所示。

主菜单
1. 集中器测试
2. 载波测试
3. RS485测试
4. 退出

集中器载波测试
1. 东软载波
2. 鼎信载波
3. 晓程载波
4. 瑞斯康载波
5. 力合微载波
6. 弥亚微载

集中器载波测试
载波通信正常
当前正向有功总电能:
0005.18kWh

图4–8–17 集中器载波测试显示界面

案例 2：现场载波环境干扰。

问题情况描述：台区电能表数量共 318 只，该台区曾经全抄，最近 2 周一直存在漏抄 30～40 块电能表的情况。

台区拓扑见图 4–8–18。

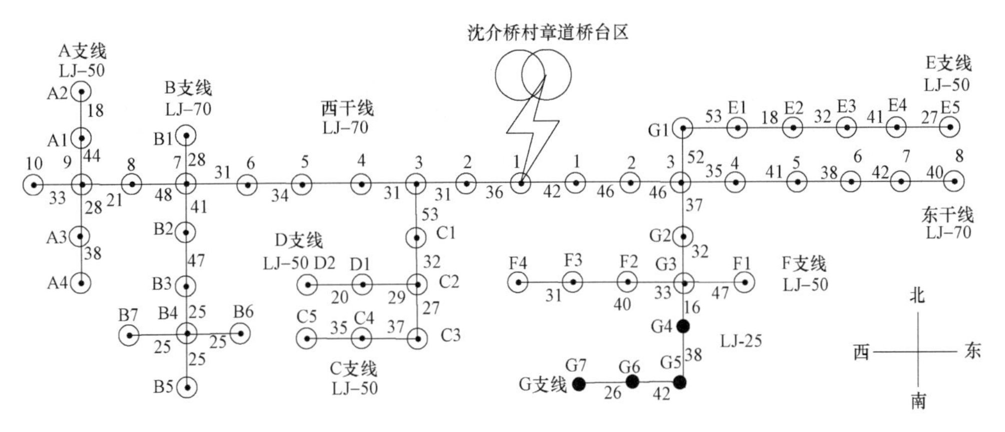

图 4–8–18　台区拓扑图

问题分析：台区供电半径较小，曾经抄收正常，失败表位置相对集中，但 ABC 三相均出现。分析是否为以下情况：① 集中器零线虚接导致抄表不稳定；② 线路中近期出现个别设备运转产生同频噪声信号干扰。

现场排查：① 通过加负载测量电压来判断是否存在集中器零线虚接的情况，使用万用表测量集中器 A/B/C 三相电压值，排除零线虚接问题；② 通过载波通信测试仪测试线路的信号幅值来判断是否存在干扰：拔下集中器载波模块，使用载波通信测试仪测试集中器 A/B/C 三相载波信号值都为–18～–24dB，至此确定线路中存在某个三相用电设备运转产生同频干扰信号；③ 现场排查发现失败表不远处存在一个新增水泵，通过协商对水泵断电，再使用载波通信测试仪测试集中器下的信号明显改善，确定水泵存在干扰。

处理方法：在水泵的 3 相进线处接入 3 组电容器（每组 4 个电容并联）来提高线路的信噪比，后通过集中器点抄失败表，发现很快抄收成功。

调试结果：主站数据显示此台区电能表电量全部抄回。

4. 工程安装质量问题处理案例

案例 1：集中器零线虚接。

问题情况描述：台区电能表数量共 302 只，该台区曾经全抄，近期换表班将变压器总表（老表）换成新表后，开始出现抄表不稳定的情况，连续几天出现漏抄 100 多块等情况。

台区拓扑见图 4–8–19。

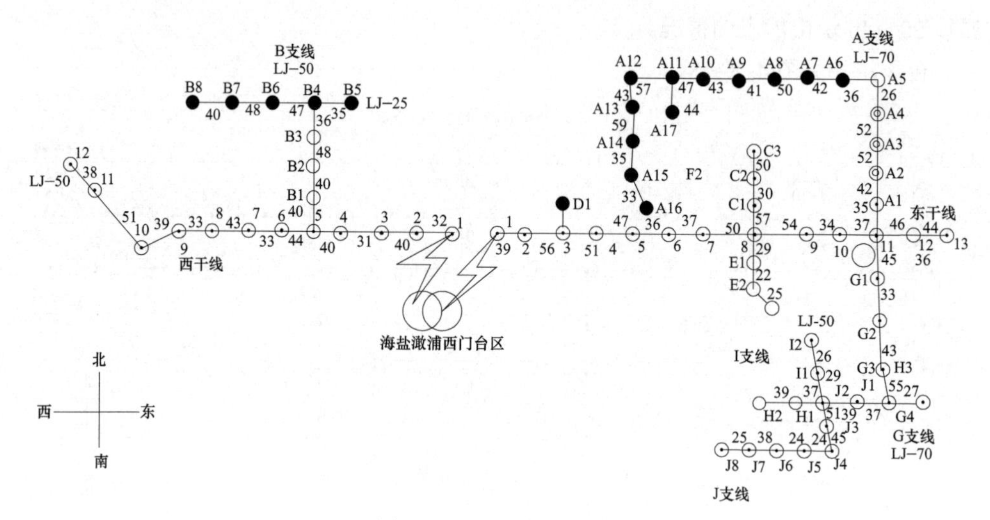

图 4–8–19 台区拓扑图

问题分析：台区集中器此前抄表一直正常，换表班更换总表以后，近几天出现不稳定的情况，失败表位置每天都在变化，不固定。问题可能在于集中器工作不稳定。

现场检查：现场打开低压柜，在集中器上引出 220V 电压，接入负载，发现 2 个情况——未接入负载时，集中器的 A/B/C 三相电压基本为 245V 左右；接入负载后，测出集中器和三相电能表 ABC 三相电压出现 5V 的压降。至此可以判断问题出在换表班换完总表后，接线盒出线端子的零线没有接好。

处理方法：使用螺丝刀将接线盒出线端零线端子的接插片拧紧，使用万用表测量此时集中器的三相电压值都稳定在 245V，同时显示当天失败表正一块一块成功抄回。

调试结果：主站数据显示此台区电能表数据全部抄回。

【思考与练习】

1. 如何确认终端现场是否有 GPRS 信号覆盖？
2. 如何区分终端与台区总表接口故障？
3. 如何判断低压载波表故障？

第四部分

主站系统设备安装、维护和操作

第五章

通信设备安装调试和维护

模块1　天馈线安装调试和维护（Z29G1001Ⅰ）

【模块描述】本模块介绍电台天馈线安装调试和维护的内容。通过图文结合、要点归纳和步骤讲解，掌握主台天线、链路电台天线的安装方法和要求，掌握高频电缆头的装配方法。

【模块内容】

一、全向天线的安装

1. 主控站天线位置的选择

主控站的天线位置根据电测位置架设，一般在架设天线时，根据终端分布情况确定天线的安装位置。天线安装时，天线附近的阻挡会对天线的各方向增益情况产生影响，在不同环境下，天线的增益曲线如图5–1–1所示。

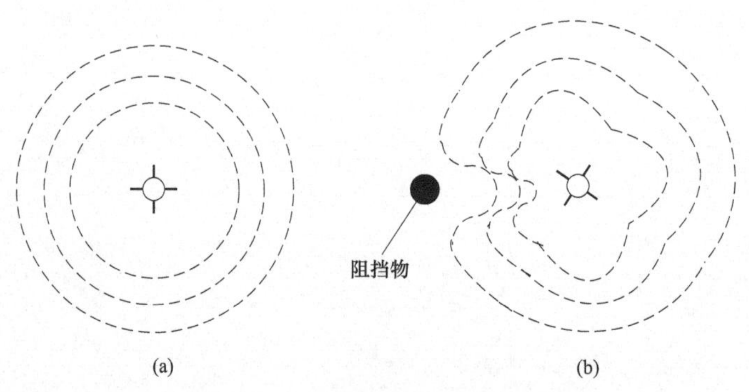

图5–1–1　天线的增益曲线示意图

（a）天线周围空旷时；（b）天线周围有阻挡时

（1）减少阻挡影响的方法。

1）天线距杆状阻挡大于1.5m，距塔身阻挡物大于2m。

2）对于距离远的用户，尽量集中在开阔的一端，如图5–1–2和图5–1–3所示。

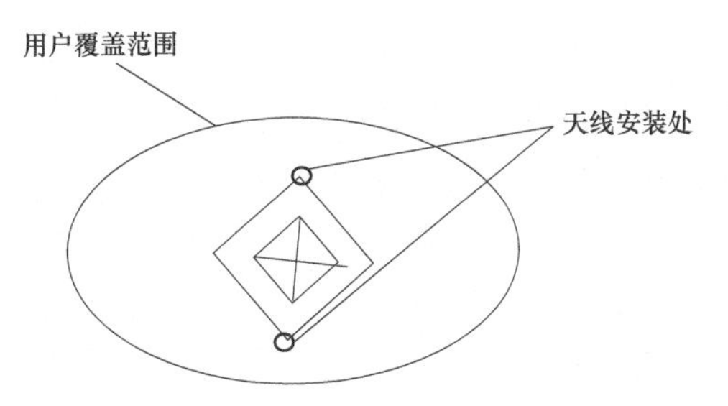

图 5–1–2　主台分布在地区中心时天线架设位置

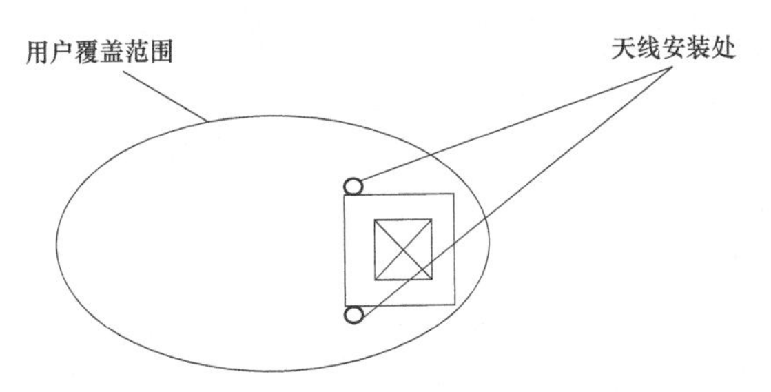

图 5–1–3　主台位置不在地区中心时的天线架设位置

（2）天线安装注意事项。

1）天线应该架设在相对空旷的高处，附近不应有明显近距离阻挡。

2）对于杆状阻挡物，天线与之至少保持 1.5m 距离；对于铁塔塔身，应保持 2m 以上的距离。

3）一般将天线位置架设在铁塔角上对称的两处。

2. 中继天线位置的选择

中继天线根据电测位置架设，原来电测位置经过电测的充分验证，应该没有问题。

应根据主台的位置和信号确定天线位置，若主台到中继站的信号在 25dB 左右，则天线位置应该以主台位置方向为确定依据，尽量使两根天线接收主台信号处于对等的最佳位置，如图 5–1–4 所示。

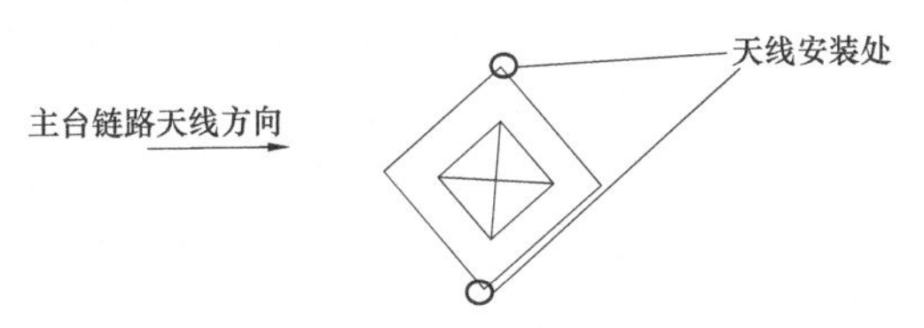

图 5–1–4　中继站天线安装位置

如果主台链路到中继站的天线信号足够大，则根据终端分布情况确定天线的安装位置。

3. 天线的组装

全向天线有桅杆式天线和四振子天线两种。

（1） 桅杆式天线，有部分天线安装时加装三根屏地针，将三根针旋入互成 120°的孔内，旋紧即可。

（2） 四振子天线需要组装，一般为两节，有四个振子，组装时注意事项如下：

1）一般先连接上下节之间的馈线，再连接天线柱体，这样做防水处理时较方便。馈线接头连接好后，需做防水处理，先用自粘胶带缠绕，再用 PVC 胶带缠绕。

2）柱体连接处的螺栓上紧时，每个螺栓上几圈，依次逐步上紧，这样用力均匀，不会导致某个螺栓上紧后，别的螺栓无法上。

3）四个振子的方向应该互成 90°，除非在有些场合需要特殊的增益方向。一般天线杆上会有振子方向的指示或已经将振子就位。

4. 安装前的测试

将天线安装到位前，建议对天馈线系统进行测试，确定天线和馈线系统没有问题，避免安装后，才发现天馈线不好。测试采用功率计，测试时注意天线竖立在空旷的区域。

5. 天线及支架的安装

（1） 全向天线必须架置在避雷针的 45°保护区范围内。

（2） 天线安装的强度，要保证在最大风速时方位及仰角不发生可视的误差。天线安装在杆上时，如果杆长超过 5m，必须拉防风绳，杆的直径必须达到 1in（1in=2.54cm）以上。天线装在铁塔上时，应该固定在铁塔围栏的主要支架上或较粗的支架上。

（3） 天线支架一般采用井字形。

（4） 两根全向天线应分别在主控站铁塔顶部平台的适当位置上，用镀锌角铁或镀锌圆钢支撑架设。

6. 馈线安装的注意事项

（1） 天线与馈线之间加装固定避雷器以获得双重保护，避雷器必须接地良好。避雷器必须固定好，避雷器的接线引出端应该朝下，避免进水。

（2） 馈线与避雷器的连接处和避雷器与天线的连接处要密封以防漏水，先用自粘胶带，按馈缆高低方向，由低向高缠绕，这样形成瓦片一样的形状，不易进水。如果要绕两层，则自粘胶带先从高到低绕一层，再回头往上绕一层，如图 5-1-5 所示。然后，再用 PVC 胶带缠绕，缠绕时应注意：

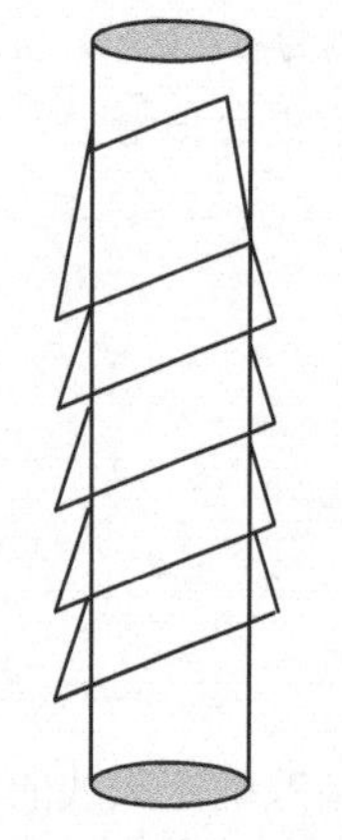

图 5-1-5 自粘胶带缠绕法

1） 馈缆与天线接头的金属部分必须完全包裹在内。

2） 自粘胶带在缠绕时，避免将气泡包裹在内。

3） 保证 PVC 胶带必须超过自粘胶带的包裹范围。

4） 如果天线的短电缆上有防水橡皮套时，不要把它包在里面，应该包好后，再把橡皮套拉下来，罩住包过的地方。

（3） 馈线与避雷器连接好后，应该由低向高固定一段，形成一个环状，如图 5–1–6 所示。这样，一方面可以预留一些长度，另一方面，一旦接头未处理好进水，水也不会向上流，同时，还可以剪掉一部分馈缆重新做接头，避免整根馈缆报废。

（4） 馈线在铁塔上或房顶上由水平变成垂直走向时，应该将套管作防磨处理，且在水平和垂直方向应分别固定，以避免馈缆受自身重力影响产生形变，如图 5–1–7 所示。

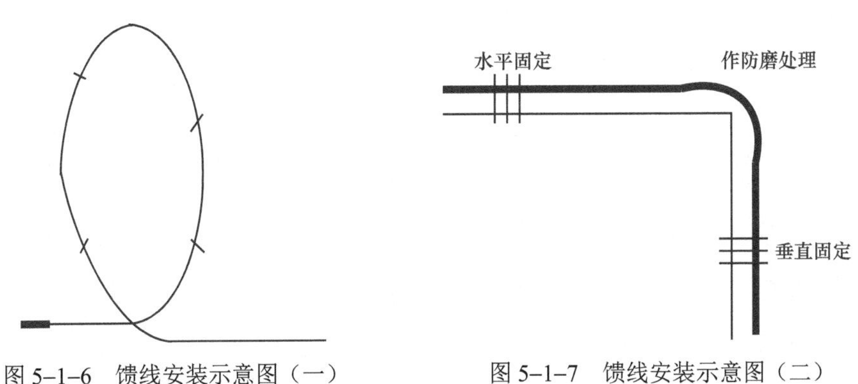

图 5–1–6 馈线安装示意图（一）　　图 5–1–7 馈线安装示意图（二）

（5） 馈线沿安装天线架、铁塔引到主机房的走线路径应尽可能短，固定要牢靠，但不应夹伤馈线。一般采用 1.5mm^2 以上单股铜芯线来固定，每隔 1～2m 固定一下。固定时先用线环绕电缆 2～3 圈，收紧，再从外侧绑住附着物。为了能够使附着物分担部分电缆的重力，应该选择与馈缆走线方向垂直的横档固定，如图 5–1–8 所示。

（6） 安装时要保证电缆有足够的曲率半径，一般为 300mm，以免损伤电缆。

（7） 馈线进房时，应该留有防水弯，即房屋外的馈线比屋内的位置低。施工打穿墙孔时，应该做到外低内高，防止雨水顺电缆流进屋内，如图 5–1–9 所示。

（8） 馈线在室内走线时，不要沿空调管道等有温度变化的管道走线。

（9） 馈线架空走线超过 5m 时，应使用钢线或钢缆固定。

（10）馈线与天线连接后，馈线应该做标记，在近天线端、近设备端和中段分别做一些标记，记录下各天线所对应的电台，便于日后维护。

主台天线安装示意见图 5–1–10。

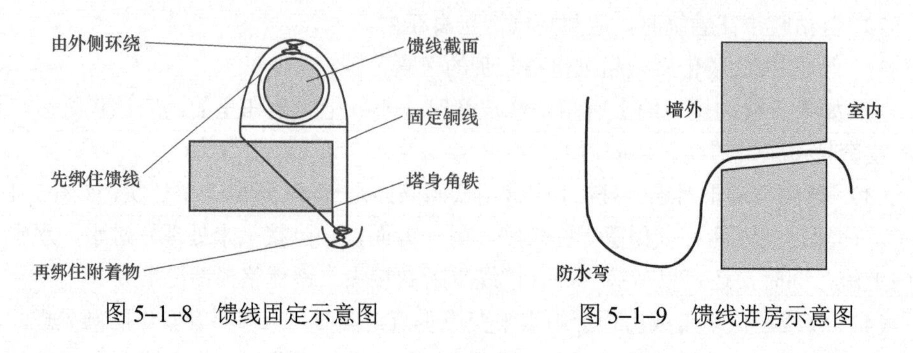

图 5–1–8 馈线固定示意图　　图 5–1–9 馈线进房示意图

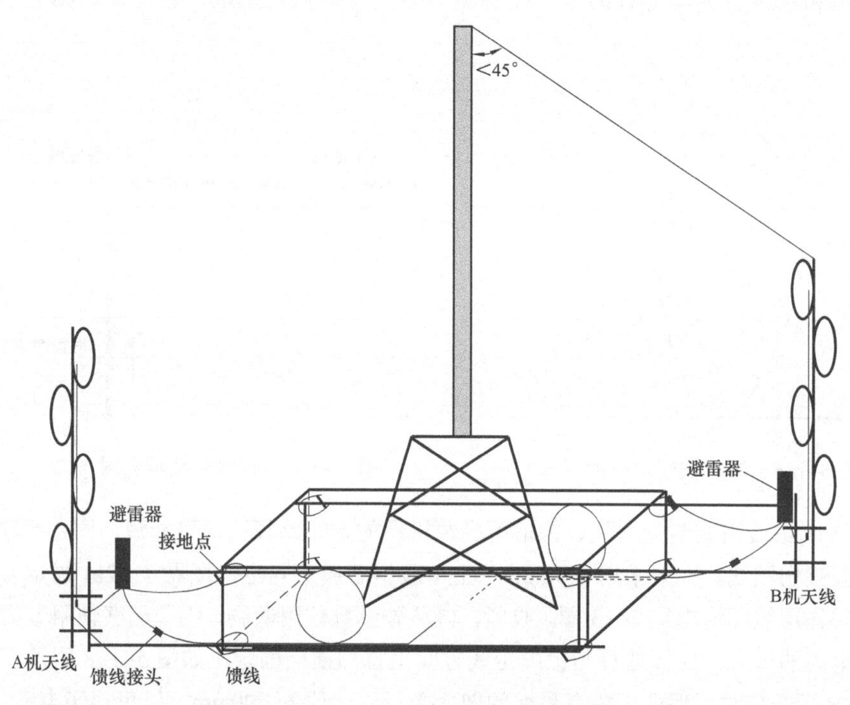

图 5–1–10 主台天线安装示意图

二、主控站链路电台天线安装

如果用采系统框架中含有中继站，故其主控站天线安装具有不同的特点，即除了安装主台天线以外还需要安装链路电台的天线。

1. 链路站天线位置的选择

用采系统主控制站链路电台（只有一个中继站时）的天线在安装时，对准中继站方向即可。

主控制站链路电台安装的天线为230–D5YN型定向天线，主、备各1根。安装位置最好处于铁塔顶部平台对角线上。如果主台同时有基站和链路天线，主控制站链路电台天线的安装位置应与主台全向天线相隔 1m 以上，以免相互影响。如主站到中继站的信号强度足够大时，最好将链路电台的天线高度降低一些，这样可增加天线间的隔离度，使和主台的相互影响大大下降。

2. 天线的组装

终端的天线通常采用五单元定向天线，由一根龙骨、三根引向振子、一根反射振子和一根有源振子组成。应先将天线在地面上组装好，定向天线的天线振子排列如图 5–1–11 所示。组装时注意：

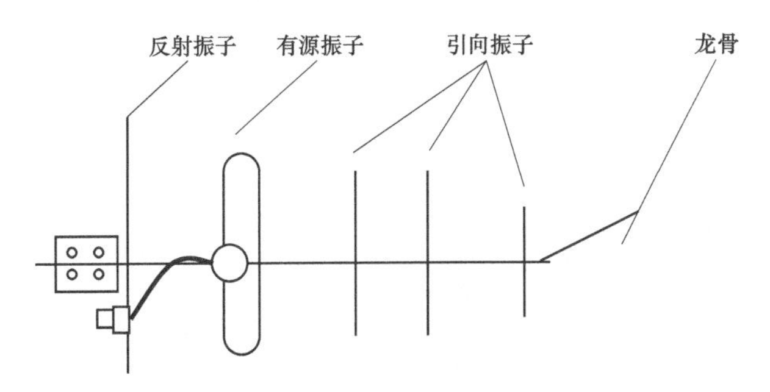

图 5–1–11　天线振子排列示意图

（1）反射振子、有源振子和引向振子必须安装在龙骨的同一侧。

（2）反射振子最长，装在最靠近天线安装固定的卡口处，在有源振子的后端。

（3）有源振子在反射振子的前端，它的馈线引出端应该朝向反射振子。

（4）引向振子按从长到短的次序从离有源振子最近端装到最远端。

3. 安装前的测试

将天线安装到位前，建议对天馈线系统进行测试，确定天线和馈线系统没有问题，避免安装后才发现天馈线不好。测试采用功率计，测试时注意天线竖立在空旷的区域。

4. 天线及支架的安装

安装定向天线时，安装示意如图 5–1–12 所示，应注意以下几点：

（1）天线的振子需与地面垂直，即垂直极化方式，切不可使天线的平面与地面平行，否则将大大影响通信的质量。

（2）避雷针的高度要合适，确保整个天线处在避雷针的 45° 有效保护范围内。

（3）天线有源振子与馈线接头处要拧紧，妥善密封，以免渗水。

（4）避雷针必须具有良好的接地性能，以保证天线不受雷击。

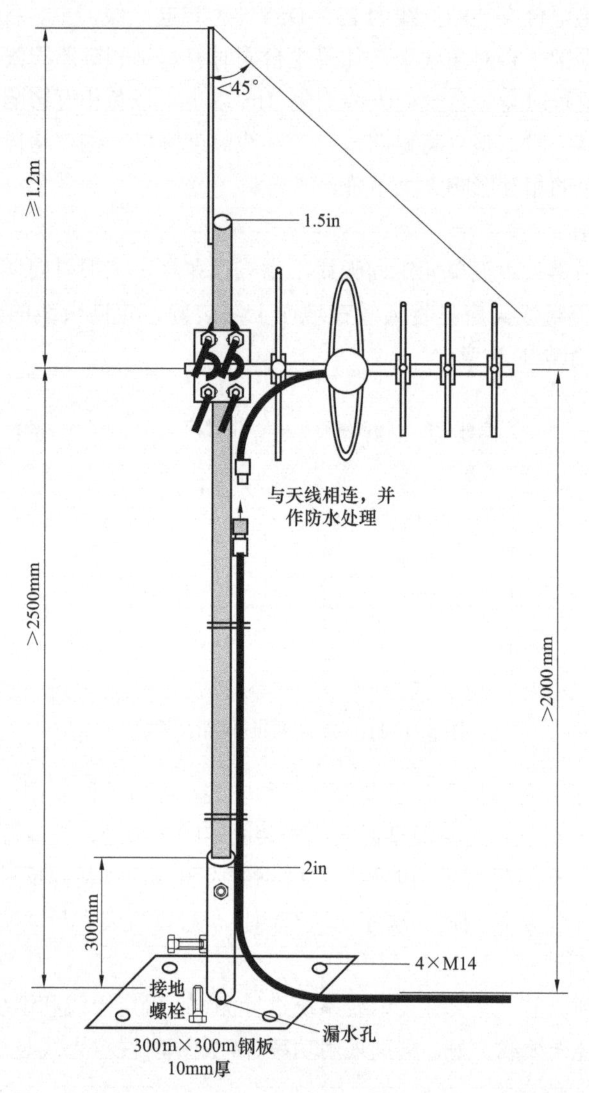

图 5–1–12　定向天线安装示意图

注：1in=2.54cm。

如果用采系统具有两个或以上的中继站，且工作在不同频率时，则主控制站需配置多台链路电台和多根定向天线。如果中继站为同频工作时，则只需安装全向天线（主/备各一根）。安装全向天线方法与安装主台和中继站天线相同。

三、高频电缆头的装配

高频电缆头的装配如图 5–1–13 所示。

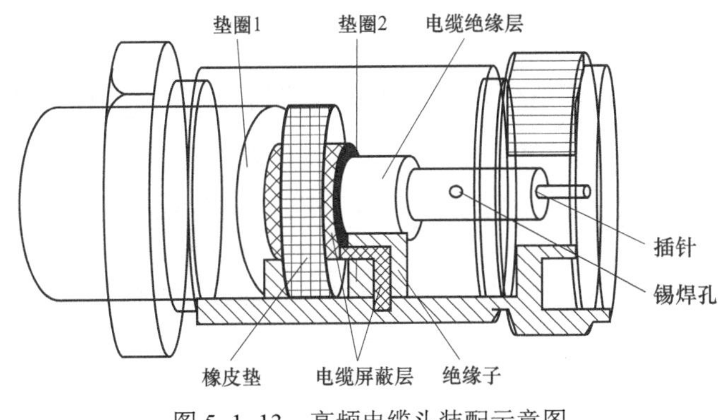

图 5–1–13　高频电缆头装配示意图

（1）在缆线两端装配完毕高频电缆头后，可用万用表电阻挡测量一下，其两端的芯线应相连通，两端的外屏蔽层应相连通，芯线和外层线不可相通。

（2）检查高频电缆头插针，一般要求与接头端面相平，不可缩进或突出，如图 5–1–14 所示。

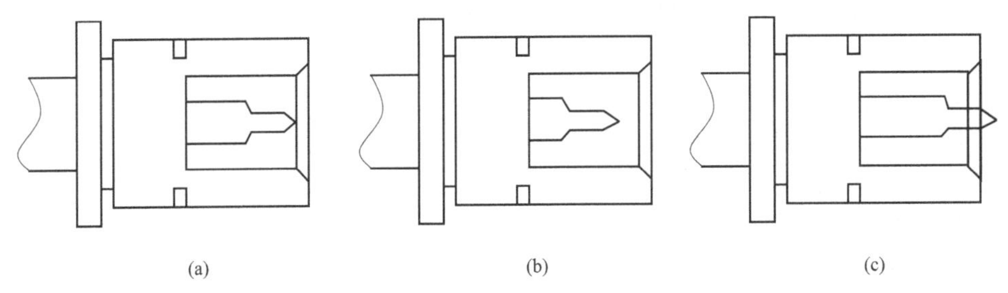

图 5–1–14　电缆头插针示意图

（a）正确；（b）错误（缩进）；（c）错误（伸出）

【思考与练习】

1. 如何选择天线的位置？
2. 怎样组装天线？
3. 安装馈线应注意什么？

模块 2　电台的安装调试及维护（Z29G1002Ⅲ）

【模块描述】本模块包含电台的安装调试和维护内容。通过图文结合和方法介绍，熟悉电台面板，掌握主台和中继站的频率、地址设置及功能调试的方法。

【模块内容】

一、电台面板简介

目前生产的主站设备都是选用 KG510 电台，其前面板示意图如图 5–2–1 所示。

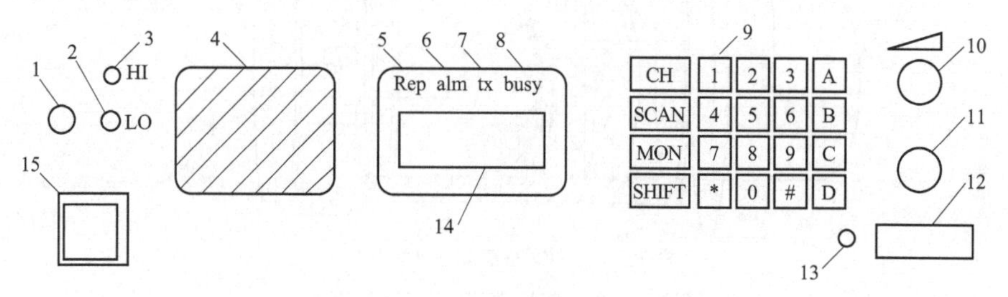

图 5–2–1 电台面板示意图

1—手持听筒插孔；2—低发射功率调节；3—高发射功率调节；4—扬声器；
5—转发模式指示灯 LED；6—告警模式指示灯 LED；7—发射模式指示灯 LED；
8—占线模式指示灯 LED；9—5×4 键盘；10—音量旋钮；11—静噪控制旋钮；
12—电源开关；13—电源指示灯 LED；14—液晶显示屏 LCD；15—话筒插孔

1. 电源开关

电源开关按下为打开电源，电源指示灯 LED 点亮。电台初始化结束后 LCD 显示字符，再按一次电源开关为关闭电台电源。

2. 音量旋钮

顺时针方向为增大音量方向，适当调节音量旋钮，使声音柔和。

3. 静噪控制旋钮

用来设置静噪门限电平，顺时针旋转为加深静噪门限电平，使用时先把静噪开关顺时针旋到底，将静噪打到最深，然后逆时针方向旋转调整。

4. LCD 液晶显示

在正常工作条件下，第一行以棒状图形显示接收信号强度，第二行显示发射功率的大小，第三行左方前四个字符为频道名称。

5. 大小功率校准（一般情况下，非维修人员勿动）

HI 为大功率调整电位器，LO 为小功率调整电位器，可分别在一定范围内调整输出功率大小，且相互之间相对独立。

6. 话筒插孔

插入话筒可以通话。

由于 KG510 电台面板带有液晶显示屏，因此在正常使用中，显示屏还可以棒图形式显示在所选频道上接收到的信号强度和发射功率的大小，显示所选的频道号。此外面板上的按键还有如下的常用功能：

B ：使电台下降一个频道。

SCN ：电台进入扫描所有已编程的频道。

SHIFT + 1 ：使电台液晶屏的背光打开或关闭。

SHIFT + 2 ：使电台发射功率在高和低之间转换（高功率时在液晶屏第三行右边会显示符号“➜”）。

SHIFT + 8 ：锁定或解锁KG510电台的面板键盘。

SHIFT + CH ：启动或停止在显示屏上显示收发的棒形图。

二、主台和中继站的调试

1. 频率的设置

电台的频率配置表一般在设备门的侧面，对于主台和中继站，一般设置频率为15对双工频率的高发低收配置，而链路台采用低发高收配置。电台的频率配置见表5–2–1。

表 5–2–1　电台的频率配置

编号	代号	中控站发射频率（MHz）	终端发射频率（MHz）
1	D1	230.525	223.525
2	D2	230.675	223.675
3	D3	230.725	223.725
4	D4	230.850	223.850
5	D5	230.950	223.950
6	D6	231.025	224.025
7	D7	231.125	224.125
8	D8	231.175	224.175
9	D9	231.225	224.225
10	D10	231.325	224.325
11	D11	231.425	224.425
12	D12	231.475	224.475
13	D13	231.525	224.525
14	D14	231.575	224.575
15	D15	231.650	224.650

频道选择方法如下：

如下按键，则电台停留在5频道：

CH + 0 + 5

2. 地址的设置

每一台主台或中继站都有一个唯一的地址，与主台协商，选择一个地址，作为采集终端的固定地址。设置好中继站的地址为十六进制编码方法，如地址为8401，则地址开关设置如下：

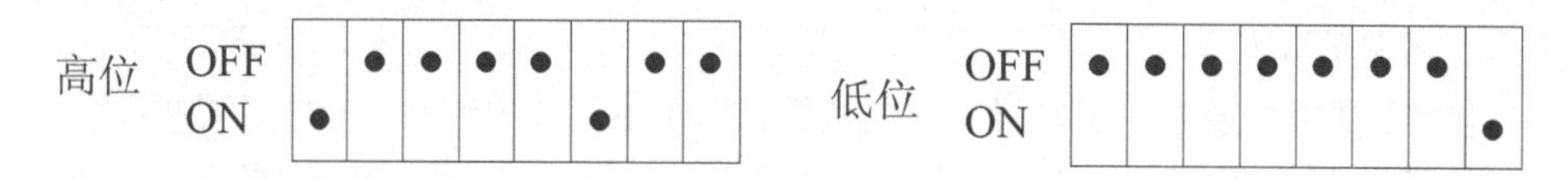

3. 功能调试

（1） 电源检查。查看主台或中继站的电源显示，确定电源在13.8V。在控制终端的电压菜单中可以显示A、B机的电压值。

（2） 通话功能检查。中继站具有通话功能，不但可以和中心站进行通话，还可以和用户终端通话，方便设备调试和维护。将主台或中继站的附带话筒插入电台话筒插口，先把音量电位器调至适当位置，按下PTT按键，与主台或中继站联系，检查话音是否清晰。

（3） 对时功能检查。中继站具有对时功能，提供事件的时间记录，方便设备调试和维护。由操作机对主台或中继站进行对时操作，并核对时间是否一致。

（4） 发参数功能检查。控制终端不断地检测中继站各部分的工作状态，发现故障并使中继站无法工作时，控制终端自动将中继站切换至备份机工作，判别标准由中心站设置，例如：当输出功率小于10W（标称25W）时，可判定功率放大器故障；当12V电压变成小于10V或大于14V时，判为故障。

由主台发送参数，查看是否成功。

（5） A、B机切换检查。

1） 开机后，在中继站控制终端面板上手动切换几次A、B机的状态，以检查A、B机切换是否正常。

2） 与中心站联系，由主控站通过计算机对中继站进行遥控A、B机切换，并观察中心站显示的中继站A、B工作状态与中继站当地实际A、B工作状态是否保持一致。

（6） 当地功率、场强等模拟量采集功能检查。当智能分机进入电测状态时，它变成一个简易的功率计和场强仪。通过选择菜单进入电测状态，面板可显示 A、B 电台的发射功率、接收场强以及电压值。由操作机对智能分机进行召测，并与现场数据核对。

（7）状态功能检查。中心站发送停止转发遥控命令，使中继站在特殊情况下变成只能接收而不能转发的状态，退出系统转发工作。

（8）电源状态检查。控制终端对中继站的有关开关量进行检测，诸如交直流供电状态和断电、送电时间记录。

（9）数传调试。将可供调试的终端接上电源和调试天线，与主控中心联系获得终端的地址，并设置好终端的地址和频道；由主控中心正确设置调试终端的信道参数和终端地址后，对该终端进行数传通信，连续五次召测数据长帧均成功，则表明设备数传功能正常。

（10）调试结束。通话结束离开中继站时，必须完成以下事宜：

1）必须确保静噪电位器调至最大，逆时针回转一些，以免影响通信。

2）必须把音量电位器调至最小，以免影响他人。

【思考与练习】

1. 电台面板的液晶显示屏能显示电台的哪些主要参数？

2. 怎样设置电台的频率？

3. 怎样设置电台的地址？

模块 3　天线及机房的防雷处理（Z29G1003Ⅲ）

【模块描述】本模块包含天线及机房的防雷处理内容。通过概念描述、方法介绍，熟悉防雷器的功能、技术参数、分类及安装方法，熟悉计算机房和移动通信基站的防雷措施。

【模块内容】

一、雷电的危害

通信技术、计算机技术和信息技术飞速发展，而今已迈入电子化时代。而电子设备的工作电压却在不断降低、数量和规模又在不断扩大，因而它们受到过电压，特别是雷电袭击而遭受损坏的可能性就大大增加。距雷击中心半径为 1.5～2.0km 范围内都可能出现危险电压，破坏线路上的设备，其后果可能使整个系统的运行中断，造成难以估计的经济损失。雷电和浪涌电压已成了电子化时代的一大公害。

有资料给出了全球雷击的一些统计数字：

全球每年有数以千计的人死伤于雷电事故。

全球平均每年要发生 1600 万次闪电。

根据记录，直击雷的最大电流可达 210kA，其平均值也有 30kA。

每次雷击所产生的能量约为 550 000kWh。

根据 IEEE 的统计，在一处电网中每 8min 便有一个过电压产生，相当于每 14h 就有一次破坏性的冲击。

防雷器就是在最短时间（纳秒级）内将被保护的线路接入等电位系统中，使设备各接口等电位；同时将电路上因雷击而产生的大量脉冲能量泄放到大地，降低设备各接口端的电位差，从而保护线路上的用户设备。对系统设备而言，电源线路和信号线路是雷电袭击产生过电压并进行传导的两条主要通道，因此防雷器分为电源系统防雷器和信号系统防雷器两类。

二、防雷器的基本技术参数

1. 标称电压 U_n 和额定电压 U_C

（1）标称电压 U_n。该值与被保护系统的额定电压相符。在信息技术系统中，此参数表明了应该选用的保护器类型，它标出了交流或直流电压的类型。如在单相供电中，一般标为 230V/50Hz。

（2）额定电压 U_C。这个值表明了保护器的最大持续工作电压，即能够长久施加在保护器的指定端，而不会引起保护器特性变化和激活保护元件的最大电压有效值。如在市电供电中，一般标为 380～500V 等。

2. 放电电流

（1）额定放电电流 I_{sN}。额定放电电流是指给保护器施加如图 5-3-1 所示的 8～20s 脉冲宽度的标准雷电波冲击 10 次时，保护器所耐受的最大冲击电流峰值。该图是国际上如 IEEE 587、IEC 1024 等用于测试防雷器性能的雷电模拟冲击波的标准波形，如 20kA 和 40kA 等。

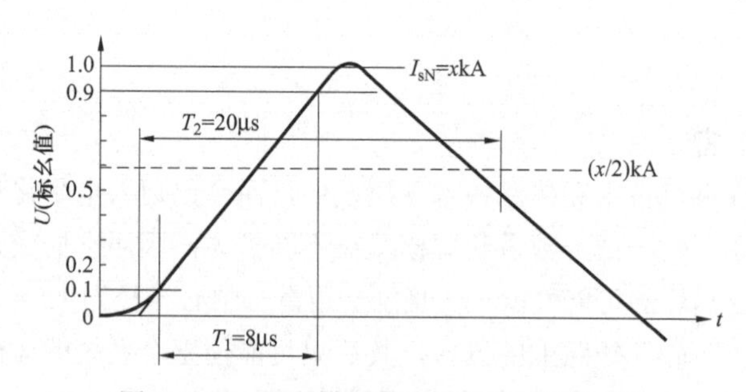

图 5-3-1 雷电模拟冲击波短路电流波形

（2）最大放电电流 I_{max}。最大放电电流是指给保护器施加上述 8～20s 脉冲宽度的标准雷电波冲击一次时，保护器所能耐受的最大冲击电流峰值。如型号为 ZYSPD40K385B 防雷器的 I_{sN}=40kA 时，I_{max}=60kA。

3. 电压保护级别和相应时间

（1） 电压保护级别。电压保护级别是指在下列测试中，防雷器两端的电压最大值。这里有两项测试：

1） 施加上升率为 1kV/s 的电压时防雷器两端的电压值，如 ZYSPD20K…C/4 防雷器在 5kA（8/20s）时的保护电压小于 1kV。

2） 额定放电电流时的残压值，如 ZYSPD20K…C/4 防雷器的残压值小于 1.61V。

（2） 相应时间 t_A。这个值反映了在保护器内特殊元件的动作灵敏度和击穿时间。在一定时间内的变化取决于 du/dt 或 di/dt 的斜率，一般小于 25ns。

4. 数据传输率 v_s

表示在 1s 内传输多少比特（bit/s）的信息，是数据传输系统中正确选用防雷器的参考值。防雷保护器的数据传输速率取决于系统的传输方式。如网络信息保护线路的保护器 ZYSPD–N 系列适用于广域网信息传输线路机器设备的过电压保护，这类防雷器就适用于 500k～100Mbit/s 传输速率的线路。

5. 损耗

（1） 插入损耗 AE。这里主要指的是信号电路保护器，其含义是在给定频率下保护器插入前和插入后的电压比率。如用于高频天线馈线的保护器 ZYSPD.C 系列的插入损耗 AE 小于 0.5dB。

（2） 回波损耗 AR。这里主要指的是用于高频天馈线的保护器。其含义是传输信号的前沿波在保护设备（反射点）被反射回去的比率，是直接衡量保护设备与系统阻抗的匹配性能。如用于高频天线馈线的保护器 ZYSPD.C 系列，其回波损耗不小于 20dB。

三、防雷器的分类

（一）雷击与瞬间过电压分类

最严重的雷击是直击雷击。当直击雷发生时，其二次感应效应可以通过电阻性及电感性途径破坏电子设备。实际上，造成破坏的真正原因是因为它在电源线、信号线或数据线上产生了瞬间（毫秒到微秒）冲击电压，这个瞬间冲击电压的峰值远远大于一般设备所能承受的 AC 700V。根据国际上多个防雷标准（如 AS 1768、IEEE 587 和 IEC 1024 等），把一个建筑物的电源输入及数据线所能感应到的最高电压和电流分为 A～E 类 5 个区域，如图 5–3–2 所示。

每类区域的最高感应电压和电流又视此建筑物所在位置的不同而分高、中、低三级雷击风险度。不同风险度又有不同的感应电压和电流，见表 5–3–1～表 5–3–4。

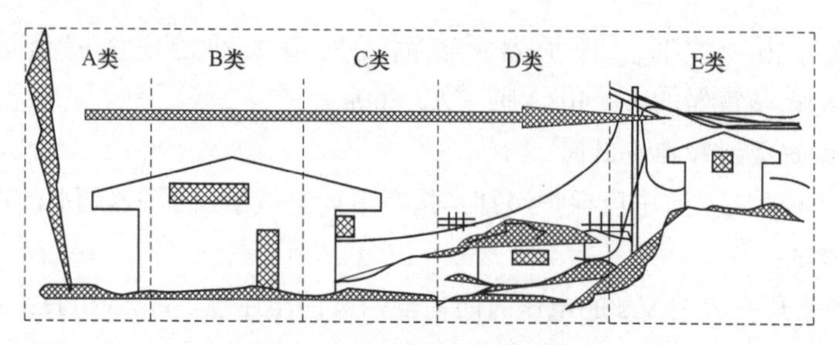

图 5-3-2 感应雷国际分布简图

表 5-3-1 **A 类区域电源输入雷电感应**

雷击风险度	最高感应电压（kV）	最大感应电流（A）
低	1	167
中	4	333
高	6	500

表 5-3-2 **B 类区域电源输入雷电感应**

雷击风险度	最高感应电压（kV）	最大感应电流（kA）
低	2	1
中	4	2
高	6	3

表 5-3-3 **C 类区域电源输入雷电感应**

雷击风险度	最高感应电压（kV）	最大感应电流（kA）
低	1	3
中	4	5

表 5-3-4 **D 类区域数据线雷电感应**

雷击风险度	最高感应电压（kV）	最大感应电流（kA）
低	1.5	25
中	3	5

（二）防雷器的一般分类

根据机房设备所处不同区域的类别应选用不同等级的防雷器。防雷器制造商根据不同区域和使用特点制造出种类繁多的品种。防雷器从结构上可分为并联和串联两类，从功能上则有以下几类：

（1）用于A区域的保护器。该区的特点是：可能出现直击雷，雷电电压高，当然放电电流也大。保护器在该区域的作用是把非常高的上万伏雷电电压抑制在一定的电压电平，以保护线路上的用电设备。如ZYSPD40K系列防雷器在额定放电电流40kA时的残压不大于2.2kV，这种防雷器可用于TN和TT连接的三相四线制电源系统以及TN连接的二线制电源系统。

（2）用于B区域的保护器。该区域的主要特点是：感应雷多，雷电电压远低于A区域，用在该区域的防雷器额定放电电流一般为20kA，残压一般在1.5kV以下。这种级别的产品适用于TN连接的三相电源系统，如ZYSPD20K系列防雷器就属于这一类。

（3）ZYSPD10K系列防雷器。这个级别的产品可作三级防雷用，在10kA额定放电电流时的残压比前者还要小，如可将电压限制在600V以下。

（4）用于通信系统电源的浪涌吸收保护器。此类保护器是专门用于通信电源24V和48V的，它可以将保护电压等级保持在60V以下，属于该类的产品有ZYSPD05K系列等。图5–3–3示出了通信系统电源的浪涌吸收保护器电路原理图。与电源防雷器的区别在于它除了放电管之外，还有滤波电感和稳压管，其目的是将放电管在额定放电电流时的残压经滤波电感和稳压管抑制后稳定在60V。若额定放电电流时的残压仍有很高的瞬时值，就由电感的电抗进行第二次抑制，由稳压管的雪崩效应进行第三次抑制。

（5）双绞线通信电路保护器。此类保护器主要用于双绞线通信信号线路机器设备的防雷，如程控交换设备、传真设备、电子电话、警报发生器等。属于这种功能的产品有ZYSPD–T系列，图5–3–4所示就是这种电路的原理结构图。这里没有采用电抗器而是采用降压电阻，为了更加安全，后面除了稳压管之外又增加了压敏电阻。

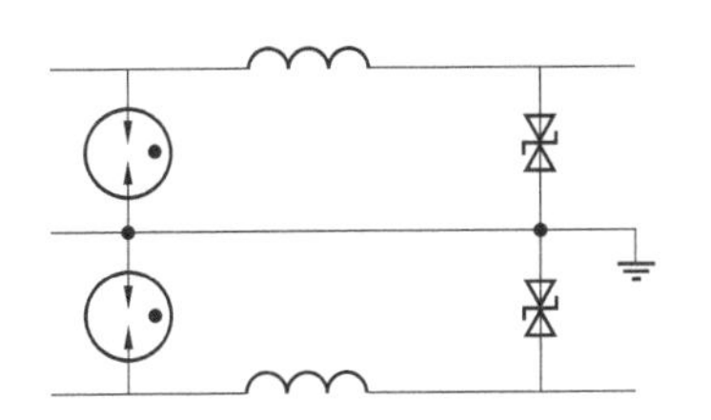

图5–3–3　通信系统电源的浪涌吸收保护器电路原理图

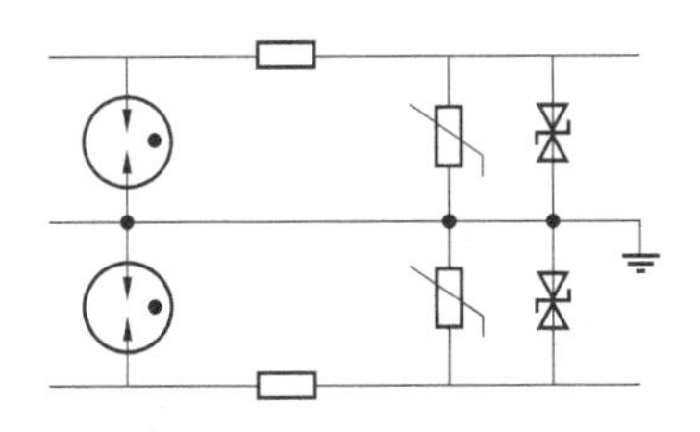

图5–3–4　双绞线通信电路保护器电路原理图

（6）网络信息线路保护器。属于这种功能的有ZYSPD–N系列，它主要用于广域网和局域网数据、信息传输线路机器设备的防雷和过电压保护，如DDN专线、Hub等设备。这种网络信息线路保护器分为用于广域网数据信息传输线路和设备，用于局域网数据信息传输线路和设备，有4线保护和8线保护等几类。

（7）高频天线馈线保护器。天线馈线是直接暴露在户外的，因此在雷雨天气时很容易将雷电的感应电压引入接收设备。由于这种保护器要串联在馈线中，所以必须保持和馈线有良好的阻抗匹配，以避免有较大的反射波（回波）。一般常用的同轴天线馈线的特征阻抗为50、75、93Ω。属于此类作用的产品有ZYSPD–C系列等。

四、防雷器的安装

根据TN和TT两种供电系统，防雷器也有两种安装形式。

（1）在TN供电系统中，3条相线（L1、L2、L3）和中性线N对地PE安装有防雷器，称为L–PE、N–PE保护，如图5–3–5所示。在这里采用的是并联结构的产品，卡装在35mm的导轨上。

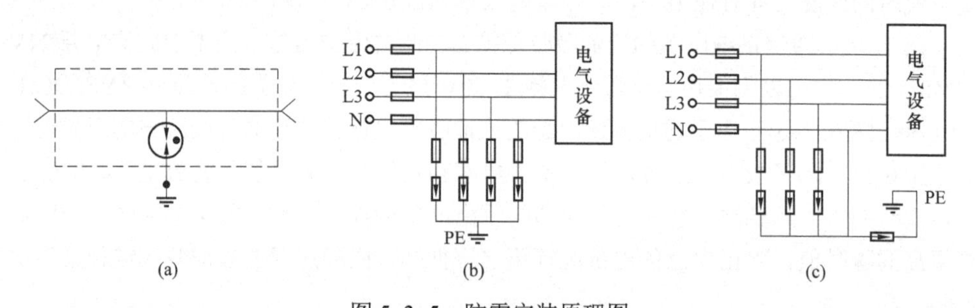

图5–3–5 防雷安装原理图

（a）防雷示意；（b）TN供电系统连接图；（c）TT供电系统连接图

（2）在TT供电系统中，3条相线（L1、L2、L3）对中性线N安装有防雷器，然后中性线N对地PE再安装防雷器，即所谓的L–N、N–PE保护。

信号线防雷器的外形完全是按照被保护设备的要求设计的，而且在说明书中也给出了安装的方法，很容易安装。

需要指出的是，各种防雷器性能再好，如果没有很好的接地装置也是枉然，因为千安级强大的雷电流会在地电阻上形成很高的电压，接地电阻越大这个电压就越高。为此尽量把接地电阻做小是有效防雷的基础条件。

五、计算机房的防雷与接地

1. 机房接地的必要性

计算机系统运行的稳定性在很大程度上取决于供电系统的稳定性。有些干扰问题也一直在影响着用户的情绪，如电网电压不稳定、零电位漂移数十伏、直流地极阻值大于1Ω、地极引线绝缘损坏以及地线横截面积小于50m^{2}等。我国区、县级电力系统运行条件比较差，而UPS一般又未选配隔离变压器，在这种情况下，将使UPS输出零电位对直流地之间电位差大于 1V 乃至数十伏，这将导致一些计算机系统无法投入运行。但是，UPS 系统是独立的工作系统，系统负载工作稳定，而且还可以均匀地分配在三相回路里；当 UPS 输出末端插座中性线、地之间电位差大于 1V 而小于 4V 时，可使 UPS 工作中性线二次重复接地；当 UPS 输出回路中性线、地电位差大于 4V 时，首先应检查中性线高电位是电力系统引起的还是 UPS 自身产生的。当中性线电位漂移大于 4V 时，一般都是电力系统产生的。由于电力系统电压波动大、三相负载平衡度差，从而造成中性点电压漂移大于 4V，在这种情况下，仅靠二次重复接地是解决不了问题的。如前所述，由于 UPS 是一个独立负载系统，三相和单相负载当然是自成负载回路，那么 UPS 工作中性线可以与电网工作中性线断开而独立接大地。

UPS 工作中性线独立接大地有两种接法：一种是接独立地极，地极阻值小于 3.5Ω 即可；另一种是接到直流地极上，从直流地极上接出两根横截面积大于 $50mm^2$ 的 BV 导线，将这两根导线同时引入机房分电柜中，并分别接到直流地极母线和 UPS 工作中性母线上即可。

2. 计算机房对干扰的接地防护

计算机系统运行不稳定的另一个因素是机房静电及空间强电磁场的干扰。

机房产生静电干扰，主要是由于机房的湿度偏低所致。因为静电地板里的氯分子具有很强的吸湿能力，可改变静电地板的电阻值。当机房湿度小于 30%时，抗静电地板呈现高阻抗（＞1010Ω），人在机房中行走时会产生大于 1000V 的静电电压，这个电压难于对大地释放。这时如果人体接触 MOS 电路，就很容易击穿组件模块。所以，计算机机房在干燥季节应通过加湿系统将机房湿度调节到大于 35%，才能减小静电对计算机的影响。

机房空间电磁场的干扰主要来自机房内部动力源电磁场和外部空间电磁场，故内部动力线应敷设在远离弱电系统的金属线槽内。至于外部空间电磁场，因现代机房已走向金属化维护结构，机房六面体（彩板墙体、金属吊顶和金属地板）的金属骨架采用的是网状组合并接大地，这样不仅可满足机房安全接地的要求，而且对雷电等干扰也具有一定的屏蔽效果。

图 5-3-6 示出了建筑物结构金属网与各公共点接地的情况。该建筑物的防雷系统是双层保护系统，外部空间是避雷针引下线保护，建筑物维护结构是金属骨架共点综合接地，也叫一点接地——等电位接地。等电位接地是当今机房接地认可的一种保护方式，机房里等电位接地不是把各种地（如保护地、交流地、直流地等）直接接成一点，而是通过等电位体接成一点。正常情况下，各种地是独立接大地的，只有雷击或浪涌电压冲击时，等电位体才被击穿，从而各地才对大地形成一点接大地的等电位。这时，外部的交流、通信、网络和天线等传输线路引入的浪涌冲击均会被大楼结构地吸收。

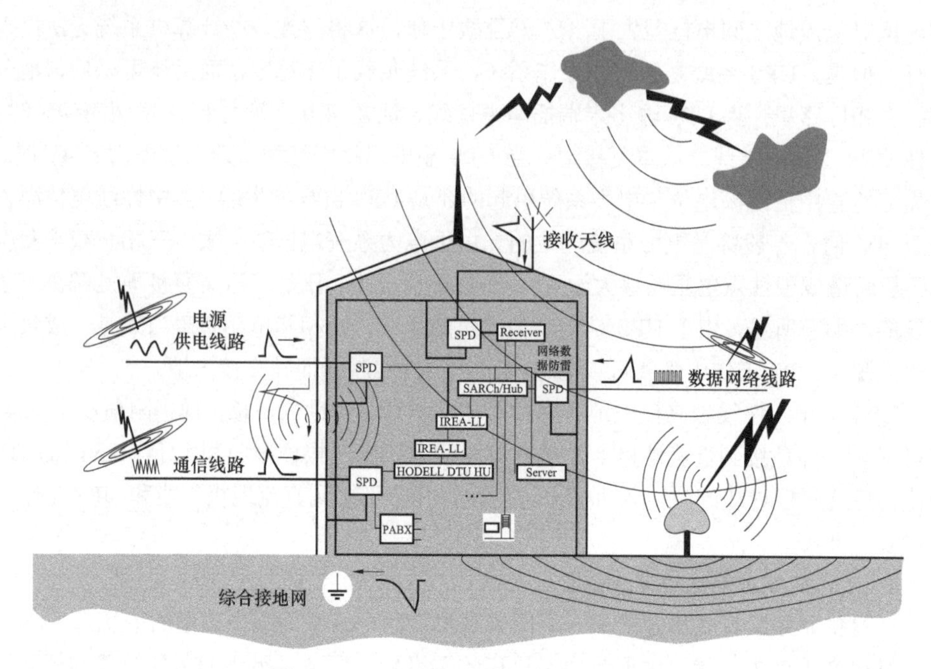

图 5–3–6 建筑物防雷接地系统示意图

所谓结构地，就是机房外围结构金属骨架的网点化接地。而金属顶板、彩色墙体和活动地板等金属体，均被安装在这些骨架上。因此这种等电位接地的方式不仅可避免浪涌电压的袭击，而且也隔离了空间电磁波及其相互之间的干扰。需要注意的是，直流地极应尽可能距离防雷地极 15m 以上。

3. 供电系统的保护

电流在架空线远距离传输过程中会受到外界因素的污染，尤其是雷电的污染更为严重。所以，在电网电压接入机房时，需要在入口处安装防雷器或称浪涌吸收器，图 5–3–7 所示就是供电系统的三级保护方案。需要注意的是，两个防雷器或浪涌吸收器的距离应大于 15m。接入防雷器后的雷击浪涌电压情况如图 5–3–8 所示。

经过三级防雷器抑制后，浪涌电压幅度衰减得很小：第一级将浪涌电压的幅度抑制在 2500～3000V，第二级又将其压缩到 1500～2000V，第三级将幅度控制在 1000V 以下，达到了可接受的输入程度。三级防浪涌器件的反应时间都必须小于 25ns。

在加防雷电浪涌措施时，市电总开关柜首当其冲，一般都要安装一级或二级防雷器，对于 UPS 输入柜和 UPS 输出柜则是二次、三次保护。所以，在远离大楼电源输入端的小型机房（小于 150m^2）里一般可不安装防雷器，因为若安装级数过多，反而有时会引起 UPS 输出系统死机。

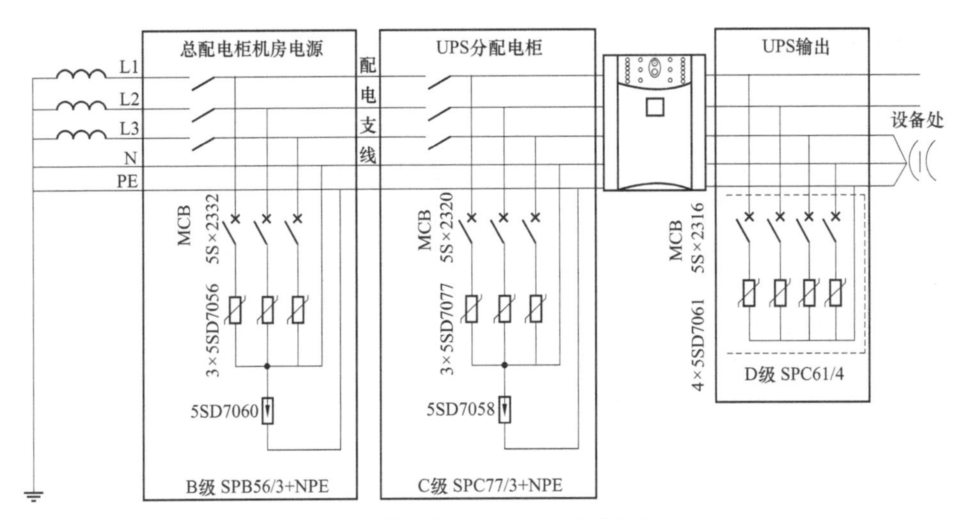

图 5–3–7　供电电路三级防雷电接地原理图

注：防雷器说明。

B 级：SPB56/3+NPE 为三相五线限流型电源防雷器，由 5SD7056 与 5SD7060 组成。防雷器的连接线采用 $16mm^2$ 的多股铜线。

C 级：SPC77/3+NPE 为三相五线限压型电源防雷器，由 5SD7077 与 5SD7058 组成。防雷器的连接线采用 $10mm^2$ 的多股铜线。

D 级：SPC61/4 为三相五线限压型电源防雷器，由 5SD7061 组成，防雷器的连接线采用 $10mm^2$ 的多股铜线。

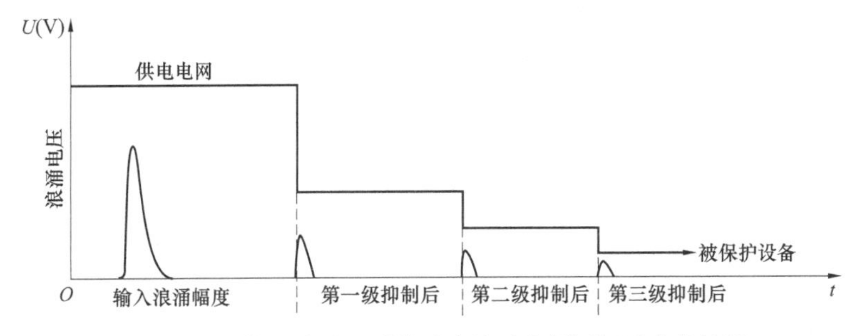

图 5–3–8　接入防雷器后的雷击浪涌电压逐级减小的情况

计算机场地建筑有的位于外部直接雷击区、雷击冲击波干扰区、电线电缆感应区或浪涌电压引入区等，为此应根据不同的情况采取不同的措施。对于直接雷击区不仅要有良好的防雷天线，而且要有良好的天线引下线（如在大楼柱子中，焊接良好的钢筋是理想的引下线）接至防雷地极网（电阻≤10Ω）。对于雷击冲击波的防范，一般可采用等电位体连接方式，如图 5–3–9 所示。

在图 5–3–9 中，将机房中的电源线（220/380V AC）外皮、C&I 或 EDP 电缆外皮和通信电缆外皮，以及水管、燃气管和阴极保护的输油管等，通过等电位连接体同时接到基本接地极上。而电源线和信号线又通过各自的保护器连到等电位接地体。

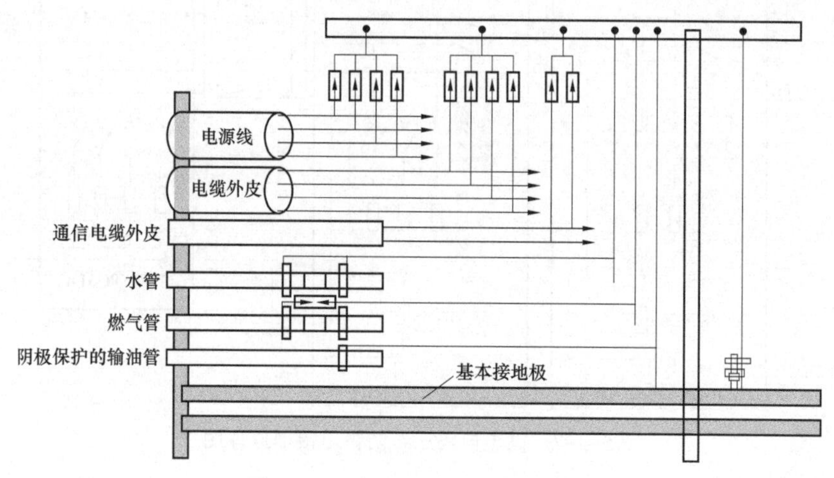

图 5–3–9 等电位体连接接地系统

图 5–3–10 所示是等电位接地网的形式与接公用网的情况。对强磁场感应区要采用屏蔽接地（机房结构金属体及线缆桥架良好地接地，屏蔽地极网电阻＜1Ω，桥架地极网电阻≤3.5Ω），对线缆浪涌电压要采用浪涌保护装置（接地极网电阻≤3.5Ω）等。

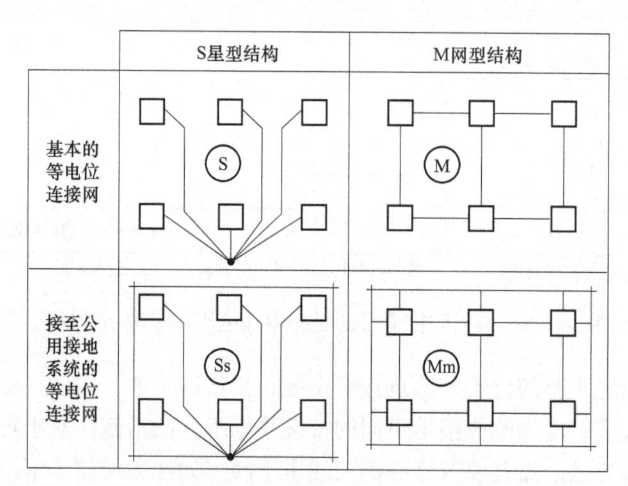

图 5–3–10 不同基本等电位连接网与公用接地系统的等电位连接情况

六、移动通信基站的防雷与接地

1. 供电系统的防雷与接地

（1）移动通信基站的交流供电系统应采用三相五线制供电方式。

（2） 移动通信基站宜设置专用电力变压器，电力线宜采用具有金属护套或绝缘护套电缆穿钢管埋地引入移动通信基站，电力电缆金属护套或钢管两端应就近可靠接地。

（3） 当电力变压器设在站外时，对于地处年雷暴日大于 20 天、大地电阻率大于 100Ω·m 的暴露地区的架空高压电力线路，宜在其上方架设避雷线，长度不宜小于 500m。电力线应在避雷线的 25° 保护范围内，避雷线（除终端杆处）应每杆作一次接地。为确保安全，宜在避雷线终端杆的前一杆上增装一组氧化锌避雷器。若已建站的架空高压电力线路防雷改造采用避雷线有困难时，可在架空高压电力线路终端杆和终端杆前第一、第三或第二、第四杆上各增设一组氧化锌避雷器，同时在第三杆或第四杆增设一组高压熔断器。

（4） 当电力变压器设在站内时，其高压电力线应采用电力电缆从地下进站，电缆长度不宜小于 200m，电力电缆与架空电力线连接处三根相线应加装氧化锌避雷器，电缆两端金属外护层应就近接地。

（5） 移动通信基站交流电力变压器高压侧的三根相线，应分别就近对地加装氧化锌避雷器，电力变压器低压侧三根相线应分别对地加装无间隙氧化锌避雷器，变压器的机壳、低压侧的交流中性线以及与变压器相连的电力电缆的金属外护层，应就近接地。出入基站的所有电力线均应在出口处加装避雷器。

（6） 进入移动通信基站的低压电力电缆宜从地下引入机房，其长度不宜小于 50m（当变压器高压侧已采用电力电缆时，低压侧电力电缆长度不限）。电力电缆在进入机房交流屏处应加装避雷器，从屏内引出的中性线不做重复接地。

（7） 移动通信基站供电设备的正常不带电的金属部分、避雷器的接地端，均应作保护接地，严禁做接零保护。

（8） 移动通信基站直流工作地，应从室内接地汇集线上就近引接，接地线截面积应满足最大负荷的要求，一般为 35～95mm^2，材料为多股铜线。

（9） 移动通信基站电源设备应满足相关标准、规范中关于耐雷电冲击指标的规定，交流屏、整流屏（或高频开关电源）应设有防护装置。

（10）电源避雷器和天馈线避雷器的耐雷电冲击指标等参数应符合相关标准、规范的规定。

2. 铁塔的防雷与接地

（1） 移动通信基站铁塔应有完善的防直击雷及二次感应雷的防雷装置。

（2） 移动通信基站铁塔宜采用太阳能塔灯。对于使用交流电馈电的航空标志灯，其电源线应采用具有金属外护层的电缆，电缆的金属外护层的塔顶及机房入口处的外侧就近接地。塔灯控制线及电源线的每根相线均应在机房入口处分别对地加装避雷器，中性线应直接接地。

3. 天馈线系统的防雷与接地

（1）移动通信基站天线应在接闪器的保护范围内，接闪器应设置专用雷电流引下线，材料宜采用 40mm×4mm 的镀锌扁钢。

（2）基站同轴电缆馈线的金属外护层，应在上部、下部和经走线架进机房入口处就近接地，在机房入口处的接地应就近与地网引出的接地线妥善连通。当铁塔高度大于或等于 60m 时，同轴电缆馈线金属外护层还应在铁塔中部增加一处接地。

（3）对于同轴电缆馈线进入的感应雷，馈线避雷器接地端子应就近引接到室外馈线入口处接地线上，选择馈线避雷器时应考虑阻抗、衰耗、工作频段等指标与通信设备相适应。

4. 信号线路的防雷与接地

（1）信号电缆应由地下进出移动通信基站，电缆内芯线在进站处应加装相应的信号避雷器，避雷器和电缆内的空线对均应做保护接地。站区内严禁布放架空缆线。

（2）对于地处年雷暴日大于 20 天、大地电阻率大于 100Ω·m 地区的新建信号电缆，宜采取在电缆上方放排流线或采用有金属外护套的电缆，亦可采用光缆，以防雷击。

5. 其他设施的防雷与接地

（1）移动通信基站的建筑物应有完善的防直击雷及抑制二次感应雷的防雷装置（避雷网、避雷带和接闪器等）。

（2）机房顶部的各种金属设施，均应分别与屋顶避雷带就近连通。机房屋顶的彩灯应安装在避雷带下方。

（3）机房内走线架、吊挂铁架、机架或机壳、金属通风管道、金属门窗等均应做保护接地，保护接地引线一般宜采用横截面积不小于 $35mm^2$ 的多股铜导线。

【思考与练习】

1. 防雷器的主要技术参数有哪些？
2. 简述防雷器的分类。
3. 简述防雷器的安装。

模块 4 交流电源及 UPS 安装配置（Z29G1004Ⅲ）

【模块描述】本模块包含交流电源及 UPS 的安装配置。通过应用介绍，熟悉机房供电方案和供电电源的配置要求。

【模块内容】

一、供电方案

计算机场地供电系统的高可用性，是建立在电力系统从高压→低压→UPS→插座这样一个完整和独立的供配电系统中的。机房中的供电系统包括市电、配电开关柜、柴油发电机、UPS 和蓄电池等。供电系统中的每一个环节都应具有可扩展性和可管理性，尤其是低压配电 ATS 自动切换以及 UPS 冗余系统，对于这些系统都应精心设计、精心施工和进行系统化测试。

1. 双路市电供电方案

以前的计算机房多是单电网供电，随着业务量的变大和设备的增加，原来的容量已不足以支持增容后的设备量；另外，原来系统的容量没有增加，但重要性增加了，因而对系统的可用性要求增加了，而提高可用性最有效的办法就是冗余供电，这就必须在原有的基础上进行改造，这种情况比较普遍，图 5–4–1 就是其中一个提高可用性的机房改造方案原理图。在这个例子中，原来系统的容量小于 300kVA，后来容量虽然不变，但为了满足提高可用性的要求，只好在第二路供电电网上另外增加一个 Dy 连接的变压器，这样就变成了双电源供电。该两路输入电压通过一个自动互投开关 ATS1 转换成一路输出。为了使供电系统具有更高的可用性，另外又增加了一台 400kVA 的柴油发电机。在此，柴油发电机又与转换后的市电形成冗余关系，经第二级自动互投开关 ATS2，再将市电与发电机转换成了一路，形成最后的输出。ATS3 是发电机自身的输出自动开关。

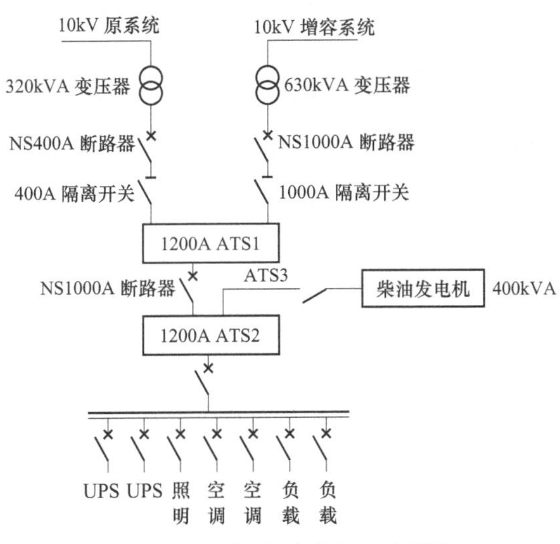

图 5–4–1　机房改造方案原理图

2. 双总线供电方案

双总线供电是比图 5–4–1 高一个级别的冗余供电方式，如图 5–4–2 所示。其不同之处在于它不但是双路市电供电，UPS 采用了冗余方式，而且又通过转换开关将两组冗余系统进一步冗余，使可用性得到进一步提高。一般称这种两组 UPS 互投的供电方式为双总线供电。

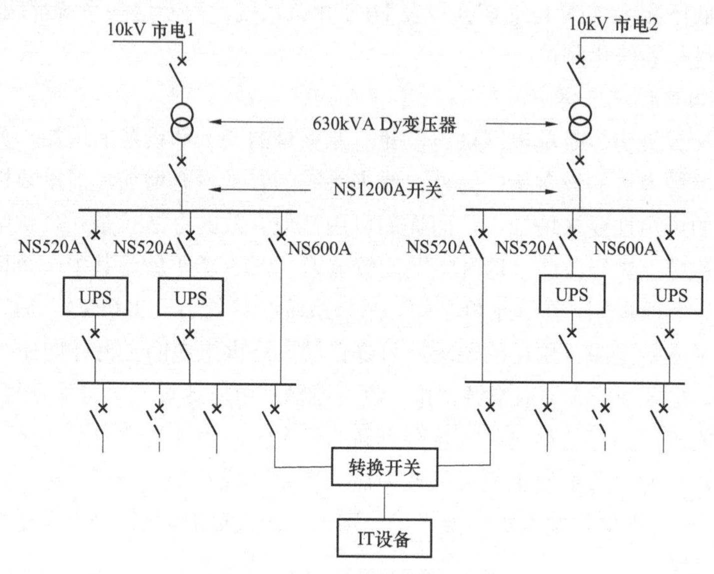

图 5–4–2 双总线供电原理图

（1）集中切换。它的特点是将整个 UPS 的容量进行集中切换。在这种情况下的转换开关多用 ATS，并且电缆连线和切换较为简单：只需将两台 UPS 的输出电缆连接在静态转换开关 ATS 的输入端即可，静态转换开关的输出端一般不直接与用电设备相连，只是起一个中转的作用。

这种切换方式造价高，有一定的瓶颈效应。

（2）分散切换。它的特点是每一个开关只将 UPS 的一部分容量进行切换。在这种情况下的转换开关多用冗余开关（Redundant Switch）。这种切换方式的优点是直接与用电设备相连，而且投资比集中切换式廉价得多，即使开关出现故障，也不会影响大局。由于它必须将连线直接引向每一个用电设备，所以连线比集中式多。

3. UPS 冗余供电方案

UPS 冗余供电方案也是一种常用的提高供电可用性的手段。冗余分串联冗余、切换冗余和并联冗余三种。

（1）串联冗余。串联冗余就是将主供电 UPS 的旁路输入与备用 UPS 的输出相连，构成主从供电系统，以达到高可用性的目的。这种方案主要用于无并联功能的 UPS 或不同厂家的 UPS。

（2）切换冗余。这种方式主要应用在 UPS 既不能串联连接，又不能并联连接的场合，或用在两组电源系统切换的场合。

（3）并联冗余。这是一种单机冗余的最好方式，它不但有着负载均分的功能，而且也有过载能力强的优点。因此它的优点是串联冗余方案所无法比拟的，也是切换冗余方案在单机情况下所无法比拟的。

以上的几种冗余方案都应该是建立在同容量规格的基础上，因为当 UPS 的容量不同时，其冗余连接后的 UPS 容量要以容量最小的那一台为准。

根据不同的要求，能将系统可用性做到 0.999 99（允许年停电时间 5min）或 0.999 999 9（允许年停电时间 3min）。这种对系统一体化设计和集中式构成的解决方案，极大限度地减轻了用户的投资压力和烦琐的施工过程。

二、供电电源

计算机系统应拥有独立的供配电系统，独立性是计算机供配电系统稳定性和可控制性的关键。供配电系统的独立性、稳定性要求大型场地系统具有高压变配电系统、ATS 后备电源自动切换系统、UPS 并机冗余系统等，以确保计算机系统的运行不间断性和连续运行稳定性。对于中小型机房，要求在大楼配电系统里有专用开关和专用电缆给机房供电。供配电系统可控制性是，一旦机房发生火情，消防联动系统可紧急切断电源（UPS、空调、新风、照明和辅助电源）。然而有些经过改造的中小型机房供电是多支路的，如 UPS 由大楼配电柜供电，动力、照明和墙壁插座等又由大楼竖井供电，这样不仅多支路控制比较复杂，甚至有些回路是不可控的，致使电力系统供电混乱。如 UPS 虽然运行正常，但空调动力因大楼供电故障而不得不停止运行，这样会对系统的正常工作造成威胁，从而使计算机供配电系统供电的连续性和可靠性变差。

计算机或其他 IT 设备机房使用的供电电源，除有一些直接使用市电外，还有交流稳压电源、UPS 和燃油发电机等，采用这些中间电源的目的即稳压、抗干扰和不间断。

1. 交流稳压电源

交流稳压电源也称交流稳压器，主要用来对输入市电电压进行稳定和净化，给 IT 设备创造一个良好的工作环境。目前的交流稳压电源大致可分为以下几个类型：参数稳压器、净化电源（正弦能量分配器）、自动调整稳压器、Delta 变换串/并联调整稳压器等。

（1）参数稳压器。这是一种利用铁磁谐振原理构成的稳压电路。一般容量都不太大，大都是几十千伏安以下。这种电路的性能稳定、可靠性高，不怕负载端短路。其不足之处是效率偏低，受输入端的频率影响较大，多为单相调整，对电感性负载的兼容性不理想。

（2）净化电源。也称正弦能量分配器，是根据等效电感量的变化原理来实现补偿功能的。这种电路的效率比前者高，相对而言体积小、重量轻，但一般容量不大，且对电感性负载的兼容性不理想。

由于上述两种电源多为单相调整，在容量不太大而又无其他产品时可供使用。

（3） 自动调整稳压器。这种稳压器实际上是一种自动调整的自耦调压器。这种产品具有效率比较高、可以做成容量较大（如 100kVA 以上）的三相产品以及对负载性质要求不高等特点。由于这种产品的调压机理是通过触点的移动，调压点不论是滑动还是滚动都存在着惰性，因此动态响应速度较慢。而且由于工作中存在有跳火和触点磨损问题，所以产品的寿命较短，输出电压有时有跳动。

交流稳压电源只具有稳压和滤波抗干扰功能，无不间断的作用。这种产品应用面比较广，它不但用在为设备直接供电的场合，而且在很多情况下还用在 UPS 的前端。

（4） Delta 变换串/并联调整稳压器。这是目前性能最完善的交流稳压器之一，它克服了上述几种电路的缺点。容量可以从几千伏安做到几百兆伏安，结构可做成单相或三相，可实现全电子电路调节，系统效率高，反应速度快，过载能力强，滤波效果好，是上述几种电路所无法比拟的。

2. UPS

UPS（Uninterruptible Power Supply）是不间断电源系统的简称，作用是提供不间断的稳定可靠的交流电源。UPS 是现代 IT 设备的必备配套产品，尤其是数据中心、控制中心、指挥中心、通信中心和医疗中心设备等地方，几乎是无所不在。

UPS 有两大类，即旋转发电机式和静止变换式，目前大多数地方用的是静止变换式。而静止变换式也可概括地分为两大类：单变换器式和双变换器式。在市电正常供电的情况下，如果只有一个变换器工作，就属于单变换器式；若在市电正常供电的情况下，两个变换器都在工作，就属于双变换器式，双变换器式都是在线式。在市电异常而电池放电时，则都是一个变换器（逆变器）工作。

属于单变换器式的 UPS 有三端口、在线互动式和后备式三种结构，后备式工作方式应用最广泛。只有三端口是在线式工作方式。

属于双变换器式的 UPS 有传统双变换和 Delta 变换两种，前者属串联调整在线式工作方式，后者属串/并联调整双重在线式工作方式。

各种规格的 UPS 在机房中均有应用，尤其是中大容量的 UPS。如果给机房供电的还有燃油发电机，则对发电机容量的选择应注意以下几点：

（1） 如果采用的 UPS 输入功率因数是 0.8 或以下，则发电机的容量应大于或等于 UPS 容量的 3 倍。

（2） 如果采用的 UPS 输入功率因数是 0.95 以上，发电机的容量应大于或等于 UPS 容量的 1.5 倍。

（3） 如果 UPS 负载的功率因数平均为 0.8 左右，而 UPS 又是单机供电的情况，这时即使 UPS 的输入功率因数在 0.99 以上，发电机的容量也应大于或等于 UPS 容量的 3 倍。因为负载在 UPS 旁路供电时，发电机面对的不是功率因数为 0.99 的 UPS，而是功率因数为 0.8 的负载。

（4） 如果 UPS 是输入功率因数在 0.95 以上的多台冗余连接供电方式，则其发电机的容量可根据情况取 UPS 容量的 1.5 倍。

三、UPS 蓄电池配置计算方法

在市电中断（停电）时，UPS 能不间断地供电的原因是有蓄电池储能，所能供电时间的长短由蓄电池的容量大小决定。UPS 蓄电池配置的计算方法如下：

1. 影响备用时间的因素

（1） 负载总功率 P_t。考虑到 UPS 的功率因数，在计算时可直接以 P_t 的伏安（VA）为单位计算。

（2） 蓄电池放电后的终止电压 U_L。2V 电池的 U_L=1.7V，12V 电池的 U_L=10.2V。

（3） 蓄电池的浮充电压 U_f。2V 电池的 U_f=2.3V，12V 电池的 U_f=13.8V。

（4） 电池容量换算系数（C_t/C_{10}）K_h。10h 放电率为 1，5h 放电率为 0.9，3h 放电率为 0.75，1h 放电率为 0.62。

（5） 电池的工作电流 I、连续放电时间 T、UPS 外接电池的直流供电电压 U。

2. 计算方法

（1） 12V 单体电池的数量 N

$$N=U/12$$

2V 单体电池的数量为 $6N$。

（2） 电池工作电流 I

$$I=P_t/U$$

（3） 实际电池容量 C

$$C=IT/K_h$$

例如：功率为 1kVA 的电源备用时间 4h，选择 UPS 的型号为 HP9101H，U=36V，则

$$N=36/12=3\text{（节）}$$

$$I=1000/36=28\text{（A）}$$

$$C=28\times4/0.9=124\text{（A·h）}$$

电池的配量可选用 100A·h 一组 3 节或 65A·h 二组 6 节，选用的结果有偏离，可根据用户的需求和成本考虑。

根据以上计算方法，可列表进行计算，如某品牌 UPS 电池配置见表 5–4–1。

表 5-4-1 某品牌 UPS 电池配置

后备时间	总功率（kVA）	电池数量	时间数	放电系数 K	理论电池容量（A·h）	实际电池容量（A·h）
30min	1	3	0.5	0.5	30	21
1h	1	3	1	0.62	48	34
2h	10	32	2	0.68	83	58
3h	10	32	3	0.75	113	79
4h	1	3	4	0.8	151	106
5h	10	32	5	0.9	157	110
6h	10	32	6	0.92	185	130
8h	1	3	8	0.96	252	176
10h	20	20	10	1	909	636

注 1. 放电率按电池在常温下计算，不同品牌的电池其放电率也不同，其值也应改变。
2. 理论电池容量=总功率×时间/（11×电池数量×放电系数）。
3. 实际电池容量取理论电池容量的 N 倍（N 可选 0.6、0.7、0.8、0.9 等）。

【思考与练习】

1. 画出双路市电供电方案图。
2. 画出双总线供电方案图。
3. 双变换器式 UPS 有何优点？

模块 5 GPRS/CDMA 通信设备调试及维护（Z29G1005Ⅲ）

【模块描述】本模块包含 GPRS/CDMA 通信设备的调试和维护内容。通过步骤讲解，掌握 GPRS/CDMA 通信设备的调试方法及其常见故障的处理方法。

【模块内容】

一、设备

GPRS 与 CDMA 通信设备包括表计终端、SIM 卡和主站（装有 2004 版规约测试系统）。

二、步骤

（1）将有金额的 SIM 卡插入表计终端，上电，通过查看“用户设置”→“GPRS 参数设置”确认表计终端设置的 IP 地址，端口号与主站应一致，若不同，可直接通过按键进行设置。

（2）通过查看“常用数据”→“GPRS 状态”，可依次看到“模块重新启动”“波特率检测”“初始化”“登录间隔等待”“短消息接收”“正在建立连接”“发送登录包处理”“TCP/IP 连接成功”等状态。当显示“TCP/IP 连接成功”，通常表示已登录主站。若某个过程没完成，就会出现“正在断开连接”，再重复以上流程。在网络状况好时，不一定每个状态全都显示，就直接进入“TCP/IP 连接成功”。

（3）通过查看“常用数据”→“信号强度”，得到模块上电时的信号强度，范围为 0～31，作为现场场强强弱的参考依据。一般情况 10 以上连接是比较可靠的，10 以下有时也能登录主站，但通信成功率会降低。也可直接在主菜单右上角，看“〉〉〉〉〉”图标，一格代表 6。注意该信号强度是瞬时值，可通过上下电或按复位键反复查看信号强度。

（4）登录主站后，主站将进行：① 下发 F65，定时发送 1 类数据任务设置（将数据单元标识个数设为 32）；② 召测 F65；③ 召测终端时钟。通过多次召测检测通信成功率，同时观察通信时间，一般完成一次通信时间在 3s、4s。

以上是简易的检测方法。当然也可通过手机在当地进行 GPRS 上网，若连手机都不能上网，那当地肯定无法满足 GPRS 终端安装的条件。

送检终端要求购买当地 SIM 卡，并向 1860 确认开通 GPRS 功能。一般有 CMWAP 和 CMNET 两种，终端的 APN 地址需做相应设置。

（5）天线安装。一般终端所配天线为短天线，安装在终端内。但若终端安装现场信号强度不好，导致 GPRS 通信不正常，则可根据用户需求改换为车载式长天线，引出到终端外，并放置在信号强度最好的地方，以达到最好的通信效果。

（6）检查 GPRS 与 CDMA 终端通信模块指示灯状态。终端通信模块上共有五个指示灯：在面板上的定义分别为网络、数传、电源、TX、RX。若终端天线已连接，且 SIM 卡插入，则终端上电后，“电源”指示灯亮 3s 后熄灭，大约 10s 后重新亮起，表示给 GPRS 模块重新上电。再等待大约 3s，网络灯亮起 2～3s（正常情况），然后“数传”灯闪烁，表示 GPRS 模块与 GSM 网络正在通信，此时可看到“TX”“RX”灯闪烁，表示主控模块正在对 GPRS 模块进行各项设置。待“网络”灯进入慢闪，“数传”灯不再闪烁时，在显示屏“常用数据”项中若看到“TCP/IP 连接成功”，表示终端已顺利与主台连接。

三、常见故障处理

GPRS/CDMA 常见故障现象、原因及排除故障方法见表 5–5–1。

表 5–5–1　　常见故障现象、原因及排除故障方法

序号	现　象	原　因	排除故障方法
1	终端能显示信号强度，可发送登录包，但与主台无法连接	终端地址不对	重新设置终端地址
		终端 GPRS 参数不对	检查并重新终端 GPRS 参数
		网络繁忙或故障	等待一段时间再重新连接

续表

序号	现 象	原 因	排除故障方法
2	终端通信模块指示不正常	若电源灯长时间不亮，则通信模块损坏	更换通信模块
		电源灯亮时，网络灯常亮，GPRS 网络通信条件不满足	检查 SIM 卡是否有余额、是否插好，天线连接是否正常

【思考与练习】

1. “常用数据”→“GPRS 状态窗口”显示哪些内容？

2. GPRS/CDMA 信号强度达到多少才能传数据？

模块 6 其他通信设备调试及维护（Z29G1006Ⅲ）

【模块描述】本模块包含光端机和 PCM 设备的调试和维护内容。通过功能介绍和流程说明，掌握光端机的系统结构与硬件接口，熟悉光接口指标及电接口指标，熟悉光端机工程工作流程和 PCM 工程工作流程。

【模块内容】

一、系统总体结构

如图 5–6–1 所示，光端机从功能层次上可分为硬件系统和网管软件系统，两个系统既相对独立，又协同工作。硬件系统是设备的主体，可以独立于网管软件系统工作。

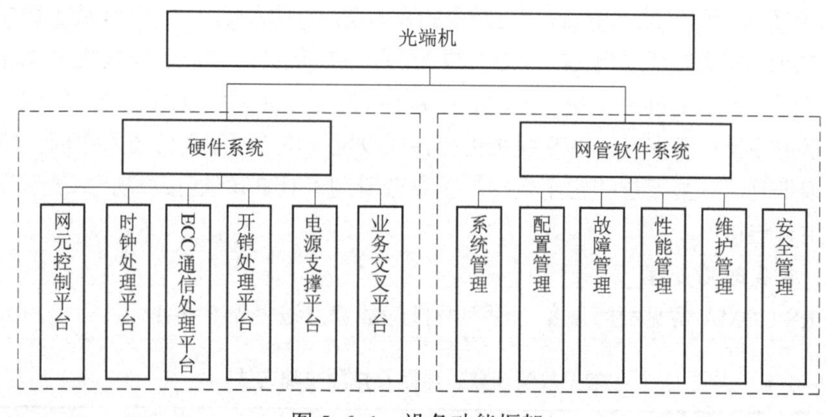

图 5–6–1 设备功能框架

1. 硬件系统

光端机硬件系统采用“平台”的设计理念，拥有网元控制平台、时钟处理平台、ECC 通信处理平台、开销处理平台、电源支撑平台以及业务交叉平台。

通过平台的建立、移植以及综合，光端机形成了各种功能单元或功能单板，根据不同的组网要求，通过一定的连接方式可配置为 TM、ADM 和 REG 三种类型，组合成一个功能完善、配置灵活的 SDH 设备。

如图 5–6–2 所示，光端机设备由业务交叉单元、系统定时单元、业务接口处理单元、网元控制单元组成，并将业务交叉单元和系统定时单元作为系统的核心。

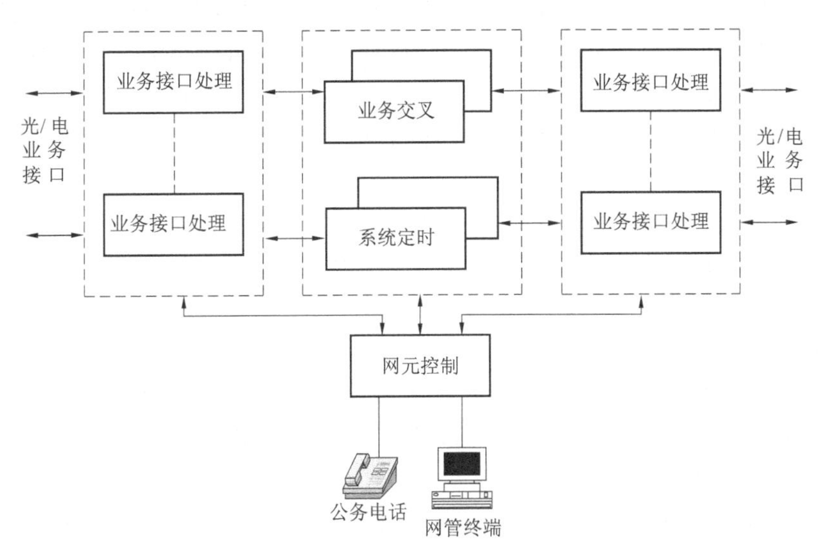

图 5–6–2　光端机设备信号处理流程框图

在光端机中，各种 SDH 接口、PDH 接口、数据接口经过接口匹配、复用解复用（以及映射）、适配等过程，转换为统一的 AU–4/AU–3 业务总线，在空分/时分矩阵内完成各个线路方向和各个接口的业务交叉。

在整个业务流程中，由系统定时单元将系统时钟分配至各单元，以确保网络的同步。用于承载网元控制信息的开销字节，由业务接口处理单元提取后送入网元控制单元，再由网元控制单元上报网管，同时，网管的配置或控制命令也经过网元控制单元、业务接口处理单元插入相应的开销字节位置，通过光纤传递至目的网元。

2. 网管软件系统

光端机设备采用网管软件实现设备硬件系统和传输网络的管理和监视，协调传输网络的工作。光端机系统采用四层结构，分别为设备层、网元层、网元管理层和子网管理层，并可向网络管理层提供 Corba 接口。

（1） 层次介绍。

1） 设备层（MCU）：负责监视单板的告警、性能状况，接收网管系统命令，控制单板实现特定的操作。

2）网元层（NE）：在网管系统中为Agent，执行对单个网元的管理职能，在网元上电初始化时对各单板进行配置处理，正常运行状态下负责监控整个网元的告警、性能状况，通过网关网元（GNE）接收网元管理层（Manager）的监控命令并进行处理。

3）网元管理层（Manager）：用于控制和协调一系列网元，包括管理者Manager、用户界面GUI和本地维护终端LMT。其中，网元管理层的核心为Manager（或服务器Server），可同时管理多个子网，控制和协调网元设备；GUI提供图形用户界面，将用户管理要求转换为内部格式命令下发至Manager；LMT通过控制用户权限和软件功能部件实现GUI和Manager的一种简单合成，提供弱化的网元管理功能，主要用于本地网元的开通维护。

4）子网管理层：子网管理层的组成结构和网元管理层类似，对网元的配置、维护命令通过网元管理层的网管间接实现。子网管理系统下发命令给网元管理系统，网元管理系统再转发给网元，执行完成后，网元通过网元管理系统给子网管理系统应答，并可向网络管理层提供Corba接口。

（2）接口说明。

1）Qx接口：Agent与Manager的接口，即NCP板与Manager程序所在计算机的接口，遵循TCP/IP协议。

2）F接口：GUI与Manager的接口，即GUI与Manager程序所在计算机的接口，遵循TCP/IP协议。

3）f接口：Agent与LMT的接口，即NCP板与维护终端的接口，维护终端安装有相应的网管软件，遵循TCP/IP协议。

4）S接口：Agent与MCU的接口，即NCP板与单板的通信接口。S接口采用基于HDLC通信机制进行一点对多点的通信。

5）ECC接口：Agent与Agent的接口，即网元与网元之间的通信接口。ECC接口采用DCC进行通信，可考虑同时支持自定义通信协议和标准协议，在Agent上完成网桥功能。

二、光接口指标

1. 传输码型

有关光纤系统的大量运行经验表明，各种线路码型在实际性能上的差异不大，国际电信联盟电信标准分局（ITU–T）为了就线路码型达成世界性的标准，最终采纳了最简单的扰码方式。这种码型的线路速率不增加，无光功率代价，误码监视问题可以通过开销中的专用误码监视字节解决，不必依靠线路码型本身；缺点是不能完全防止信息序列的长连“0”或长连“1”的出现。在实际应用中，只要接收机定时提取电路

的 Q 值（品质因数）足够高，就不会发生问题。

2. 光发送信号的眼图模框

发送光脉冲通常可能有上升沿、下降沿、过冲、下冲和振荡现象，这些都可能导致接收机灵敏度的劣化，因此必须加以限制。为防止接收机灵敏度过分劣化，要对发送信号的波形加以限制，通常是用在发送点 S 上发送的眼图模框来规范发送机发出的光发送信号的脉冲形状。光发送信号眼图模框如图 5–6–3 所示。

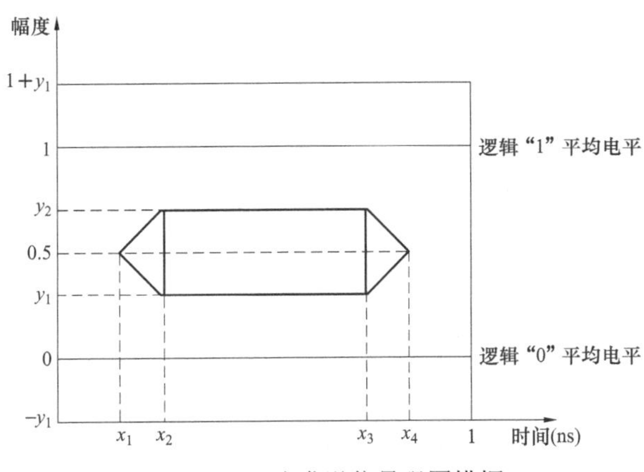

图 5–6–3　光发送信号眼图模框

不同的 STM 等级的系统，应满足相应的不同模板形状的要求，模板参数见表 5–6–1。

表 5–6–1　光发送信号眼图模板参数

参　数	STM–1	STM–4	STM–16
x_1/x_4	0.15/0.85	0.25/0.75	—
x_2/x_3	0.35/0.65	0.40/0.60	—
y_1/y_2	0.20/0.80	0.20/0.80	0.25/0.75
x_3/x_2	—	—	0.2

3. 平均发送光功率

平均发送光功率是指发送机耦合到光纤的伪随机数据序列的平均功率在 S 参考点上（光板 OUT 口）的测试值。发送机发送的光功率与传送的数据信号中“1”所占的比例有关，“1”越多，发送光功率大。当传送的数据信号是伪随机序列时，“1”和“0”大致各占一半，将这种情况下的光功率定义为平均发送光功率。

STM–N 平均发送光功率参数见表 5–6–2。

表 5–6–2　　STM–N 平均发送光功率　　（dBm）

参数	STM–1	STM–4	STM–16
长距离指标	5～0	3～2	2～3（L 16.2）
短距离指标	8～15	8～15	5～0

4. 平均接收光功率

平均接收光功率是上（下）游站点发送机发送过来的，耦合到光纤的伪随机数据序列的平均功率在本站点的测试值。平均接收光功率的测量目的是检查光缆线路有无断路、实际损耗，各接口的连接是否良好。对平均接收光功率的要求为：平均接收光功率应大于相应型号光板的最差灵敏度，而小于相应型号光板的过载光功率。

5. 消光比

消光比是最坏反射条件时，全调制条件下，发射光信号平均光功率与不发射光信号平均光功率的比值。STM–N 光接口消光比指标见表 5–6–3。

表 5–6–3　　STM–N 光接口消光比指标

<table>
<tr><th rowspan="2">型号</th><th colspan="4">STM–1</th><th colspan="5">STM–4</th><th rowspan="2">STM–16</th></tr>
<tr><th>S–1.1</th><th>S–1.2</th><th>L–1.1</th><th>L1.2</th><th>S–4.1</th><th>S–4.2</th><th>L–4.1</th><th>L–4.2</th><th>L–4.3</th></tr>
<tr><td>最小消光比</td><td colspan="2">8.2</td><td colspan="2">10</td><td colspan="2">8.2</td><td colspan="3">10</td><td>8.2</td></tr>
</table>

6. 接收机灵敏度

接收机灵敏度是在接收点 R 参考点上，达到规定的误码率（BER）所能接收到的最低平均光功率。ZXMP S330 STM–N 接收机灵敏度见表 5–6–4。

表 5–6–4　　STM–N 接收机灵敏度　　（dBm）

<table>
<tr><th rowspan="2">型号</th><th colspan="5">STM–1</th><th rowspan="2">STM–4</th><th colspan="3">STM–16</th></tr>
<tr><th>S–1.1</th><th>S–1.1</th><th>L–1.1</th><th>L–1.2</th><th>L–1.3</th><th>I–16</th><th>L–16.1</th><th>L–16.2</th></tr>
<tr><td>最差灵敏度</td><td colspan="2">28</td><td colspan="3">34</td><td>28</td><td>18</td><td>27</td><td>28</td></tr>
</table>

7. 接收机过载光功率

接收机过载光功率定义为使 R 点处达到规定的比特误码率（BER）所需要的平均接收光功率可允许的最大值。接收机过载光功率见表 5–6–5。

表 5–6–5　　STM–N 接收机过载光功率　　（dBm）

型号	STM–1					STM–4	STM–16		
	S–1.1	S–1.1	L–1.1	L–1.2	L–1.3		I–16	L–16.1	L–16.2
最小过载点	8		10			8	3	9	9

8. 光输入口允许频偏

输入口允许频偏是指当输入口接收到频偏在规定范围内的信号时，输入口仍能正常工作（通常用设备不出现误码来判断）。

9. 光输出口 AIS 速率

AIS 信号速率是指当 SDH 设备输入口光信号丢失故障情况下应从输出口向下游所发的 AIS 信号的速率，且其速率偏差应在一定的容限范围内。

三、电接口指标

SDH 网络的 155 520kbit/s 的 STM–1 信号在使用电信号接口的情况下，采用编码信号反转（CMI）码，CMI 是一种两电平不归零码。2048kbit/s 和 34 368kbit/s 电信号采用三阶高密度双极性码（HDB3）。

1. 输入口允许衰减和允许频偏及输出口信号比特率容差

输入口允许衰减就是要求输入口在接收到经标准连接电缆衰减后的信号时仍能正常工作（通常用设备不出现误码来判断）。

输入口允许频偏是指当输入口接收到频偏在规定范围内的信号时，输入口仍能正常工作（通常用设备不出现误码来判断）。

输出口信号比特率容差是指实际数字信号的比特率和规定的标称比特率的差异程度，应不超过各级接口差别允许的范围，即容差。

ZXMP S330 输入口允许衰减和允许频偏以及输出口信号比特率容差见表 5–6–6。

表 5–6–6　　输入口允许衰减和允许频偏以及输出口信号比特率容差

接口速率（kbit/s）	输入口允许衰减（平方根规律衰减）	输入口允许频偏	输出口比特率容差
1544	0～6dB，772kHz	＞±32B	＜±32B
2048	0～6dB，1024kHz	＞±50B	＜±50B
34 368	0～12dB，17 184kHz	＞±20B	＜±20B
44 736	0～20dB，22 368kHz	＞±20B	＜±20B
155 520	0～12.7dB，78MHz	＞±20B	＜±20B

2. 输入/输出口反射衰减

输入口或输出口的实际阻抗和标称阻抗的差异会导致信号反射，其反射须控制在一定的范围内，该指标用反射衰减来规范。ZXMP S330 各接口的输入/输出口反射衰减指标要求见表 5–6–7。

表 5–6–7 输入/输出口反射衰减指标要求

接口比特率（Mbit/s）	测试频率范围	反射衰减（dB）
2（输入口）	51.2～102.4kHz	≥12
	102.4～2048kHz	≥18
	2048～3072kHz	≥14
34（输入口）	860～1720kHz	≥12
	1720～34 368kHz	≥18
	34 368～51 550kHz	≥14
155（输入/输出口）	8～240MHz	≥15

3. 输入口抗干扰能力

由于在数字配线架上和数字输出口的阻抗失配，会在接口处产生信号反射，为了保证对这种信号反射有适当的承受能力，要求当输入口加入一个下述的干扰信号时不应产生误码：

（1）干扰信号：与主信号具有相同的标称频率及容差，具有相同的波形及码型，但两者不同源。

（2）主信号与干扰信号比为 18dB。

4. 输出口波形

输出口波形是指在输出口规定的测试负载阻抗条件下，所测得的信号波形参数，指标应符合 G.703 建议的模板。

四、接口

1. 背板接口

背板接口分布如图 5–6–4 所示。

（1）电源接口：子架直流电源输入，与电源分配箱的 POWER OUTPUT 接口相连。采用 D 型三芯插座，由上至下依次定义为 48V、GND、PE、48V。

（2）接地柱：为系统保护地，与汇流排相连接。采用预绝缘端子。

（3）灯板告警接口：灯板告警输出，与灯板告警输入接口相连接。采用 DB15 接口。

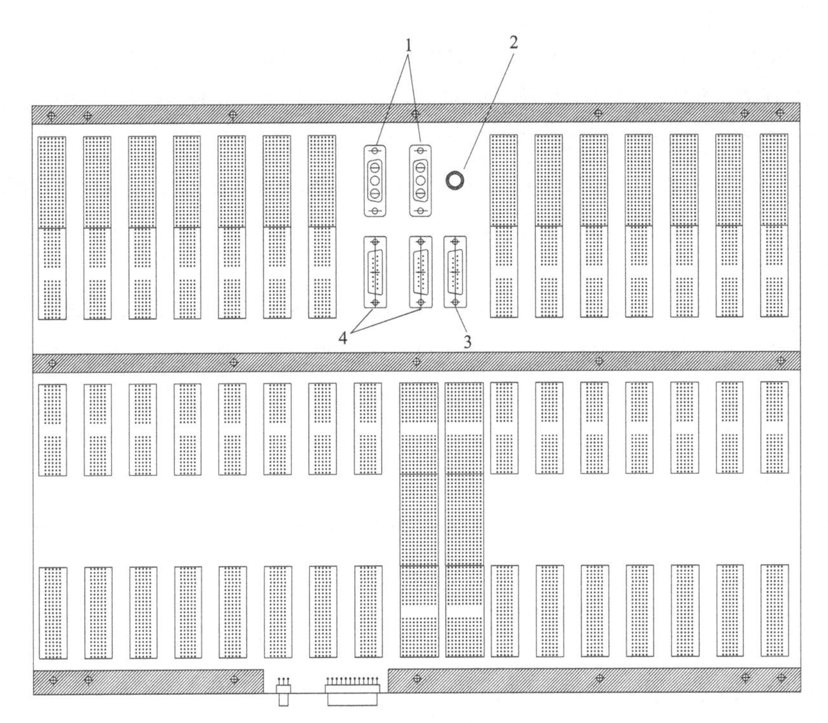

图 5–6–4　背板接口分布图

1—电源接口；2—接地柱；3—灯板告警接口；4—电源告警接口

（4） 电源告警接口：采用 DB15 接口。当使用电源分配板时，与电源分配板电源告警输出接口 POWER_ALM 相连接。当不使用电源分配板时，电源告警电缆接在左边第一个电源告警接口。

2. 电源板接口

电源板电源输入接口采用 D 型三芯插座，由上至下依次定义为 48V、GND、PE、48V。其中，48V 与空气开关的输出端子相连，48V、GND 与接线端子 48V、GND 的输出侧相连，PE 与设备右侧的铜排相连。

3. 单板接口

（1） 光板接口。ZXMP S330 设备提供三种光接口，即 STM–16 标准光接口、STM–4 标准光接口、STM–1 标准光接口，接口连接器型号为 SC/PC。

（2） 电板接口。提供 STM–1 等级的标准电接口和 PDH 电接口。提供的 PDH 电接口包括：① 2.048Mbit/s 电接口，采用 50 芯直式扁平电缆 IDC 压接插头（孔）；② 34.368Mbit/s 电接口、44.736Mbit/s 电接口和 51.840Mbit/s 电接口，采用 1.0/2.3 直式电缆压接插头（针）。

（3） SCI 板接口。SCI 板为 SC 板提供外部参考时钟接口，有两种 SCI 接口板：

1）120SCI 接口板：提供 2 路 2.048Mbit/s 和 2 路 2.048MHz 的 120 收发接口，采用 D 型 9 芯直式电缆焊接插头（针）。

2）75SCI 接口板：提供 2 路 2.048Mbit/s 和 2 路 2.048MHz 的 75 同轴收发接口，采用 1.0/2.3 直式电缆压接插头（针）。

（4） NCP 和 NCPI 板接口。

1）NCP 板提供三个接口，分别为：① f 接口，是网元与便携设备的接口；② Qx 接口，是网元与子网管理控制中心（SMCC）通信的接口；③ 公务电话接口，是连接公务电话机的接口，话机接口采用 6P4C 直式电缆压接插头。

2）NCPI 板提供三个接口，分别为：① 公务电话接口，是连接公务电话机的接口，话机接口采用 6P4C 直式电缆压接插头；② 列头柜告警输出接口，用作列头柜告警信号（一般告警、严重告警、声音告警）的输出，采用 DB9 插座；③ F1 接口/外部告警输入口，用作外部告警（烟雾、水浸、开门、火警、温度等）信号的输入口和连接 64KB 同向接口设备，采用 DB15 插座。

五、接口标准

ZXMP S330 设备的外部接口符合 ITU–T 标准要求，具体遵循标准如下所述。

1. 155Mbit/s、622Mbit/s、2.488Gbit/s 光接口

ITU–T G.707 同步数字体系（SDH）网络节点接口；

ITU–T G.957 同步数字体系（SDH）设备和系统的光接口；

ITU–T G.691 带有光放大器的单信道 SDH 系统的光接口和 STM–64 系统；

ITU–T G.692 带有光放大器的多信道系统的光接口；

ITU–T G.825 基于同步数字体系的数字网抖动和漂移的控制。

2. 155Mbit/s 电接口

ITU–T G.707 同步数字体系（SDH）网络节点接口；

ITU–T G.703 系列数字接口的物理/电气特性；

ITU–T G.825 基于同步数字体系的数字网抖动和漂移的控制。

3. 140Mbit/s 电接口

ITU–T G.703 系列数字接口的物理/电气特性；

ITU–T G.825 基于同步数字体系的数字网抖动和漂移的控制；

GB/T 7611—2001 数字网系列比特率电接口特性。

4. 34Mbit/s，45Mbit/s 电接口

ITU–T G.703 系列数字接口的物理/电气特性；

ITU–T G.704 1.544Mbit/s，6.312Mbit/s，2.048Mbit/s，8.448Mbit/s，44.736Mbit/s

系列用的同步帧结构；

ITU–T G.825 基于同步数字体系的数字网抖动和漂移的控制；

GB/T 7611—2001 数字网系列比特率电接口特性。

5. 2Mbit/s 电接口

ITU–T G.703 系列数字接口的物理/电气特性；

ITU–T G.704 1.544Mbit/s，6.312Mbit/s，2.048Mbit/s，8.448Mbit/s，44.736Mbit/s 系列用的同步帧结构；

ITU–T G.825 基于同步数字体系的数字网抖动和漂移的控制；

GB/T 7611—2001 数字网系列比特率电接口特性。

6. 2.048MHz 网络时钟同步接口

ITU–T G.703 系列数字接口的物理/电气特性。

7. 公务电话两线接口

频率范围为 300Hz 到 3400Hz，使用 PCM 调制方式，比特率为 64kbit/s。

8. 用户数据通道接口（64kbit/s）

ITU–T G.703 系列数字接口的物理/电气特性。

9. 本地终端 F 接口

ITU–T V.24 数据终端设备（DTE）和数据电路终端设备（DCE）之间的接口电路定义表；

ITU–T V.28 不平衡双流接口电路的电气特性。

10. Ethernet 接口

IEEE 802.3 规范规定的 100BASE–TX 和 10BASE–T 物理接口。

六、光端机工程工作流程

（1）到现场后，对所发设备和配件进行盘点，分配各站设备备件。

（2）询问客户网络需求，要求客户出示光缆规划图。

（3）按照网络规划图作网络规划，包括光端机 F 口 IP 地址、光口 IP 地址、每站 2MB 分配数量、以太网板分配带宽等。

（4）进行工程实施，最先做好主站的工作，包括主站设备的安装调试、配置设备数据，并在设备安装好之后对设备的发光功率进行测量和记录，为竣工资料做准备。

（5）按照顺序进行站端设备的安装，每安装好一个站，即对所安装的站点进行测试，并做好发光功率的记录。

（6）所有站点安装调试完毕后，对整个网络进行整体测试，包括对环网的光路保护倒换的测试、以太网的测试等。

（7）全部安装测试完成后，做好整个工程的竣工资料，工程完毕。

七、PCM 工程工作流程

（1）到现场后，对所发设备和配件进行盘点，分配各站设备备件。

（2）询问客户需求，要求客户出示网络规划图。

（3）按照网络规划图作网络规划，包括设备地址、局端和站端板卡配置情况、每站业务分配数量等。

（4）进行工程实施，最先做好主站的工作，包括主站设备的安装调试、配置设备数据，并在设备安装好之后做好记录，为竣工资料做准备。

1）按照顺序进行站端设备的安装，每安装好一个站，即对所安装的站点进行测试，包括对业务的测试。若有 2MB 保护业务，对 2MB 保护业务做测试，并做好测试记录。

2）全部安装测试完成后，做好整个工程的竣工资料，工程完毕。

【思考与练习】

1. 光端机有哪些主要组成部分？

2. 光端机接口板的名称和作用是什么？

3. 简述平均发送光功率和平均接收光功率。

4. 简述光端机调试的主要步骤。

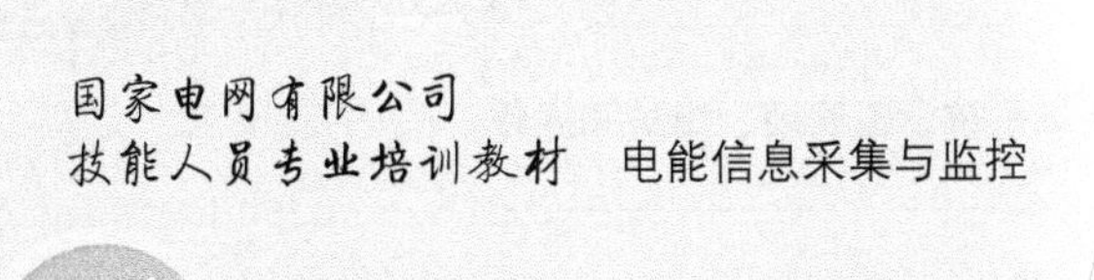

第六章

主站的安装调试与维护

模块 1　前置机程序安装与配置（Z29G2001Ⅱ）

【模块描述】本模块包含用电信息采集与监控系统前置机的安装与配置维护。通过概念描述和步骤讲解，熟悉典型的前置服务器集群模式，掌握前置机程序的安装调试步骤及系统功能测试的要求和方法。以下内容还涉及电能信息采集系统总体架构。

【模块内容】

一、电能信息采集与监控系统的架构

电能信息采集与监控系统（简称“用采系统”）主要由三个部分构成：主站系统；采集终端；通信信道。

图 6–1–1 为目前用采系统的基本架构图。

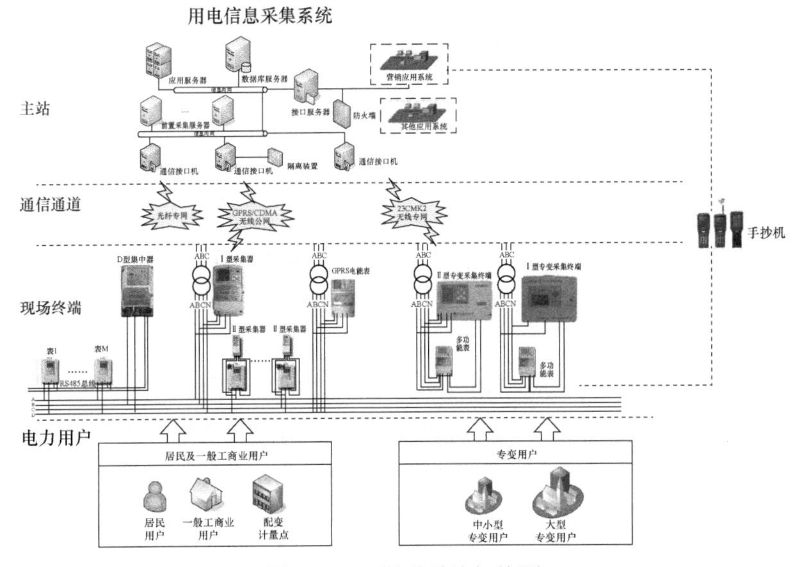

图 6–1–1　用采系统架构图

（一）主站系统

又称主站，是用采系统的核心，由计算机、网络、软件、通信等软硬件构成的信息平台。在对终端实现数据收集和电能信息采集与监控的基础上，实现数据的分析、处理与共享，为需求侧管理的实施提供技术手段，为电力营销管理业务提供服务和技术支持。

硬件设备主要包括计算机系统（前置机、工作站、网络服务器、磁盘阵列等）、专用通信设备（负控专用频率无线电台和天馈线系统、PCM 设备及微波通道等），网络设备（集线器、网关、路由器等）以及电源设备。

主站软件主要有电能信息采集与监控系统专业软件、数据库软件等。

为提高系统的可靠性，专用通信设备和前置机一般均为双机热备份，两套设备平时都运行，但只有一套设备参与工作，当出现故障时，另一套立即替代故障设备投入工作。

（二）采集终端

安装在客户侧用于实现用电信息采集与监控功能的智能装置。负责各信息采集点电能信息的采集、数据管理、数据传输以及执行或转发主站下发控制命令的设备。

采集终端按应用场所分为专变采集终端、低压集中抄表终端（包括低压集中器、低压采集器，以下简称集中抄表终端）等类型。

（三）通信信道

通信信道常分为远程信道及本地信道二种，远程通信网络完成主站系统和现场终端之间的数据传输通讯功能，现场终端到主站的距离通常较远（可在一到数百公里范围）。

本地信道用于现场终端到表计的通信连接。

二、用采系统的通信技术

1. 远程通信技术

远程通信是指采集终端和系统主站之间的数据通信，目前适用于用电信息采集系统的远程通信网络的主要方式有光纤通信、230MHz 无线通信、无线公网通信、中压电力线载波通信等。

（1） 光纤专网。光纤专网是指依据电力用户用电信息采集系统建设总体规划而建设的以光纤为信道介质的一种内部通信网络。采集服务器可直接与终端建立通讯连接，进行数据通信。光纤专网速率高，可靠性高，安全性高，是非常理想的信息通信网络，适用于各类高压用户的专变采集终端和各类低压用户集中器的远程信道。

目前 35kV 及以上变电站已形成骨干光纤网，具备了向下延伸的网络基础。配电线路的光纤专网建设只需在配电线路敷设电力特种光缆，将低压侧全部业务流进行汇集，在上述变电站节点与骨干光纤网对接，形成全覆盖的光纤专网。业务流向为将配电线路和低压侧业务，即专变大用户、工商业用户和居民用户的用电信息统一接入，由上级变电站通信节点上传至系统主站。光纤专网组网方案如图 6–1–2 所示。

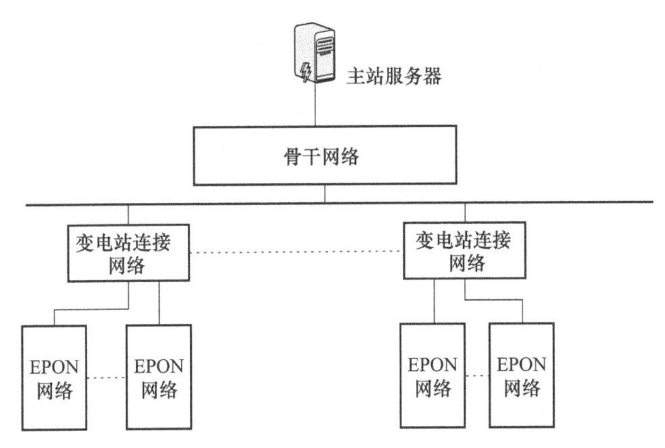

图 6–1–2　光纤专网组网方案

考虑到建设成本经济性，目前光纤专网适宜的敷设范围在城市和城镇。

（2） 无线公网通信。无线公网通信是指电能计量装置或终端通过无线通信模块接入到无线公网，再经由专用光纤网络接入到主站采集系统的应用，目前无线公网主要有 GPRS、CDMA、WCDMA、WCDMA2000、TD–CDMA、TD–LTE 和 FDD–LTE 七种。无线公网的典型组网方案如图 6–1–3 所示。

基于无线公网的无线数据传输系统具有应用范围广、建设投资小、网络组建灵活、方便、地域范围和网络密度的适应性好、传输速率高等特点。适用于各种地域范围广、分散度高、位置不确定、又要求建设和使用成本都十分低廉的数据采集应用场合，只要在应用环境中有无线公网的信号覆盖，就不受地理环境、气候、时间的限制。

（3） 230MHz 无线专网。230MHz 无线专网基于国家无线电管理委员会分配的专用频段，采用 230MHz 的专用频段用于电力系统数据传输，目前常用的有 15 对双工频点和 10 个半双工频点。

典型的 230MHz 无线自组网技术的组网如图 6–1–4 所示，主站采用双电台热备运行，对于一些被控区域过大或地形复杂的地区，可能还需要若干个中继站（使用无线中继和光纤中继），中继站起信号中继作用，使系统的作用距离更远，中继站可以设置单电台和双电台。频点统一由控制主站管理。

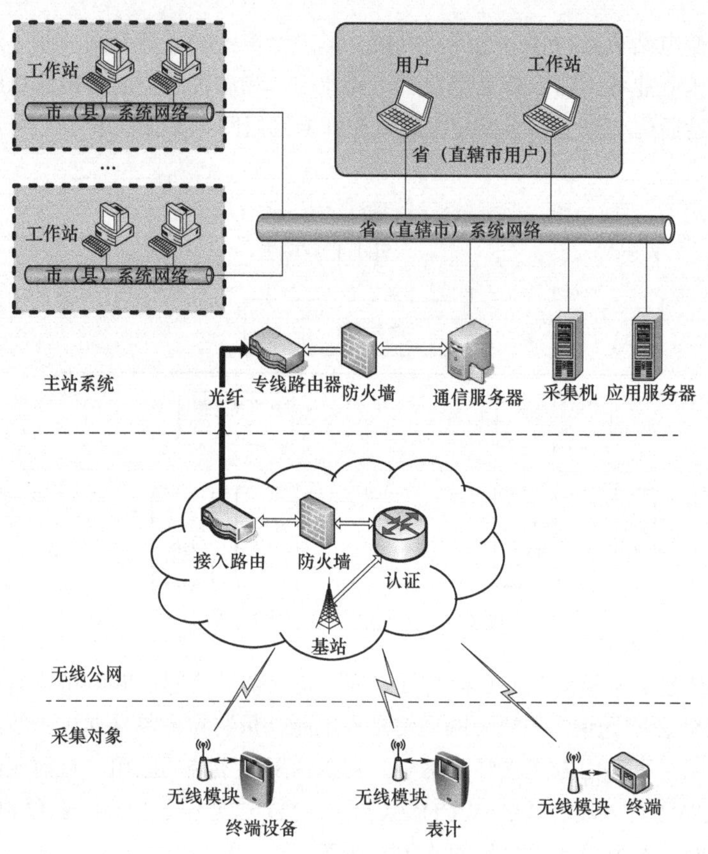

图 6–1–3 典型无线公网组网框图

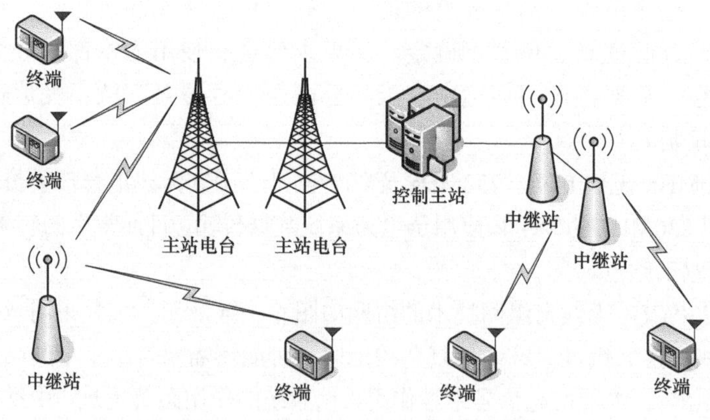

图 6–1–4 典型 230MHz 组网框图

230MHz 无线自组网技术适用于以平原或丘陵地带为主的地域，且用户分布密度高的地区。由于 230MHz 的实时性与安全性，主要用于大用户负荷控制，负荷峰谷差大或负荷供应紧张的用户，以及特殊环境下的定向通信。

（4）中压电力线载波。电力线载波通信，通过将弱电通信信号耦合到中高压电力线网络中的办法将信号传输到远程终端，实现方法有通过 FSK、PSK、OFDM 等几种调制方式。

通过在变压器的中压侧安装耦合器，将高频信号注入中压线路中，由沿着中压线路传输到变电站；变电站同样安装中压耦合器，从中压线路中解调出高频信号。如果实现从变电站到变压器的通信通道连接。载波设备是通过耦合器与电力线路交换数据的，由耦合器完成强电与弱电的变换。

中压电力线载波设备位于变电站内，通过串口服务器连接到主站系统网络。采集服务器可通过网络直接连接串口服务器再经过载波装置与终端建立通信连接，进行数据通信。中压载波通信整体方案见图 6–1–5。

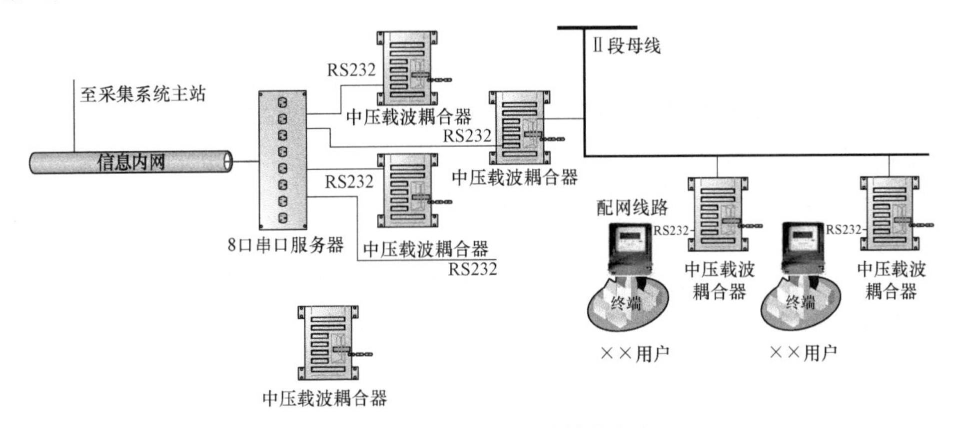

图 6–1–5　中压载波通信整体方案

中压电力线载波可以作为其他通信网络的一个补充方案，在其他通信网络无法到达、暂时没有到达或是铺设成本太高时，可以使用本方案。

从地域范围上来说，该系统应适用于我国大部分地区，可适用于城网、农网等不同中压电网；可以通过架空明线、深埋电缆等媒介通信。

2. 本地通信技术

本地信道用于现场终端到表计的通信连接，高压用户在配电间安装专变终端到就近的计量表计，采用 RS485 方式连接。而在低压用户中，在一个公用配变下有大量电力用户，用电容量小，计量点分散。为了将信息采集的成本控制在一个可接受的范围内，需要通过一个低成本的本地信道方式将信息集中，再进行远程传输到系统主站。在低成本解决方案中，中压电力线载波、微功率无线网络、RS485 通信成为可选择方案。

（1） RS485。RS485 总线是国际上通用的总线标准，是一种成熟的半双工通信方式。由于其具备远距离、多节点以及传输线成本低的特性，成为工业应用中数据传输的首选标准。在本地通信信道中，采用 RS485 总线是一种简单有效的方案。

基于 RS485 的本地数据传输系统主要由数据采集器、数据集中器、专变终端、表计等组成。利用 RS485 进行抄表需在采集设备与电能表间布线，应用于低压用户采集系统时也带来施工量大、维护不便等问题。RS485 在用电信息采集系统中已经有多年的应用，已经非常成熟，适用于箱内采集设备和电能表的连接及新装居民用户的用电数据集中采集。

（2） 窄带电力线载波。低压电力线网络因其覆盖面广，线路零成本，以及电源与通信介质统一的性质，使得低压电力线通信技术获得了广泛的关注，低压载波信道还具有实施简单、普及方便、投资节约、维护容易，不存在运行成本问题，还实现了固定资产低投入增值，充分提高了电力线路与频率的资源利用率等优点。

然而，由于低压配电线网存在信号衰减大、线路阻抗变化大（时变性）、噪声源多且干扰强等诸多不利因素。低压配电网是一个通信环境非常恶劣的通信信道，在低压电力线上进行可靠的数据通信，至今仍然是国内外学术界和技术界非常关注的一个课题。

（3） 低压宽带电力线载波。宽带电力线载波与窄带电力线载波同样是利用电力线进行数据传输，两者最大的区别在于载波频带不一致。宽带电力线载波的基本频带为 1M～30MHz，扩展频带为 30M～100MHz。目前其最高传输速率已达 1000Mbit/s，远高于窄带电力线载波。

高频信号在电力线上的衰减极快，所以宽带载波常被推荐用户户内通信，常规传输距离不宜超过 200m。可以通过时分中继、频分中继、智能路由计算、自动中继等技术手段实现网络重构，实现整个低压电力线通信网络的通信。

基于宽带电力线载波方案的本地网络主要由包含电力线宽带通信模块的集中器、采集器及低压电力线信道构成。由于宽带载波的短距离和少分支的特性，宽带载波信道在用电信息采集系统中的适用对象为城区集中表箱布置的新建高层或者多层楼宇居民区。

（4） 微功率无线通信。随着无线通信技术的不断发展，短距离无线技术也在低压集抄中得到应用。每个电能表（或采集器）均带有短距离无线通信模块，集中器与各电能表（或采集器）通过无线通信技术传输数据。目前应用于低压集抄的短距离无线通信有433MHz/470MHz微功率无线（也称为小无线），还有近年来呼声比较高的Zigbee技术（应用于短距离和低速率下的无线通信技术）。微功率无线通信无须布线，安装成本低，信道质量不受电网质量的影响。但传输距离受到障碍物及频段范围内其他无线设备的影响的影响很大，且无线数据收发是敞开式的，在射频范围内其他设备都可以收到，需要通过多种方式实现安全数据传输。

微功率无线适用于电能表安装相对比较分散、无障碍的场合，可作为电网质量恶劣无法为载波提供良好信道情况下的补充。

三、前置机工作模式介绍

用电信息采集与监控系统（本文叙述简称“用采系统”）通信前置机需与成千上万的终端设备建立通信，并保持不间断运行，响应并完成后台应用或现场终端发起的远程信息采集和集中控制所需的实时数据通信任务，是系统相对独立的关键部件之一。

对于较大规模的系统，通常采用前置机集群并选择合适的集群模式。当前前置服务器三类典型的集群模式如图6–1–6所示。

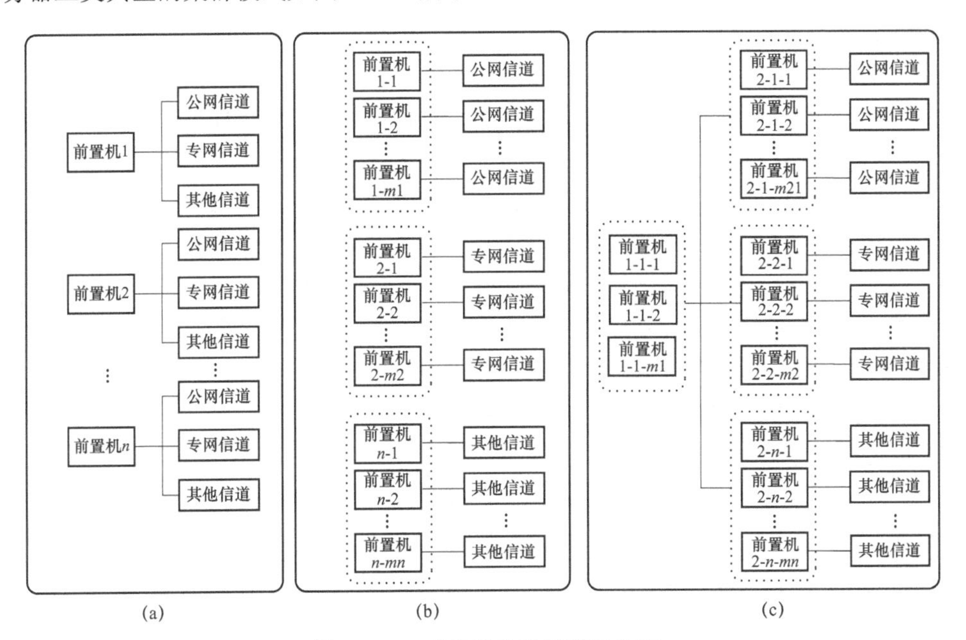

图6–1–6　前置服务器集群示意图

（a）A类集群；（b）B类集群；（c）C类集群

A类集群，各前置机完全对等，单台前置机能完成对所有信道和功能的支持。该模式单前置机功能设计较复杂，但集群间调度程序较简单。该类集群方式较适合系统规模较小且信道类型多样的情形。

B 类集群，采取分组支持不同信道的方式，不同组间前置机面向的信道不同。该模式前置机功能设计较简单，但集群间调度程序较复杂。该类集群方式适应系统规模较大且信道类型多样的情形。

C 类集群在 B 类集群的基础上，进一步对功能组件采取分布部署的方式。前置机不再是全功能前置机，一部分前置机承担调度、处理功能，另一部分前置机承担信道接入功能。该模式可满足部分单位要求分布部署信道的特定需求（如 230MHz 无线信道）。

在实际具体系统的应用中，可根据系统规模和复杂程度组合以上三种模式，以取得最佳效果。

四、前置机程序安装调试工作步骤

1. 系统集成检查与程序安装准备

前置机不能自成体系独立工作，必须与系统主站的后台集成构建完整的主站系统，同时前置机工作还需与信道设备连接，才能正常实施各项数据通信管理功能。因此，在前置机程序安装前需进行的必要的建设和准备工作有：

（1）系统主站设备完成平台集成工作，前置机与后台构成完整的主站架构，后台程序已安装就绪。

（2）系统信道资源条件已经实现，各种通信信道具备工作条件。

（3）前置机与各通信信道的连接已经完成。

（4）具有供系统进行数据传输测试的用户终端设备已经正常工作。

2. 前置机程序安装

当前，用采系统的开发建设未能按照统一的技术规范实施，因此不同的软件开发厂商提供的前置机程序具体功能细节有所不同，在进行前置机程序的安装与配置时，需按照系统开发商提供的前置机技术说明书和软件介质，依次在前置机（服务器或工作站）上安装程序及配置参数。

3. 信道管理功能测试

（1）对系统使用的通信设备、路由参数等进行配置管理。包括：前置机阵列的管理配置；定义具体的信道和前置机的接入关联，信道与前置机间可以建立动态关联关系，也可以为静态关联关系。

（2）验证通信信道的创建、修改、删除功能。

（3）对信道参数的配置功能。

（4）检验前置机阵列配置功能，将前置机组合成前置机阵列，实现负载均衡及互为备份的阵列关系。

4. 系统数据通信功能测试

对系统面向用户终端的各项数据通信功能进行逐项测试，检验其结果是否正确。

主要测试内容如下：

（1）实时数据召测测试。通过系统主站人工操作，实时召测终端或测量设备的实时数据。测试方法与要点如下：

1）输入或选择终端编号、数据项，召测终端保存的各项数据。

2）输入或选择终端编号、数据项，召测交流采样数据、脉冲数据或电能表数据。

3）输入或选择时间段、终端编号，召测终端保存的事件。

（2）自动任务执行测试。系统主站根据编制好的自动任务，按照要求下发采集指令，获取终端或测量设备的数据。测试方法与要点如下：

1）严格按照设定的执行起止时间和采集周期进行数据采集。

2）针对采集数据失败的采集点，应按照正常补采次数进行补采。

3）测试任务应包括任务名称、采集群组编号、采集方式、采集数据项、任务执行起止时间、采集周期、执行优先级及正常补采次数等信息。

4）测试任务执行后应获取以下采集数据：负荷数据、电能量数据、抄表数据、电能质量数据、工况数据、事件记录数据。

5）测试结果统计要素：采集数据项总数、采集成功数据项数、采集完整数据项数和采集成功与否等。

（3）实时任务执行测试。系统主站根据接收到的实时数据采集要求，自动下发采集指令，实时召测终端或测量设备的数据。测试方法与要点如下：

1）查询接收到的实时数据采集要求。

2）下发采集指令，执行实时采集任务，获取相应数据。

3）查询系统返回的采集数据和实时任务执行结果。

4）测试结果统计要素：实时任务执行结果。

（4）终端参数设置测试。系统主站设置终端运行所需各项参数，即终端配置参数、控制参数、限值参数等，并通过远程通信技术将参数下发到终端。测试方法与要点如下：

1）下发并保存终端各类参数，保存操作记录，支持批量设置参数，支持参数初始化命令的下发。

2）终端配置参数主要包括脉冲配置参数、电能表或交流采样装置配置参数、总加组配置参数、终端电压电流模拟量配置参数等。

3）控制参数主要包括轮次状态、功率控制参数、电能量控制参数、购电控参数等。

4）限值参数主要包括电压越限参数、电流越限参数、功率越限参数、谐波越限参数、直流模拟量越限参数等。

（5）遥控功能测试：通过系统主站操作，向终端下发遥控跳闸或允许合闸命令，控制客户配电开关。

1）测试方法与要点。

a. 主站操作输入或选择控制终端，下发遥控命令给参与测试的终端，检查终端执行遥控结果的正确性。

b. 如果下发遥控命令不成功，则重新下发。

c. 遥控跳闸命令包含告警延时时间和限电时间。

d. 所有操作应有详细的操作记录，操作记录由系统自动生成，不允许修改和删除。自动记录操作信息有操作人、操作时间、操作对象、操作内容、操作结果等。

e. 控制命令可以按单地址或组地址进行操作。

f. 负荷控制状态的改变和控制动作必须自动生成详细的事件记录并告警，事件记录内容包括动作时间、当时状态及用电情况等。

2）测试结果统计要素：是否控制成功。

（6）功控功能测试：通过系统主站操作，对模拟客户的用电负荷进行有序控制，包括时段控、厂休控、营业报停控、当前功率下浮控等。

1）测试方法与要点。

a. 主站操作选择或输入控制终端控制类型，输入或选择控制时段、控制功率定值、告警时间、控制轮次等控制参数，向终端下发控制投入或解除命令，检查被控终端执行结果的正确性。

b. 负荷控制必须有详细的操作记录，操作记录由系统自动生成，不允许修改和删除，自动记录的操作信息有操作人、操作时间、操作对象、操作内容和操作结果。

c. 负荷控制状态的改变和控制动作必须自动生成详细的事件记录并告警，事件记录内容包括动作时间、当时状态及用电情况等。

2）测试结果统计要素：是否控制成功。

（7）电控功能测试：通过系统主站操作，向测试终端下发月电能量控制投入或解除命令。

1）测试方法与要点。

a. 主站操作输入或选择测试终端及月电能量定值、浮动系数等控制参数，下发月电量定值、浮动系数，检查测试终端收到结果是否准确。

b. 如果下发参数不成功，则重新下发。

c. 主站操作必须有详细的操作记录，操作记录由系统自动生成，不允许修改和删除，自动记录操作信息有操作人、操作时间、操作对象、操作内容、操作结果等。

d. 负荷控制状态的改变和控制动作必须自动生成详细的事件记录并告警，事件记录内容包括动作时间、当时状态及用电情况等。

2）测试结果统计要素。要素为是否控制成功。

（8）群组设置功能测试：系统主站操作编制采集点分组，对需要下发组地址的终端，下发组地址到终端。测试方法与要点如下：

1）新增群组。主站操作输入并保存群组名称、群组地址等信息；系统自动生成群组编号；选择终端加入群组。为数据查询用的群组，可不下发到采集终端，需要广播执行的，组地址下发到采集终端。

2）群组测试操作。

a. 群组投入：对群组里的所有终端下发群组地址，群组中只要有一个终端的状态是投入，群组的状态就是投入。第二次群组投入时，只对终端状态是未知的下发组地址。

b. 群组解除：对群组里的所有终端删除群组地址。群组中只有所有终端的状态是解除，群组的状态才是解除。第二次解除时，只对终端状态是未知的下发。

5. 采集信息处理功能测试

前置机应具有对采集信息进行甄别处理功能，程序安装后需测试检查以下信息处理功能是否正确：

（1）数据合理性检查测试：对采集的数据进行合理性检查，标志其中的异常数据，不予发布使用并触发消缺流程。

1）测试方法与要点：

a. 模拟异常数据，系统通过采集并应用数据完整性、正确性的检查和分析手段，发现异常数据或数据不完整，触发实时自动补采。

b. 提供数据异常事件记录和告警功能。

c. 对于异常数据不予自动修复，并限制其发布。

2）测试结果统计要素：识别异常数据比率。

（2）采集质量统计测试：系统对采集任务的执行质量进行检查，统计数据采集成功率、采集完整率。

1）测试方法与要点。

a. 系统主站操作启动采集任务，对任务执行情况进行检查，并记录检查结果，统计采集成功率和采集完整率。

b. 采集质量检查信息包括采集群组编号、任务类型、采集点类型、应采集数据项、采集成功数据项、采集失败数据项、采集不完整数据项等。

2）测试结果统计要素：应采集数据项数、采集成功数据项数、采集完整数据项数。

【思考与练习】

1. 简述前置机程序安装调试工作步骤。
2. 系统针对终端的各项数据通信功能主要测试内容包括哪几项？
3. 电能信息采集与监控系统主要由哪几个部分组成？

模块 2 后台主程序安装与配置（Z29G2002Ⅱ）

【模块描述】本模块包含用采系统主站后台主程序的安装与配置。通过功能讲解、要点归纳及步骤讲解，熟悉后台主程序的软件体系、安装部署、系统应用功能以及系统接口软件，掌握后台主程序安装步骤和方法。

【模块内容】

一、后台主程序的定义与工作范围

后台主程序即指用采系统主站的系统应用软件。

后台主程序的任务是完成对系统运行操作的任务响应，处理采集信息的数据，为业务应用功能提供数据，实现业务应用功能，实现与其他系统的数据交换等系统应用功能。

后台主程序分别在系统应用服务器、Web 服务器、接口服务器和系统工作站等设备上部署工作。

（一）后台主程序的软件体系

1. 软件架构

后台主程序采用分布式多层技术，典型的软件架构分为数据层、支撑层、应用层、表现层。后台主程序软件通过接口组件与外系统交互。软件架构如图 6–2–1 所示。

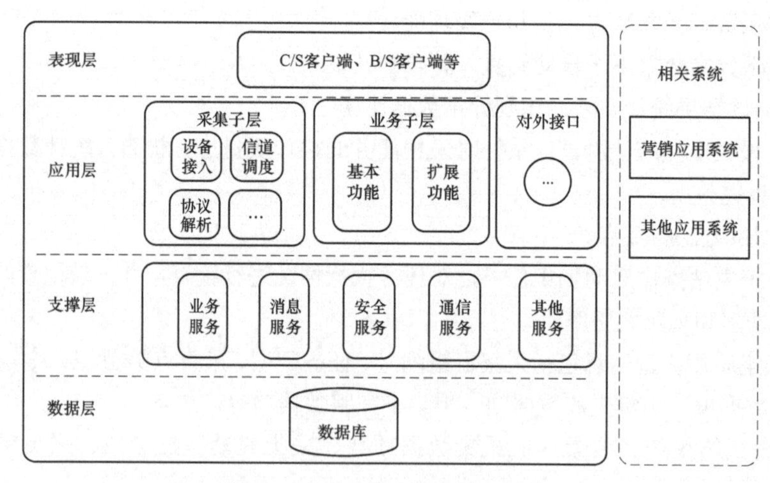

图 6–2–1 系统应用软件架构图

（1） 数据层。数据层实现海量信息的存储、访问，数据层一般通过大型关系数据库实现。

（2） 支撑层。支撑层提供全局通用的消息、安全、通信等组件支持，并实现系统专用的业务服务子层，为应用层提供通用技术支撑。

（3） 应用层。应用层实现具体业务逻辑，是系统的核心层。根据系统的应用特点，应用层可分为采集子层与业务子层等。

1） 采集子层以各种通信方式接入各种类型终端设备，执行业务子层召测任务和控制命令，直接与远程设备通信，负责读取、设置终端参数，采集终端数据，并对数据进行解析、处理，监视通信质量，管理通信资源。

2） 业务子层利用支撑层提供的技术手段，实现用采系统的业务功能，涵盖系统必需的基本功能和扩展功能。

（4） 表现层：作为统一的采集平台，用采系统在提供统一的数据存储、业务应用、操作规范的同时，根据专用变压器采集、公用变压器采集、厂站采集、低压集抄等不同业务领域的需求，提供以下不同的表现层：

1） 功能丰富、操作专业的 C/S 客户端。

2） 免维护、易于操作的 B/S 客户端。

2. 软件功能结构

软件从功能上可分为采集层、基本功能层、扩展功能层，功能结构如图 6–2–2 所示。

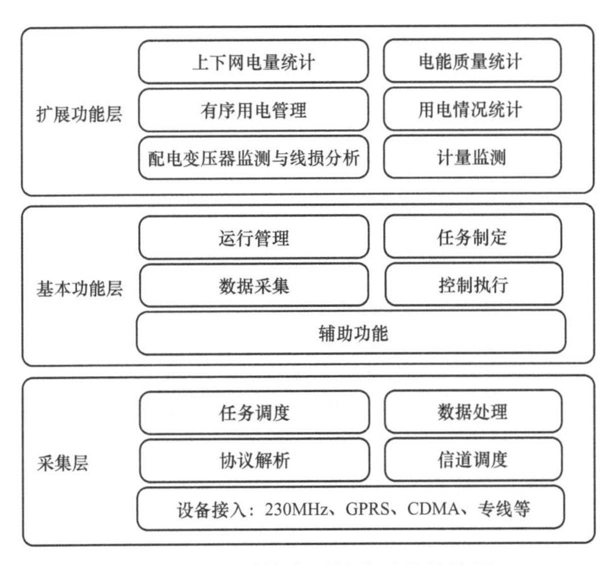

图 6–2–2　系统应用软件功能结构图

（二）后台主程序软件的安装部署

视系统规模和功能不同，软件中各组件应部署在相应的物理实体上。

数据层组件部署在数据库服务器上。数据库存储根据系统规模可选择磁盘阵列或普通存储介质。

采集子层组件部署在前置服务器上。根据系统规模不一，前置服务器可从单机到集群不等。

支撑层和业务功能子层一般部署在应用服务器上。为保证应用服务器的并发处理能力，提高可靠性，应用服务器在逻辑上采用分布式设计，将任务平均分配到多个逻辑服务器上，随着客户端的增加、任务量的增大，实际部署中可采用应用服务器集群共同完成对外服务。

接口组件一般部署在接口服务器上。对于较小规模的系统，也可部署在应用服务器上。

典型的软件部署示意如图 6–2–3 所示。

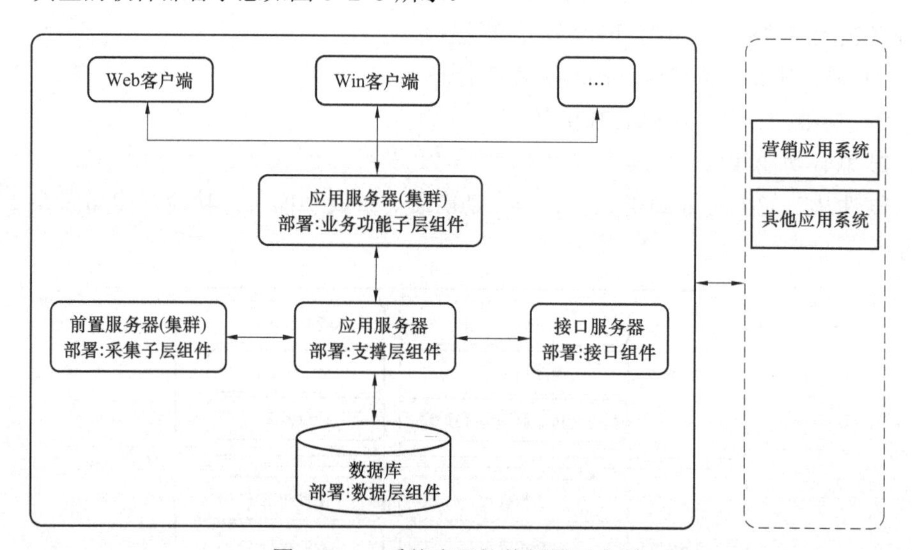

图 6–2–3 系统应用软件部署示意图

1. 数据库软件的安装部署

数据库设计应采用双机热备、HA（高可用性）等主流成熟技术，并在此基础上，根据业务特点制定特定策略，提高性能和可靠性。

（1）针对原始数据（生数据）修改频繁、查询较少，而处理后数据（熟数据）查询频繁、修改较少的特点，对生、熟数据分别采用不同的修改、索引、查询策略，以提高数据库响应性能。

（2）针对数据库压力具有时间不均衡分布的特性，采用数据库任务错时调度策略，削峰填谷，充分挖掘数据库处理能力。

2. 应用服务器软件的安装部署

对于较大规模的系统，建议采用应用服务器集群并选择合适的集群模式，以提高性能。

应用服务器三类典型的集群方式如图 6–2–4 所示。

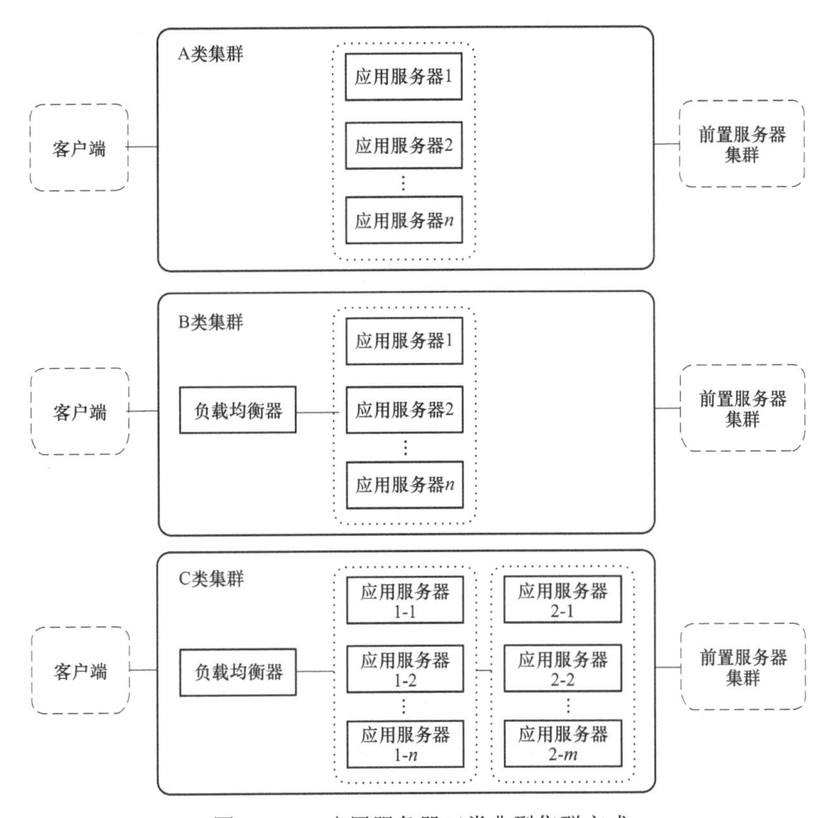

图 6–2–4　应用服务器三类典型集群方式

A 类集群采取 n 台服务器对等部署，各机器完全对等，单台实现支撑层、业务服务子层、业务子层所有功能。在 n=2 的情况下，就是常见的双机热备模式。该模式部署简单，没有负载均衡功能。一般部署双机热备模式。

B 类集群，在应用服务器群前增加一台负载均衡器，支持负载均衡。单台应用服务器功能部署与 A 类集群相同。

C 类集群，在 B 类集群基础上，分布部署业务服务子层和业务子层。该模式具有更好的伸缩性，但复杂度高。

（三）后台主程序的系统接口软件及其安装部署

用采系统作为一个独立的运行系统，需要与相关的系统进行互联互通，实现数据共享，消除信息孤岛，充分发挥数据的价值。

1. 方式

用采系统与其他系统的接口方式众多，常用的主要有协议、文件、中间数据库和WebService等方式。对于使用J2EE平台的系统间的接口，也常使用JMS（Java消息服务）。

（1）协议方式：按照预先定义的通信原语（如国际标准的通信协议、国家标准的通信协议、企业标准的通信协议等），采用通信的手段进行的数据交换的方法。该方式可以适合与调度自动化系统、上下级电能量系统等系统之间的数据交换。

（2）文件方式：按照预先定义的文件格式，以文件为载体的数据交换的方法。该方式可以通过FTP服务进行文件的上传和下载来实现数据的远传。

（3）中间数据库方式：以商用数据库为载体，按照预先定义的库、表结构定义和权限配置，实现各种数据的双向交换。中间数据库方式的接口示意图如图6–2–5所示。

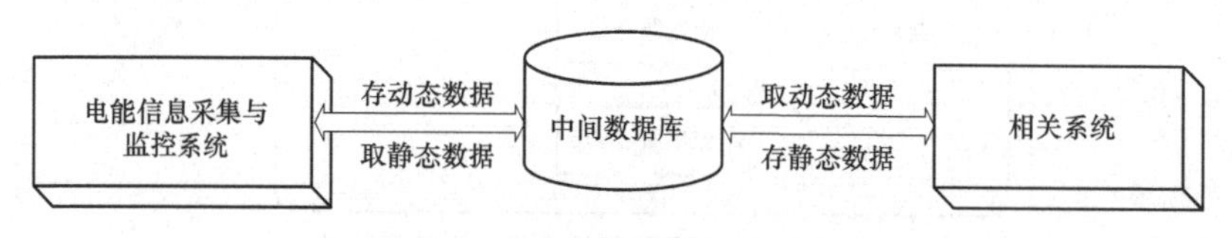

图6–2–5 中间数据库方式接口示意图

（4）WebService方式：WebService技术是应用程序通过内联网或者因特网发布和利用软件服务的一种标准机制，在Internet或Intranet上通过使用标准的XML协议和信息格式提供应用服务。作为WebService用户，客户程序可以采用UDDI协议发现服务器应用程序（WebService供应商）发布的WebService，其采用WSDL语言确定服务的接口定义。

用采系统向其他系统请求静态数据服务的WebService接口方式见图6–2–6。

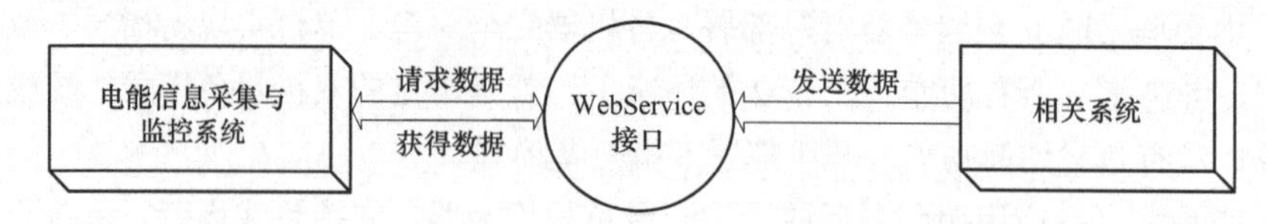

图6–2–6 WebService接口方式（请求静态数据服务）

其他系统向用采系统请求动态数据服务的WebService接口方式见图6–2–7。

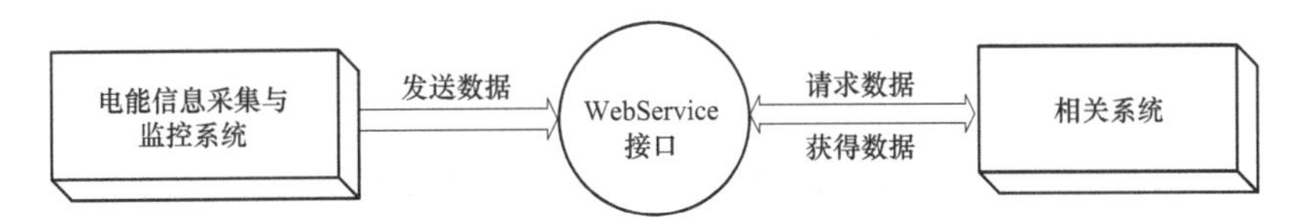

图 6–2–7　WebService 接口方式（请求动态数据服务）

2. 与营销应用系统接口

为保证基础信息一致，用采系统不维护档案信息，所有档案信息来自营销其他模块。本系统采集的现场电量数据、设备状态需提供给其他模块，并作为有序用电、电量电费控制、部分客服信息发布的执行模块，响应其他模块的相关命令。

作为统一的营销业务模块，用采系统应与其他模块采取统一的编码规范、接口技术。用采系统和现有营销业务接口描述见表 6–2–1。

表 6–2–1　　用采系统和现有营销业务接口描述

数据类型	数据内容描述	频 度 要 求	方 向
档案信息	用户、变压器、终端、表计、TA、TV 等基础信息及基本参数信息	实时	营销系统到用采系统，单向
数据	电量、需量、电流、电压等	1 天 96 点(24 点)数据，每日同步	用采系统到营销系统，单向
命令	抄表任务、控制要求、信息发布等	实时	营销系统发起到用采系统，用采系统返回结果，双向

二、后台主程序应实现的系统应用功能

（一）运行管理

（1）重点客户监测。针对重点客户提供用电情况跟踪、查询和分析功能。

（2）值班日志。根据交接班制度，在系统中填写并保存值班信息。记录日期、时间、主站值班人员、交接班人员、当班系统运行简述、当班运行维护简述等信息。

（3）权限管理。管理系统的用户账号及权限分配。

（4）用电异常监测。用电信息采集与管理系统通过对现场事件以及采集数据的分析，发现异常时及时给出告警信息，并启动异常处理流程。

（5）报表管理。按照规定的格式生成档案及数据报表。

（6）运行状况监测。对系统中关键设备的运行工况以及操作进行监测、记录。

（7）事件处理和查询。主站系统能够对终端侧发生的事件作出主动或被动响应，及时处理终端事件。

（8）档案管理。维护系统运行必需的电网结构、客户、采集点及相关参数、档案信息。

（9） 数据查询。对采集到的各项数据提供查询功能，并支持图表形式展现。

（二）任务制定

（1） 实时数据召测。通过远程技术手段，实时召测终端或测量设备的数据。

（2） 采集任务编制。根据不同业务对采集数据的要求编制采集任务。

（3） 限电方案编制。根据有序用电方案管理或安全生产管理要求，编制限电控制方案。

（三）预购电控制

（1） 预购电单接收。从“客户电费缴费管理”获取负控购电信息，并进行初次购电的调试工作，为预购电控制投入与解除提供技术保障。

（2） 预购电控制参数下发：通过远程控制的技术手段下发预购电控参数到控制终端，执行预购电控制。

（四）催费控制

（1） 催费控制通知接收。从“催费管理”获取催费控制通知，从“欠费停复电管理”获取停复电通知，并返回停复电结果。

（2） 催费控制参数下发。根据“欠费管理”的要求，投入或解除催费告警。

（五）营业报停控制

（1） 营业报停控指令接收。接收“暂停”“暂停恢复”“减容”“减容恢复”的营业报停控制指令。

（2） 营业报停控制参数下发。根据“暂停”“暂停恢复”“减容”及“减容恢复”的要求，通过远程控制的技术手段执行营业报停负荷控制。

（六）终端安装

根据所接收的终端安装任务制定安装工作单，领取安装设备到现场执行安装作业，记录现场安装信息。

（1） 安装工作单制定。根据所接收的终端安装任务制定安装工作单，并引用资产管理的“出库管理”环节领取终端出库，到现场执行安装作业。

（2） 终端安装调试。现场安装时按照终端调试单上的项目进行调试。

（3） 终端安装归档。终端安装完成后，将安装信息录入系统。

（七）终端拆除

根据所接收的终端拆除任务制定拆除工作单进行拆除作业，记录现场拆除信息，并将拆回的终端入库。

（1） 拆除工作单制定。根据所接收的终端拆除任务制定拆除工作单，到现场执行拆除作业。

（2） 终端拆除归档。现场拆除作业完成后，将拆除信息录入系统，并将拆回的终端入库。

（八）终端更换

根据所接收的终端更换任务制定更换工作单，领取终端，到现场执行更换作业，记录现场更换信息，并将更换拆回的终端入库。

（1） 更换工作单制定。根据所接收的终端更换任务制定更换工作单，并引用资产管理的“出库管理”环节领取终端出库，到现场执行更换作业。

（2） 终端更换调试。现场更换时按照终端调试单上的项目进行调试。

（3） 终端更换归档。现场更换作业完成后，将更换信息录入系统，并将更换拆回的终端入库。

（九）终端检修

根据终端运行情况与使用年限，对终端零配件（含天线、馈线）进行批量更换或软件升级作业。

（1） 检修计划编制。根据终端运行情况与使用年限编制年度检修计划，对终端零配件（含天线、馈线）进行批量更换或软件升级作业，同时安排季度、月度检修实施计划。

（2） 检修调试。现场检修更换配件后或软件升级完成后进行调试，保证采集与控制功能的正常实现。

（3） 检修记录。终端检修作业完成后，将检修信息录入系统。

（十）数据采集

根据接收到的采集任务要求或不同业务对采集数据的要求编制自动任务。

（十一）控制执行

（1） 方案控制。根据编制好的限电控制方案，通过远程控制的技术手段下发限电控制参数到控制终端，限制用电负荷，包括控制投入和控制解除。

（2） 遥控。根据业务需要，通过远程控制的技术手段，向终端下发遥控跳闸或允许合闸命令，控制客户配电开关。

（3） 功控。根据要求，对客户的用电负荷进行有序控制，包括时段控、厂休控、营业报停控、当前功率下浮控等。

（4） 电控。根据需要向终端下发月电能量控制投入或解除命令。

（十二）辅助功能

（1） 群组设置。根据要求，编制相应的采集点分组，对需要下发组地址的下发组地址到终端。

（2） 终端参数设置。设置终端各项参数，并通过远程通信技术将参数下发到终端。

（3） 终端保电。通过向终端下发保电投入命令，使得用户控制开关在设置的保电持续时间内不受终端控制。向终端下发保电解除命令，使用户控制开关处于正常受控状态。

（4）终端剔除。通过向终端下发剔除投入命令，使终端处于剔除状态，终端对除剔除、对时命令以外的任何广播命令和组地址命令均不响应。向终端下发剔除解除命令，则使处于剔除状态的终端返回正常工作状态。

（十三）扩展功能

1. 配电变压器监测和线损分析

（1）配电变压器监测。在采集配电变压器的负荷、电压、电流等曲线数据，统计数据，以及事件的基础上进行统计分析，实现配电变压器监测功能。

（2）线损分析。在数据采集平台的基础上实现分区、分压、分线以及分台区的“四分”线损统计分析，为设备改造和电网运行方式提供依据，提高电网的经济运行水平。

2. 有序用电管理

（1）方案编制。根据有序用电要求，制定相应的方案来有效地实施。

（2）方案执行统计分析。方案执行过程中，实现对基础数据、统计数据的查询和分析功能。

（3）方案执行效果评估。在有序用电方案执行过程中和方案执行后，实现方案执行情况的分析评估，为方案修改及进一步执行方案提供依据。

3. 用电情况统计分析

（1）反窃电分析。根据采集的电能量、负荷的用电异常情况分析窃电的可能性。

（2）负荷预测支持。根据地区、行业等历史负荷、电量的数据，为负荷预测提供基础数据。

（3）综合用电分析。按不同分类，实现对负荷、电能量数据的统计分析和比对。

4. 上下网电量统计

（1）上下网指标考核管理。根据上下网电量、电压质量、频率及功率因数指标，统计分析实际执行情况。

（2）上下网电量查询统计。对上下网电量历史、当前数据进行查询。

5. 电能质量统计

（1）电压越限统计。对电压监测点的电压按照电压等级进行分析统计。

（2）谐波数据统计。根据设定的电压、电流谐波参数，统计分析谐波数据。

（3）功率因数越限统计。对客户功率因数进行统计分析。

三、后台主程序安装步骤

具体系统均具有应用软件开发商提供的后台主程序安装技术说明书和软件介质，依据这些技术文档，即可逐步完成应用软件即后台主程序的安装和配置。

归纳后台主程序安装步骤如下：

1. 系统主站架构设备及网络测试

（1） 经测试确认主站平台工作正常，各服务器硬件及系统软件（操作系统）工作正常。

（2） 经测试确认系统存储设备工作正常。

（3） 经测试确认系统工作站工作正常。

（4） 经测试确认主站网络设备工作正常，各计算机设备经网络构建起完整的主站架构并工作正常。

2. 安装、配置系统数据库

（1） 构建系统应用数据库体系，在数据库服务器和存储设备上部署数据库系统软件。

（2） 在工作站上安装、配置数据库客户端。

3. 安装、配置中间件软件等系统软件

（1） 安装系统数据处理基础软件，在应用服务器上部署安装用于数据处理、数据挖掘、数据报表等系统中间件软件。

（2） 安装系统数据展示工具性软件，在 Web 服务器上安装数据展示发布系统软件。

4. 安装系统开发商提交的系统应用软件

按照开发商提交的相关系统技术说明书，依次将系统应用软件分别安装部署在应用服务器、Web 服务器、接口服务器等设备上并启动运行。

5. 系统应用功能测试

参考系统应用功能的描述和调试要点，逐一测试和调整每一项功能的正确性。

6. 系统运行性能测试

在系统运行状况下，辅助以测试环境，以系统设计规范为依据，对系统进行运行压力测试，在系统功能全部正常的前提下，检验系统性能是否能够满足设计指标，否则需要查找问题所在及有针对性地进行运行调优，直至满足指标要求。

【思考与练习】

1. 用采系统接口方式有几种？

2. 简述用采系统主站后台主程序的软件体系架构。

模块 3 主站日常巡视维护（Z29G2003Ⅱ）

【模块描述】本模块介绍主站系统的日常巡视和维护。通过要点归纳和步骤讲解，掌握主站系统日常巡视维护工作的基本要求、主要内容、基本方法和操作步骤。

【模块内容】

一、主站系统日常巡视维护工作的基本要求

日常运行巡视的目的是为了保证系统主站连续正常运行，及时发现运行异常或故障，为系统异常和故障的排除及恢复正常运行赢得时间，是一种主动的定期维护工作内容。

任何实时系统在其运行期间，由于设备本身的原因或外界条件等因素，不可避免地会发生功能或性能方面的异常，甚至导致设备故障。由于系统的应用软件是在确定的需求背景下完成的定制开发，需求变化后的不适应性也将导致原有的系统功能异常。而运行的异常或故障呈现明显的不确定性和随机性，因此，除常规的运行操作监视外，开展对主站运行设备的定期日常巡视维护是十分必要的。

1. 主站运行状态分类

（1） 正常状态。同时满足信道正常通信、服务器正常工作、系统任务正常完成、运行环境处于正常范围时，主战运行处于正常状态。

（2） 异常状态。当出现部分或全部信道不能通信、个别或全部服务器不能正常工作、系统任务未能正常完成、运行环境恶化等情况时，主站运行于异常状态。

2. 主站运行导致异常状态的主要因素

（1） 主站设备（计算机设备、网络设备等）性能不稳定或设备故障。

（2） 信道条件不稳定或信道中断。

（3） 网络布线受到外力损伤或网络受到攻击。

（4） 由于应用软件可能存在的隐患，运行中进行不合理地占用或分配系统存储空间。

（5） 定制开发的应用软件存在缺陷或需求变更后不能适应。

（6） 运行环境条件不能满足（如稳定供电、室温控制等）。

3. 主站运行状态维护的目的和要点

主站运行状态维护的目的和要点是及时发现系统运行中的异常状态，以便及时排除故障并恢复正常运行。

二、主站日常巡视工作的主要内容

1. 主站运行状态的监控方式

通过以下方式可获得系统主站当前的运行状态：

（1） 系统运行自动监控功能。服务器设备、存储设备和网络设备以及定制开发的应用软件均提供了部分运行状态的监控功能，可由此获得：

1） 计算机设备的负荷水平及负荷率记录曲线。

2） 网络设备的在线状态及在线率记录曲线。

3）数据通信的成功率记录曲线。

4）定时采集任务的完成率。

5）接口信息交换的有效率。

6）各类运行工况日志记录等。

由此可直接反映主站系统在当前和过去一段时期的运行状态及变化情况。

（2）系统运行操作反馈运行状态。通过对系统的运行操作，根据操作结果，可获得相关有效信息，间接反映了系统主站当前的运行状态。这些有效信息是：

1）系统是否正常响应。

2）系统采集数据的完整性。

3）系统功能正确性。

（3）仪器仪表及指示灯直接反映设备的运行状态和运行环境。

2. 日常巡视的主要对象和内容

（1）系统采集任务是否正常完成。

（2）通信信道是否正常工作。

（3）系统功能是否正确。

（4）主站网络是否畅通。

（5）主站设备性能是否正常。

（6）运行环境是否满足条件。

三、主站日常巡视的基本方法和操作步骤

1. 日常巡视工作安排

鉴于系统的任务需求，确定了系统主站有以下工作特殊性：

（1）在每日零时至早 8 时期间需自动执行并完成系统的定时采集任务。

（2）白天每 30min 自动对所辖用户终端设备逐一巡测一遍。

（3）白天承担业务应用和实时用户的负荷控制集中管理。

针对上述系统工作特点，主站日常巡视每日至少安排两次，分别为早间（7 时）和晚间（22 时），有重点区别地开展巡视维护工作。

2. 日常巡视维护的基本工作方法

（1）主站设备现场（机房）检查。直接从各类设备仪器仪表和指示灯获得设备运行状态信息，掌握运行环境情况。

（2）查询主站设备的运行监控信息，获取当前设备运行状态，例如当前 CPU 负载率、存储空间的占用和分配信息等。

（3）查询主站设备的运行监控记录曲线和工况日志记录，掌握运行期间设备性能变化趋势和曾经发生的异常记录。

（4）选择有代表性的典型系统功能，直接对系统进行运行操作检查，通过获得操作结果判断系统运行状态。

（5）做好各项巡视维护工作记录。

3. 日常巡视维护操作步骤

（1）早间巡视维护工作。早间巡视维护的工作重点在以下方面：

1）检查定时信息采集各项任务的完成情况，发现采集异常及时启动数据补采或相应的故障处理。

2）抽查主要系统功能，综合判断系统是否正常完成采集、控制和应用功能，发现异常及时进入相关的异常处理工作流程。

3）检查系统安全防护状况和记录，定期或不定期进行检查和清除病毒，分析是否存在非常入侵、评估防护措施是否有效。

4）检查系统存储空间占用和分配状况，并有针对性地进行磁盘空间清理和数据库分区清理与调整。

5）检查网络设备工作状况，针对关键路由节点进行逐一查验，发现异常可采取网络重建处理或进入故障处理工作流程。

6）检查运行环境的基础设施（例如供电、空调、清洁等）的完好程度，保持在最佳工作状况。

（2）晚间巡视维护工作。晚间巡视维护的工作重点在以下方面：

1）采取与通信基站（中继站）和现场终端设备实时通信方式，逐一检查每一信道的工作是否正常及当日变化趋势，必要时切换至备用通道或进入故障处理流程。

2）检查主站各硬件设备（服务器、网络、存储设备等）是否工作在正常状态，发现异常可采取设备重新启动恢复正常或切换至备用设备运行，或进入相应的故障处理流程。

3）检查运行环境是否满足规定的技术条件，努力保持运行在最佳工作状况下。

【思考与练习】

1. 主站运行导致异常状态的主要因素是什么？
2. 主站日常巡视工作的主要内容有哪些？

模块 4　系统故障分析与处理案例（Z29G2004Ⅱ）

【模块描述】本模块包含系统常见故障的分析和处理。通过要点归纳，掌握系统常见故障的现象、影响范围及其处理技术。

【模块内容】

一、系统常见故障分析

（一）系统故障分类

主站系统常见的设备故障为：① 通信故障；② 数据库故障；③ 网络故障；④ 服务器故障；⑤ 系统安全故障。

（二）故障分类分析

1. 数据通信故障分析

通信故障指因主站无法与终端正常通信的故障，现象包括终端对主站的通信请求无应答、终端无法上线、无法成功采集终端数据等。

（1）230MHz 无线专网信道故障分析。230MHz 无线专网信道包括通信前置机（服务器）和终端服务器（扩展前置机串口的设备）、通道切换箱（主备信道切换设备）等。

1）设备功能作用：主站与 230MHz 终端的通信信道。

2）故障影响范围：230MHz 通信方式的用户终端无法与系统主站建立联系，系统主站对此类终端的数据通信中断，失去集中控制和不能完成信息采集。

3）故障现象：此信道下接入的用户终端与主站的通信全部中断。

（2）GPRS 虚拟专网信道故障分析。

1）设备功能作用：系统主站与无线公网——GPRS 终端的通信信道。

2）故障影响范围：GPRS 终端无法采集数据。

3）故障现象：此信道下接入的用户终端与主站的通信全部中断。

（3）CDMA 虚拟专网信道故障分析。

1）设备功能作用：主站与无线公网——CDMA 终端的通信信道。

2）故障影响范围：CDMA 终端无法采集数据。

3）故障现象：此信道下接入的用户终端与主站的通信全部中断。

2. 系统数据库故障分析

系统数据库故障是严重的故障，可能造成数据丢失或系统功能失常，甚至导致系统运行中断直至系统崩溃。

数据库包括系统数据库服务器设备和系统存储设备（磁盘阵列或 SAN 单元）等。

（1）系统功能作用：系统数据库服务。

（2）故障影响范围：系统不能正常运行。

（3）故障现象：系统无法登录，无法查询数据，无法保存数据，无法进行各类运行操作，各项应用功能无法实施，系统监控有相应的“数据库操作出错”等系统故障告警信息。

3. 网络故障分析

系统中网络交换机、路由器、光端机和网络配线架及网络布线等设备和设施发生故障即形成系统网络故障。系统网络故障往往导致系统主站不能正常工作甚至中断运行。

（1） 系统功能作用：构成系统主站网络平台。

（2） 故障影响范围：主站的某一台、某一些或全部服务器、工作站不能正常工作。

（3） 故障现象：某些客户端无法登录系统或系统运行中断。

4. 服务器故障分析

（1） 应用服务器故障。

1） 系统功能作用：实现系统数据处理和数据应用功能。

2） 故障影响范围：主站不能工作，所有应用功能中断。

3） 故障现象：系统数据处理、数据应用、系统操作等各项应用功能均不能正常实现。

（2） Web 服务器故障。

1） 系统功能作用：实现系统数据发布网站，发布系统数据应用功能。

2） 故障影响范围：主站不能向业务部门提供数据应用功能结果。

3） 故障现象：网站不响应。

（3） 数据交换服务器故障。

1） 系统功能作用：系统与营销信息系统及其他系统的数据交换接口。

2） 故障影响范围：不能实现信息共享和数据交换功能。

3） 故障现象：系统无法与相关系统交换信息，导致信息不准确和采集数据不能共享传递。

5. 系统安全故障分析

（1） Web 防火墙。

1） 系统功能作用：隔离用采系统主站专网和其他网络。

2） 故障影响范围：主站不能向外发布数据应用结果。

3） 故障现象：其他网段无法查看主站发布网页。

（2） 无线公网防火墙。

1） 系统功能作用：隔离专网和无线公网网络。

2） 故障影响范围：无法对无线公网终端采集数据。

3） 故障现象：无线公网接入的终端全部中断通信。

二、系统故障处理技术

（1） 故障处理必须遵行的技术原则。及时发现，及时处理，防止故障扩大化。

（2） 故障处理常规方式方法。明确故障发生的现象，分析故障原因，按流程操作。

（3） 防止故障扩大化的有效措施。

1） 及时发现。

2） 明确故障原因。

3） 及时排除故障。

【思考与练习】

1. 主站常见的设备故障有哪几类？

2. 服务器故障有哪几种？

模块 5　计算机及网络设备安装、调试维护（Z29G2005Ⅲ）

【模块描述】本模块包含用采系统主站的计算机及网络设备安装与调试维护内容。通过功能介绍、要点归纳和步骤讲解，掌握用采系统主站架构、运行要求及其设备功能，掌握系统主站计算机及网络设备的安装调试及运行维护要求。

【模块内容】

一、用采系统主站架构及设备

系统主站由计算机设备、网络设备以及打印机等辅助设备组成，计算机设备主要有服务器和工作站等，网络设备主要有路由器、交换机以及网络安全防护等设备。

（一）系统主站架构与功能简介

1. 主站物理构架

由计算机设备和网络设备组成的典型主站物理架构如图 6–5–1 所示。

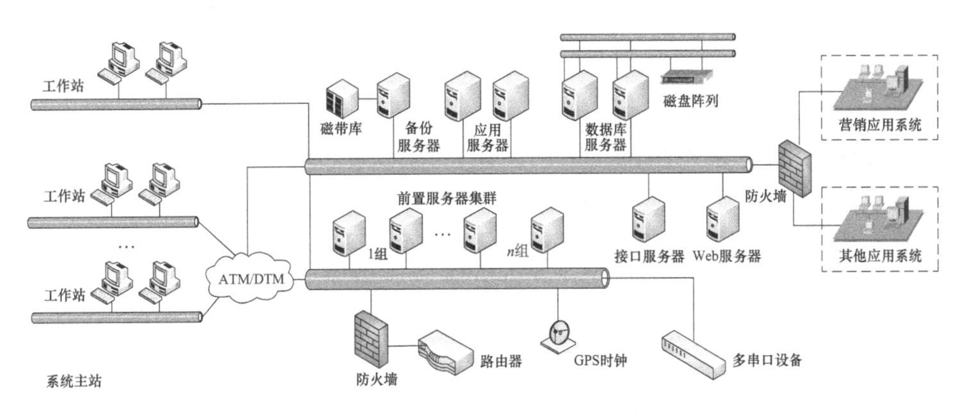

图 6–5–1　系统主站物理架构图

系统主站网络物理结构主要由数据库服务器、应用服务器、前置服务器、Web 服务器、接口服务器、工作站、GPS 时钟以及相关的网络设备组成。通过各类通信信道，实现电能信息的自动采集、存储、处理，同时提供各类电能信息与管理的各项应用功能。

2. 主站设备的系统功能简介

由计算机设备等组成的主站物理架构是支撑用电信息采集、负荷控制和系统运行监控管理等应用功能的基础平台，其主要设备承担着以下系统功能：

（1）数据库服务器：负责管理系统各类数据的存储。

（2）存储设备：为系统数据提供物理存储空间。

（3）Web 服务器：提供信息网站服务。

（4）应用服务器：负责后台的数据计算和处理，为客户端应用功能提供服务。

（5）接口服务器：负责与其他系统的接口，与一级系统进行数据交换。

（6）前置服务器集群：负责完成系统的采集、控制、通信工作，由多台服务器共同组成。

（7）运行操作工作站：提供操作人员与系统的交互界面和手段，通常按功能又可区分为系统运行操作和业务应用两类。

（二）系统主站设备的技术特性

系统主站包括网络设备、存储设备、数据库服务器、Web 服务器、接口服务器、前置服务器和工作站等主要设备。

1. 网络设备

主站网络主要包括服务器主网络、通信子网、工作站子网以及与营销应用系统和其他应用系统互联等四部分，其中服务器主网络主要由数据库服务器、应用服务器、Web 服务器、备份服务器以及主网络交换机等设备组成；通信子网由前置服务器集群以及通信子网交换机等设备组成；工作站子网由各地市公司远程工作站、省（直辖市）公司工作站以及相关网络设备组成；与营销应用系统和其他应用系统互联主要通过接口服务器、防火墙等设备完成。

主站网络结构必须满足带宽要求和访问安全性要求。主站网络如图 6–5–2 所示。

（1）网络带宽。服务器主网络 A 通常采用千兆以太网，通信子网 B 可采用百兆以太网，工作站子网 C 与服务器主网络的带宽应不小于 2MB。

（2）网络安全。

1）公网信道接入安全防护。

2）系统间互联安全防护。

3）通常对系统进行单独组网，与营销应用系统和其他应用系统的互联采用防火墙等技术进行安全隔离。

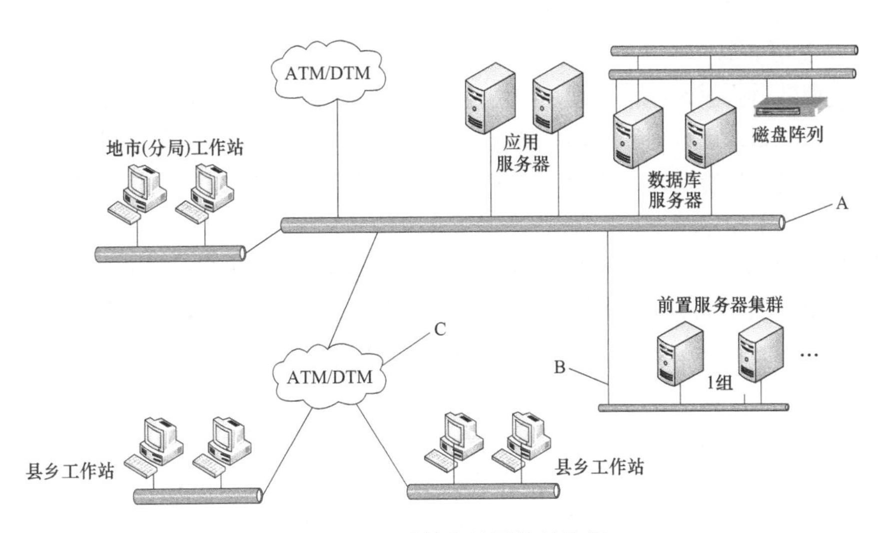

图 6–5–2　系统主站网络结构图

2. 存储设备

系统的采集与监控规模较大，工作站并发性访问众多，要求采用高性能的存储设备来满足系统性能、规模及存储年限等指标，主要要求如下：

（1）配置双控制器，具备负载均衡。

（2）部件和电源模块可热插拔，在单点设备具有高可靠性的同时，结构冗余配置，避免出现单点故障，采用 RAID 技术保护数据的安全性。

（3）能够根据要求进行灵活方便的在线、不间断、动态地扩展（系统处理能力、存储容量、I/O 能力）。

3. 数据库服务器

数据库服务器承担着系统数据的集中处理、存储和读取，是数据汇集、处理的中心，应通过集群技术手段满足系统的安全性、可靠性、稳定性、负载及数据存取性能等方面的指标要求。

4. Web 服务器

Web 服务器主要运行 Web 服务程序，提供 Web 发布服务。Web 服务器同样应通过集群技术保障系统的可靠性和稳定性，通过负载均衡技术保障系统的负载以及工作站并发数等性能指标要求。不同规模的系统对 Web 服务器的配置要求有所不同。

5. 接口服务器

接口服务器主要运行接口程序，负责与其他系统的接口服务，需要满足系统的安全性、可靠性、稳定性等要求。不同规模的系统对接口服务器的配置要求有所不同。

6. 前置服务器

前置服务器为系统主站与现场终端通信的唯一接口，所有与现场终端的通信都由前置服务器负责，所以对服务器的实时性、安全性、稳定性等方面的要求较高。前置机的配置数量、性能要求、安全防护措施等系统管理的终端数量及信道方式和业务模式有关，有以下技术特点：

（1）前置服务器应具有分组功能，以支持大规模系统的集中采集。

（2）每组前置机采用双机以主辅热备或负载均衡的方式运行，当其中一台服务器出现故障时，另一台服务器自动接管故障服务器所有的通信任务，从而保证系统的正常运行。

（3）每组前置服务器可接入系统所有类型的信道。

（4）每组前置服务器设计容量为可接入的终端总数不小于 30 000 台。

（5）不同规模的系统对前置服务器的配置和数量要求有所不同。

7. 工作站

工作站设备选型通常为个人电脑，可为台式个人电脑或笔记本电脑，由系统权限界定为面向系统运行操作或面向业务数据应用。

（三）系统主站运行要求

系统主站必须满足以下运行要求：

（1）始终保持连续不间断地正常运行。即使在故障情况下可自动切换至备用系统，保证系统功能的不间断，运行维护也不会导致系统运行的中断，因此必须具备在线维护的技术条件。

（2）始终保持较高的设备运行性能。系统运行必须满足设计所规定的响应实时性和计算机负载率等技术指标。

（3）始终保持良好的设备运行环境。

1）计算机机房的环境条件应符合 GB/T 2887—2000《电子计算机场地通用规范》的规定。

2）主站应有互为备用的两路电源供电。必须配备 UPS 电源，在主电源供电异常时，应保证主站设备不间断工作不低于 2h。

二、系统主站计算机及网络设备的安装调试

主站计算机和网络设备通过安装集成起来，形成系统主站架构，各自承担系统主站功能节点，协调工作，实现系统主站信息采集、负荷控制、终端管理和数据应用等系统的整体功能。

由于目前各地系统开发不统一，遵循的实施规范和技术方案不尽相同，具体的安装操作细节存在差异，因此下面重点针对系统主站计算机及网络设备安装通用原则进

行描述。

系统主站计算机及网络设备的安装调试步骤：

（1）系统集成规划。在系统集成前，应事先根据系统功能划分和信息安全的要求，规划设计系统网络拓扑结构，明确设备间连接方式，编制系统集成方案。

（2）设备就位。根据计算机机房的空间面积，按照一定的原则对设备进行功能分区，确定各设备安装位置，绘制设备安装竣工图，便于今后的日常运行维护和检修工作。

（3）布线工程。机房布线工程分为强电和弱电。一般强、弱电布线应严格分开，敷设不同的线槽。强电工程应根据设备的用电负荷选择合适的线径和开关，避免过负荷运行。弱电综合布线工程一般采用超五类或六类综合布线系统，构成星型连接的以太网拓扑结构。

（4）安装操作系统。操作系统是计算机运行的最基本软件，目前主流的操作系统有 Windows、Unix、AIX、Linux 等，无论安装哪种操作系统，都应该及时安装最新的公开发行的系统补丁程序。

（5）网络设置与调试。网络布线完成后，要实现数据交换，需要对连接网络的硬件设备进行相关参数的设置，这样整个网络系统才能运转起来，当然，也可以在网络设备上设置 ACL（访问控制列表）对某些设备资源限制访问。同样，计算机主机系统也需要设置相应的 IP 地址。

（6）安装数据库、中间件软件。数据库是存储、交换、访问数据的专用数据管理软件，常见的数据库软件有 Sybase、Ms SQL Server、DB2、Oracle 等。一般应用系统都离不开数据库的支撑，根据应用软件的逻辑架构，必要时还应安装中间件软件。

（7）安装系统应用软件。在计算机软、硬件平台安装完毕后，即可部署安装业务应用软件。

（8）系统应用功能测试。为了保证应用软件的正常运行和使用，在应用软件安装完毕后，通常应进行软件功能测试，验证软件运行环境是否符合要求，软件运行是否正常，和硬件环境是否兼容，是否存在冲突。应对照软件功能需求说明书，充分进行应用软件的各项功能测试，测试合格后，投入试运行。

（9）系统性能测试。系统软硬件平台及应用程序部署完毕后，按照业务流程，对系统各环节还需要进行系统性能测试，包括硬件性能和软硬件压力测试。根据应用系统设计容量，在最大规模业务运行的情况下，测试硬件 CPU 负荷、内存使用、I/O 吞吐量等指标，测试软件运行效率、处理能力等，测试的各项数据应满足设计文档指标和业务应用要求。

三、系统主站计算机及网络设备的运行维护

为了保障系统主站的连续正常运行，需要定期开展运行维护工作，维护工作主要的内容如下：

（1）系统安全评价。定期进行安全检查和评估，对发现的系统漏洞及时安装系统补丁，同时加强防病毒入侵的各项措施，及时升级病毒库文件。与外系统有连接的，应安装防火墙加以隔离，做好安全策略和访问控制策略，加强访问审计，关闭不必要的协议和端口。

（2）系统数据库维护。至少每周检查一次数据库运行环境，重点检查数据库表空间是否足够、数据表有无死锁等现象，当表空间不够时，应立即增加，防止数据库因空间不足而崩溃。

数据库维护的另一项重要工作是清理数据库 log 日志，随着数据库的长期运行，不断地进行增、删、改等操作，会产生很多的日志文件，并且这些日志文件不停增大，挤占数据库磁盘空间，如果不及时清理，数据库也会因空间不足而停运。

（3）系统性能测试和调整。当业务应用运行后，可阶段性地开展系统性能测试，重新进行系统性能评估，针对评估出的系统薄弱环节，进行相应调整和优化。

（4）计算机及网络设备状态维护。保持计算机及网络设备良好的健康状态，是日常运行维护工作的重点。值班人员应加强设备巡视，查看设备状态指示灯，发现问题，及时处理，以防止故障进一步扩大。

适时检查计算机及网络设备的运行状况，查看计算机进程是否正常，查看 CPU 负载、内存资源利用、有无可疑文件等情况，查看网络设备配置是否被篡改、网络流量是否异常、无用的协议端口是否已经关闭，以防非法用户登录。

（5）主站运行环境维护。主站运行环境包括机房清洁、供电电源、机房温度、空气湿度及应急照明等。主机机房应保持干燥、清洁、无尘，房间温度和湿度应符合计算机产品的规定要求，主机的供电电源应稳定可靠，必要时应采用 UPS 不间断电源供电，对特别重要的主机，还用采取双电源供电等措施。

【思考与练习】

1. 系统主站计算机及网络设备的安装步骤是什么？

2. 系统主站运行有什么要求？

第五部分

有序用电及营销业务支持

第七章

有序用电及营销业务操作

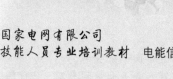

模块1　数据发布与查询（Z29H1001Ⅰ）

【模块描述】本模块包含系统的数据发布与查询。通过对其方法和具体操作步骤的讲解，查询数据的来源介绍；掌握客户用电设备数据的查询和分析技能；掌握远程抄表数据配置、采集、传送的方法及应用。

本模块以江苏专业系统为例进行介绍。

【模块内容】

一、抄表、电量、负荷、电压、电能质量、事件记录等数据发布与查询

（一）抄表数据

1. 单个终端查询

单个终端的电能表抄表数据查询与数据采集设置和维护中的随机召测的界面和操作步骤相同，就是此处选择抄表数据项和点击“查询”按钮。

2. 成批数据查询与发布

在主界面上选择“数据管理”→“综合报表”菜单，出现如图7–1–1所示界面。在此界面内，选择“电能表数据报表”和报表中包含的终端范围。选择好后，点击“预览”按钮，出现如图7–1–2所示界面。

图7–1–1　综合报表

图7–1–2　参数选择

然后选择报表需要的列，点击“确定”按钮，则会出现 Excel 格式的报表，可以进行另存和打印。

（二）电量数据

1. 单个终端查询

单个终端的电能表抄表数据查询与数据采集设置和维护中的随机召测的界面和操作步骤相同，只是这里选择与电量有关的数据项和点击“查询”按钮。

2. 成批数据查询与发布

在主界面上选择“数据管理”→“综合报表”菜单，出现如图 7–1–3 所示界面。在此界面内，选择“日综合数据报表”和报表中包含的终端范围。选择好后，点击“预览”按钮，出现如图 7–1–4 所示界面。

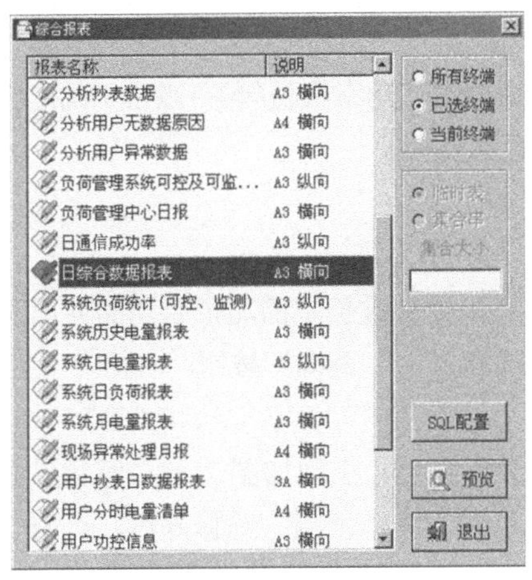

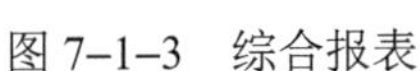
图 7–1–3　综合报表

图 7–1–4　参数选择

选择报表需要的电量数据（如有功电量曲线、当日电量等），点击“确定”按钮，则会出现 Excel 格式的报表，可以进行另存和打印。

（三）负荷数据

1. 单个终端查询

单个终端的电能表抄表数据查询与数据采集设置和维护中的随机召测的界面和操作步骤相同，只是这里选择与负荷有关的数据项和点击“查询”按钮。

2. 成批数据查询与发布

在主界面上选择“数据管理”→“综合报表”菜单，出现如图 7–1–5 所示界面。在界面内选择“日综合数据报表”和报表中包含的终端范围。选择好后，点击“预览”按钮，出现如图 7–1–6 所示界面。

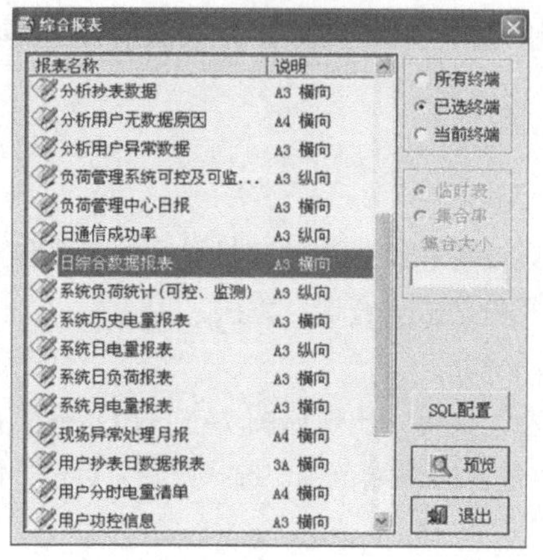

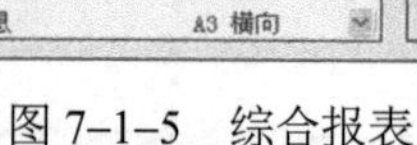
图 7-1-5 综合报表

图 7-1-6 参数选择

然后选择报表需要的负荷数据（如有功功率曲线、功率极值等），点击“确定”按钮，则会出现 Excel 格式的报表，可以进行另存和打印。

（四）电压数据

1. 单个终端查询

单个终端的电能表抄表数据查询与数据采集设置和维护中的随机召测的界面和操作步骤相同，只是这里选择与负荷有关的数据项和点击“查询”按钮。

2. 成批数据查询与发布

在主界面上选择“数据管理”→“综合报表”菜单，出现如图 7-1-7 所示界面。在此界面内，选择“电流电压报表”和报表中包含的终端范围。选择好后，点击“预览”按钮，出现如图 7-1-8 所示界面。

图 7-1-7 综合报表

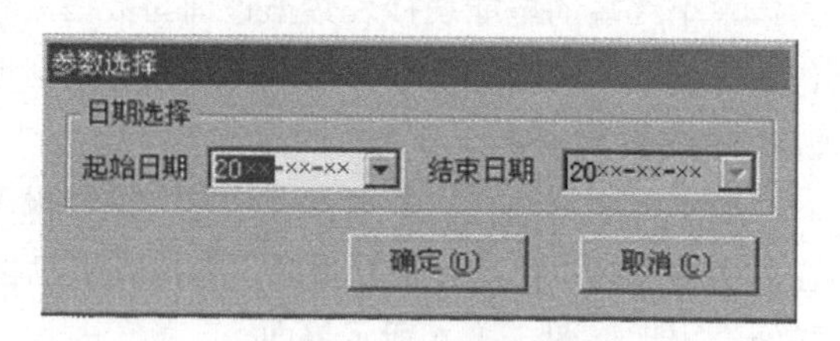

图 7-1-8 参数选择

然后选择日期，点击“确定”按钮，则会出现 Excel 格式的报表，可以进行另存和打印。

（五）电能质量数据

在主界面上选择“数据管理”→“日数据分析”菜单，出现如图 7–1–9 所示界面。

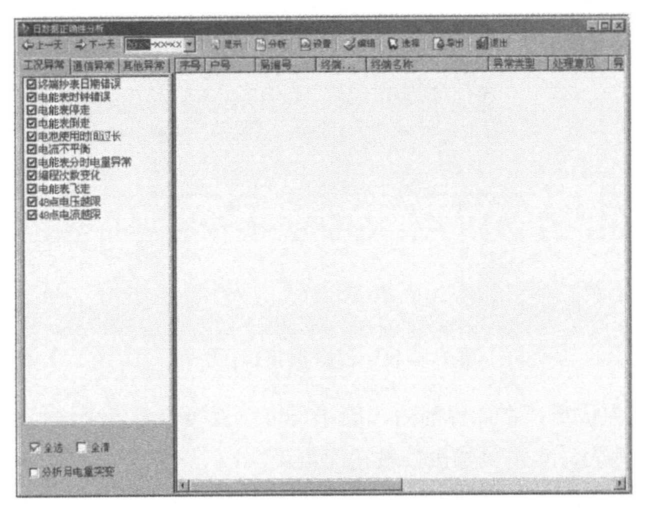

图 7–1–9　日数据正确性分析

在分析项目列表中选择“电流不平衡”“48 点电压越限”“48 点电流越限”等分析项目，点击“设置”按钮，出现如图 7–1–10 所示界面。在此界面内输入判断数据正确性的条件，点击“确定”按钮退出。

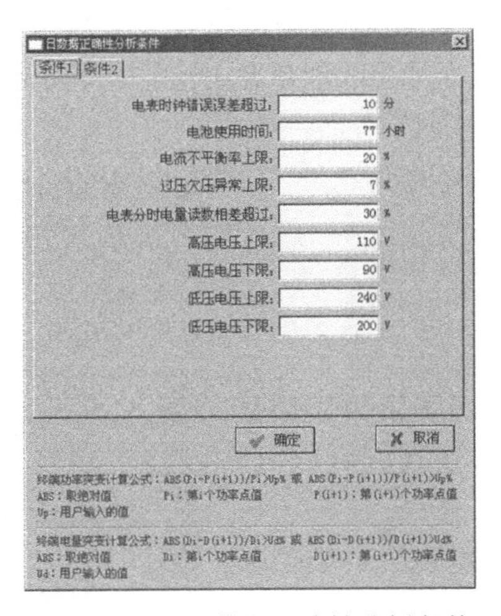

图 7–1–10　日数据正确性分析条件

选择要分析的数据的日期，点击“分析”按钮，出现如图 7–1–11 所示界面。

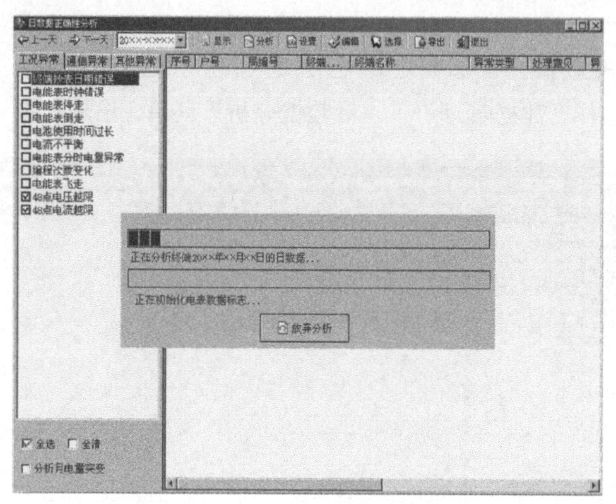

图 7–1–11　日数据正确性分析

当数据分析完成后，在此界面内，操作员可以直接查看各个终端的分析结果。如果要导成 Excel 报表，点击“导出”按钮即可。

（六）事件记录数据

1. 单个终端查询

单个终端的电能表抄表数据查询，与数据采集设置和维护中的随机召测的界面和操作步骤相同，只是这里选择“事件记录”选项卡和点击“查询”按钮。

2. 成批数据查询与发布

在主界面上选择“数据管理”→“综合报表”菜单，出现如图 7–1–12 所示界面。在此界面内，选择终端事件记录报表和报表中包含的终端范围。选择好后，点击“预览”按钮，出现如图 7–1–13 所示界面。

图 7–1–12　综合报表

图 7–1–13　参数选择

选择日期和需要导出的事件记录，点击“确定”按钮，则会出现 Excel 格式的报表，可以进行另存和打印。

二、计量装置异常数据发布与查询

在主界面上选择“数据管理”→“日数据分析”菜单，出现如图 7–1–14 所示界面。

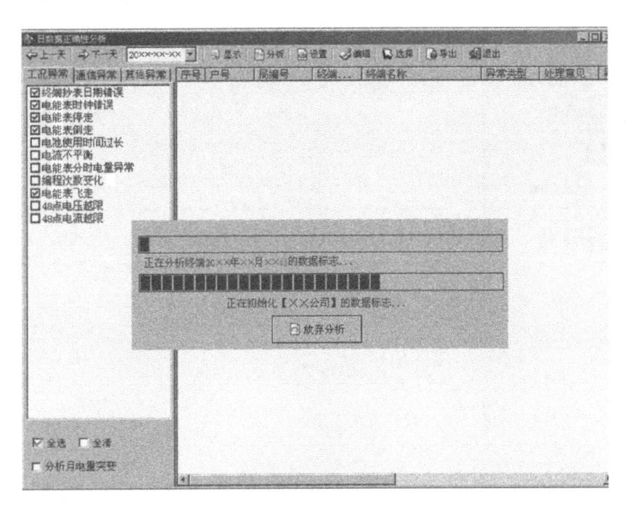

图 7–1–14　日数据正确性分析

在分析项目列表中选择“终端抄表日期错误”“电能表时钟错误”“电能表停走”“电能表倒走”“电能表飞走”等分析项目，点击“设置”按钮，出现如图 7–1–15 所示

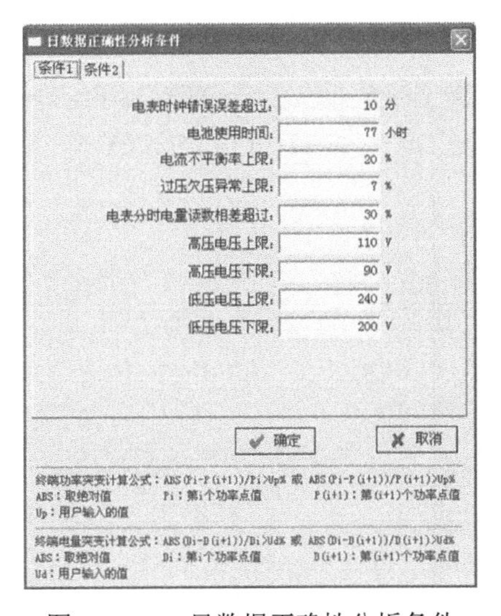

图 7–1–15　日数据正确性分析条件

界面。在此界面内输入判断数据正确性的条件，点击“确定”按钮退出。选择要分析的数据的日期，点击“分析”按钮，出现如图 7–1–16 所示界面。

当数据分析完成后，在此界面内，操作人员可以直接查看各个终端的分析结果。如果要导成 Excel 报表，点击“导出”按钮即可。

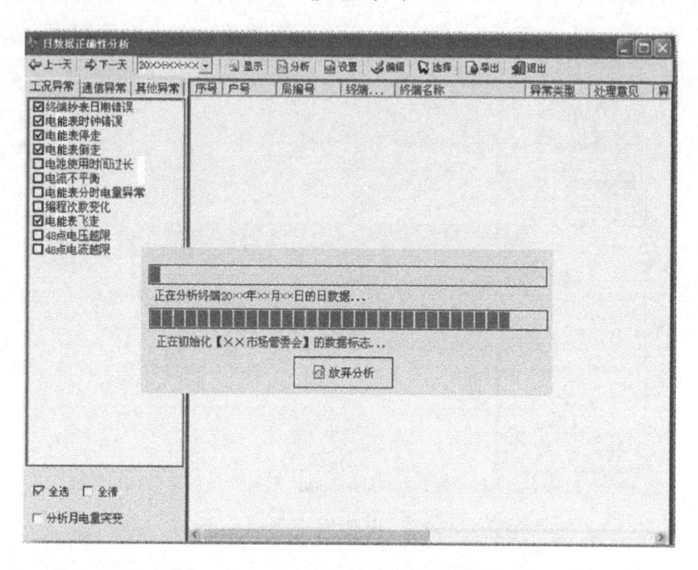

图 7–1–16 进行日数据正确性分析

三、用电异常数据发布与查询

在主界面上选择“数据管理”→“日数据分析”菜单，出现如图 7–1–17 所示界面。

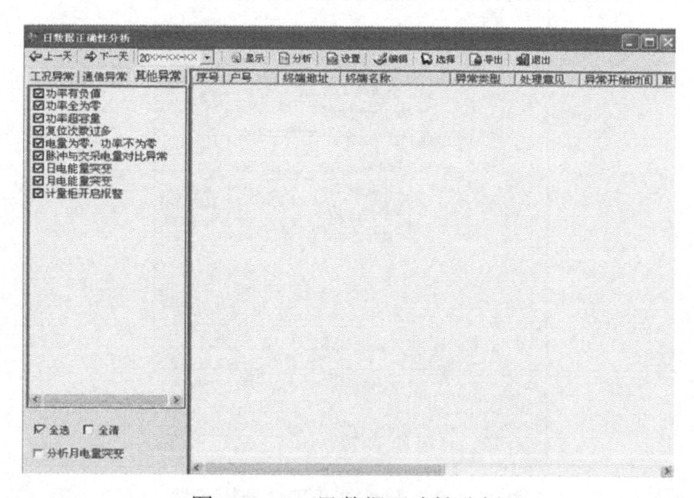

图 7–1–17 日数据正确性分析

在分析项目列表中选择需要的分析项目，点击“设置”按钮，出现如图 7–1–18 所示界面。

在此界面内输入判断数据正确性的条件，点击“确定”按钮退出。选择要分析的数据的日期，点击“分析”按钮，出现如图 7–1–19 所示界面。

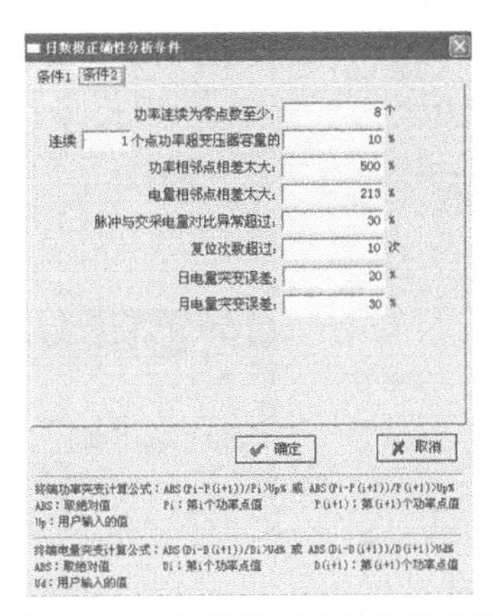

图 7–1–18　日数据正确性分析条件

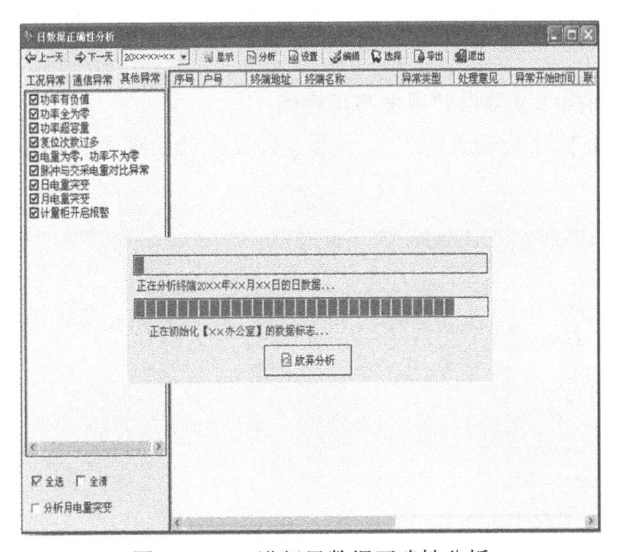

图 7–1–19　进行日数据正确性分析

当数据分析完成后，在此界面内，操作人员可以直接查看各个终端的分析结果。如果要导成 Excel 报表，点击“导出”按钮即可。

四、数据采集情况发布与查询

在主界面上选择“数据管理”→“综合报表”菜单，出现如图 7–1–20 所示界面。

在此界面内，选择“日通信成功率”。选择好后，点击“预览”按钮，出现如图 7–1–21 所示界面。

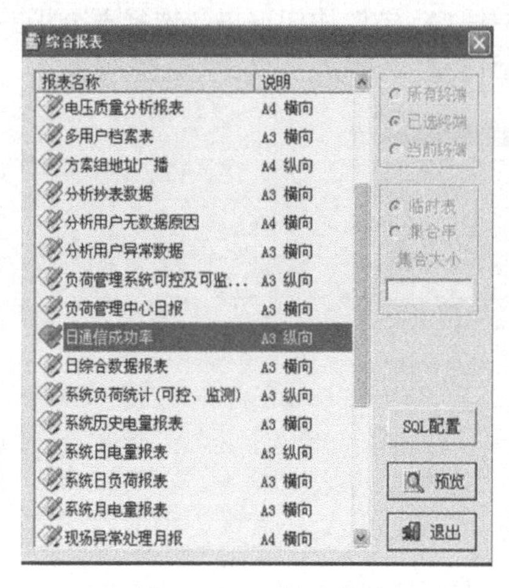

图 7–1–20 综合报表

图 7–1–21 参数选择

然后选择日期，点击“确定”按钮，则会出现 Excel 格式的报表，可以进行另存和打印。

五、负荷控制操作及限电效果发布与查询

在主界面上选择“数据管理”→“限电效果统计”菜单，出现如图 7–1–22 所示界面。

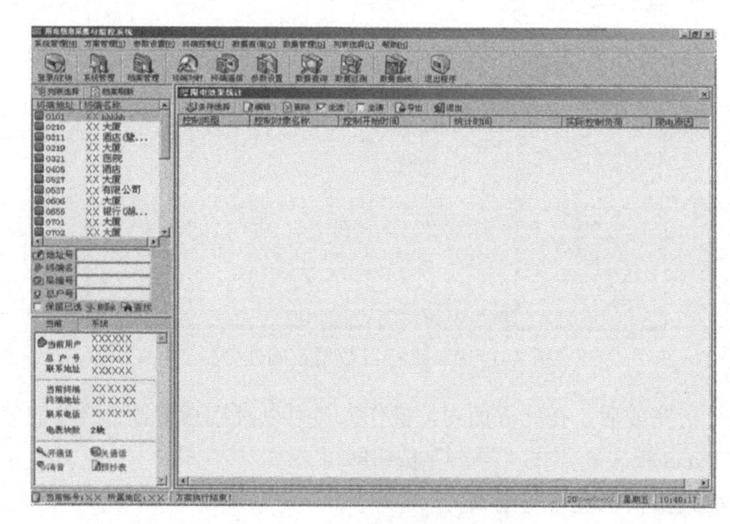

图 7–1–22 限电效果统计

点击"条件选择"，出现如图 7–1–23 所示界面。输入限电效果统计的条件，点击"确定"按钮。

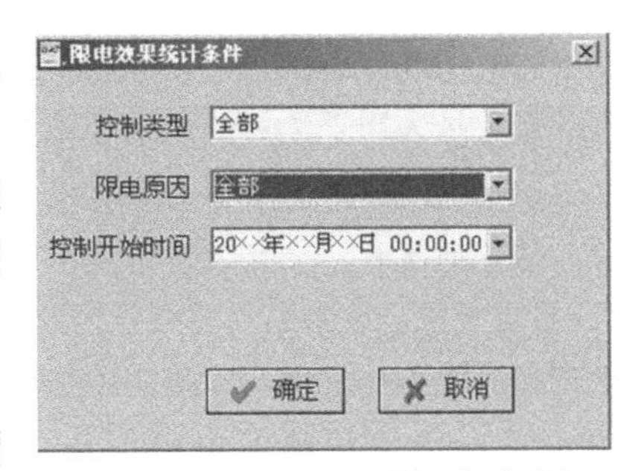

图 7–1–23　限电效果统计条件选择

点击"开始"按钮，开始统计限电效果，统计完成后，在此界面内可查看统计结果。如果需要导成 Excel 报表，点击"导出"按钮即可。

六、远程抄表

抄表日前后的远程抄表工作，包括设置营销电能表传送项、设置抄表传输日、电能表数据预传、电能表数据补测、手工发布等。

一个完整的抄表流程分为四步：数据准备、数据采集、数据传送、营销接收。流程图如图 7–1–24 所示。

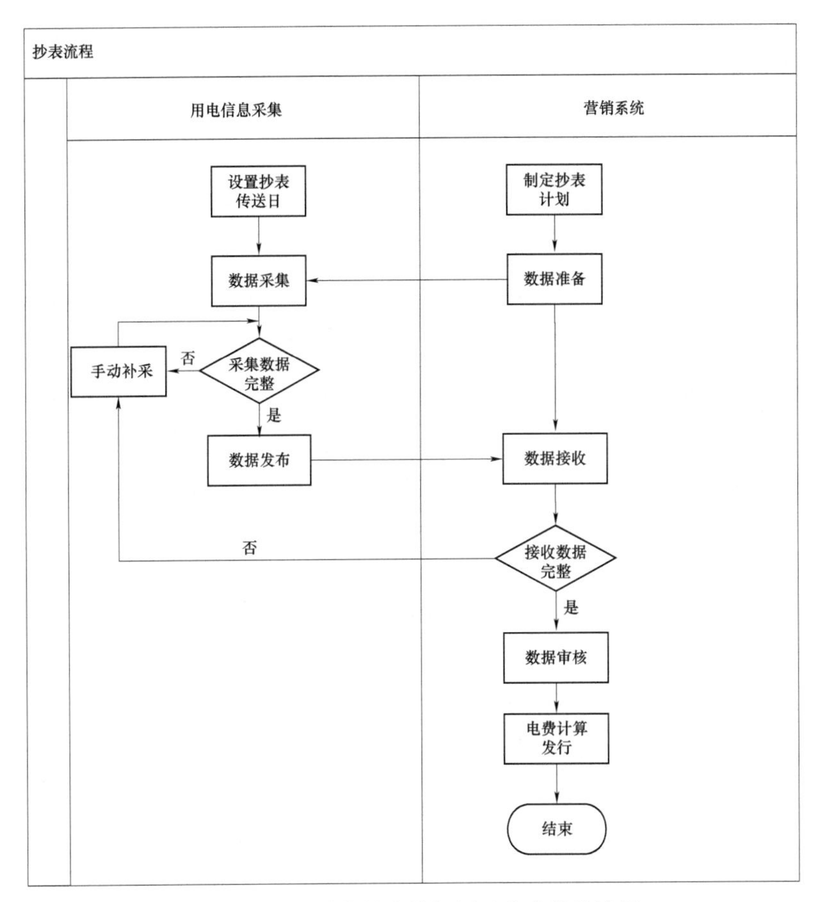

图 7–1–24　系统抄表数据用于电费结算流程

（一）数据准备

远程抄表用于结算的六个必备条件：

（1）用采系统电能表所属总户号必须与营销的总户号一致。在遇到一个终端多个总户号的情况时，一定要使每块电能表确实对应所属的总户号。在“电能表档案”中“计量点及电能表参数”的户号为此块电能表的实际对应户号，只要这里对应正确，传送营销时就不会出错，如图 7–1–25 所示。

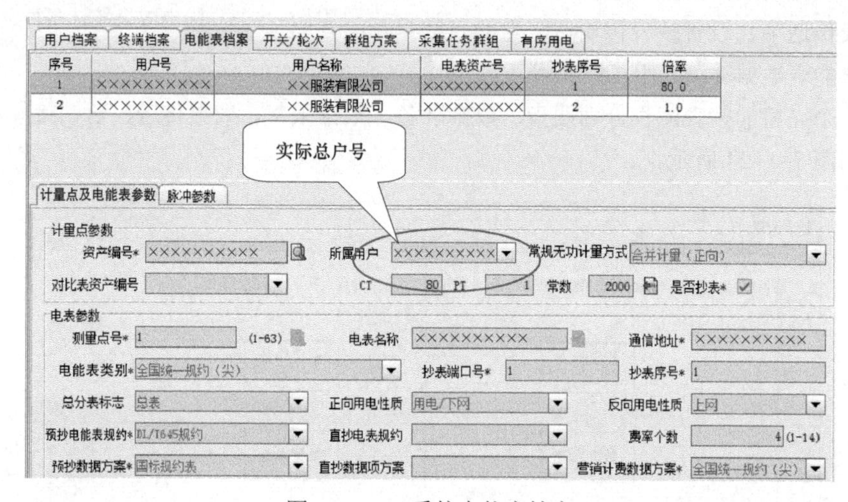

图 7–1–25　系统电能表档案

（2）用采系统中的电能表局编号必须与营销的一致。采集系统和营销系统中的电能表局编号要完全一致才能正常传送，特别要注意字母的大小写以及“电能表局编号”后面是否含有空格、回车键等看不见的字符，两者的对比可以通过“系统运行检测”中的“电能表资产号与营销系统核对”来检查处理，如图 7–1–26 所示。

（3）营销系统档案中“是否采集”项必须设置为“是”，电能表的资产状态必须是“启用”。

（4）营销系统档案中的“抄表方式”必须为“负控抄表”。

（5）电能表所属用户营销电能表传送日必须包括营销电能表结算日。

设置电能表传送日有两种方式：单个电能表传送日的设置、批量电能表传送日的设置。

1）单个电能表传送日的设置。在“档案管理”→“用户档案”中，如图 7–1–27 所示。

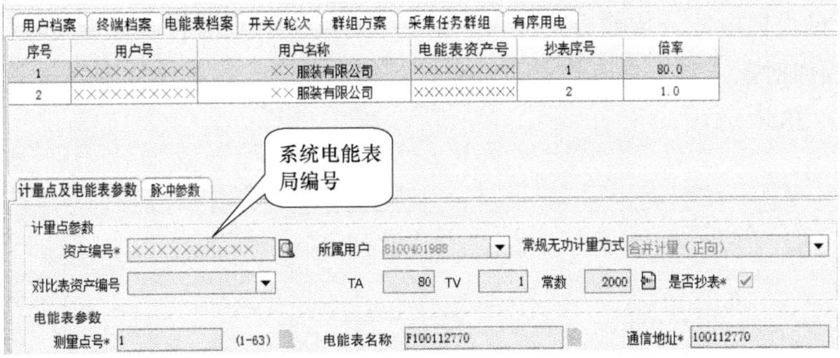

用户档案　终端档案　电能表档案　开关/轮次　群组方案　采集任务群组　有序用电

序号	用户号	用户名称	电能表资产号	抄表序号	倍率
1	××××××××××	××服装有限公司	××××××××××	1	80.0
2	××××××××××	××服装有限公司	××××××××××	2	1.0

(a)

序号	总户号	终端地址	终端名称	负控局编号	营销局编号	终端状态
1	××××××××××	×××××	×××× (GPRS)	××××××××××	XXXXXXXXXX	运行
2	××××××××××	×××××	×××× (GPRS)	××××××××××	XXXXXXXXXX	运行
3	××××××××××	×××××	×××× (GPRS)	××××××××××	XXXXXXXXXX	运行
4	××××××××××	×××××	×××× (GPRS)	××××××××××	XXXXXXXXXX	运行

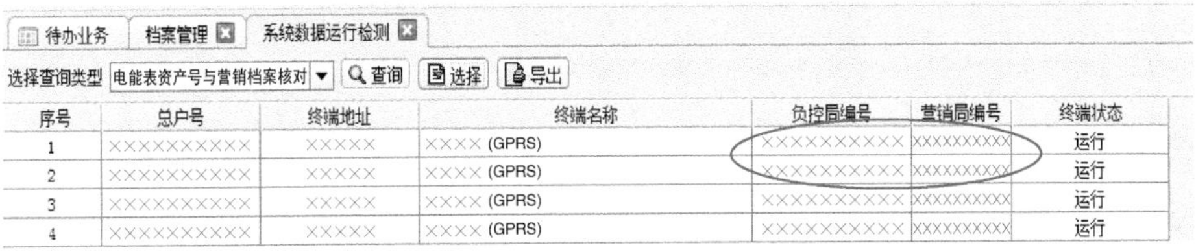

(b)

图 7–1–26　采集系统电能表局编号与营销的一致

（a）电能表档案；（b）系统数据运行检测

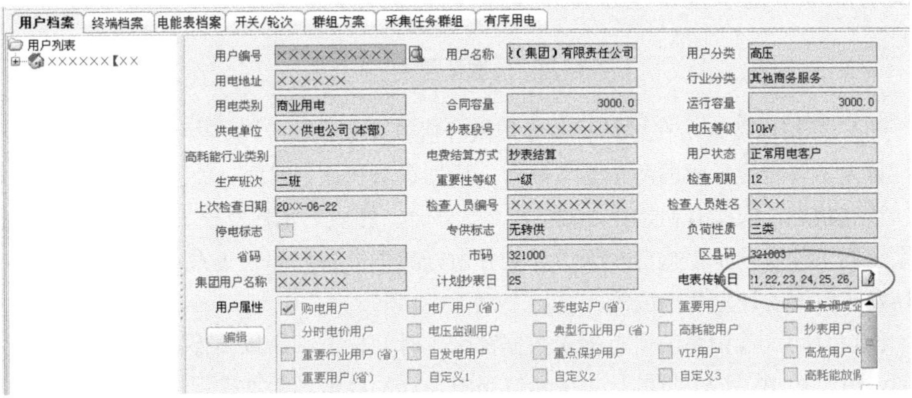

图 7–1–27　电能表传输日

96 版及 04 版终端均需设置并下发终端抄表日，如果当天不是终端抄表日，终端并不冻结当天的电能表数据（说明：04 版终端的电能表数据包括历史日数据以及抄表日数据，电能表历史日数据是终端每天在 23:45 冻结的，不需要主站下发，但抄表日设置需要下发给终端。而 96 版终端的电能表数据只包含抄表日数据）。

2）批量设置电能表传输日。进入“系统管理”→“设置抄表数据传输日”，在右侧上方“操作对象选项”中，设置查询条件，修改抄表日，根据需要覆盖或增加抄表日如图 7–1–28 所示。

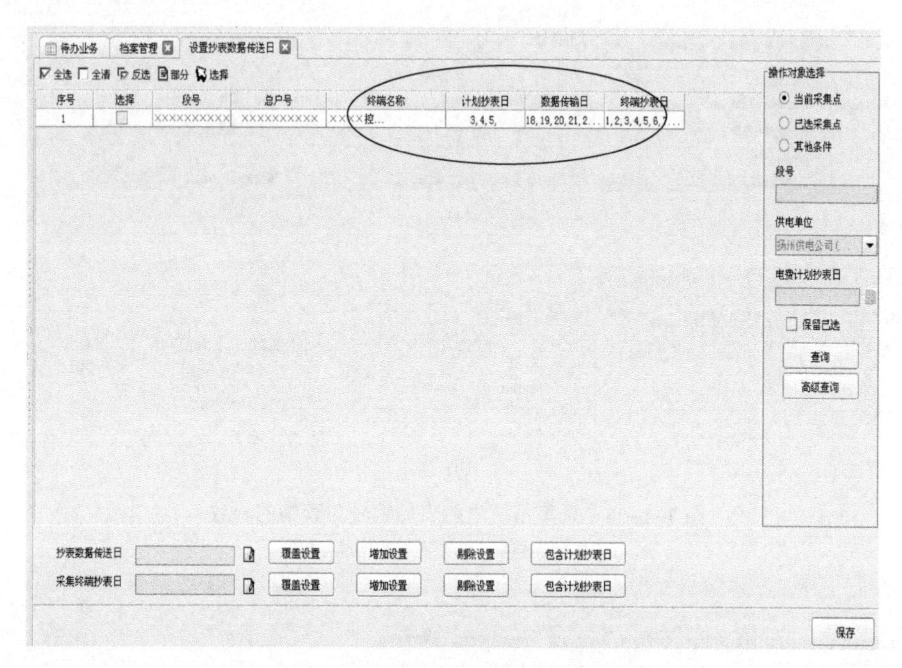

图 7–1–28　批量设置电能表传输日

（6）营销电费人员在结算日前必须做好接收计划。

首先了解电费抄收的两个基本概念：计划状态和计划时间。

计划状态：依次有初始化、数据准备、发送、接收、示数复核、已计算 6 种状态；新系统要求抄表至少需提前一天做计划并做好数据准备，即采集系统接收到计划并能成功发布数据的计划状态应为“发送”或“接收”。

计划时间：营销系统所有抄表数据都带了时间标志，所以要保证计划时间与数据时间一致，如 10 月 11 日的计划中所有用户表计的数据项数据确保为 10 月 11 日零点数据，抄表才能接收到数据。

（二）数据采集

在用采与营销两个系统中的准备工作都做好后，可进行电能表传送工作。

1. 采集配置

抄表日：终端设定为某天抄表，则称当天为该户的抄表日。

抄表日冻结时间：终端被设定为在抄表日的某个时间进行抄表，这个时间就是终端的抄表日冻结时间。

传送日：如某天需将某户的电表数据传送到营销，则当天为该户的传送日。

数据项配置方案：对使用同一种规约的终端型号进行统一的召测数据项配置，则此项配置称为数据项配置方案。

数据项设置："数据项设置"打钩指的是系统能显示该数据项。

召测数据项设置："召测数据项设置"打钩指的是自动任务会召测该数据项，"召测数据项设置"是"数据项设置"的子集。

（1）首先下发电表抄表日和抄表时间，如图 7–1–29 所示。

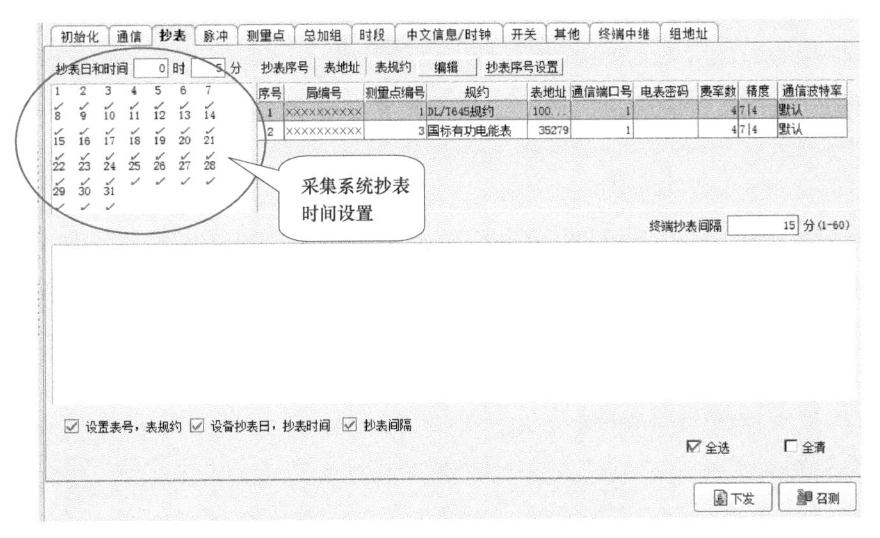

图 7–1–29　终端抄表日期

图中该户 31 天均设置为抄表日，抄表日的抄表冻结时间设置为 00:05。

抄表日下发成功后，需要配置电表抄表日数据的召测数据项。

（2）终端数据项配置。

目前终端数据项配置方案在用采系统中是根据终端类别（也就是同一种规约的终端类型为一个）来配置的，目的是为了终端数据的查询与召测和自动任务的采集。

1）支持数据项：配置终端数据项的目的是为了在菜单的"数据查询"界面对终端实时数据（有功功率曲线、实时总加有无功功率等）、历史日数据（日冻结总加有功电量、日功率极值与出现时间）、历时月数据（月总加有功电量等）的查询与召测。

2）召测数据项：配置这个数据项是为后台自动任务对终端数据的采集。

终端数据项的配置在系统中点击"系统管理"→"终端数据项配置方案"，出现如图 7–1–30 所示界面。

图 7–1–30　终端配置

要配置终端数据项方案，只需双击需要设置终端的名称，出现如图 7–1–31 所示界面。

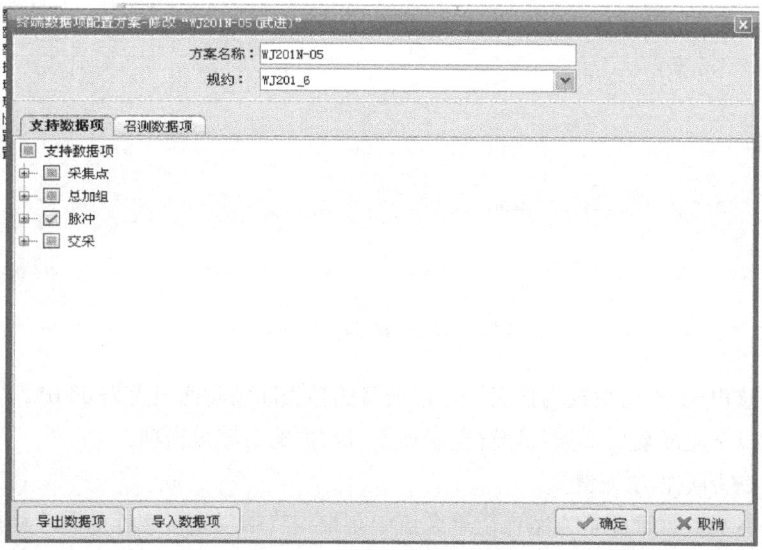

图 7–1–31　终端配置数据项

在这个界面里可以对可支持的数据项、召测数据项进行配置。

支持数据项含义：此规约能够采集回来的数据项集合。

召测数据项含义：在自动任务后台所需采集的数据项。

（3）预抄电能表数据项配置。目前预抄电能表数据项配置方案在采集系统中是根据电能表类别（也就是同一种规约电能表类型为一个）来配置的，目的是为了电能表数据的查询与召测和自动任务的采集。

支持数据项：配置“数据查询”界面中，终端实时数据（电能表运行状态、正向有/无功、一四象限无功示数等）、历史日数据（日冻结电表运行状态、正向有/无功、一四象限无功示数、电压、电流曲线等）、历时月数据（月最大需量及出现时间等）的查询与召测项。

召测数据项：配置这个数据项是为后台自动任务对电能表数据的采集。

预抄电能表数据项配置方案在“系统管理”→“预抄电能表数据项配置方案”中，见图 7–1–32（a），选择一个电能表类别双击打开，出现图 7–1–32（b）。

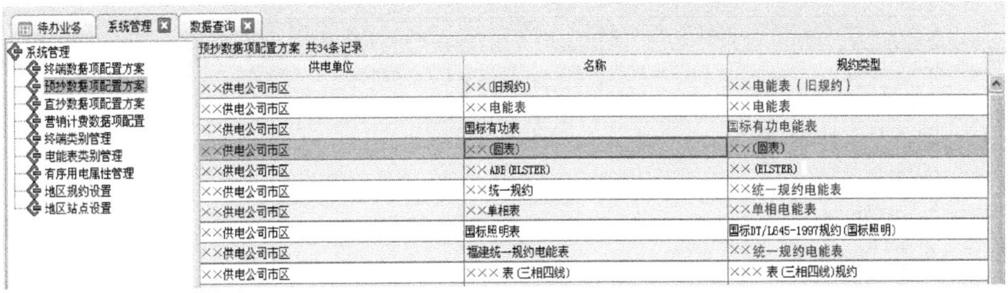

(a)

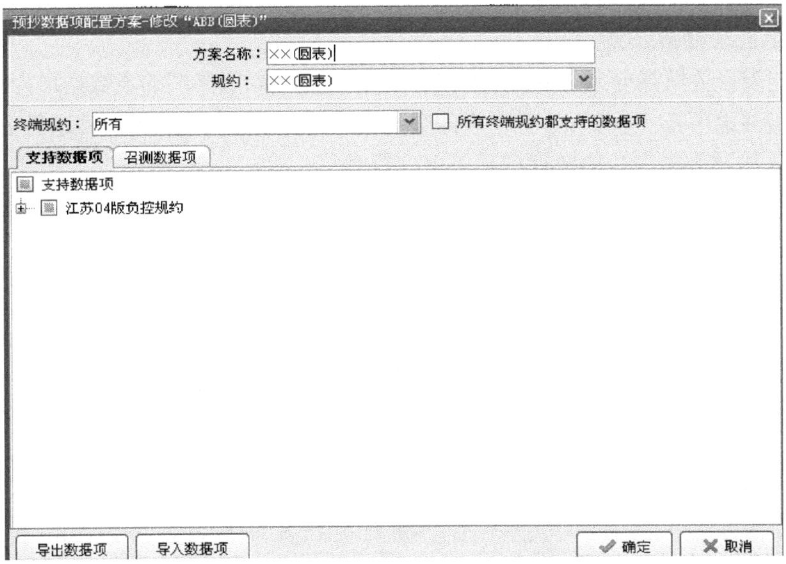

(b)

图 7–1–32　预抄电能表数据项配置

（a）预抄电能表数据项配置方案；（b）预抄电能表数据配置方案数据项

出现的江苏 04 版负控规约是电能表所支持的规约，点击江苏 04 版负控规约，可对相应的数据项进行配置。

2. 采集数据入库

由自动任务（或后台补测）完成的抄表数据正常情况下都会自动入库，但手工补测的电表数据并不会自动入库，必须先手工点击“覆盖”，然后点击“存库”方可，如图 7–1–33 所示。

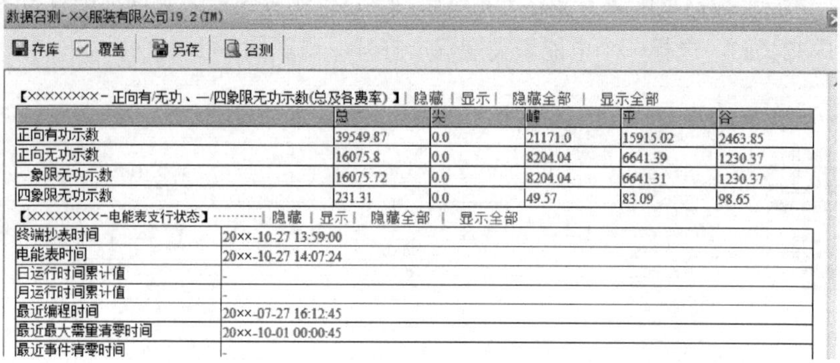

数据召测-××服装有限公司19.2(TM)

存库 覆盖 另存 召测

【××××××××－正向有/无功、一/四象限无功示数(总及各费率)】| 隐藏 | 显示 | 隐藏全部 | 显示全部

	总	尖	峰	平	谷
正向有功示数	39549.87	0.0	21171.0	15915.02	2463.85
正向无功示数	16075.8	0.0	8204.04	6641.39	1230.37
一象限无功示数	16075.72	0.0	8204.04	6641.31	1230.37
四象限无功示数	231.31	0.0	49.57	83.09	98.65

【××××××××－电能表支行状态】| 隐藏 | 显示 | 隐藏全部 | 显示全部

终端抄表时间	20××-10-27 13:59:00
电能表时间	20××-10-27 14:07:24
日运行时间累计值	-
月运行时间累计值	-
最近编程时间	20××-07-27 16:12:45
最近最大需量清零时间	20××-10-01 00:00:45
最近事件清零时间	-

图 7–1–33 电能表数据召测

3. 电能表数据补测

电能表日数据共分为两种：一种是抄表日数据，96 版终端的表数据均为抄表日数据，04 版终端中带“抄表日”三个字的数据项也是抄表日数据；另一种是历史日数据，04 版中不带“抄表日”的数据项是历史日数据。

系统中共包含八种类型的电能表数据补测，具体含义见表 7–1–1。

表 7–1–1 电能表数据补测分类

序号	补测种类名称	补测对象	日期选择	备注
1	电能表否认数据补测	“抄表日数据”中回否认帧的电能表	当天	
2	营销电能表实时数据补测	当天为结算日的 04 版电能表实时数据	当天	
3	电能表日数据补测	召测“抄表日数据”项为失败的电能表	当天	
4	营销电能表日数据补测	当天为结算日且召测“抄表日数据”项为失败的电能表	当天	应优先补测
5	电能表历史日数据补测	召测“历史日数据”项为失败的电能表	前一天	
6	营销电能表历史日数据补测	当天为结算日且召测“历史日数据”项为失败的电能表	前一天	应优先补测

续表

序号	补测种类名称	补测对象	日期选择	备注
7	电能表月数据补测	召测“电能表月数据”项为失败的电能表	上月	
8	营销电能表月数据补测	结算日为1号且召测“电能表月数据”项为失败的电能表	上月	只需在1号时召测和补测

通常进行电能表数据补测的对象主要是营销抄表的电能表，系统中营销电能表的补测分为：营销电能表日数据补测、营销电能表历史日数据补测和营销电能表实时数据补测。各种补测方式的区别为：

（1）营销电能表抄表日数据补测。营销电能表抄表日数据补测主要是当天自动任务中营销电能表抄表失败的电能表补测，使用对象是所有终端（包括96版和04版终端）的电能表。补测方式如下：

选择“数据管理”—“营销电能表抄表日数据补测”选项，见图7-1-34。

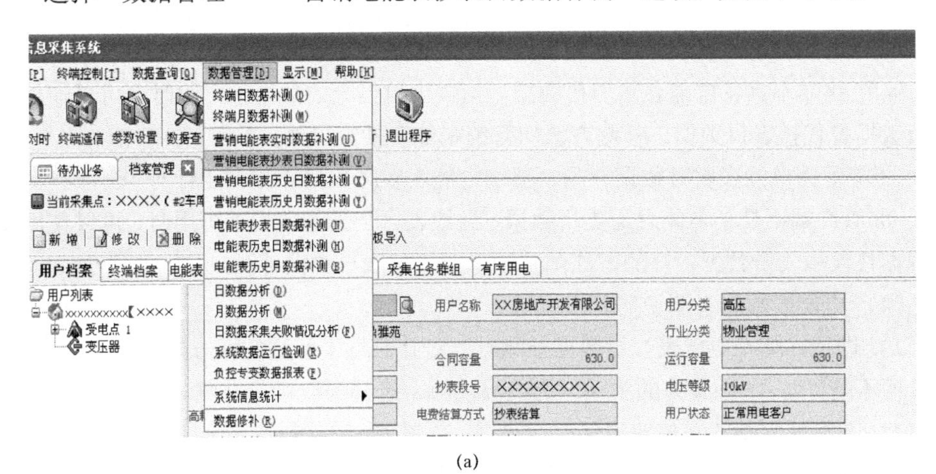

(a)

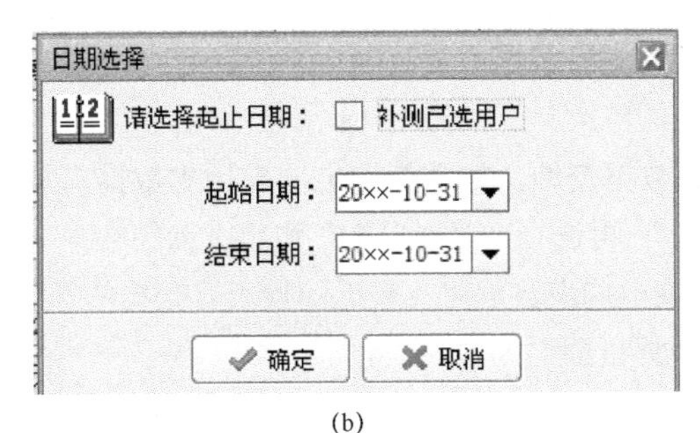

(b)

图7-1-34　营销电能表抄表日数据补测过程（一）

（a）营销电能表抄表日数据补测；（b）日期选择

待办业务 档案管理 营销电能表抄表日数据补测

日期选择 刷新列表 开始 全选 全清 反选 部分 选择 导出 查看详细 10%

选择	电能表资产号	总户号	所属终端	总分表属性	电能表型号	10月1日(总数231台,需补测210台)
☑	xxxxxxxxxx	xxxxxxxxxx	[00212] xxxx 焊接技...	总表	DL/T645规约	待测
☑	xxxxxxxxxx	xxxxxxxxxx	[02507] xxxx	总表	DL/T645规约	待测
☑	xxxxxxxxxx	xxxxxxxxxx	[02449] xxxx	总表	DL/T645规约	待测
☑	xxxxxxxxxx	xxxxxxxxxx	[01357] xxxx 工程机...	总表	DL/T645规约	待测
☑	xxxxxxxxxx	xxxxxxxxxx	[01975] xxxx	总表	DL/T645规约	待测
☑	xxxxxxxxxx	xxxxxxxxxx	[01853] xxxx	总表	ABB(方表)	待测
☑	xxxxxxxxxx	xxxxxxxxxx	[01853] xxxx	总表	ABB(方表)	待测
☑	xxxxxxxxxx	xxxxxxxxxx	[02693] xxxx	总表	LANDIS-D(...	待测
☑	xxxxxxxxxx	xxxxxxxxxx	[02693] xxxx	总表	LANDIS-D(...	待测
☑	xxxxxxxxxx	xxxxxxxxxx	[01113] xxxx 股份公司	总表	LANDIS-D...	待测

(c)

图 7–1–34 营销电能表抄表日数据补测过程（二）

（c）补测开始

（2） 营销电能表历史日数据补测。营销电能表历史日数据补测主要针对 04 版终端，96 版终端不具备电能表历史日数据，当抄表日当天的数据不可用时，可以使用历史日数据替代抄表日数据。补测方法同营销电能表抄表日数据补测。

（3） 营销电能表实时数据补测。营销电能表实时数据补测主要针对 96 版终端，由于 96 版终端不具备电能表历史日数据，当抄表日当天的数据不可用时，可以使用实时数据替代抄表日数据。补测方法同营销电能表抄表日数据补测。

（4） 电能表数据补测说明。

1） 进行终端（电能表）日数据补测时，对补测框中所列的标志判别是“或”（交集）而不是“与”（并集）的关系。因此只能单个选择失败标志补测。

2） 在终端支持的采集数据保存期限内，系统都能补测。

3） 电能表抄表日（可设 31 天）及抄表日的冻结时间（一般设为 0:00）是在主站设定后下发给终端的，历史日数据不需要主台下发，为 04 版终端自带，冻结时间为前一天的 23:45。

4） 终端及电能表数据查询。如需查询电能表历史数据，与查询终端数据类似，需先选择“电能表数据”，再选择“数据日期”和想查询的数据项，点击“查询”即可。对 04 版终端而言，查询电能表数据时：最近的抄表日数据的“数据日期”为当天，最近的历史日数据的“数据日期”为前一天。

5） 电能表历史日数据：指从昨日起每天的电能表数据内容，电能表历史日数据默认的冻结时间为前一天的 23:45，但在数据传送时，如果传送的是电能表历史日数据，程序会自动地将终端抄表时间更改为第二天的 0:00。

（三）数据传送

抄表数据传送是将抄到的系统数据通过接口传送到采集系统内部中间库的过程。

传送由系统自动完成，如果传送失败需要进行手工传送。以下是完成该过程需要注意的事项：

（1）系统的抄表传送日就是电费的抄表计划接收日。因此，两者的传送接收日期必须统一，用户信息（总户号，局编号，抄表方式等）必须统一，即电费想在规定的日期（计划接收日）获取特定用户的电能表示数，而系统就在当天（传送日）采集到了数据并通过接口将数据送到了中间库中。这就是一次成功的传送。

（2）传送日可以单户设置（界面在“用户档案”里），如图 7–1–35 所示。

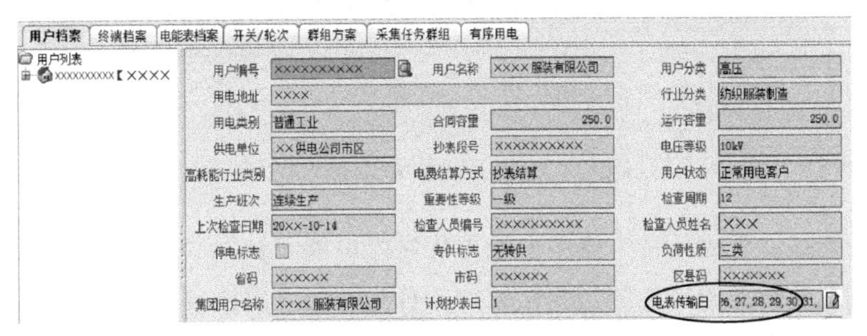

图 7–1–35 电能表传输日设置

（3）电能表（无功）数据传送的内容可以在以下两处进行设定，但在传送时，两者的优先级是不一样的。

1）在“系统管理”—“营销计费方案”中设置，如图 7–1–36 所示。

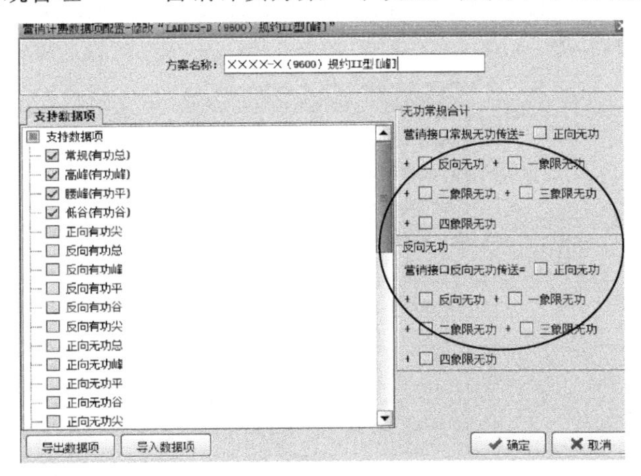

图 7–1–36 营销计费方案无功设置

2）电能表档案“抄表信息配置”中设置，如图 7–1–37 所示，点击“常规无功计量方式”后选择设定“计量模式”。

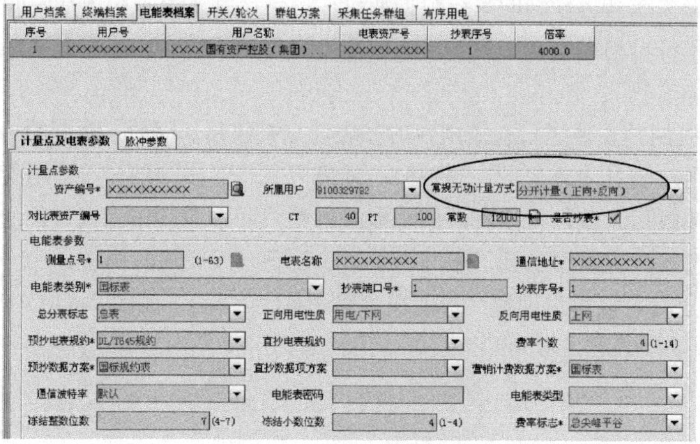

图 7–1–37 电能表档案设置无功

在系统管理—营销计费方案中的设置优先于电能表档案“抄表信息配置”中的设置，系统对无功数据的传送的判断依据为：首先读取“设置抄表数据传送项”里的内容，如果某型号电能表在“无功常规合计”或“反向无功”中无功的传送内容已被人为定义（有钩选项），则不再获取其余任何设置，系统将直接按钩选项传送；如果在“无功常规合计”以及“反向无功”中无功的传送内容都没有进行配置，程序依据电能表档案“常规无功计量方式”中的设置模式传送。

（4）传送到营销的电能表数据可以通过数据查询（传送电能表数据到营销）查看执行结果，如图 7–1–38 所示。

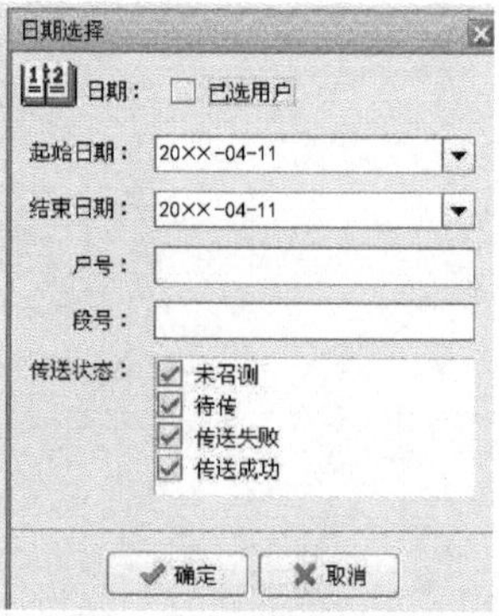

(a)

图 7–1–38 电能表数据到营销数据传送结果查询（一）

（a）查询日期选择

待办业务　传送电能表数据到营销

日期选择　刷新列表　忽略抄表时间　重传成功数据　开始　全选　全清　反选　部分　选择　导出

选择	序号	总户号	电能表局编号	户名	终端地址	所属终端	总分表标志	电能表型号	段号	单位名称	10月27日	10月
☑	1	XXXXXX...	XXXXXXXXXX	XXX ...	XXXXX	XXXX ...	总表	全国统...	0610093003	××供电...	传送成功	发布成功:
☑	2	XXXXXX...	XXXXXXXXXX	XXX ...	XXXXX	XXXX ...	总表	照明表	0610093003	××供电...	传送成功	发布成功:
☑	3	XXXXXX...	XXXXXXXXXX	XXX ...	XXXXX	XXXX ...	总表	全国统...	0610093018	××供电...	传送成功	发布成功:
☑	4	XXXXXX...	XXXXXXXXXX	XXX ...	XXXXX	XXXX ...	总表	照明表	0610093018	××供电...	传送成功	发布成功:
☑	5	XXXXXX...	XXXXXXXXXX	XXX ...	XXXXX	XXXX					未召测	
☑	6	XXXXXX...	XXXXXXXXXX	XXX ...	XXXXX	XXXX				供电...	传送成功	发布成功:
☑	7	XXXXXX...	XXXXXXXXXX	XXX ...	XXXXX	XXXX				供电...	未召测	正向
☑	8	XXXXXX...	XXXXXXXXXX	XXX ...	XXXXX	XXXX ...	总表	全国统...	0610093039	××供电...	传送成功	发布成功
☑	9	XXXXXX...	XXXXXXXXXX	XXX ...	XXXXX	XXXX ...	总表	全国统...	0610093039	××供电...	未召测	正向有功,

采集系统传送到营销
中间库的电能表数据

(b)

图 7-1-38　电能表数据到营销数据传送结果查询（二）

（b）传送电能表数据到营销

注：其中“忽略抄表时间”选项如果未打钩，则抄表时间相差 5 天以上的电能表则不会进行传送。

（5）查询采集系统传送到中间库的电能表数据，如图 7-1-39 所示，如果能查询到传送的电能表数据，说明采集系统已经将抄表数据通过采集的接口传至中间库。

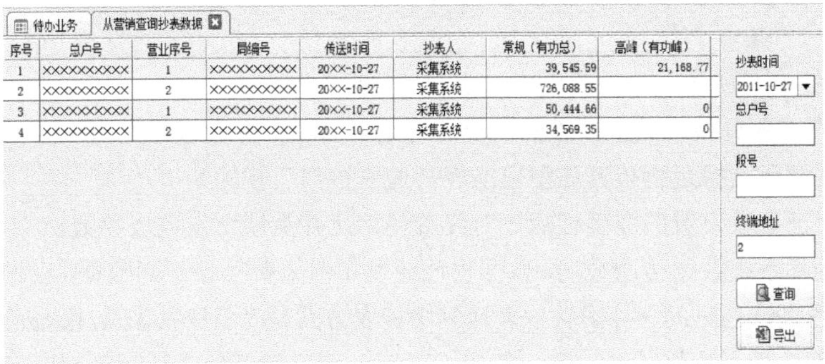

待办业务　从营销查询抄表数据

序号	总户号	营业序号	局编号	传送时间	抄表人	常规（有功总）	高峰（有功峰）
1	XXXXXXXXXX	1	XXXXXXXXXX	20××-10-27	采集系统	39,545.59	21,168.77
2	XXXXXXXXXX	2	XXXXXXXXXX	20××-10-27	采集系统	726,088.55	
3	XXXXXXXXXX	1	XXXXXXXXXX	20××-10-27	采集系统	50,444.66	0
4	XXXXXXXXXX	2	XXXXXXXXXX	20××-10-27	采集系统	34,569.35	0

抄表时间
2011-10-27
总户号
段号
终端地址
2
查询
导出

图 7-1-39　从营销查询抄表数据

系统电能表数据传送电能表数据的默认逻辑是：每月 1 日时，先传送电能表月数据，如果没有电能表月数据，则传送当天的抄表日数据。最后，如果没有抄表日数据，则传送当天的电能表历史日数据；其他日期时首先传送当天的电能表抄表日数据，如果没有抄表日数据，则传送当天的电能表历史日数据。

（四）营销接收

营销接收抄表数据指的是数据从中间库到营销的过程，也是由系统自动完成。

在营销系统代办事宜内选择对应的传票，在自动化抄表界面选中数据，点击接收数据，接收完毕后如有部分未抄数据，直接点击发起补抄计划，在该操作员界面会再生成一个电费抄表核算传票。界面如图 7–1–40 所示。

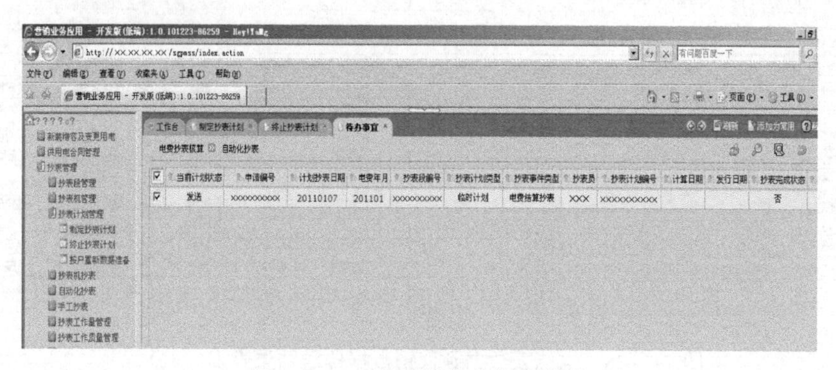

图 7–1–40 营销接收电能表数据

（五）抄表数据用于电费结算异常情况处理

（1）为什么电能表数据已经显示传送成功，但电费抄录人员仍然看不到数据（上装失败）？

如果显示传送成功，但电费无法查询到电能表数据，需要通过营销系统查询原因。一般数据发布时间为 15min 左右，如果同一批传送的数据比较多，那么等待时间会长些。

（2）终端在现场无法抄读电表，应如何处理？

如果存在部分终端无法抄表的情况，可从下面三个方面进行处理：

1）终端需支持远程抄读该型电能表（通信接口、规约）。

2）保证参数设置的准确性后，对终端初始化并重新下发电表参数。

3）采集系统数据传送成功，数据也已经发布但电费接收不到数据，应如何处理？

首先查询计划时间，并确认抄表计划中抄表方式是“负控抄表”，检查已传送的抄表数据日期与抄表计划是否一致，如果不对应，可以重新传送计划时间对应的抄表数据，或者重新制定对应抄表数据时间的抄表计划。

【思考与练习】

1. 简述用电异常数据发布与查询操作的方法。

2. 采集系统实现远程抄表的前提条件有哪些？

3. 系统依据什么来传送电能表的无功数据，电能表数据传送的默认逻辑是什么？

模块 2 预购电控制（Z29H1002 Ⅱ）

【模块描述】本模块包含预购电控制的内容。通过对预购电的概念、实现的工作原理及在营销系统预购电流程的介绍，及预购电控制下发步骤和出现异常时的处理方式讲解，掌握预购电参数设置的科学性，掌握预购电工作流程及运行异常时的处理技能。

预付费控制有三种，这里重点介绍终端预付费，本模块以江苏专业系统为例进行介绍。

【模块内容】

一、预购电控制

1. 基本知识

预购电控制功能是适应催缴电费的需要而设置的，以解决收费难的问题。

预购电控制是电量控制的一种，是预付费用电。当用户到营业窗口交费后，将其交纳费用及折算电量传递至用电信息采集系统，用电信息采集系统将其下发至终端。当用户的用电量超过其所购电量时，终端将会进行跳闸控制动作。

购电控制的实施可加强用户的缴费意识，及时回收电费，减少电力企业的经济损失，提高供电企业的经济效益。预购电功能在某些地区得到大面积的应用，目前购电控制以电量控制为主。

2. 预购电控制流程

用电信息采集系统是购电的执行者，营销系统负责购电档案的维护和账务处理，用电信息采集系统负责购电量的下发，并把执行结果返回营销。

具体流程如下：

（1）用户到营业窗口交费购电，营销系统在处理完账务信息后，记录购电信息。

（2）通过系统间接口，营销主动将购电信息传送到用电信息采集系统，或由用电信息采集系统周期性从营销获取未处理购电单。

（3）用电信息采集系统自动执行待发购电单，并给出自动执行失败的告警信息，提示人工干预。

（4）通过系统间接口，用电信息采集系统将购电执行结果反馈给营销。

3. 预购电控制过程

（1）主站向终端下发购电量（费）控参数设置命令，包括购电单号、购电量（费）值、报警门限值、跳闸门限值、各费率时段的费率等参数，终端收到这些参数设置命令后设置相应参数，并有音响（或语音）告警通知客户。

（2）主站向终端下发购电量（费）控投入命令，终端收到该命令后显示“购电控投入”状态，自动执行购电量（费）闭环控制功能。终端监测剩余电能量，如剩余电能量（或电费）小于设定的告警门限值，发出音响告警信号；剩余电能量（或电费）小于设定的跳闸门限值时，按投入轮次动作输出继电器，控制相应的被控负荷开关。

（3）终端自动执行购电量（费）定值闭环控制的过程中，在显示屏上显示剩余电能量、控制对象、执行结果等信息。

（4）购电量（费）控解除或重新购电使剩余电能量（或电费）大于跳闸门限时，终端允许客户合上由于购电量（费）控引起跳闸的开关。

4. 购电单的种类与用途

从营销系统中读取得到的购电单称为营销购电单，在用采系统中直接生成的购电单称为负控购电单。它们的主要作用见表 7–2–1。

表 7–2–1　　购电单的种类与用途

编号	购电方式	类别	生成部门	主要作用
1	负控购电单	无	采集系统运行	通过追加/刷新方式保证终端剩余电量的准确
2	营销购电单	正常购电单	营业厅	保证将用户购买电量下发到终端
		结算购电单	电费	将定期核查的购电户剩余电量下发给终端

营销购电单分为正常营销购电单和结算购电单。

正常营销购电单都是从各地的营业厅发起，用户在营业厅买电后，营业厅的操作人员将收缴的电费折算成购电量，然后在营销系统中生成一笔购电单，并将该笔购电单流传下去；结算购电单则一般由电费部门发起，他们会定期结算购电用户的剩余电量，结算完成后，批量地生成结算单。

二、预购电控制操作

利用用采系统实施预购电的主要工作内容是根据系统购电提示、及时下发购电单。（对下发失败的及时进行人工干预，每月电费结算后，根据实际暂存款读取下发结算购电单，对预购电欠费客户远程停电，查询终端余额、剩余电量等、及时催费。）

实施预购电前，需要做一些档案和参数的准备工作。这些准备工作是一次性的，包括档案的修改、相关参数准备以及控制状态的启用（投入）。

准备工作完成后，即是循环进行购电单的下发操作。

（一）营销购电

营销购电是目前应用最多，最常见的购电方式，该模式发起方为各地营业厅的柜台人员，发起模块为各地的营业柜台。

1. 选择购电单

在主界面中，当听到有购电告警声时，点击右下角黄色灯泡，出现在营销系统中未下发成功的或者首次购电等待执行的购电单，如图 7–2–1 所示界面。

待办业务　购电告警

全选　2012-03-26　2012-03-26　终端状态　查询　选择　导出　刷新

选择	购电单号	购电时间	总户号	户名	首次购电标志	购电定值	购电金额	平均电价	报警定值	超用跳闸定值	经办人
☐	XXXXXXXXXXX	20XX-03-26 10:54:58	XXXXXXXXXX	XXXX 金属制品有限公司	否	90,043	83,739.87	0.93	3,000		XXX
☐	XXXXXXXXXXX	20XX-03-26 10:37:30	XXXXXXXXXX	XXXX 生物材料科技有限公司	否	5,406	9,676.54	1.79	3,000		XXX
☐	XXXXXXXXXXX	20XX-03-26 09:55:06	XXXXXXXXXX	XXXX 钻采机械制造有限公司	否	225,806	210,000	0.93	100,000		XXX
☐	XXXXXXXXXXX	20XX-03-23 14:00:04	XXXXXXXXXX	XXXX 电子材料有限公司	否	55,556	50,000	0.9	3,150		XXX
☐	XXXXXXXXXXX	20XX-03-22 14:36:35	XXXXXXXXXX	XXXX 医用器材有限公司	否	10,417	10,000	0.96	5,000		XXX
☐	XXXXXXXXXXX	20XX-03-22 11:27:12	XXXXXXXXXX	XXXX 铁艺有限公司	否	246,914	200,000	0.81	20,000		XXX
☐	XXXXXXXXXXX	20XX-03-21 14:01:38	XXXXXXXXXX	XXXX 纺织品有限公司	否	18,182	20,000	1.1	4,000		XXX
☐	XXXXXXXXXXX	20XX-03-20 10:41:36	XXXXXXXXXX	XXXX 纤维制品有限公司	否	108,696	100,000	0.92	10,000		XXX

图 7–2–1　购电告警

2. 首次购电用户

在主界面上，如果发现某户的“首次购电标志”为“是”，则应选择此用户，将此户的用户档案中的用电属性设置为购电用户，如图 7–2–2 所示界面。

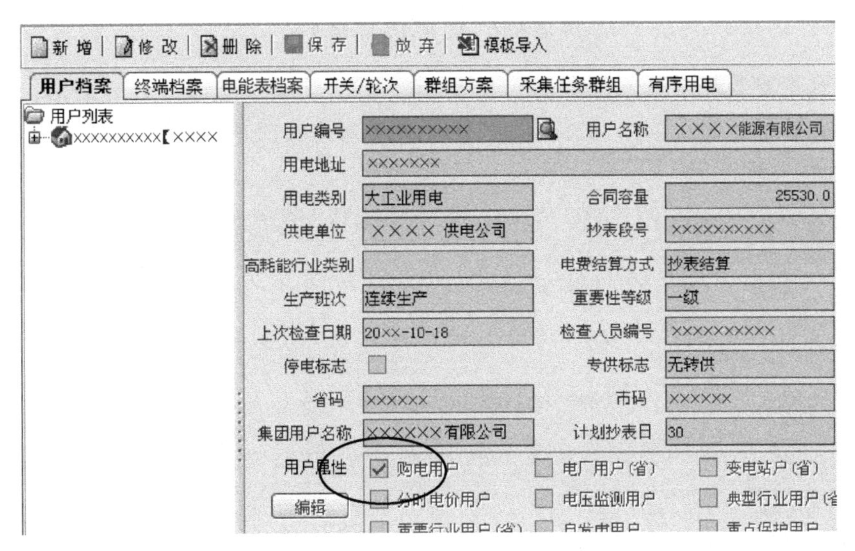

图 7–2–2　购电用户设置

对于一个总户号安装多台终端的用户，如果想将购电单自动关联到某一台终端，则需要将此终端的终端档案中的“终端购电标志”上打钩（见图 7–2–3）。对于一台终端安装多个用户的情形，目前没有办法实行购电，应分别安装终端。

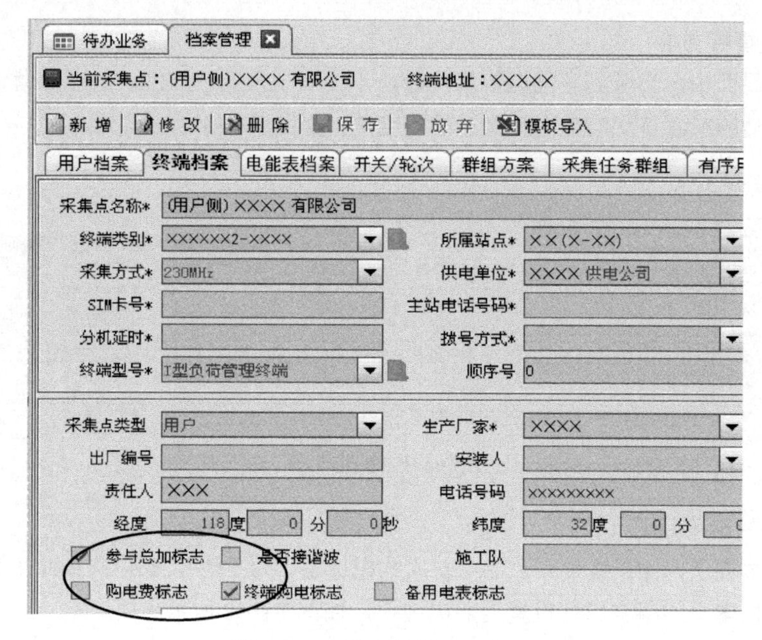

图 7–2–3 设置终端购电标志

3. 购电参数与控制下发

在主界面上点击菜单“终端控制”→“购电参数与控制下发”，出现如图 7–2–4 所示界面。

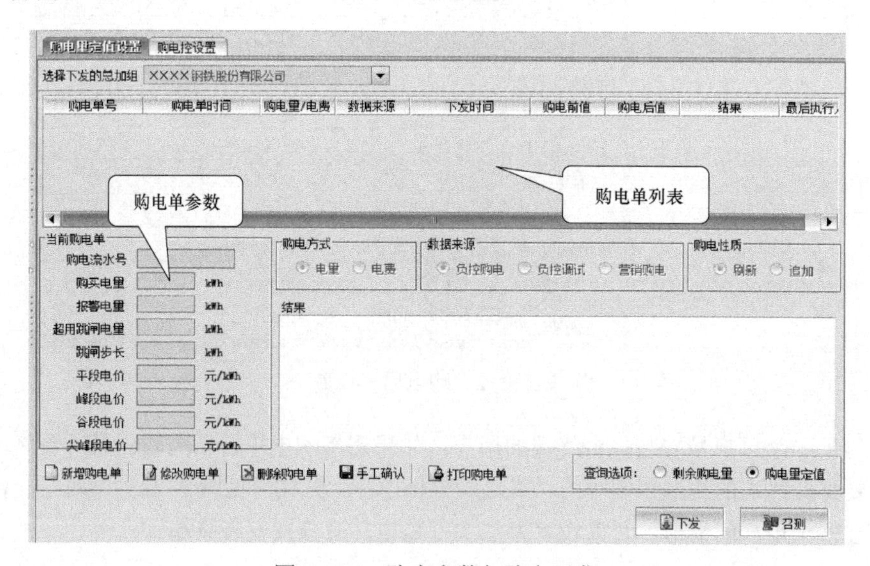

图 7–2–4 购电参数与购电下发

图 7–2–4 界面用于下发和召测购电量定值，对已经实行购电控用户进行购电量（款）的下发和设置。还可以对选中的购电用户进行剩余电量召测查询。

4. 购电控设置

购电控设置界面见图 7–2–5。

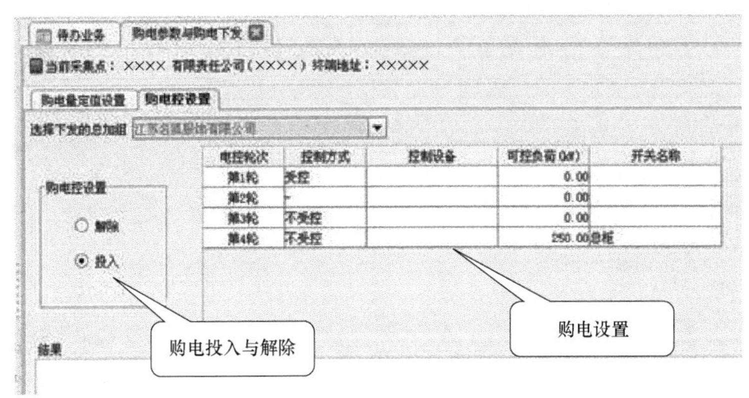

图 7–2–5　购电控设置

在购电控设置界面中，将控制方式选为受控，并将购电控设置为投入，在界面左下方，将购电控设置、购电控轮次打钩，对已经实行购电控用户进行购电控设置和轮次下发和设置。还可以对选中的购电用户购电控设置和轮次情况进行召测查询。

如果此购电用户需要跳闸，终端应处于保电解除状态，操作类型选择保电解除下发即可。操作方法：在主界面上点击“菜单”→“终端控制”→“终端保电剔除”，出现如图 7–2–6 所示界面。

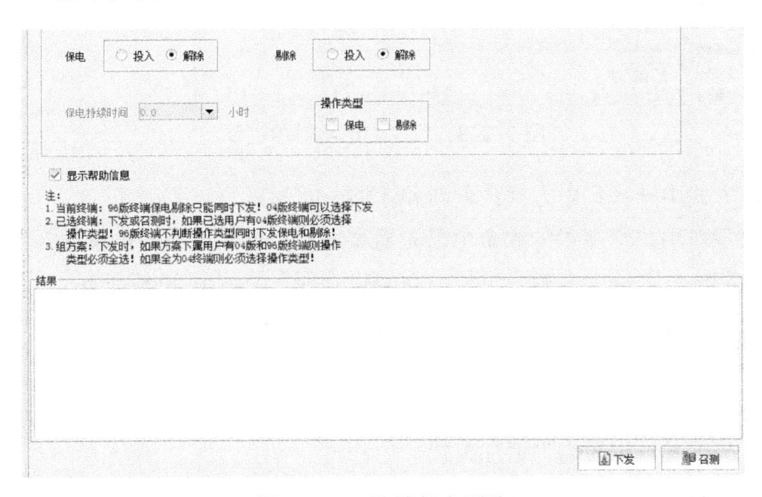

图 7–2–6　终端保电剔除

（二）负控购电

在主界面上点击“菜单”→“终端控制”→“购电参数与控制下发”，出现如图 7–2–7 所示界面。

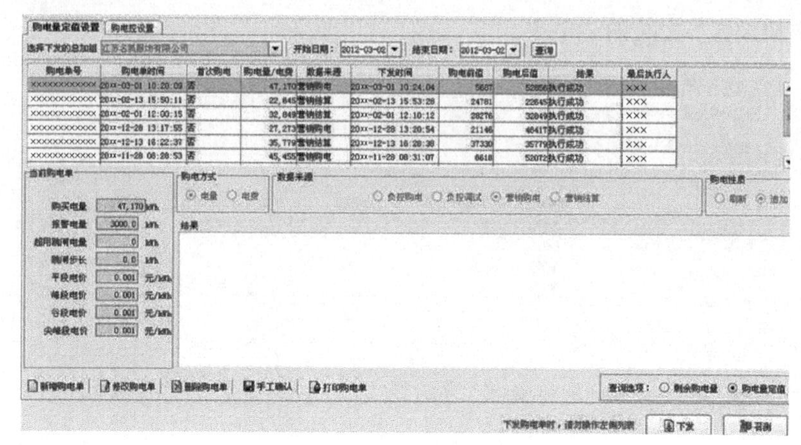

图 7–2–7 购电参数与购电下发

点击新增购电单按钮，出现如图 7–2–8 所示界面。

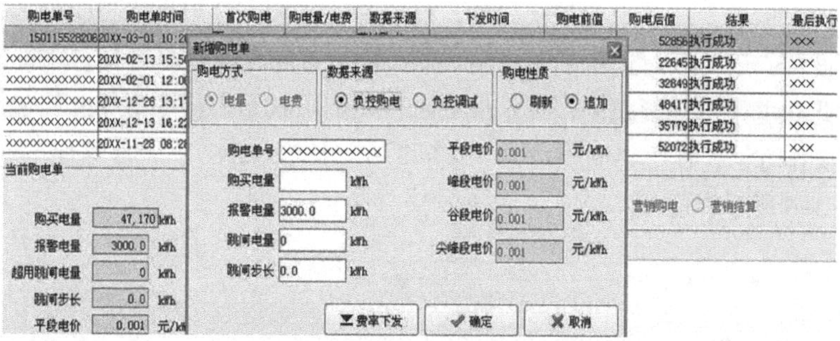

图 7–2–8 负控购电新增购电单

在购电方式中选择购电方式：刷新和追加。

刷新表示对用户终端中的剩余电量先清零，然后将此次的购电量加入，例如，某用户在此次购电之前终端内剩余电量 1000kWh，现在又购电 2000kWh，如果用刷新方式下发，则用户终端内剩余电量为 2000kWh；如果用追加方式下发，则用户终端内剩余电量为 3000kWh。

通常情况下，刷新方式适用于新设置为购电控的用户使用，在第一次下发购电量时用刷新方式下发，以后均为追加方式。

购电单编号为系统自动生成，用户不必改动。在购电量输入框内输入用户的购电量，在告警电量内输入告警电量值，即如果用户终端内剩余电量小于等于此值时，终端开始报警。在跳闸电量内输入跳闸电量定值，即如果用户终端内剩余电量小于等于此值，终端开始按轮次跳闸。跳闸步长内输入跳闸步长，即如果用户终端内剩余电量小于等于跳闸电量的值，（假设跳闸轮次设置为 1，2，3，4 轮），终端开始跳第一轮，如果用户终端内剩余电量小于等于（跳闸电量值–跳闸步长值）终端开始跳第二轮，依次类推。（“跳闸步长”指的是终端跳第一轮后间隔多少电量再跳下一轮）。

购电单新增完毕后，点击确定按钮，退回购电控界面。此时，在购电单列表内出现新增购电单。点击此购电单，点击下发按钮，即可将购电单内的购电量加入用户终端内。

注：（1）同一张购电单下发成功后，就不可对此购电单再进行任何操作。如果下发购电单时，下发操作没有成功，则可对此购电单进行修改删除或重新下发的操作。

（2）终端需要更换主板或初始化复位时，主站人员首先将剩余电量召测记录下来（也可由现场人员通过终端显示查询获得），等终端更换或初始化完毕后，按照购电步骤，重新下发剩余购电量、控制状态和购电控设置。

（3）对于已是购电用户，在营销系统中无法购电时，应检查终端档案中是否在运行状态，若在暂停状态，营销系统不可以正常购电。

（三）系统的购电查询

1. 单个用户剩余电量和购电状态查询

打开数据查询界面，选择“终端数据”中的“实时数据”（图 7–2–9），在“当前剩余电量及购电控相关状态”前打钩，即可召测此户的剩余电量和购电状态。

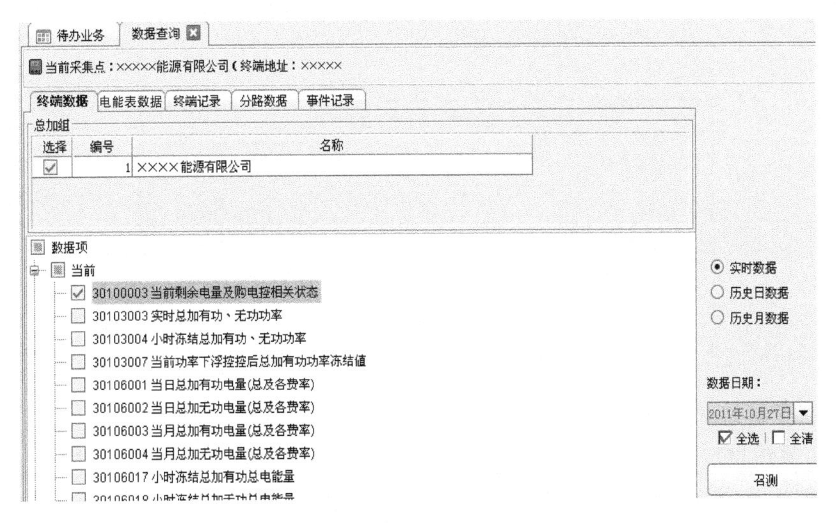

图 7–2–9　终端数据查询

2. 所有购电用户查询

在主界面上点击“菜单”→“数据管理”→“系统统计信息”→“购电记录查询”，出现如图 7–2–10 所示购电记录查询界面，分别可以进行购电单统计、当前剩余电量统计、历史日剩余电量统计。

图 7–2–10　购电记录查询分类

在图 7–2–10 界面内，可自定义设置购电单查询。选择好用户，点击“设置”按钮，出现如图 7–2–11 所示界面，通过输入查询条件，点击确定按钮，则可以查看符合条件的购电记录。

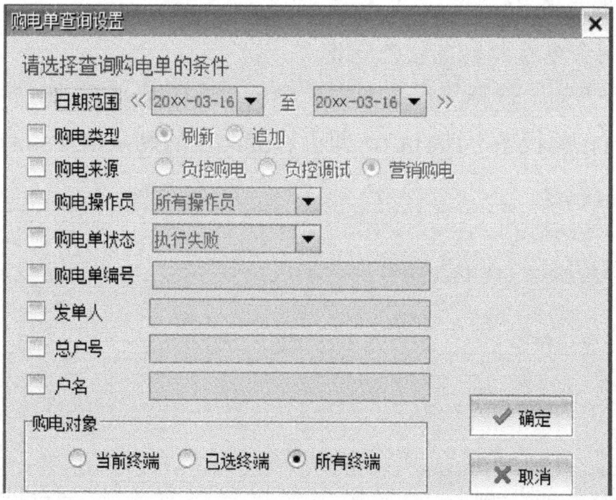

图 7–2–11　自定义购电单查询

3. 在营销系统中查询剩余电量

营销系统也可以直接查询剩余购电量，位置为“电费收缴及财务管理”→“客户缴费管理”→“负控终端剩余电量查询”，选中菜单后出现如图 7–2–12 所示界面。

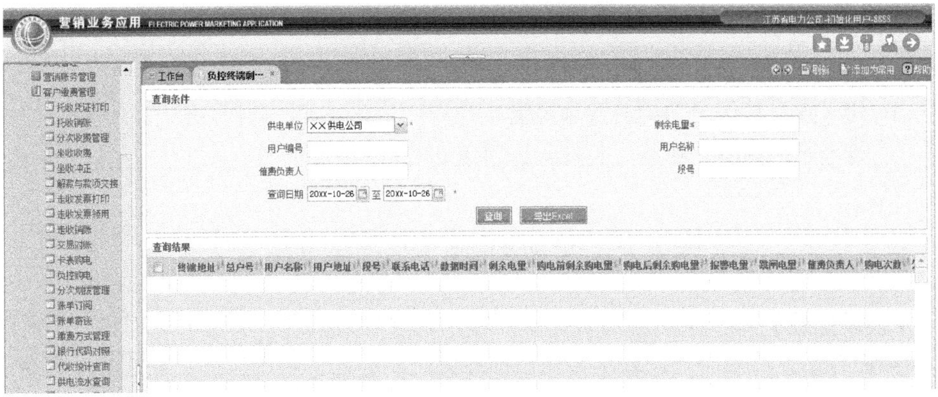

图 7–2–12　营销剩余电量查询

通过图 7–2–12 界面可以根据供电单位，用户编号，抄表段号等条件查询一个时间段内购电用户的剩余购电量数据，点击“导出 Excel”，可以导出查询出来的购电量信息。

4. 购电单汇总

在主界面上选中用户，点击“菜单数据管理”→“专变数据报表”→“统计报表”→“购电单汇总”，出现如图 7–2–13 所示界面，通过此购电单汇总可以看到所选用户的购电明细，累计购电量。

图 7–2–13　购电单汇总

【思考与练习】

1. 购电控的刷新、追加方式有何区别？

2. 如何查看某用户的当前购余电量？

3. 购电单的种类有哪些，各有什么用途？

模块3 催费控制（Z29H1003Ⅱ）

【模块描述】本模块包含催费控制内容。通过对其概念、实现的原理和营销系统中的流程介绍，控制时的参数下发和出现异常时的处理方式讲解，掌握催费控制参数设置的科学性，了解整体的催费控制流程和出现异常时的处理技能。

本模块以江苏专业系统为例进行介绍。

【模块内容】

一、催费控制

催费控制功能适应催缴电费的需要而设置，以向用户催缴电费告警方式进行催费。

终端在设置了催费告警参数后，在设置的时间段内会发出声光告警，提醒用户缴费。单独使用催费告警功能并不具有控制功能，如需强制进行控制，则还应结合遥控、时段控等控制措施。

二、催费控制流程

通常情况下，当营销部门需要对用户进行催缴电费时，告知用电信息采集与监控部门，用采系统操作员执行操作后，告知执行结果。步骤如下：

（1）营销部门告知用电信息采集与监控部门需要执行催费控的用户及控制信息。

（2）依照营销指定的用户及相关信息，操作员通过用采系统执行催费控制操作。

（3）用电信息采集与监控部门告知营销部门执行结果。

三、催费控制操作

催费控操作一般一次仅对一个用户进行操作，系统也提供了对多个用户顺序自动执行以及群组执行的功能。

在主界面上选择参数设置一催费控参数与下发菜单，出现如图7–3–1所示界面。

1. 下发操作步骤

（1）在操作对象选择区选择当前用户，如图7–3–2所示。

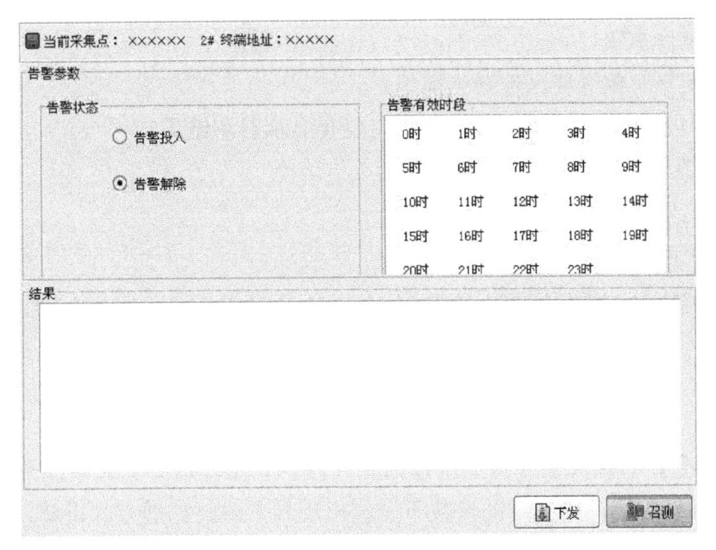

图 7–3–1　催费控参数设置

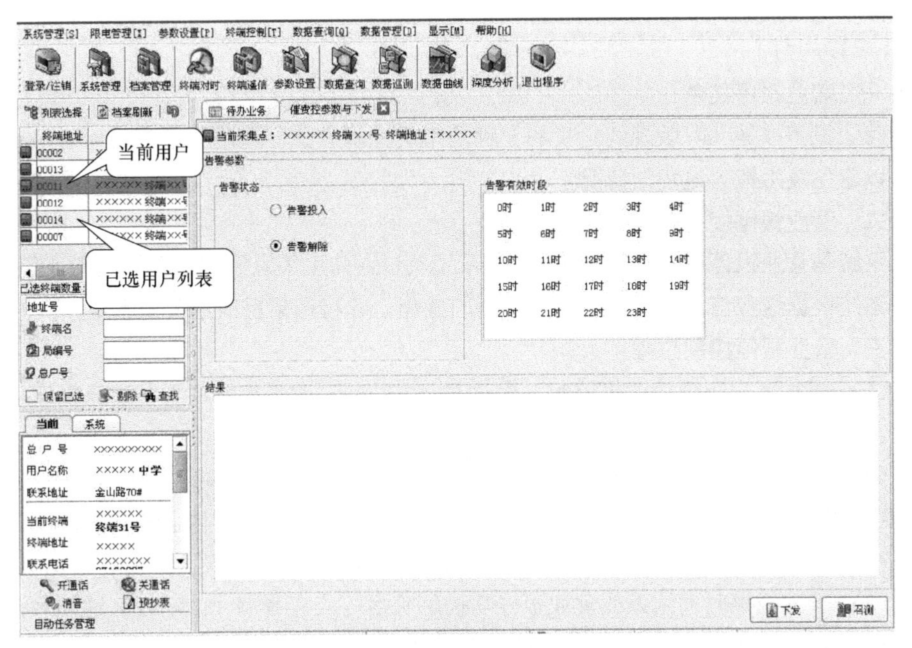

图 7–3–2　选择当前用户

（2）在参数设置区设置告警状态和告警有效时段。

（3）点击“下发”按钮，等待执行完就会显示下发结果。

2. 召测操作步骤

（1） 在操作对象选择区选择当前用户。

（2） 点击“召测”按钮，等待执行完就会显示召测结果。

【思考与练习】

1. 什么是催费控制，有什么作用？

2. 简要说明催费控制流程。

3. 请根据任务，进行催费控制操作。

模块4 营业报停控制（Z29H1004Ⅱ）

【模块描述】本模块包含营业报停控制的内容。通过对其概念、实现的原理和营销系统中的流程介绍，控制时的参数下发和出现异常时的处理方式讲解，掌握营业报停控制参数设置的科学性，了解整体的营业报停控制流程和出现故障时的处理技能。

本模块以江苏专业系统为例进行介绍。

【模块内容】

一、营业报停控制

营业报停控是 04 版规约定义的一种功率类控制方式，适用于用户报停后限制用电，以避免发生拖欠电费的情况。

二、营业报停控制流程

系统是营业报停控制的执行者，营销系统负责通知用采系统营业报停控指令信息，用采系统根据这些信息进行营业报停控制的操作，并将结果反馈给营销系统。

三、营业报停控制过程

（1） 根据客户申请营业报停起、止时间，主站向专变采集终端下发营业报停功控参数，终端收到这些命令后设置相应参数。

（2） 主站向专变采集终端下发营业报停功控投入命令，终端收到该命令后显示“营业报停功控投入”状态。当不在保电状态时，终端在报停时间内监测实时功率，自动执行功率定值控制功能，并在显示屏上显示相应信息。

（3） 营业报停时间结束或营业报停功控解除后，应有音响（或语音）通知客户，允许客户合上由于营业报停功控引起跳闸的开关。

四、营业报停控制操作

在主界面上选择“终端控制”→“功控参数与功控下发”菜单，然后选择“厂休控参数”选项卡，出现如图 7-4-1（a）所示界面。单户下发只需要直接点击上图的“下发”即可；群组方案的下发进入“操作对象”的方案，选中具体的方案后点击下发；

组合方案的下发在“控制方案管理”的“设置参数”中，如图7–4–1（b）所示。

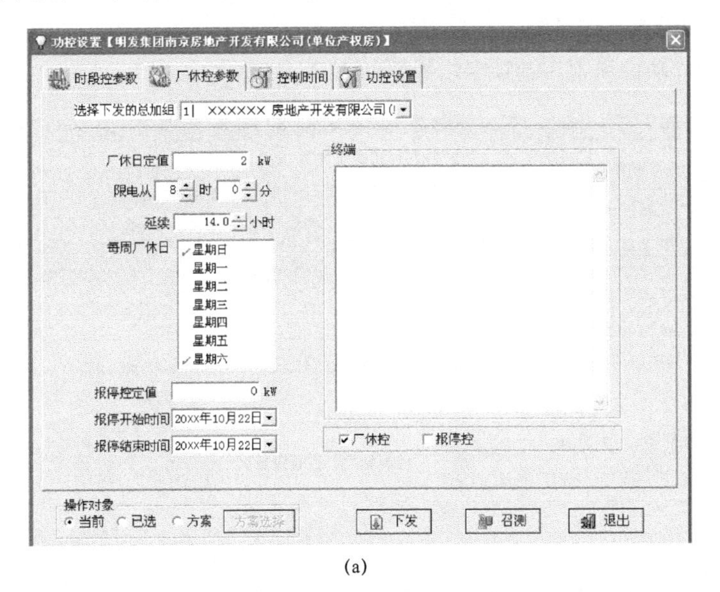

(a)

(b)

图7–4–1 营业报停控制操作界面

（a）厂休/报停控参数；（b）厂休/报停控参数（群组）

（1）营业报停控参数设置方法。

1）在“操作对象”选择区内选择“当前”。

2）在参数设置区设置参数，选择“厂休控”。

3）点击“下发”按钮，下发完成后直接显示下发结果。

（2）营业报停控参数查询方法。

1）在“操作对象”选择区内选择“当前”。

2）选择“厂休控”和“报停控”。

3）点击“召测”按钮，召测完成后直接显示召测结果。

（3）控制设置下发方法。

1）打开“功控设置”选项卡，界面如图 7–4–2 所示。

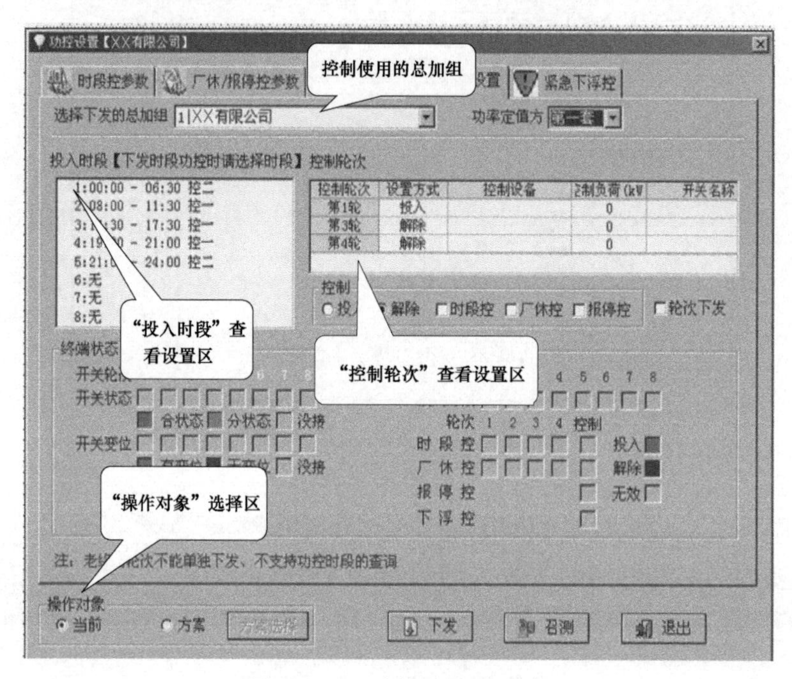

图 7–4–2 “功控设置”选项卡

2）在“操作对象”选择区选择“当前”。

3）在“投入时段”查看区选择投入的时段。在“控制轮次”查看设置区设置控制轮次，直接点击设置方式信息格可进行设置。

4）在“控制”项区选择“投入”或“解除”，选择“报停控”和“轮次下发”。

5）点击下发按钮，下发完成后直接显示下发结果。

（4）控制设置情况召测方法。

1）在“操作对象”选择区内选择“当前”。

2）点击“召测”按钮，召测完成后直接显示召测结果。

【思考与练习】

1. 营业报停控的作用是什么？

2. 简要说明营业报停控制流程。

3. 请根据任务进行营业报停控制操作。

模块 5　限电控制（Z29H1005Ⅲ）

【模块描述】本模块包含系统限电控制的内容。通过对遥控、功控、电控等控制命令的概念、作用和操作流程的介绍，编制限电方案的要求和限电效果统计分析的讲解，掌握基本的控制操作和限电方案编制与控制效果统计等技能。

本模块以江苏专业系统为例进行介绍。

【模块内容】

一、终端的控制功能

（一）参数设置和查询

（1）功率控制参数。终端能由主站设置和查询功率控制（简称功控）各时段和相应控制定值、定值浮动系数等时段功控参数以及厂休功控、营业报停功控和当前功率下浮控制参数，控制轮次及告警时间等。改变定值时应有音响（或语音）信号。

（2）预付费控制参数。终端能由主站设置和查询预付电费值、报警门限值、跳闸门限值等预付费控制参数。设置参数时应有音响（或语音）信号。

（二）终端控制

终端的控制功能主要分为功率定值控制、电量定值控制、费率定值控制、保电/剔除、远方控制四大类。

1. 功率定值控制

主站向终端下发功率控制投入命令及参数，终端在所定限值范围内监测实时功率。当不在保电状态时，功率达到限值则自动执行功率定值闭环控制功能，执行跳闸。功率定值控制解除或控制时段结束后，终端允许用户合上由于功率定值控制引起跳闸的开关。

功率定值闭环控制根据控制参数不同分为时段功控、厂休功控、营业报停功控和当前功率下浮控等控制类型。控制的优先级由高到低是当前功率下浮控、营业报停功控、厂休功控、时段功控。若多种功率控制类型同时投入，只执行优先级最高的功率控制类型。

在参数设置、控制投入或解除以及控制执行时应有音响（或语音）告警通知用户。各类功率控制定值先要和保安定值比较，如大于保安定值就按功率控制定值执行，小于保安定值就按保安定值执行。

（1）时段功控。控制过程如下：

1）主站依次向终端下发功控时段、功率定值、定值浮动系数、告警时间、控制轮次等参数，终端收到这些命令后设置相应参数。

2）主站向终端下发时段功控投入命令，终端收到该命令后显示“时段功控投入”状态。当不在保电状态时，终端在功控时段内监测实时功率，自动执行功率定值控制功能。控制过程中应在显示屏上显示定值、控制对象、执行结果等。

3）控制时段结束或时段功控解除后，有音响（或语音）通知客户，允许客户合上由于时段功控引起跳闸的开关。

（2）厂休功控。控制过程如下：

1）主站向终端下发厂休功控参数（功率定值、控制延续时间等）以及控制轮次等，终端收到这些命令后设置相应参数。

2）主站向终端下发厂休功控投入命令，终端收到该命令后显示“厂休功控投入”状态。当不在保电状态时，终端在厂休日监测实时功率，自动执行功率定值控制功能。控制过程中应在显示屏上显示定值、控制对象、执行结果等信息。

3）控制时段结束或厂休功控解除后，有音响（或语音）通知客户，允许客户合上由于厂休功控引起跳闸的开关。

（3）当前功率下浮控。控制过程如下：

1）主站向终端下发功率下浮控的功率计算滑差时间 M（min）、定值下浮系数 k% 等参数。终端收到这些参数后计算当前功率定值。

2）终端收到当前功率下浮控制投入命令后，显示“当前功率下浮控投入”状态。终端不在保电状态时，自动执行功率定值控制功能，直至实时功率在当前定值之下。

3）当前功率下浮控解除或控制时段结束后，有音响（或语音）通知客户，允许客户合上由于当前功率下浮控引起跳闸的开关。

（4）营业报停功控（单独模块介绍）。

（5）功率控制的投入或解除。终端能由主站远方投入或解除其功率定值闭环控制的功能，有音响（或语音）告警通知客户和在显示屏上显示状态。功控解除，自动撤销由功率定值闭环控制引起的跳闸控制，并有音响（或语音）通知客户。当采集终端处于保电状态时，不执行功率定值闭环控制的跳闸。

2. 电能量控制

电能量定值控制主要包括月电控、购电量（费）控等类型。

（1）月电控。控制过程如下：

1）主站依次向终端下发月电能量定值、浮动系数及控制轮次等参数设置命令，终端收到这些命令后设置月电能量定值、浮动系数及控制轮次等相应参数，并有音响（或语音）告警通知客户。

2）主站向终端下发月电控投入命令，终端收到该命令后显示“月电控投入”状态，监测月电能量，自动执行月电能量定值闭环控制功能，闭环控制的过程中应在显示屏上显示定值、控制对象、执行结果等信息。

3）月电控解除或月末 24 时，终端允许客户合上由于月电控引起跳闸的开关。

（2）购电控（单独模块介绍）。

3. 保电和剔除

终端接收到主站下发的保电投入命令后，进入保电状态，自动解除原有控制状态，并在任何情况下均不执行跳闸命令。终端接收到主站的保电解除命令，恢复正常执行控制命令。在终端上电或与主站通信持续不能连接时，终端应自动进入保电状态，待终端与主站恢复通信连接后，终端自动恢复到断线前的控制状态。终端接收到主站下发的剔除投入命令后，除对时命令外，对其他任何广播命令或终端组地址控制命令均不响应。终端收到主站的剔除解除命令，恢复到正常通信状态。

4. 远程控制

终端接收主站的跳闸控制命令后，按设定的告警延迟时间、限电时间和控制轮次动作输出继电器，控制相应被控负荷开关；同时终端应有音响（或语音）告警通知用户，并记录跳闸时间、跳闸轮次、跳闸前功率、跳闸后 2min 功率等，显示屏应显示执行结果。终端接收到主站的允许合闸控制命令后，应有音响（或语音）告警通知用户，允许用户合闸。

二、终端的控制操作

（一）遥控

在主界面上点击“菜单”→“终端控制”→“终端遥控”，出现图 7–5–1 所示界面。

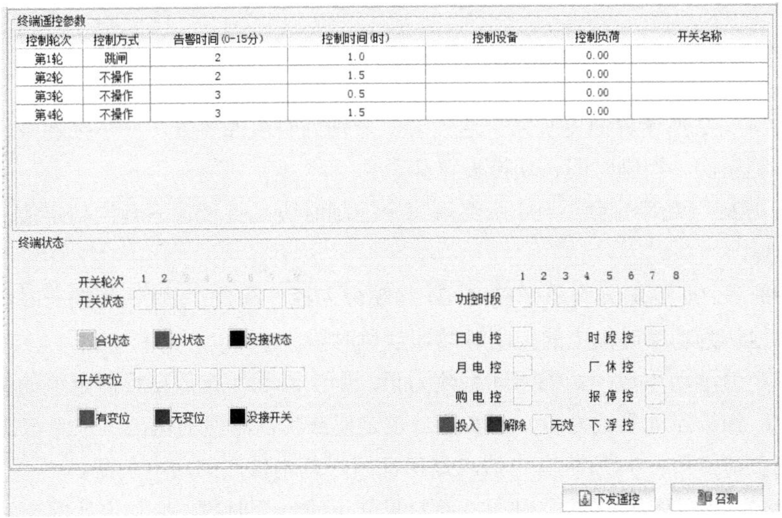
终端遥控参数
控制轮次 | 控制方式 | 告警时间(0-15分) | 控制时间(时) | 控制设备 | 控制负荷 | 开关名称
第1轮 | 跳闸 | 2 | 1.0 | | 0.00 |
第2轮 | 不操作 | 2 | 1.5 | | 0.00 |
第3轮 | 不操作 | 3 | 0.5 | | 0.00 |
第4轮 | 不操作 | 3 | 1.5 | | 0.00 |
终端状态
开关轮次 1 2
开关状态
合状态
分状态
没接状态
开关变位
有变位
无变位
没接开关
1 2 3 4 5 6 7 8
功控时段
日电控
时段控
月电控
厂休控
购电控
报停控
投入
解除
无效
下浮控
下发遥控
召测

图 7–5–1　终端遥控

在图 7–5–1 界面中，可以下发或召测终端的各项控制参数。如开关的分合状态，功控时段的投入解除等。

此界面也可用来进行开关跳闸功能的测试，操作步骤是首先召测开关的分合状态并进行保电的解除，然后直接进行开关的遥控分闸。

（二）功控参数与功控下发

点击“主菜单”→“终端控制”→“功控参数与功控下发”，出现图 7–5–2 所示界面。

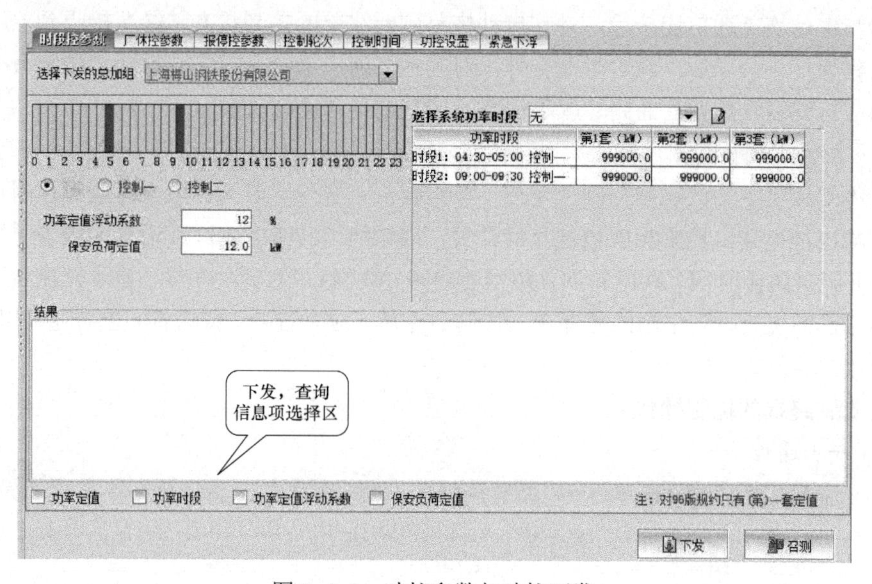

图 7–5–2 功控参数与功控下发

在图 7–5–2 所示界面内有六个选项卡，分别为时段控参数，厂休控参数，报停控参数，控制轮次、控制时间、功控设置和紧急下浮。

定值 1/2/3（功率定值）：04 版终端每个控制时段支持设置三套控制定值，分别为定值 1/2/3。

功率时段：96 终端分为峰平谷尖，04 终端分为控一和控二（默认为控一时段有效），可以形象地认为功率时段中的控制时段即红色时段。

功率定值浮动系数：如果浮动系数为正，则实际功控定值在目前定值的基础上上浮该比例；如果浮动系数为负，则实际功控定值在目前定值的基础上下浮该比例；

保安负荷定值：04 版特有定值，是保证用户基本生产的用电负荷。

96 版终端没有保安负荷，时段控参数只能下发一个时段，控制定值固定。04 版终端增加了保安定值下发，时段控参数支持下发两个时段（即控一和控二，默认控一），每个时段都支持三套定值（默认为第一套定值）。功率定值浮动系数正常情况下设为0。

1. 时段控参数

无论96终端还是04终端，执行时段控时都选择红色（高峰段）的时间段作为执行控制的时间段。时段控参数界面如图7–5–2所示。

在选择系统功率时段下拉框中选择合适的功率时段，如果在下拉列表中没有合适的功率时段，点击下拉框后的图标，出现如图7–5–3所示界面。

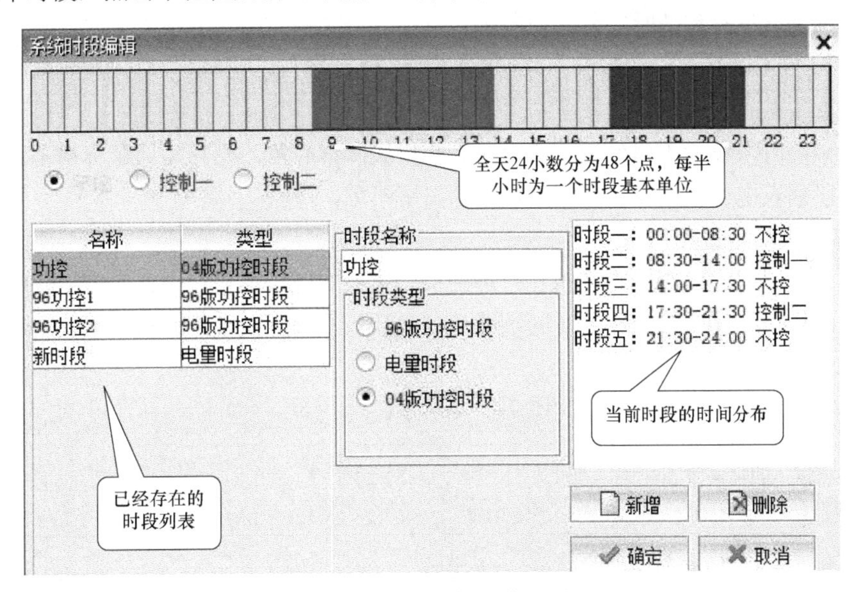

图7–5–3　时段控参数设置

在图7–5–3所示界面内，可根据本地区用电情况将全天24h分为平、峰、谷和尖峰（96版规约终端）或者不控、控一、控二（04版规约终端）等几种用电时段。建立一个新的时段分布类型的方法：

（1）在时段名称输入框内输入想要建立的时段名称。

（2）选择时段类型，即功率时段或电量时段。

（3）点击“新增”按钮，则此新时段将会出现在已经存在的时段列表中。

（4）用鼠标选中列表中的新建时段，如果选择的是96版功控时段，系统默认新建时段全天24小时48点全部为平时段（平时段不参与控制），04版功控时段默认为不控。

（5）功控时段的设置。

1）96版功控时段的设置方法：如0点到3点的时段为本地区的用电谷时段，则可先点击时段显示条下方的“谷”的单选框，将鼠标从时段显示条上的0点拖至3点

（鼠标在拖动过程中始终按着左键），或者用鼠标将 0 点到 3 点的每个小格一次点一下。

2）04 版功控时段的设置方法：例如 0 点到 3 点的时段为本地区控一时段，则可以先点击时段显示条下方的“控制一”的单选框，将鼠标从时段显示条上的 0 点拖至 3 点（鼠标在拖动过程中始终按着左键），或者用鼠标将 0 点到 3 点的每个小格一次点一下。可看到从 0 点到 3 点之间的小格都便成了红色。

（6）重复第 5 步，直到完成 24 小时 48 点的时段设置。可以在当前时段的时间分布列表中查看该时段的时间分布说明。

（7）点击“确定”按钮保存并结束时段设置。此时在下拉框中可以看到新建的功率时段。

当某一时段设置不再使用或其他原因想要删除该时段，则只需用鼠标单击已经存在的时段列表中的该时段名称，点击删除按钮即可。

2. 厂休控参数

无论 96 还是 04 终端，在执行厂休控前均需设定好厂休日、厂休定值、控制开始时间和延续时间，厂休控延续时间不能超过 24h。系统可以设定或召测某一用户厂休日控制参数。

单户下发厂休控参数界面如图 7–5–4 所示。

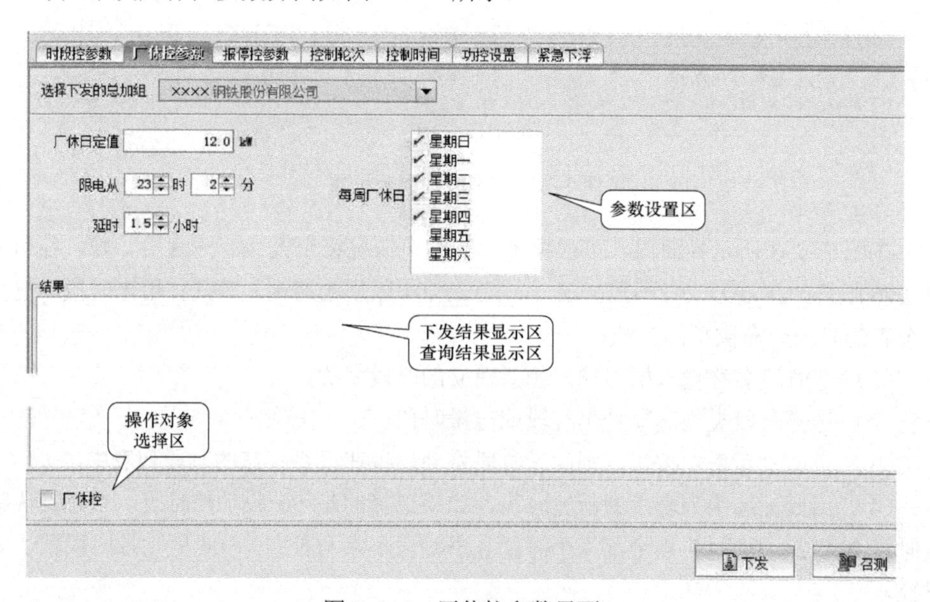

图 7–5–4　厂休控参数界面

设定好厂休控的参数后，钩选厂休日对应的时间，点击下发即可对当前选定终端进行厂休控下发。召测返回显示的是当前采集点的设置。

3. 控制轮次

控制轮次设置界面如图 7–5–5 所示。

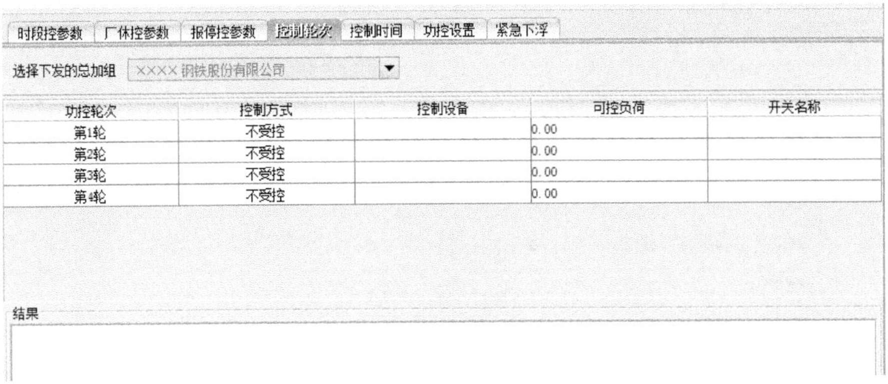

时段控参数 | 厂休控参数 | 报停控参数 | 控制轮次 | 控制时间 | 功控设置 | 紧急下浮

选择下发的总加组　××××钢铁股份有限公司

功控轮次	控制方式	控制设备	可控负荷	开关名称
第1轮	不受控		0.00	
第2轮	不受控		0.00	
第3轮	不受控		0.00	
第4轮	不受控		0.00	

结果

图 7–5–5　控制轮次设置界面

在图 7–5–5 界面内可以对终端需要控制的轮次进行设置和查询。

设置方法：对需要进行控制的轮次，“控制方式”选为“控制”，操作对象选择区内选择要操作的对象，点击下发即可。

召测方法：在操作对象选择区内选择要召测的对象，点击召测按钮即可。

4. 告警时间

告警时间含义是终端达到控制条件后通过终端对现场用户进行告警的时间，告警时间的输入范围为 0～15。设置界面如图 7–5–6 所示。

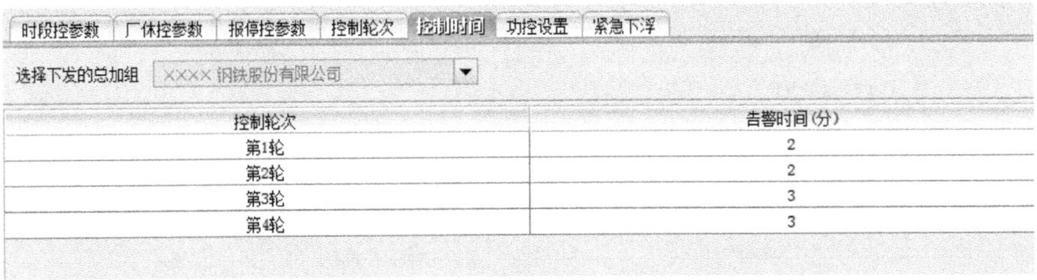

时段控参数 | 厂休控参数 | 报停控参数 | 控制轮次 | 控制时间 | 功控设置 | 紧急下浮

选择下发的总加组　××××钢铁股份有限公司

控制轮次	告警时间(分)
第1轮	2
第2轮	2
第3轮	3
第4轮	3

图 7–5–6　告警时间设置界面

5. 功控设置

功控设置主要是对终端功控投入时段、功控控制轮次和终端状态等参数进行设置和召测。其界面如图 7–5–7 所示。

前面介绍了常用几种功控方式及功控参数的设置，终端进行控制除设置功控参数外，还将控制方式投入（即控制投入）。

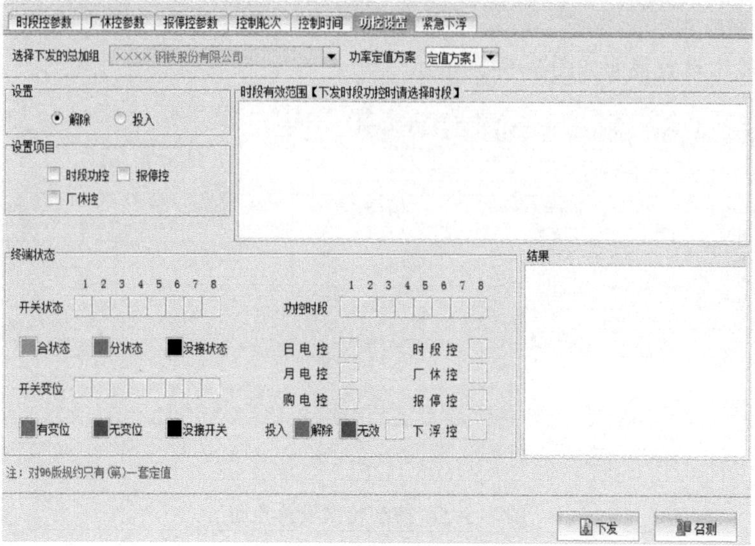

时段控参数 厂休控参数 报停控参数 控制轮次 控制时间 功控设置 紧急下浮
选择下发的总加组 ××××钢铁股份有限公司 功率定值方案 定值方案1
设置
解除 投入
时段有效范围【下发时段功控时请选择时段】
设置项目
时段功控 报停控
厂休控
终端状态
1 2 3 4 5 6 7 8
开关状态
合状态 分状态 没接状态
开关变位
有变位 无变位 没接开关
1 2 3 4 5 6 7 8
功控时段
日电控 时段控
月电控 厂休控
购电控 报停控
投入 解除 无效 下浮控
结果
注：对96版规约只有(第)一套定值
下发 召测

图 7–5–7 功控设置界面

对当前用户，选中“设置项目”中需要投入或解除的控制类型（如“时段控”“厂休控”或报停控），如果是“时段控”，则还需要选择“时段有效范围”，选择控制方式“投入”或“解除”，“下发”或“召测”即可。

6. 紧急下浮

紧急下浮控：在目前控制定值的基础上按一定的比例继续下浮形成新的定值，并依照新的定值执行控制的方式。紧急下浮界面如 7–5–8 所示。

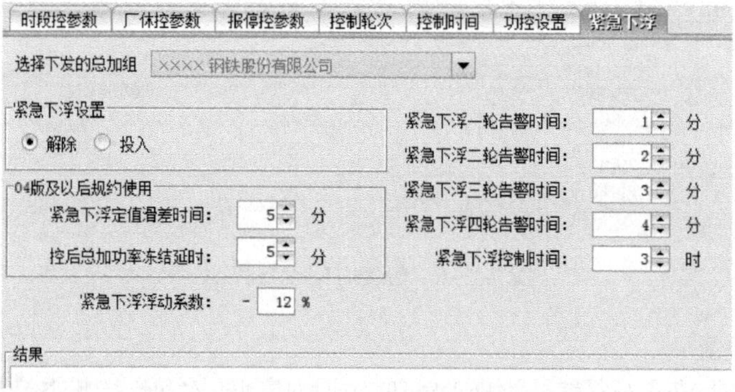

时段控参数 厂休控参数 报停控参数 控制轮次 控制时间 功控设置 紧急下浮
选择下发的总加组 ××××钢铁股份有限公司
紧急下浮设置
解除 投入
04版及以后规约使用
紧急下浮定值滑差时间： 5 分
控后总加功率冻结延时： 5 分
紧急下浮浮动系数： - 12 %
紧急下浮一轮告警时间： 1 分
紧急下浮二轮告警时间： 2 分
紧急下浮三轮告警时间： 3 分
紧急下浮四轮告警时间： 4 分
紧急下浮控制时间： 3 时
结果

图 7–5–8 紧急下浮界面

紧急下浮定值滑差时间：滑差时间概念可以认为与需量概念相似，假设滑差时间设为 15min，而终端是每分钟冻结一次功率，则从 1～第 15min 为第一时间段，第 2～

第 16min 为第二时间段，用第二时间段的平均负荷与第一时间段的平均负荷做比较。因此，滑差时间一定要小于控制时间。

控后总加功率冻结延时：指从紧急下浮控投入后开始到第 N 分钟（即设定的这个时间）内该用户总加负荷作为控制基准值。

注：96 版终端与 04 版终端的不同在于上述两属性则被屏蔽（显示灰色图标）。

紧急下浮浮动系数：在目前控制负荷的基础上下浮一定的比例作为新的控制负荷（该系数无论正负均是使控制定值下浮）。

紧急下浮轮次告警时间：在此告警时间内紧急下浮控只对用户告警不跳闸。

紧急下浮控制时间：开关跳闸后在此时间内控制状态持续有效的时间。

三、有序用电支持

（一）有序用电操作流程

操作总体流程如图 7–5–9 所示。

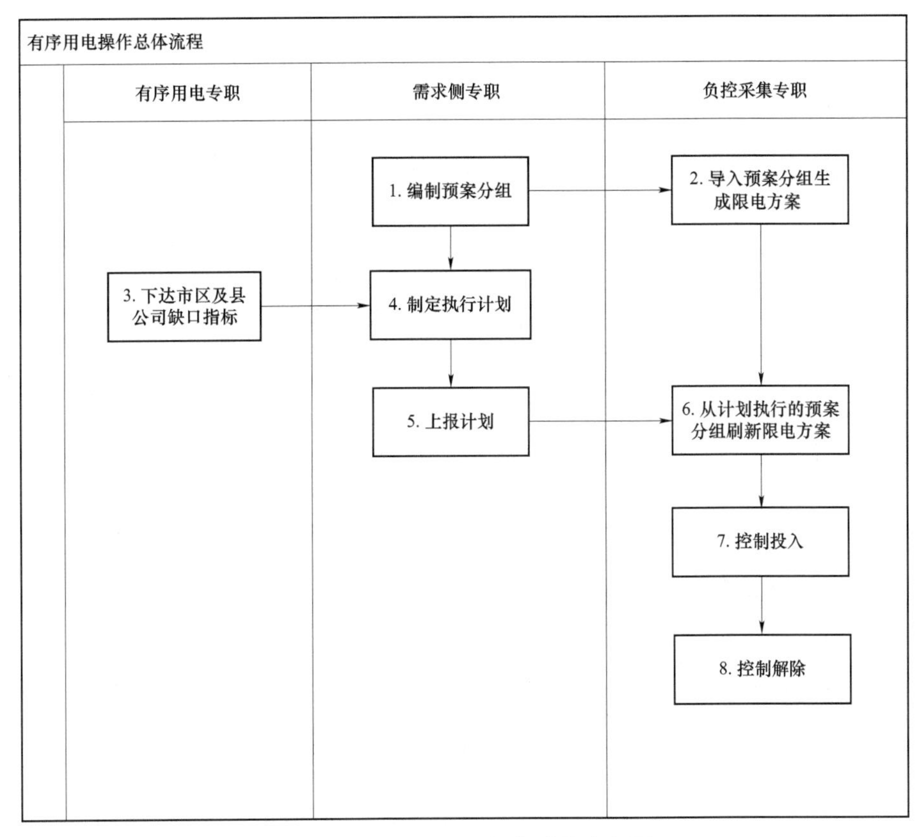

图 7–5–9 有序用电操作总体流程图

（二）方案管理

编制有序用电方案，是实施有序用电重要的准备工作，通常，先由需求侧专职生成执行方案，然后在系统中生成操作方案，如果执行方案生成后出现变更，可在系统中对操作方案进行更新。采集系统运行人员可对操作方案包含的终端进行调整。

1. 执行方案生成采集系统操作方案

（1）读取方案。在系统的方案管理界面，选中需导入方案的目录，点击“导入预案”，出现如图 7–5–10 界面，钩选需要导入的预案，点击“导入预案”。

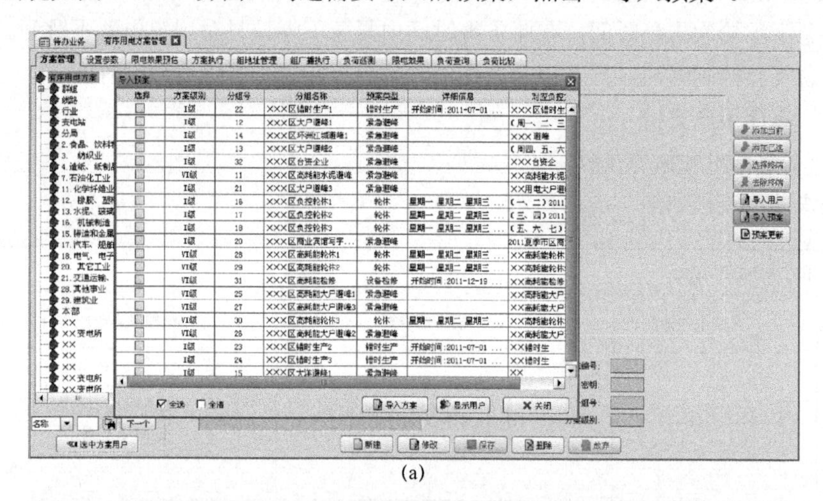

(a)

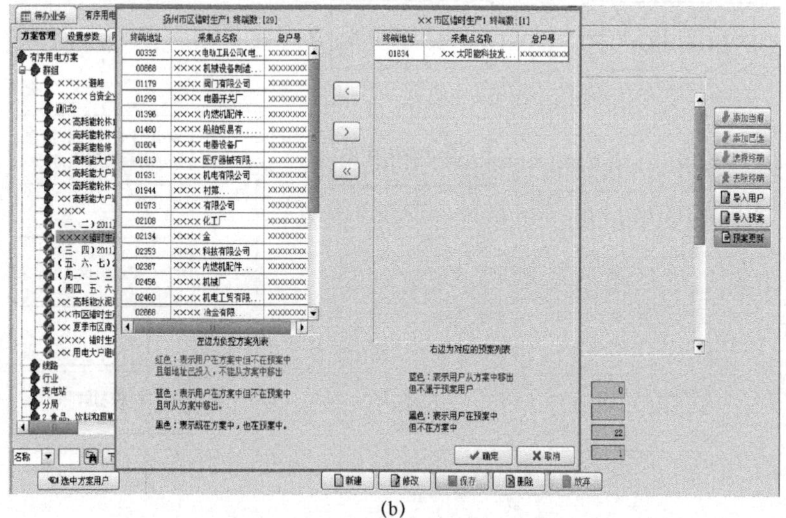

(b)

图 7–5–10 执行方案生成操作方案

（2） 方案更新。如执行方案中的用户做了更改，通过预案更新能对操作方案中的用户做同步调整。

2. 系统新建操作方案

（1） 新建方案。界面如图 7–5–11 所示。

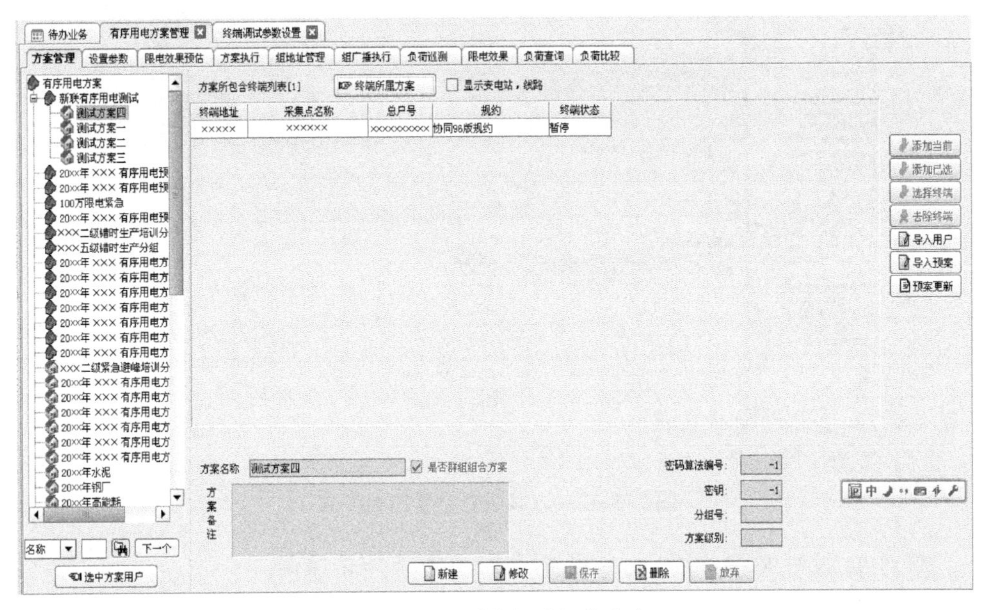

图 7–5–11　系统新建操作方案

在方案管理界面的左侧树里，选中“有序用电方案”，点击“新建”按钮，然后输入方案名称，确定是否为群组组合方案，如果钩选了“是否群组组合方案”，则表明新建的方案为组方案，组地址由系统自动分配，密码算法编号和密钥只针对组方案，每个终端在参数设置界面的通信界面有个“设备密码”参数，只有当组方案下所有的终端的设置密码参数和此方案中的“密码算法编号”“密钥”一致时，才能将组地址下发到此方案下的终端里，否则无法将组地址下发到终端。

（2） 保存方案。填写完方案名称，添加终端以后，点击“保存”按钮，操作方案在系统成功生成。

（3） 调整方案中用户。图 7–5–11 方案管理界面的右侧，有添加终端的功能，“添加当前”是添加左侧列表里当前选中的终端到方案里，“添加已选”是添加左侧列表所列出的所有终端到方案里，“选择终端”是打开一个高级查询界面，输入查询条件以后，根据查询出来的终端添加到方案里，“去除终端”是将方案中选中的终端从方案里去除，“导入用户”是从模板里将用户终端导入到方案里。

（三）设置下发控制参数

1. 设置时段

点击界面上“批量设置时段”按钮，如图 7–5–12 所示。

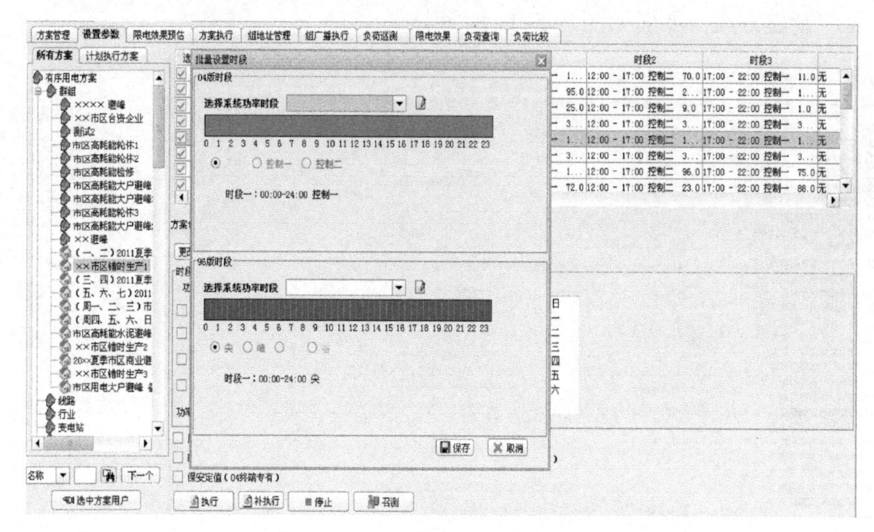

图 7–5–12 方案用户设置控制参数

针对 04 版和 96 版终端，分别设置时段，完成后点击保存。

2. 设置定值

定值设置有两种方式，一是针对单个终端，二是批量设置定值。

针对单个终端设置定值时，在表格里选中终端，点击“更改功率定值”按钮，界面如图 7–5–13（a）所示。

设置好参数以后，点击“保存”按钮。

批量设置定值，是根据“有序用电方案导入模版.xls”模板批量修改，在模板里将参数定值设置好，然后点击界面上的“导入参数”，出现的界面如图 7–5–13（b）所示。

04 版的终端默认时段为控制时段，96 版终端在批量设置参数时，需要设置早峰、腰荷、晚峰分别对应的定值，早峰、腰荷、晚峰对应着“有序用电方案导入模版.xls”里的早峰、腰荷、晚峰，定值 1～定值 8 对应着界面上的 8 个时段定值。

3. 下发控制参数

下发控制参数如图 7–5–14 所示。

在图 7–5–14 的下方，钩选中需要下发的参数，选中后点击“执行”，执行的结果显示在表格的“状态”一栏里，如果有终端没有下发成功，可点击“补执行”重新下发。

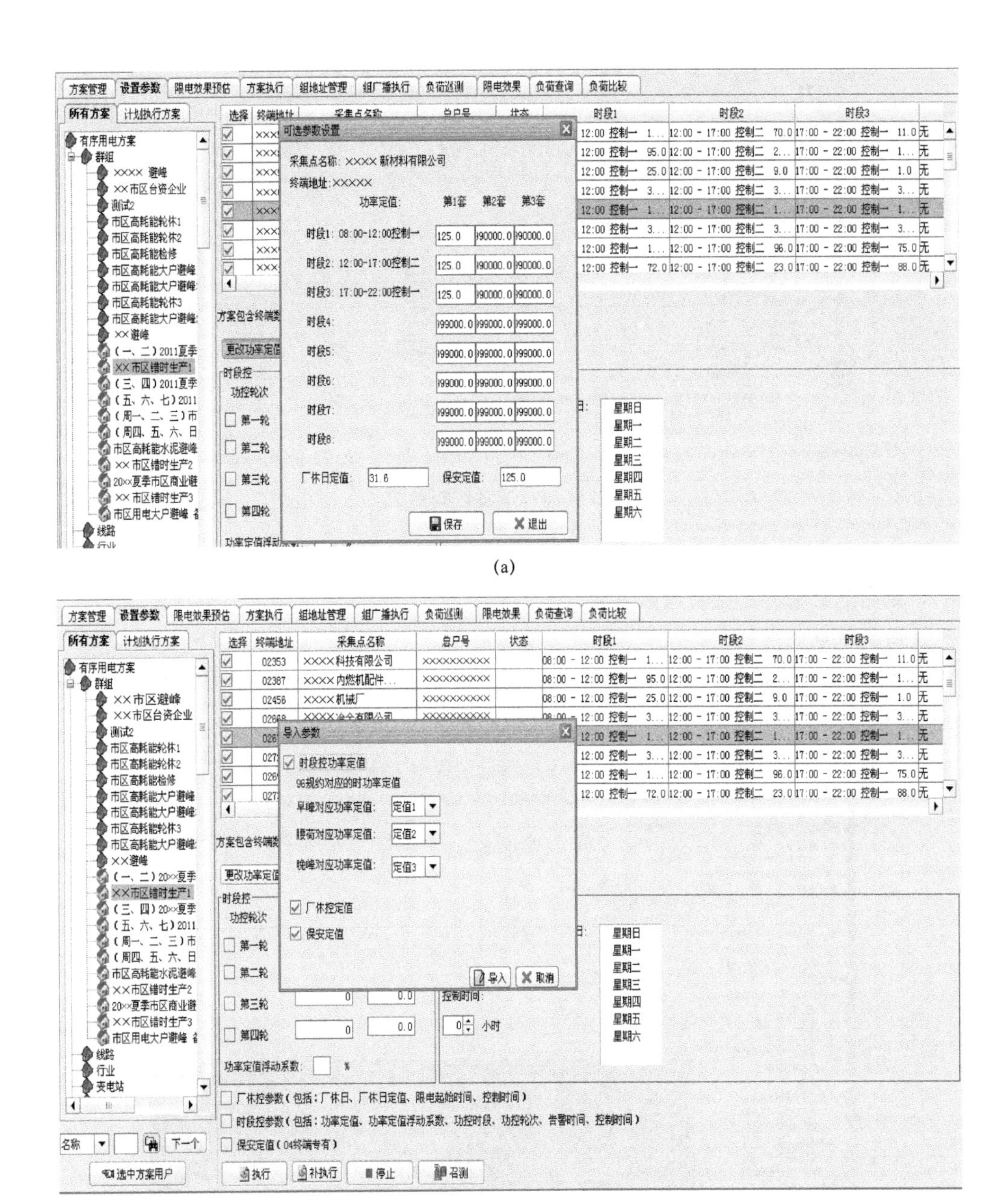

图 7-5-13　设置定值界面

（a）方案中单个用户设置定值；（b）方案中批量用户设置定值

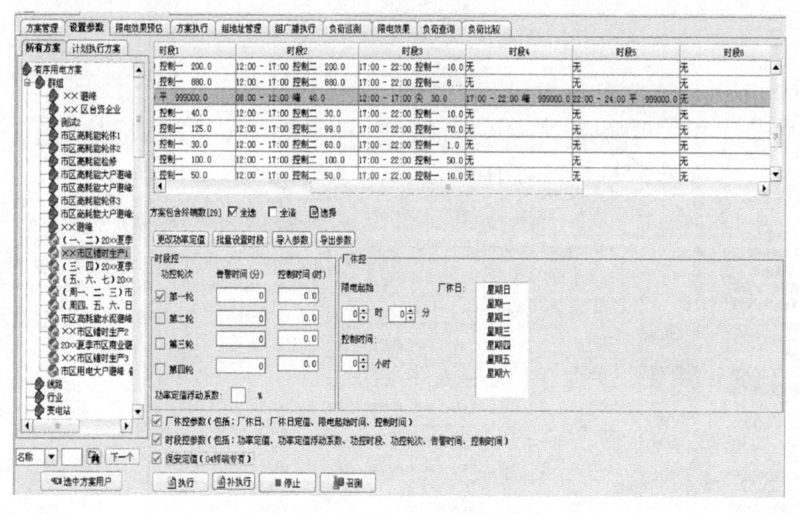

图 7–5–14 下发控制参数

例：选中“时段控参数”，点击“执行”，则下发时段设置参数到终端，点击“召测”，则召测终端的已设置时段参数。

（四）限电效果预估

用来预估有序用电方案的限电效果，每个终端有工作日和休息日两条预估曲线，方案的预估曲线等于其下所有终端预估曲线的总和，如图 7–5–15 所示。

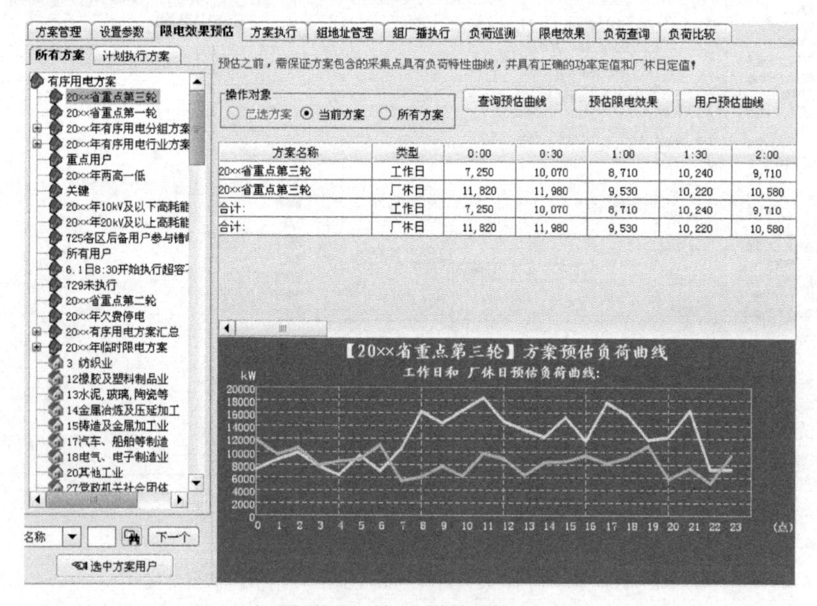

图 7–5–15 限电效果预估

预估曲线的计算方式为

工作日预估曲线=工作日负荷特性曲线–时段控定值

休息日预估曲线=休息日负荷特性曲线–厂休控定值

点击“查询预估曲线”和“用户预估曲线”查看当前方案和所有方案预估后的曲线，在左侧选择计划执行方案，查看已选方案的预估后曲线。

（五）控制方案执行

1. 方案执行

在方案执行前，必须先确认当前方案下的用户保电已解除。

执行方案如图 7–5–16 所示。

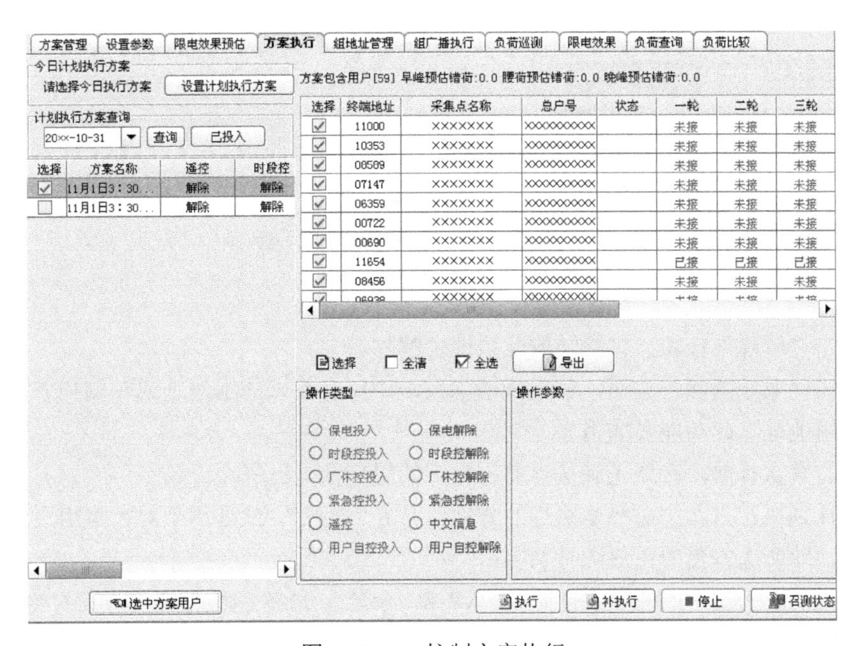

图 7–5–16　控制方案执行

对计划执行方案中的终端选择限电“操作类型”并“执行”限电。

2. 组广播执行

如果需要通过组广播方式执行有序用电方案，需要组地址管理。

选中表格中的一个组方案，点击“投入”按钮，如图 7–5–17 所示。

初始时，默认被钩选中的终端，是组地址为解除的终端，点击“开始”，则下发组地址到终端。

图 7–5–17 组地址管理

点击“解除”按钮，将终端的此组地址解除。

点击“系统清除”按钮，可选择清除系统中所有终端的组地址或左侧列表已选终端里的组地址，此功能要慎用。

在方案执行前，必须先确认当前方案下的用户保电已解除。

在计划执行方案中选择要执行的方案，点击“执行”，此处用于对方案用户的组广播执行，即所选方案中用户同时响应。

注：群组方案下的终端状态包括“投入”和“解除”，选择了群组方案后便可直接读取到终端状态；一个群组方案下的终端拥有相同的组地址（方案编号）；只有下发了“投入”和“解除”命令，群组方案才正式生效，就像必须给终端下发终端地址一样。组方案执行如图 7–5–18 所示。

（六）限电效果查看及统计

1. 计算和查询限电效果

有序用电方案执行后计算和查看限电效果，计算限电效果一般由有序用电程序自动计算，也可以手动计算并查看，界面如图 7–5–19 所示。

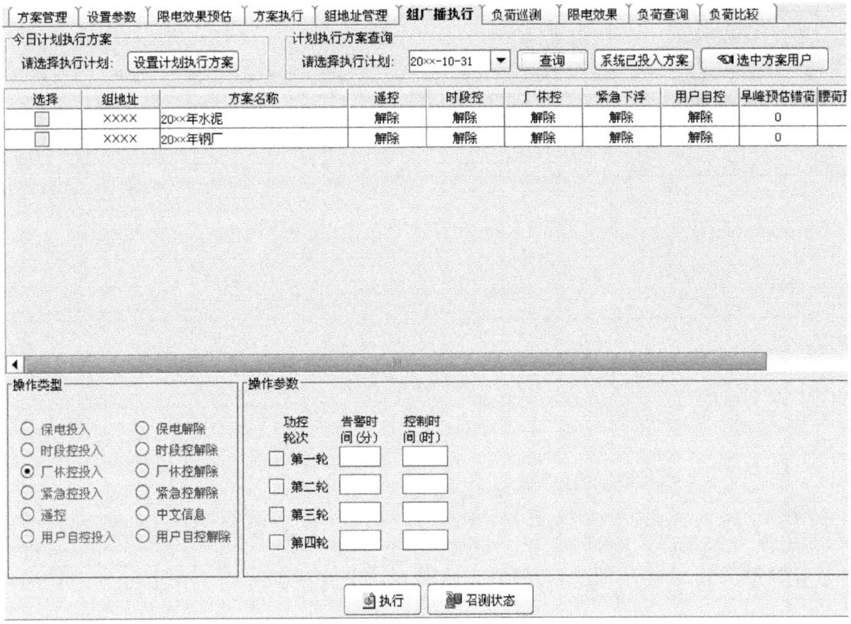

图 7–5–18　组方案执行

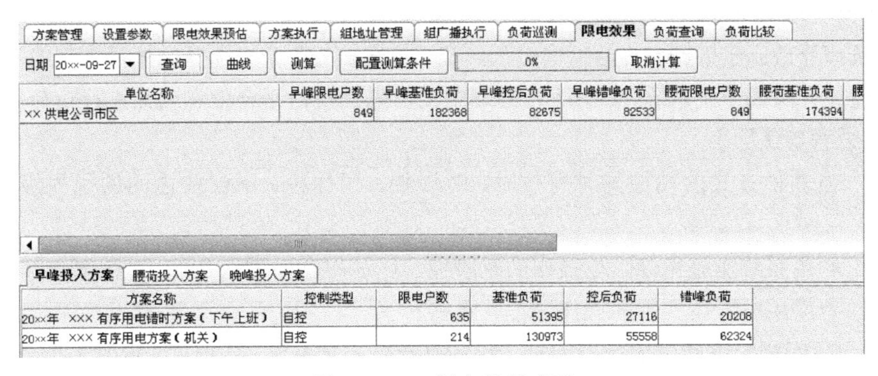

图 7–5–19　限电效果查看

2. 负荷巡测

负荷巡测需手动执行，界面如图 7–5–20 所示。

3. 负荷查询

根据所选日期，查询所选方案下所有终端的可控负荷和实际负荷。

4. 负荷比较

根据所选日期，比较“基准日”和“比较日”的负荷曲线，“基准日”是正常用电日，“比较日”是控制用电日。

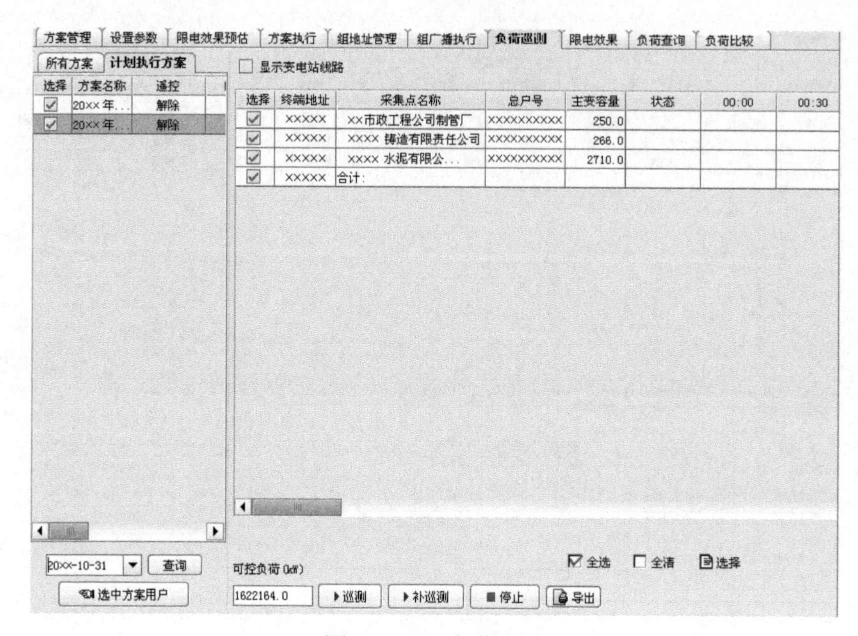

图 7–5–20　负荷巡测

（七）限电恢复

负荷释放：在接到允许合闸命令后，在“方案执行”中，选择已执行控制的方案，下发遥控合闸或控制解除，同时下发终端中文信息及短信平台信息通知进行负荷释放。

【思考与练习】

1. 当多种方式的功控同时有效时，时段控、厂休控、下浮控之间的优先级关系如何？

2. 利用系统实施错峰限电操作的时段控、厂休控操作方法是什么？

3. 有序用电方案执行的操作过程有哪些？

4. 04 版规约终端中的控一和控二指的是什么，定值 1、定值 2、定值 3 以哪套定值为准？

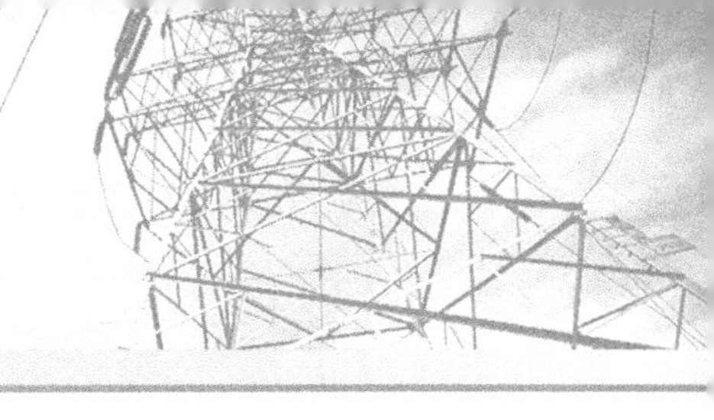

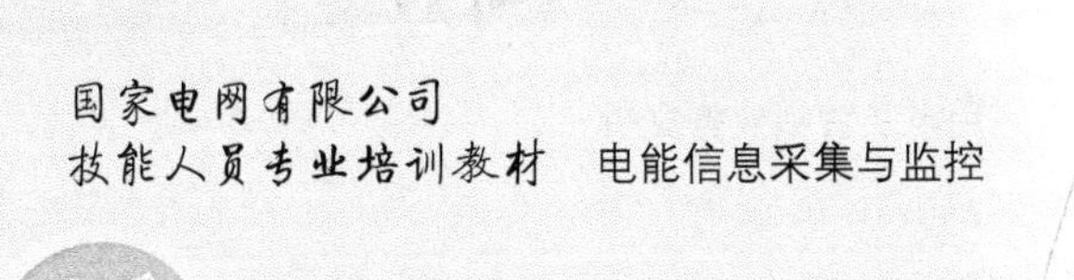

第八章

计量装置检查及退补电量计算

模块 1　单相电能计量装置运行检查、分析、故障处理（Z29H2001Ⅱ）

【模块描述】本模块包含单相电能计量装置运行检查、分析、故障处理及注意事项的内容。通过对单相电能计量装置接线形式、铭牌参数、注意事项和常见故障的介绍。掌握单相电能计量装置接线形式、计量方式、错接线形式和计量装置运行管理的规定。

【模块内容】

根据《供电营业规则》的规定“用户单相用电设备总容量不足 10kW 的可采用低压 220V 供电”，因此对于单相用电的客户须装设单相电能计量装置。

一、接线形式

单相电能计量装置接线形式有两种：一种是直接接入式，另一种是通过互感器接入式，如图 8–1–1 所示。

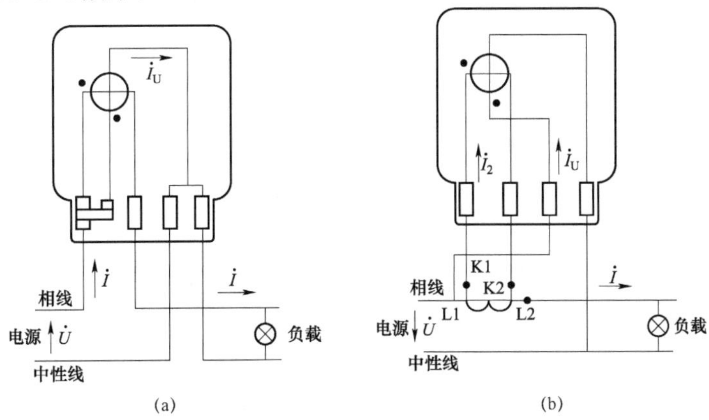

图 8–1–1　单相电能表直接接入或经电流互感器接入电路的接线图

（a）直接接入式；（b）通过互感器接入式

二、铭牌参数

电能表的铭牌主要包含以下内容：

（1）商标。

（2）计量许可证标志（CMC）。

（3）计量单位名称或符号，如：有功电能表为“千瓦时”或“kWh”；无功电能表为“千乏时”或“kvarh”。

（4）电能表的名称及型号。

（5）基本电流和额定最大电流。基本电流（标定电流）是作为计算负荷的基数电流值，以 I_b 表示；额定最大电流是仪表能长期工作，误差与温升完全满足技术标准的最大电流值，以 I_{max} 表示。如 1.5（6）A 即电能表的基本电流值为 1.5A，额定最大电流为 6A。

（6）额定电压。指的是电能表正常运行的电压值，以 U_n 表示。

（7）额定频率。指的是电能表正常运行时电源的频率值，以赫兹（Hz）作为单位。

（8）电能表常数。指的是电能表记录的电能和相应的转数或脉冲数之间关系的常数。有功电能表以 r（imp）/kWh 形式表示；无功电能表 r（imp）/kvarh 形式表示。

（9）准确度等级。以记入圆圈中的等级数字表示，无标志时，电能表视为 2.0 级。

三、安装运行注意事项

（1）单相供电客户电能计量点应接近客户的负荷中心。计量表的安装位置应满足安全防护的要求和方便抄表。

（2）安装在用户处的电能计量装置，由用户负责保护封印完好、装置本身不受损坏或丢失。

（3）计费电能表装设后，用户应妥为保护，不应在表前堆放影响抄表、计量准确及安全的物品。如发生计费电能表丢失、损坏或过负荷烧坏等情况，用户应及时告知供电企业，以便供电企业采取措施。如因供电企业责任或不可抗力致使计费电能表出现或发生故障的，供电企业应负责换表，不收费用；其他原因引起的，用户应负担赔偿费或修理费。

（4）当发现电能计量装置异常时，客户应及时通知供电公司进行处理。

四、常见故障及异常

（1）相线与中性线对调。正常情况下运行没有问题，但用户若将用电设备接到相线与大地之间时（如经暖气管道等），将造成电能表少计或不计电量，带来窃电的隐患。

（2）电源线的进出线接反。此时，由于电流线圈同名端反接，故电能表要反转。

（3）电压连接片没接上。此时电压线圈上无电压，电能表不计量。

（4）电能表发生“串户”。电能表的客户号与客户房号不对应，易造成电费纠纷。

（5）电能表可能发生擦盘、卡字、死机、潜动等，影响正确计量。

五、检查的重点

（1）检查计量箱、表计的锁头、铅封、铅印是否完好。

（2）检查电能表运行声音是否正常。

（3）核对表号、资产号、户号是否正确。

（4）注意观察转动情况或信号灯的闪动是否正常。

（5）检查表计的导线是否有破皮、松动、脱落、短接、短路等现象。

（6）带有电流互感器的计量装置应注意检查互感器的铭牌，接线，一、二次侧是否有短路、断路情况。

【思考与练习】

1. 某用户 TV 变比为 10/0.1，TA 变比为 200/5，电能表常数为 2500imp/kWh，现场实测电压为 10kV、电流为 170A、功率因数为 0.9。有功电能表在以上负荷时 5imp 用 7s，则该表计量误差为（　　）%。

2. 电能计量装置安装运行注意事项是什么？

3. 电能计量装置常见故障有哪些？

模块 2　三相四线电能计量装置运行检查、分析、故障处理（Z29H2002Ⅱ）

【模块描述】本模块包含三相四线电能计量装置运行检查、分析、故障处理及注意事项的内容。通过对三相四线电能计量装置接线形式、铭牌参数、注意事项和常见故障的介绍，以及利用用电信息采集系统进行计量异常分析的方法详解。掌握三相四线电能计量装置接线形式、计量方式、错接线形式和计量装置运行管理的规定。

【模块内容】

根据 DL/T 825—2002《电能计量装置安装接线规则》规定：低压供电方式为三相者应安装三相四线有功电能表，高压供电中性点有效接地系统应采用三相四线有功、无功电能表。

一、接线形式

三相四线计量装置接线形式分为直接接入式和间接接入式。如图 8-2-1 和图 8-2-2 所示分别为低压、高压电能计量装置接线图。

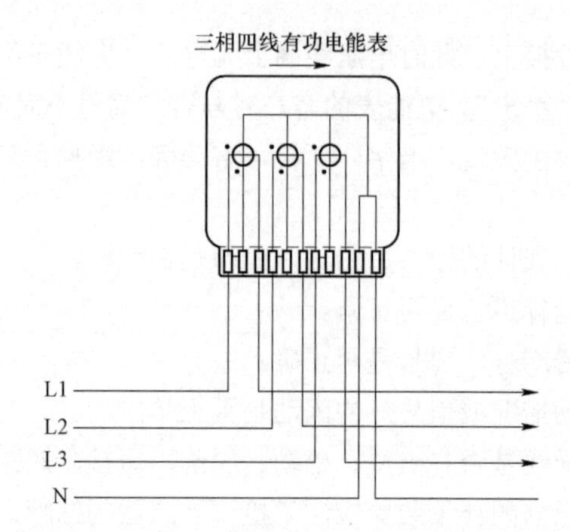

图 8-2-1 低压三相四线电能计量装置接线图

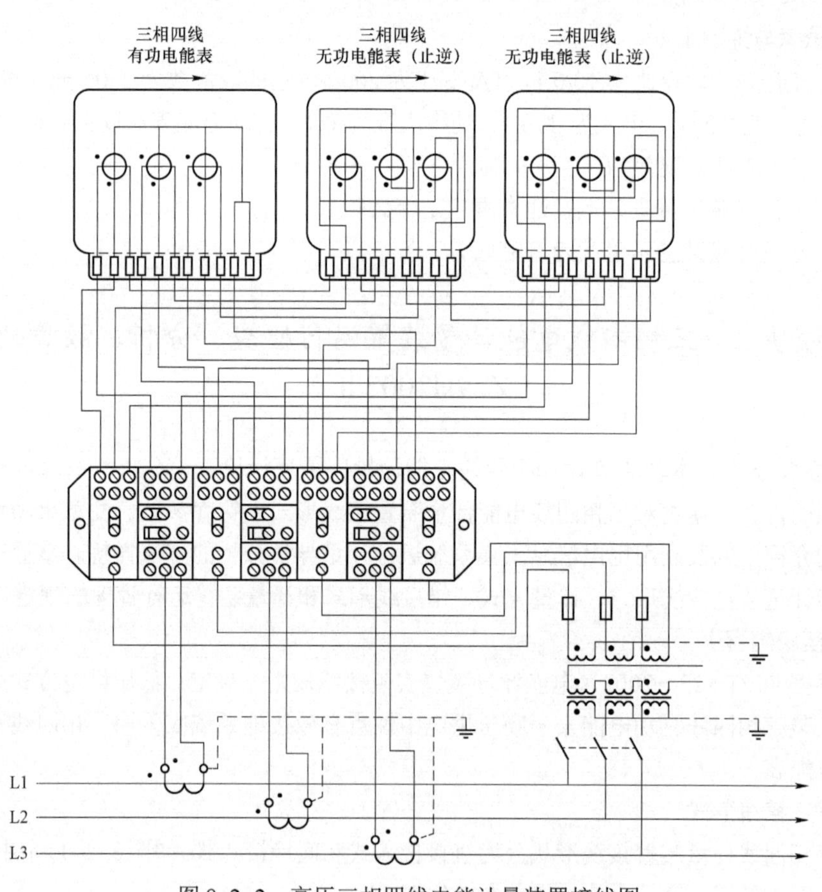

图 8-2-2 高压三相四线电能计量装置接线图

二、安装运行注意事项

（1）电能计量点应设定在供电设施与受电设施的产权分界处。如产权分界处不适宜装表的，对专线供电的高压客户，可在供电变电站的出线侧出口装表计量；对公用线路供电的高压客户，可在客户受电装置的低压侧计量。

（2）低压供电的客户，负荷电流为50A及以下时，电能计量装置接线宜采用直接接入式；负荷电流为50A以上时，宜采用经电流互感器接入式。

（3）三相四线制连接的电能计量装置，其3台电流互感器二次绕组与电能表之间宜采用六线连接。

（4）110kV及以上的高压三相四线计量装置电压互感器二次回路，应不装设隔离开关辅助接点，但可装设熔断器。

（5）电能表应安装在电能计量柜（屏）上，每一回路的有功和无功电能表应垂直排列或水平排列，无功电能表应在有功电能表下方或右方，电能表下端应加有回路名称的标签，两只三相电能表相距的最小距离应大于 80mm，电能表与屏边的最小距离应大于40mm。

（6）容量大于50kVA的客户应在计量点安装电能信息采集系统，实现电能信息实时采集与监控。

（7）安装在发、供电企业生产运行场所的电能计量装置，运行人员应负责监护，保证其封印完好，不受人为损坏。安装在用户处的电能计量装置，由用户负责保护封印完好，装置本身不受损坏或丢失。

三、错接线分析

1. 错接线主要类型

计量装置错接线的主要类型有：

（1）电压回路和电流回路发生短路或断路。

（2）电压互感器和电流互感器一、二次极性接反。

（3）电能表元件中没有接入规定相别的电压和电流。

电能计量装置接线发生错误后，电能表的圆盘转动现象一般可分为正转、反转、不转和转向不定4种情况，直接影响正确计量。

2. 带电检查接线的步骤

（1）测量各相电压、线电压。用电压表在电能表接线端钮处测量接入电能表的各线电压、相电压。其各线电压或相电压的数值应接近相等。若各线电压或相电压数值相差较大，说明电压回路不正常。

（2）测量电能表接线端子处电压相序。利用相序指示器或相位表等进行测量，以面对电能表端子，电压相位排列自左至右为U、V、W相时为正相序。

（3）检查接地点。为了查明电压回路的接地点，可将电压表端钮一端接地，另一端依次触及电能表的各电压端钮，若端钮对地电压为零，则说明该相接地。

（4）测定负载电流。用钳形表依次测每相电流回路负载电流，三相负载电流应基本相等。若有异常情况可结合测绘的相量图及负载情况考虑电流互感器极性有无接错，连接回路有无断线或短路等。

（5）检查电能表接线的正确性。前面的四项检查还不能确定电流的相位及电压与电流间的对应关系，目前可采用相位伏安表检查电压与电流的相位，通过向量分析的方法，检查电能表的接线是否正确。

下面以一个三相四线计量装置错接案例说明接线检查的方法。

四、案例

已知一个三相四线电能表，第一元件电压为 U_U。

测量及分析如下：

（1）测量电压：$U_{12}=U_{23}=U_{13}=380V$，$U_{10}=U_{20}=U_{30}=220V$，说明电压回路正常。

（2）确定中性线：由于 $U_{10}=U_{20}=U_{30}=220V$，说明 0 为 N 线。

（3）测定相序：为正序，说明 U_1 对应 U_U，U_2 对应 U_V，U_3 对应 U_W。

（4）测量电流：$I_1=5A$，$I_2=5A$，$I_3=5A$。

（5）测量相位：$\dot{U}_1$ 超前 $\dot{I}_1$ 为 74°，$\dot{U}_2$ 超前 $\dot{I}_2$ 为 250°，$\dot{U}_3$ 超前 $\dot{I}_3$ 为 253°。

（6）画相量图分析：I_1 为 $-I_W$，I_2 为 I_U，I_3 为 I_V，如图 8–2–3 所示。

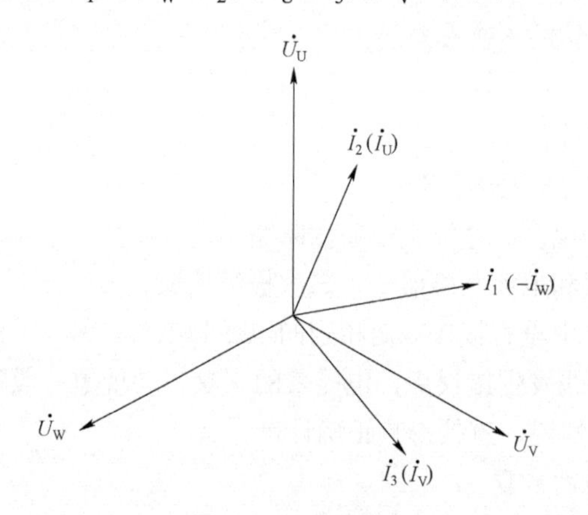

图 8–2–3 相量图

结论：第一元件为 U_U、$-I_W$，第二元件为 U_V、I_U，第三元件为 U_W、I_V。

五、常见故障及异常

三相四线电能计量装置由三个单相元件计量三相四线制电路电能，因此在运行时应注意检查每个计量元件和电流电压互感器。主要故障表现为：

（1）计量装置的电流、电压回路发生断路和短路，这样计量电量会造成少计量或不计量。

（2）计量装置的电流、电压回路发生极性接反，这样就会造成某个计量元件反转，造成少计电量。

（3）计量装置的电流、电压回路发生错接线。这样故障就要进行向量分析，计算出正确电量。

（4）电流、电压互感器发生故障。例如：铭牌与实际铭牌不符，熔断器熔断，一、二次侧接线发生短路、断路，一、二次侧发生错接线等。这些故障就要具体问题具体分析，利用向量分析的方法，算出正确电量。

（5）计量装置本身发生的故障。例如擦盘、卡字、潜动、超差、黑屏、死机等，这些非人为的因素造成的故障，供电公司应加强核查和检定，耐心与客户沟通解释，按照客户实际运行的情况，计算出合理的电量。

六、检查的重点

（1）外观检查。主要检查计量装置的铅封、铅印，计量柜（屏）的封闭性，电能表的铭牌、电能计量装置参数配置，电流、电压互感器的运行情况，一、二次接线情况。注意观察表盘的转向、转速或电子式表的脉冲指示灯的闪速，初步判断计量装置的运行状态是否正常。

（2）接线检查。主要检查电流、电压连接导线是否有破皮、松动、脱落，线径是否符合技术标准，是否有短路、断路、接线错接等现象。这就需要用到万用表、相位伏安表等仪表进行测量，运用向量分析的方法进行判断。

（3）互感器的检查。主要检查电流、电压互感器运行的声音是否正常，铭牌倍率与实际倍率是否相符，一、二次接线是否连接完好，二次侧是否有开路、短路情况，一、二次极性是否正确等。

（4）电能采集系统的检查。按照国家电网公司要求，容量大于 50kVA 的客户应在计量点安装电能信息采集系统。因此为了保证电能采集系统正常工作，应检查电能表 RS485 接口与电能采集系统的连接是否正常，采集系统的通道是否畅通，采集系统供电电源是否正常等。

七、用电信息采集系统异常分析方法

进入电力用户用电信息采集系统，选择“运行管理”模块下“异常处理”功能中的“计量在线监测”，如图 8–2–4 所示。

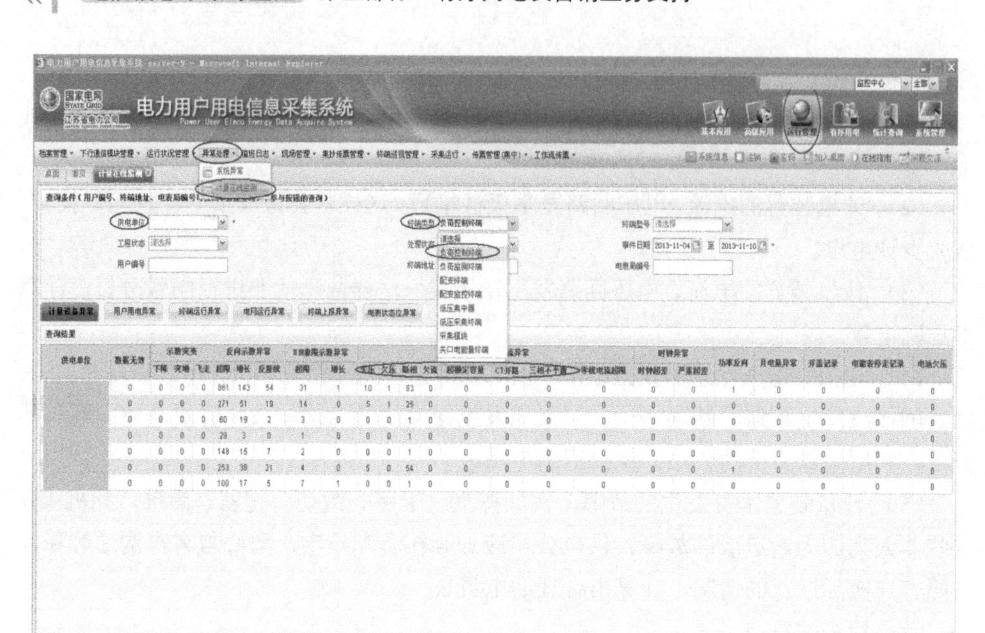

图 8-2-4 电力用户用电信息采集系统登录界面

在“计量在线监测”功能模块下，主要分析“计量设备异常”中的“电能表电压电流异常”：失电压、欠电压、断相、欠电流、超额定容量、TA 开路和三相不平衡；“用户用电异常”中的“超容、欠容用电异常”：超额定容量、超运行容量、欠运行容量。以下为系统对各个故障类型的定义：

1. 失电压、欠电压

直接接入：计量装置内部故障，引起该项电压测量不正确。某一相连续四个点电压在 50～160V 之间（小于 50V 为失电压），而同时刻该相电流大于 0.5A，判定为欠电压。

TA 接入：电压回路故障或接触不良，引起该相电压测量不正确。某一相连续四个点电压在 50～160V 之间（小于 50V 为失电压），而同时刻该相电流大于 0.1A，判定为欠电压。

TV/TA 接入：电压经 TV、电流经 TA 接入，必然是高供高计用户（三相三线制接线，也有部分三相四线接线）。正常情况下 U_{ab}、U_{bc} 电压值为 100V，I_a、I_c 电路值 0～6A；电压一相大于 80V 而另一相小于 70V，连续 4 点，判为欠电压；两相电压均小于 70V，而电流有一相大于 0.5A，连续 4 点判为失电压。

2. 断相

直接接入：单相变或者线路故障导致外部失去一相电源，用户实际仅两相供电，或者用户故意断开相跳过表计。某一相连续四个点电压小于 160V，而同时刻该相电流小于 0.5A，判定为断相。

TA 接入：单相变或者线路故障导致外部失去一相电源；某一相连续四个点电压小于 160V，而同时刻该相电流小于 0.1A，判定为断相。

3. 欠电流

三相三线制接线电能表：两条电流曲线记录，某相电流大于 2A 时，对应点小于其 50%，连续点数多于 4 个点（电流负值不统计），判定为欠电流三相四线制接线、标定电流 1.5（6）A 电能表：三条电流曲线记录，某相电流大于 3A 时，另外两曲线对应点小于其 10%，连续点数多于 4 个（电流负值不统计），判定为欠电流。

4. 超额定容量

TA 接入电能表，实际电流值在 0～6A 之间均属正常，电流连续 4 个点超 6A 时，判定为超电能表额定电流用电。

5. TA 开路

TA 接入电能表，电压正常，电流两相大于 2A，某相小于 0.1A，且连续 4 个点则该相 TA 开路。

6. 三相不平衡

TA 接入：电压正常三相电流都大于 0.1A，均值大于 3A，但有一相小于 1A，连续 4 个点则判为三相电流不平衡。TV/TA 接入：电流有一个大于 1A 时，三相电流不平衡度（(最大电流–最小电流）/最大电流）若大于 0.3，连续 4 点判为三相电流不平衡。

7. 超额定容量

日电量大于电能表额定容量×20h（仅针对 10～100A 电能表）。

8. 超运行容量

（1）总加组有功功率曲线（剔除超 5 倍运行容量的点），连续 4 个点超用户运行容量 20%。

（2）总加组月需量大于受电点运行容量。

（3）电能表日电量大于用户合同容量×20h（仅针对合同容量 4～50kVA 的用户）。

（4）日受电点电量大于受电点容量×20h（仅对用户运行容量 50kVA 以上的集抄终端用户）。

9. 欠运行容量

总加组月电量小于用户运行容量×240。

选择某项异常类型可直接查询其具体异常明细，然后导出具体分析，如图 8-2-5 所示。

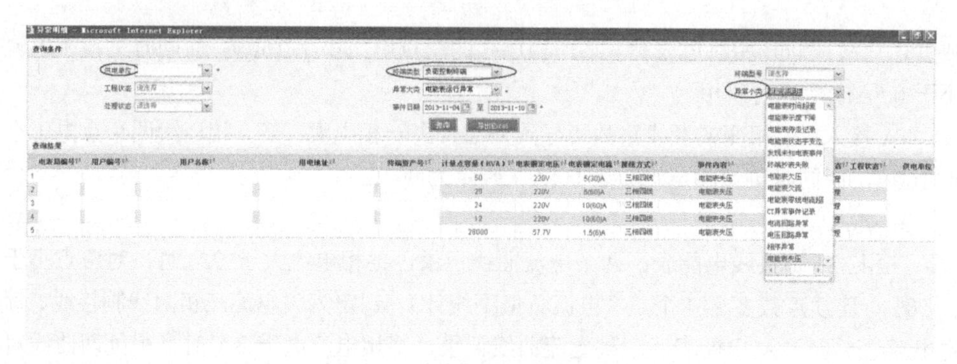

图 8–2–5 各异常类型明细查询

点击任一异常用户的户号，进入用户用电视图（见图 8–2–6），查询、召测用户或者电能表数据来进行异常判断。

图 8–2–6 用户用电视图

八、用户用电信息采集系统客户端排查方法

进入电力用户用电信息采集系统客户端，点击工具栏（见图 8–2–7）中“深度分析”选项，出现电流、电压异常分析界面如图 8–2–8 所示，可分别对电流或电压异常情况进行分析。

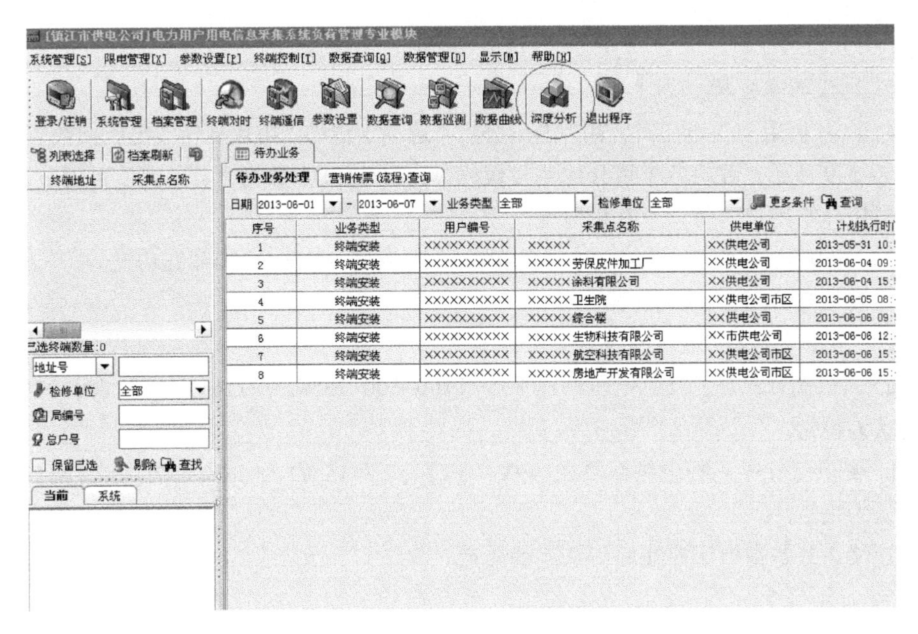

图 8–2–7　系统工具栏

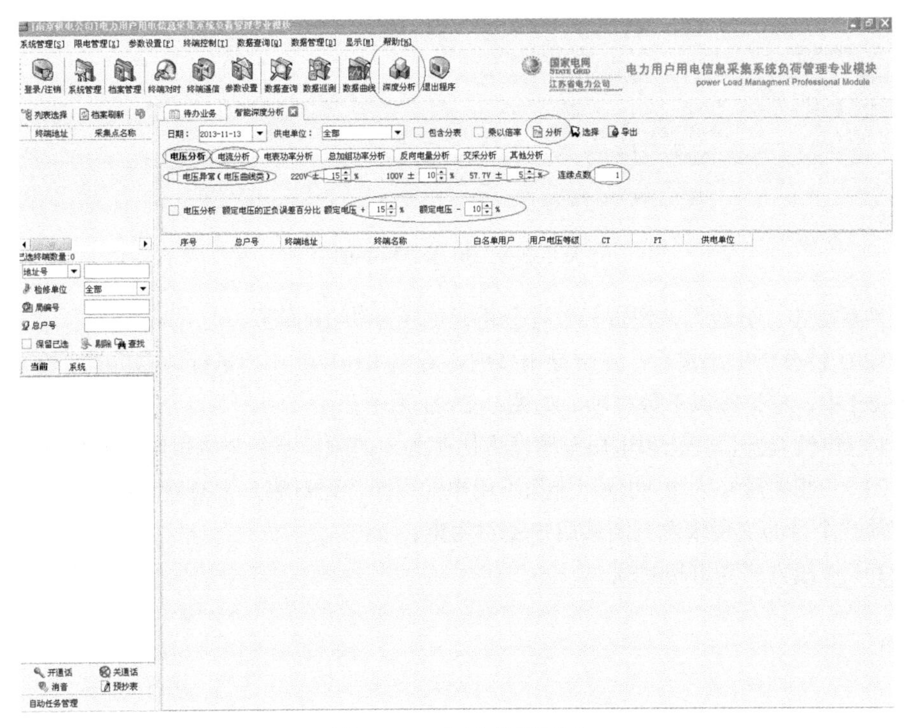

图 8–2–8　深度分析界面

（一）电压分析

1. 电压异常分析

（1）分析用户失电压时，在“电压分析”选项下选中“电压异常（电压曲线类）”，如图 8–2–9 所示，并将各个百分比值设置为“15”、连续点数为“4”（阈值可调节）来筛选电压异常用户，有以下几种情况：

1）电压互感器变比为 1 时，三相电压都要在 187V（220–220×15%）～253V（220+220×15%）之内认为正常。

2）电压互感器变比大于 1 时。

a. 高供高计：U_{ab}、U_{bc} 电压都在 85V（100–100×15%）～115V（100+100×15%）之间认为正常；

b. 高供低计：三相电压都要在 49V（57.7–57.7×15%）～66V（57.7+57.7×15%）之内认为正常。

连续点数是指电压曲线的任意连续 4 点。

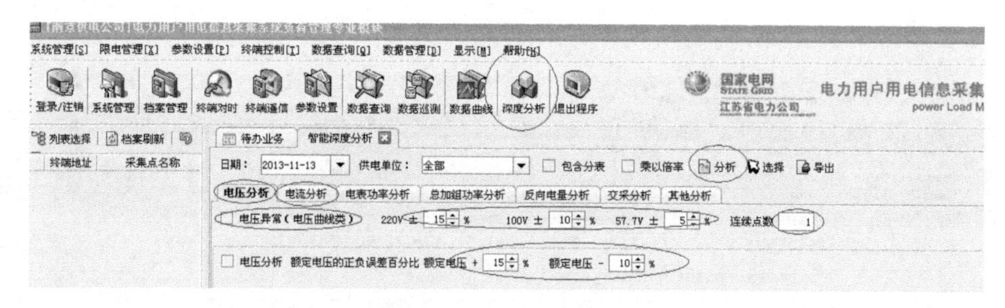

图 8–2–9　电压分析界面

然后点击“分析”按钮进行数据分析，如图 8–2–10 所示。

（2）待分析出结果后，点击导出按钮，导出 Excel 到本地进行数据筛选和分析。在 Excel 中，应排除以下数据项，如图 8–2–11 所示。

1）电流互感器变比和电压互感器变比都为 1 的项，不参与电量结算的分表。

2）三相电压同为 0 的项，排除不用电的用户；通过客户端查看功率、营销系统查看前几个月的交费情况判断该用户是否用电。

3）接线方式为单相的项。

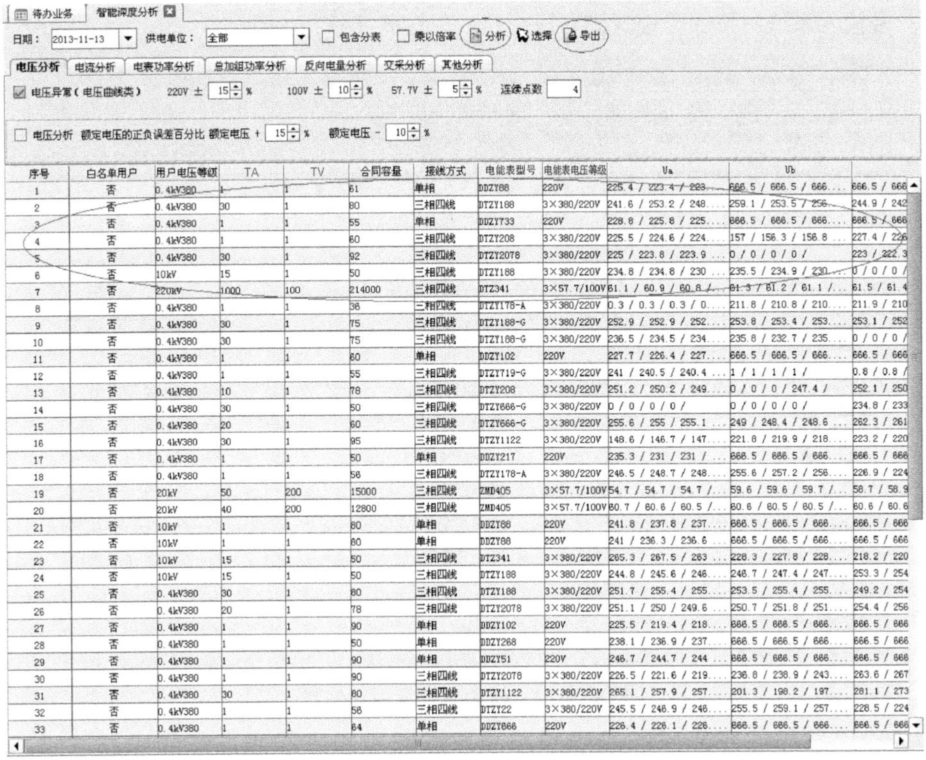

待办业务　智能深度分析

日期：2013-11-13　供电单位：全部　包含分表　乘以倍率　分析　选择　导出

电压分析　电流分析　电表功率分析　总加组功率分析　反向电量分析　交采分析　其他分析

电压异常（电压曲线类）　220V ± 15 %　100V ± 10 %　57.7V ± 5 %　连续点数 4

电压分析　额定电压的正负误差百分比 额定电压 + 15 %　额定电压 - 10 %

序号	白名单用户	用户电压等级	TA	TV	合同容量	接线方式	电能表型号	电能表电压等级	Ua	Ub	
1	否	0.4kV380	1	1	61	单相	DDZY88	220V	225.4 / 223.4 / 223....	666.5 / 666.5 / 666....	666.5 / 666
2	否	0.4kV380	30	1	80	三相四线	DTZY188	3×380/220V	241.6 / 253.2 / 248....	259.1 / 253.5 / 256....	244.9 / 242
3	否	0.4kV380	1	1	55	单相	DDZY733	220V	228.8 / 225.8 / 225....	666.5 / 666.5 / 666....	666.5 / 666
4	否	0.4kV380	1	1	60	三相四线	DTZY208	3×380/220V	225.5 / 224.6 / 224....	157 / 156.3 / 156.8 ...	227.4 / 226
5	否	0.4kV380	30	1	92	三相四线	DTZY2078	3×380/220V	225 / 223.8 / 223.9 ...	0 / 0 / 0 / 0 /	223 / 222.3
6	否	10kV	15	1	50	三相四线	DTZY188	3×380/220V	234.8 / 234.8 / 230 ...	235.5 / 234.9 / 230....	0 / 0 / 0 /
7	否	220kV	1000	100	214000	三相四线	DTZ341	3×57.7/100V	61.1 / 60.9 / 60.8 /...	61.3 / 61.2 / 61.1 /...	61.5 / 61.4
8	否	0.4kV380	1	1	36	三相四线	DTZY178-A	3×380/220V	0.3 / 0.3 / 0.3 / 0....	211.8 / 210.8 / 210....	211.9 / 210
9	否	0.4kV380	30	1	75	三相四线	DTZY188-G	3×380/220V	252.9 / 252.9 / 252....	253.8 / 253.4 / 253....	253.1 / 252
10	否	0.4kV380	30	1	75	三相四线	DTZY188-G	3×380/220V	236.5 / 234.5 / 234....	235.8 / 232.7 / 235....	0 / 0 / 0 /
11	否	0.4kV380	1	1	60	单相	DDZY102	220V	227.7 / 226.4 / 227....	666.5 / 666.5 / 666....	666.5 / 666
12	否	0.4kV380	1	1	55	三相四线	DTZY719-G	3×380/220V	241 / 240.5 / 240.4 ...	1 / 1 / 1 / 1 /	0.8 / 0.8 /
13	否	0.4kV380	10	1	78	三相四线	DTZY208	3×380/220V	251.2 / 250.2 / 249....	0 / 0 / 0 / 247.4 /	252.1 / 250
14	否	0.4kV380	30	1	50	三相四线	DTZY666-G	3×380/220V	0 / 0 / 0 / 0 /	0 / 0 / 0 / 0 /	234.8 / 233
15	否	0.4kV380	20	1	60	三相四线	DTZY666-G	3×380/220V	255.6 / 255 / 255.1 ...	249 / 248.4 / 248.6 ...	262.3 / 261
16	否	0.4kV380	30	1	95	三相四线	DTZY1122	3×380/220V	148.6 / 146.7 / 147....	221.8 / 219.9 / 218....	223.2 / 220
17	否	0.4kV380	1	1	50	单相	DDZY217	220V	235.3 / 231 / 231 / ...	666.5 / 666.5 / 666....	666.5 / 666
18	否	0.4kV380	1	1	56	三相四线	DTZY178-A	3×380/220V	246.5 / 248.7 / 248....	255.6 / 257.2 / 256....	226.9 / 224
19	否	20kV	50	200	15000	三相四线	ZMD405	3×57.7/100V	54.7 / 54.7 / 54.7 /...	59.6 / 59.6 / 59.7 /...	58.7 / 58.9
20	否	20kV	40	200	12800	三相四线	ZMD405	3×57.7/100V	60.7 / 60.6 / 60.5 /...	60.6 / 60.5 / 60.5 /...	60.6 / 60.6
21	否	10kV	1	1	80	单相	DDZY88	220V	241.8 / 237.8 / 237....	666.5 / 666.5 / 666....	666.5 / 666
22	否	10kV	1	1	80	单相	DDZY88	220V	241 / 236.3 / 236.6 ...	666.5 / 666.5 / 666....	666.5 / 666
23	否	10kV	15	1	50	三相四线	DTZ341	3×380/220V	265.3 / 267.5 / 263 ...	228.3 / 227.8 / 228....	218.2 / 220
24	否	10kV	15	1	50	三相四线	DTZY188	3×380/220V	244.8 / 245.6 / 246....	246.7 / 247.4 / 247....	253.3 / 254
25	否	0.4kV380	30	1	80	三相四线	DTZY188	3×380/220V	251.7 / 255.4 / 255....	253.5 / 255.4 / 255....	249.2 / 254
26	否	0.4kV380	20	1	78	三相四线	DTZY2078	3×380/220V	251.1 / 250 / 249.6 ...	250.7 / 251.8 / 251....	254.4 / 256
27	否	0.4kV380	1	1	90	单相	DDZY102	220V	225.5 / 219.4 / 218....	666.5 / 666.5 / 666....	666.5 / 666
28	否	0.4kV380	1	1	50	单相	DDZY268	220V	238.1 / 236.9 / 237....	666.5 / 666.5 / 666....	666.5 / 666
29	否	0.4kV380	1	1	90	单相	DDZY51	220V	246.7 / 244.7 / 244 ...	666.5 / 666.5 / 666....	666.5 / 666
30	否	0.4kV380	1	1	90	三相四线	DTZY2078	3×380/220V	226.5 / 221.6 / 219....	236.8 / 238.9 / 243....	263.6 / 267
31	否	0.4kV380	30	1	80	三相四线	DTZY1122	3×380/220V	265.1 / 257.9 / 257....	201.3 / 198.2 / 197....	281.1 / 273
32	否	0.4kV380	1	1	56	三相四线	DTZY22	3×380/220V	245.5 / 246.9 / 246....	255.5 / 259.1 / 257....	228.5 / 224
33	否	0.4kV380	1	1	64	单相	DDZY666	220V	226.4 / 226.1 / 226....	666.5 / 666.5 / 666....	666.5 / 666

图 8–2–10　电压分析结果

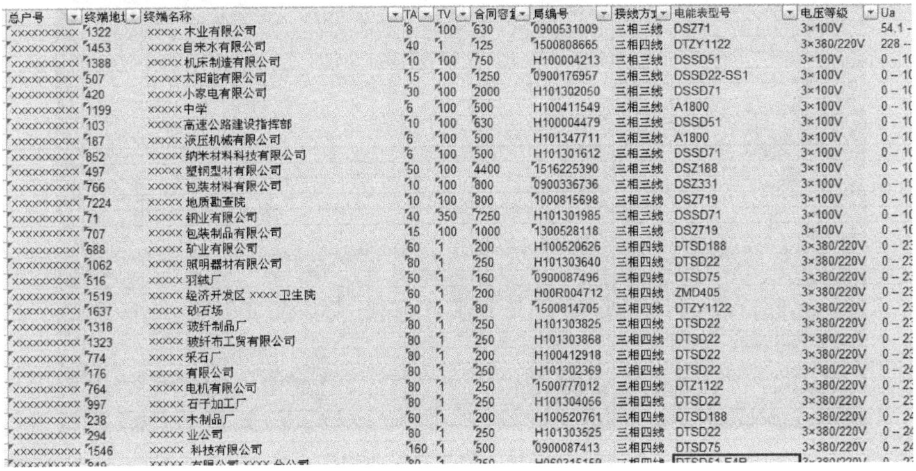

总户号	终端地址	终端名称	TA	TV	合同容量	局编号	接线方式	电能表型号	电压等级	Ua
xxxxxxxxxx	1322	xxxxx 木业有限公司	8	100	630	0900531009	三相三线	DSZ71	3×100V	54.1 -
xxxxxxxxxx	1453	xxxxx自来水有限公司	40	1	125	1500808665	三相四线	DTZY1122	3×380/220V	228 --
xxxxxxxxxx	1388	xxxxx 机床制造有限公司	10	100	750	H100004213	三相三线	DSSD51	3×100V	0 -- 1(
xxxxxxxxxx	507	xxxxx太阳能有限公司	15	100	1250	0900176957	三相三线	DSSD22-SS1	3×100V	0 -- 1(
xxxxxxxxxx	420	xxxxx小家电有限公司	30	100	2000	H101302050	三相三线	DSSD71	3×100V	0 -- 1(
xxxxxxxxxx	1199	xxxxx中学	6	100	500	H100411549	三相三线	A1800	3×100V	0 -- 1(
xxxxxxxxxx	103	xxxxx 高速公路建设指挥部	10	100	630	H100004479	三相三线	DSSD51	3×100V	0 -- 1(
xxxxxxxxxx	187	xxxxx 液压机械有限公司	6	100	500	H101347711	三相三线	A1800	3×100V	0 -- 1(
xxxxxxxxxx	852	xxxxx 纳米材料科技有限公司	6	100	500	H101301612	三相三线	DSSD71	3×100V	0 -- 1(
xxxxxxxxxx	497	xxxxx 塑钢型材有限公司	50	100	4400	1516225390	三相三线	DSZ188	3×100V	0 -- 1(
xxxxxxxxxx	766	xxxxx 包装材料有限公司	10	100	800	0900336736	三相三线	DSZ331	3×100V	0 -- 1(
xxxxxxxxxx	7224	xxxxx 地质勘查院	10	100	800	1000815698	三相三线	DSZ719	3×100V	0 -- 1(
xxxxxxxxxx	71	xxxxx 钢业有限公司	40	350	7250	H101301985	三相三线	DSSD71	3×100V	0 -- 1(
xxxxxxxxxx	707	xxxxx 包装制品有限公司	15	100	1000	1300528118	三相三线	DSZ719	3×100V	0 -- 1(
xxxxxxxxxx	688	xxxxx 矿业有限公司	60	1	200	H100520626	三相四线	DTSD188	3×380/220V	0 -- 2:
xxxxxxxxxx	1062	xxxxx 照明器材有限公司	80	1	250	H101303640	三相四线	DTSD22	3×380/220V	0 -- 2:
xxxxxxxxxx	516	xxxxx 羽绒厂	50	1	160	0900087496	三相四线	DTSD75	3×380/220V	0 -- 2:
xxxxxxxxxx	1519	xxxxx 经济开发区 xxxx 卫生院	60	1	200	H00R004712	三相四线	ZMD405	3×380/220V	0 -- 2:
xxxxxxxxxx	1637	xxxxx 砂石场	30	1	80	1500814705	三相四线	DTZY1122	3×380/220V	0 -- 2:
xxxxxxxxxx	1318	xxxxx 玻纤制品厂	80	1	250	H101303825	三相四线	DTSD22	3×380/220V	0 -- 2:
xxxxxxxxxx	1323	xxxxx 玻纤布工贸有限公司	80	1	250	H101303868	三相四线	DTSD22	3×380/220V	0 -- 2:
xxxxxxxxxx	774	xxxxx采石厂	80	1	200	H100412918	三相四线	DTSD22	3×380/220V	0 -- 2:
xxxxxxxxxx	176	xxxxx 有限公司	80	1	250	H101302369	三相四线	DTSD22	3×380/220V	0 -- 24
xxxxxxxxxx	764	xxxxx电机有限公司	80	1	250	1500777012	三相四线	DTZ1122	3×380/220V	0 -- 2:
xxxxxxxxxx	997	xxxxx 石子加工厂	80	1	250	H101304056	三相四线	DTSD22	3×380/220V	0 -- 2:
xxxxxxxxxx	238	xxxxx 木制品厂	60	1	200	H100520761	三相四线	DTSD188	3×380/220V	0 -- 24
xxxxxxxxxx	294	xxxxx 业公司	80	1	250	H101303525	三相四线	DTSD22	3×380/220V	0 -- 24
xxxxxxxxxx	1546	xxxxx 科技有限公司	160	1	500	0900087413	三相四线	DTSD75	3×380/220V	0 -- 24

图 8–2–11　电压异常用户分析表格

（3）而后将初步判断为异常的用户逐个排查，进入电力用户用电信息采集系统，将户号输入系统中按回车键找到对应用户，如图 8–2–12 所示。

序号	总户号	终端地址	终端名称	CT	PT	合同容量	局编号
1	XXXXXXXXXX	865	XX污水处理1#泵房	30	1	100	LXXXXXXX
2	XXXXXXXXXX	10397	XXXXX	30	1	100	LXXXXXXX
3	XXXXXXXXXX	1172	XX砖瓦二厂	80	1	250	LXXXXXXX
4	XXXXXXXXXX	1481	XXXXX足鞋业有限公司	120	1	400	LXXXXXXX
5	XXXXXXXXXX	140	XXXXX金属加工有限公司	80	1	250	LXXXXXXX
6	XXXXXXXXXX	323	XX茶场	30	1	100	LXXXXXXX
7	XXXXXXXXXX	414	XXXXX蓄产品厂	80	1	250	LXXXXXXX
8	XXXXXXXXXX	758	XXXXX防爆电加热器有限公司	60	1	200	LXXXXXXX
9	XXXXXXXXXX	870	XXXXX新型墙材有限公司	15	100	1280	LXXXXXXX
10	XXXXXXXXXX	2595	XXXXX鞋材有限公司	20	1	80	LXXXXXXX
11	XXXXXXXXXX	428	XX价格论证中心	200	1	630	LXXXXXXX
12	XXXXXXXXXX	1116	XXXXX电站	60	1	200	LXXXXXXX
13	XXXXXXXXXX	1155	XXXXX照明有限公司	120	1	400	LXXXXXXX
14	XXXXXXXXXX	1217	XXXXX旅馆有限公司	8	100	630	LXXXXXXX
15	XXXXXXXXXX	732	XXXXX机械配件有限公司	100	1	315	LXXXXXXX
16	XXXXXXXXXX	927	XXXXX百货有限公司	100	1	315	LXXXXXXX
17	XXXXXXXXXX	318	XXXXX养路工区	30	1	100	LXXXXXXX
18	XXXXXXXXXX	554	XXXXX人民政府	10	100	630	LXXXXXXX
19	XXXXXXXXXX	2587	XXXXX毛绒厂	20	1	80	LXXXXXXX
20	XXXXXXXXXX	742	XXXXX（1#电房）	60	1	1800	LXXXXXXX
21	XXXXXXXXXX	934	XXXXX金刚石工具有限公司	180	1	500	LXXXXXXX
22	XXXXXXXXXX	983	XXXX热电厂7500KW2号机组出口（发电）	20	350	7500	LXXXXXXX

图 8–2–12 搜索用户及用户信息

在“数据曲线”中查看其电压曲线（见图 8–2–13），可分析其三相电压变化规律。

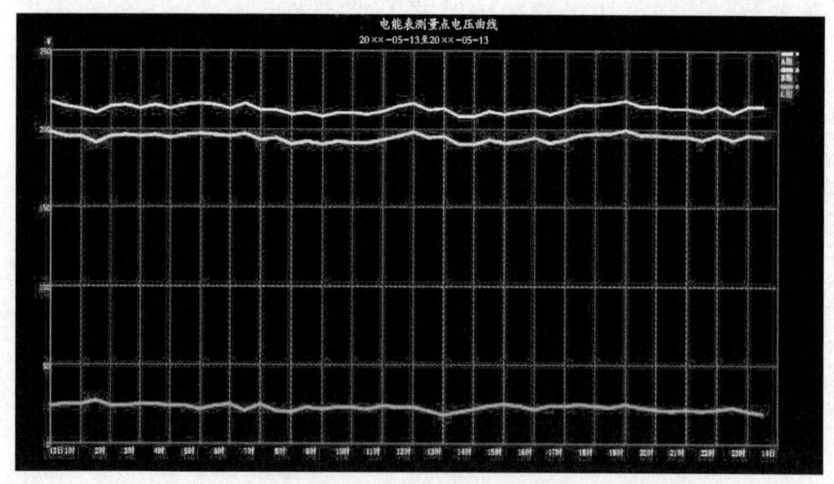

图 8–2–13 用户电压曲线图

若系统中无历史电压曲线查看，可手动召测终端中存储的数据。

选择菜单栏中“数据查询”选项，如图 8–2–14 所示。

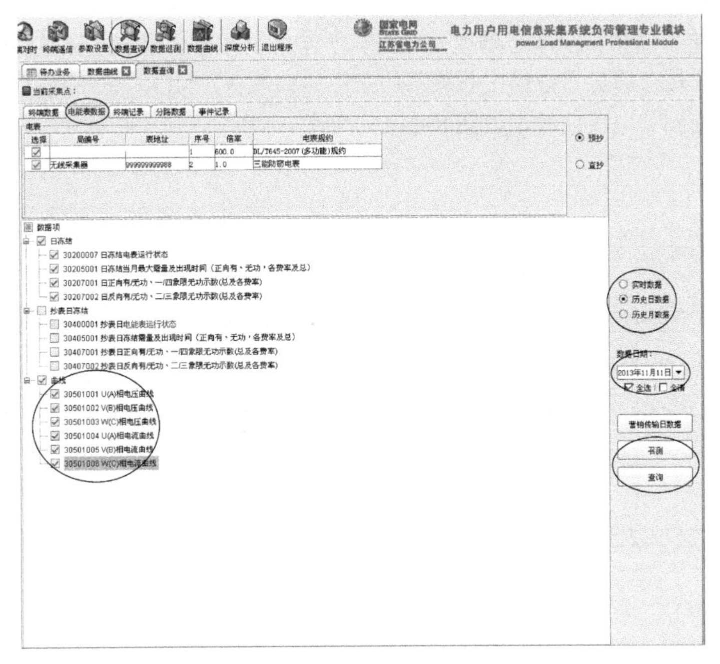

图 8-2-14　数据查询功能模块

如果没有电压曲线数据项，确定是 04 版及以后的终端后，可通过数据项配置添加电压曲线、电流曲线（见图 8-2-15）。

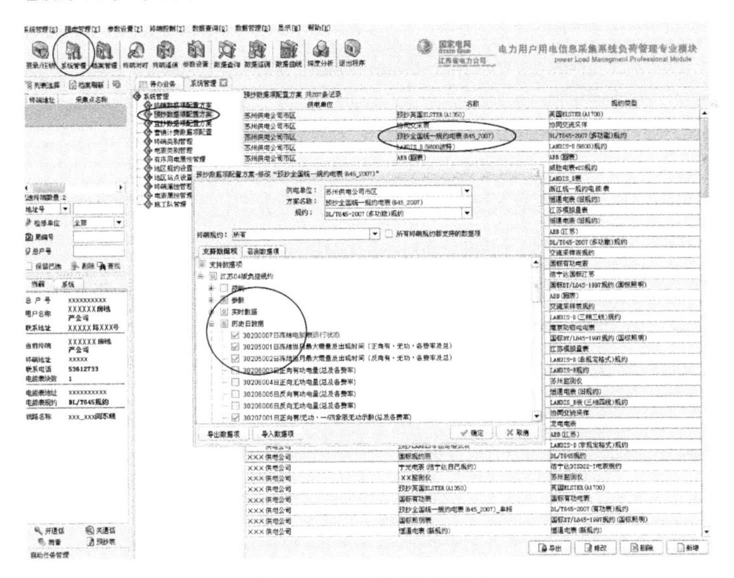

图 8-2-15　数据项配置

（4）选择“电能表数据”选项，选中数据分析中异常的电能表，可召测其实时的电压数据，或是在历史日数据中召测其历史电压曲线（7 天内），召测后存库，可在数据曲线中查询到其电压曲线，如图 8–2–16 所示。

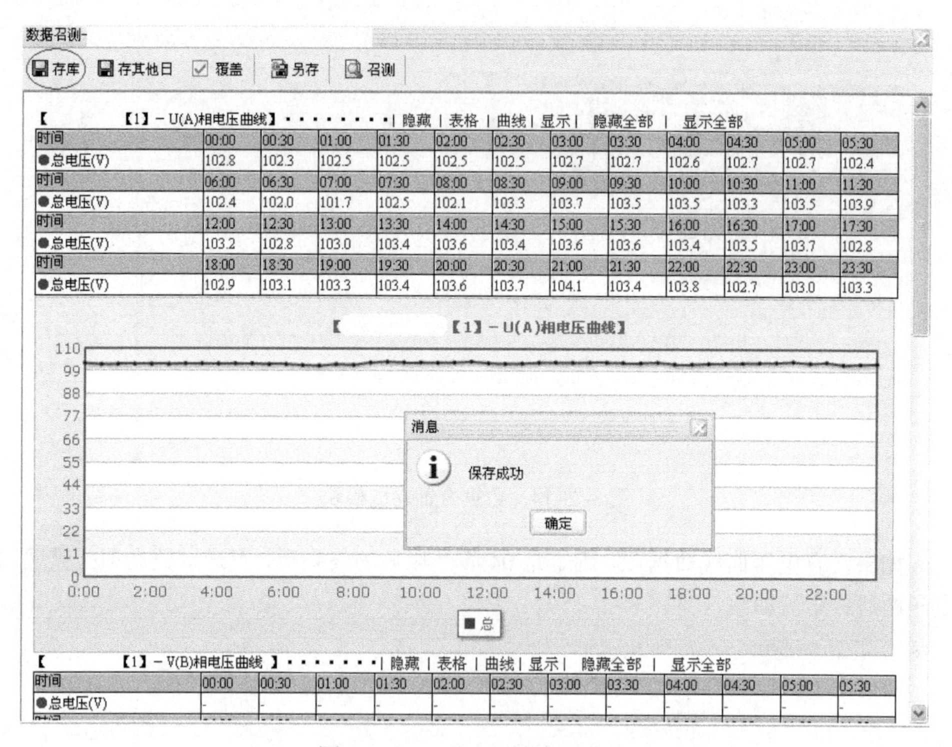

时间	00:00	00:30	01:00	01:30	02:00	02:30	03:00	03:30	04:00	04:30	05:00	05:30
●总电压(V)	102.8	102.3	102.5	102.5	102.5	102.5	102.7	102.7	102.6	102.7	102.7	102.4
时间	06:00	06:30	07:00	07:30	08:00	08:30	09:00	09:30	10:00	10:30	11:00	11:30
●总电压(V)	102.4	102.0	101.7	102.5	102.1	103.3	103.7	103.5	103.5	103.3	103.5	103.9
时间	12:00	12:30	13:00	13:30	14:00	14:30	15:00	15:30	16:00	16:30	17:00	17:30
●总电压(V)	103.2	102.8	103.0	103.4	103.6	103.4	103.6	103.6	103.4	103.5	103.7	102.8
时间	18:00	18:30	19:00	19:30	20:00	20:30	21:00	21:30	22:00	22:30	23:00	23:30
●总电压(V)	102.9	103.1	103.3	103.4	103.6	103.7	104.1	103.4	103.8	102.7	103.0	103.3

时间	00:00	00:30	01:00	01:30	02:00	02:30	03:00	03:30	04:00	04:30	05:00	05:30
●总电压(V)	-	-	-	-	-	-	-	-	-	-	-	-

图 8–2–16 手工召测电压曲线

三相三线的用户 A、C 两相电压基本平衡为正常用户；三相四线的用户三相电压基本平衡的为正常用户。经过长期分析，发现电压异常存在几种情况：

1） 规律性失电压。电能表的电压在某些时间段出现规律性的变化。例如在主站监控的一个用户，其电压曲线如图 8–2–17 所示，晚上八点到第二天早上 9 点，两相电压变为零，白天又恢复正常。初步怀疑用户存在窃电嫌疑。后经过现场检查，确定其窃电。

2） 持续性失电压，如图 8–2–18 所示。

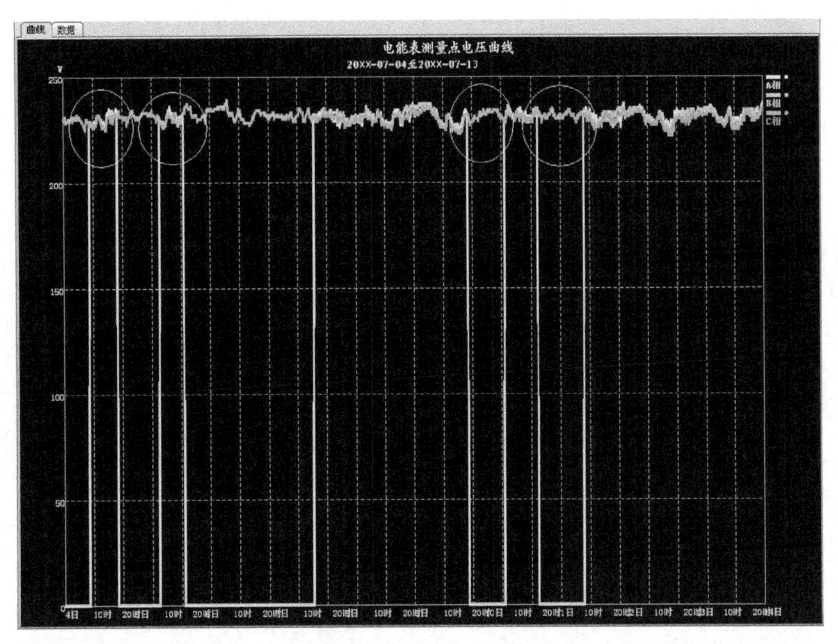

图 8-2-17　用户电压曲线图

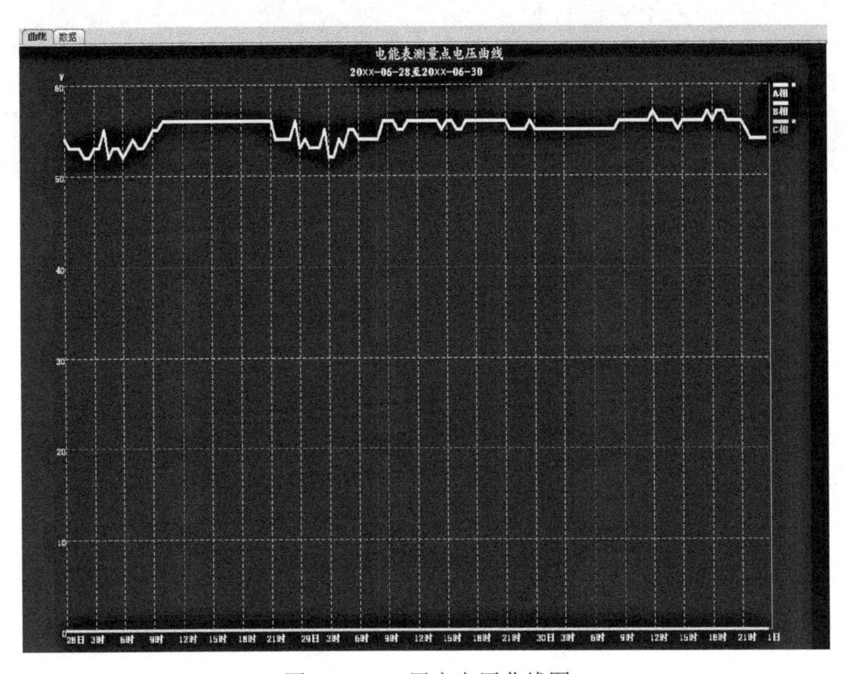

图 8-2-18　用户电压曲线图

经过多次现场核实，以下几种情况会导致持续性失电压：① 计量设备故障（电能表、接线盒、互感器等）；② 窃电；③ 停电。

3）持续性欠电压，如图 8-2-19 所示。

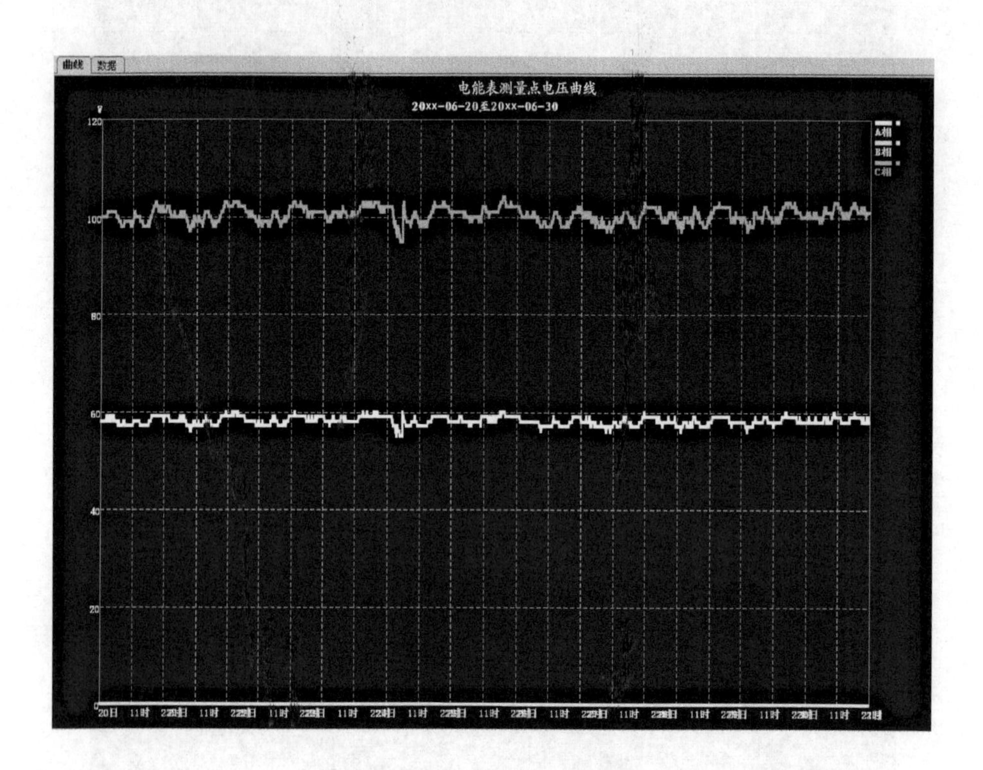

图 8-2-19 用户电压曲线图

持续性失电压，经过多次现场核实，基本上都是电能表故障、互感器故障等计量设备故障导致。

2. 确认电压异常起始时间

当通过电压曲线无法确认用户电压异常时间时，可通过观察其功率曲线变化的方法来初步判断用户电压异常的发生时间。通常电压异常之后，用户的功率值也随之浮动异常。

以失电压为例，如图 8-2-20 所示，“数据曲线”功能模块下可显示出用户的功率曲线，而图 8-2-21 的同期电压曲线情况可以印证该方法的可行性。

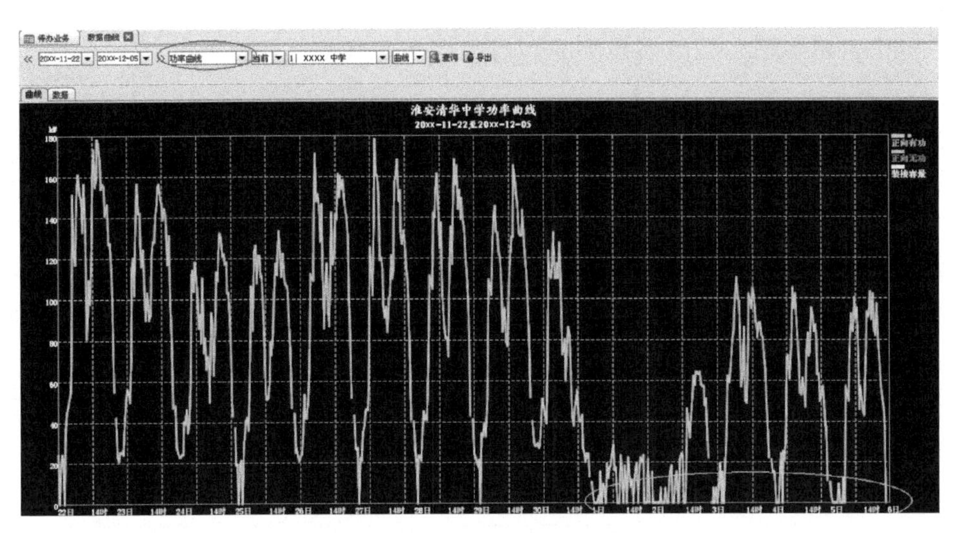

图 8–2–20　用户功率曲线变化图

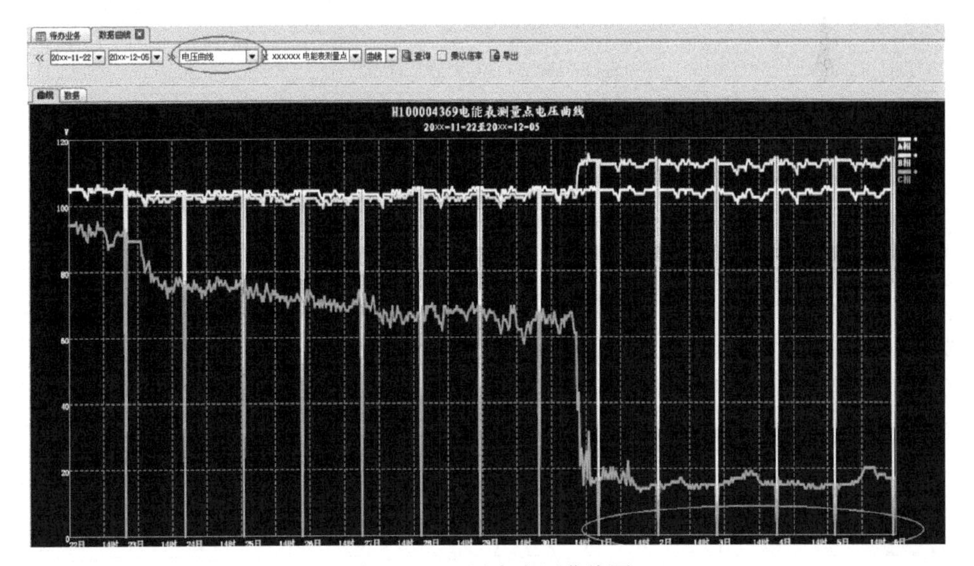

图 8–2–21　用户电压曲线图

（二）电流分析

（1）分析用户失电流情况时，如图 8–2–22 所示，在“电流分析”界面下，将电流失衡比值设置为“2”及以上且某一项电流值大于“0.1”及以上，来筛选电流异常用户。即当某项电流大于 0.1A 时，电流的最大值超过最小电流的两倍以上，系统认为电流异常。当电压互感器变比为 1 且某项电流大于 0.1A 时，Max（I_a，I_b，I_c）/Min（I_a，I_b，I_c）＞2，即三相电流的最大值超过最小电流的两倍以上。

电压互感器变比大于 1 且某项电流大于 0.1A 时，Max（I_a，I_c）/Min（I_a，I_c）>2。

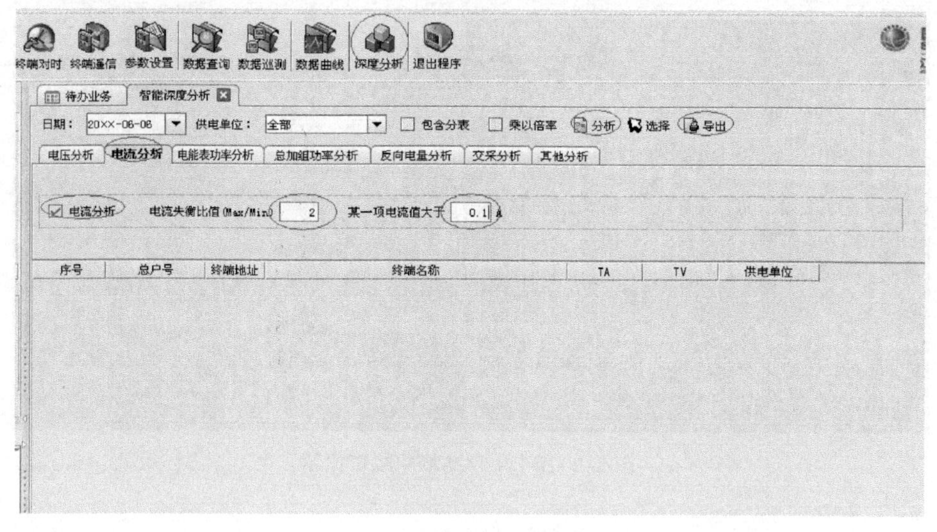

图 8–2–22　电流分析界面

（2）待分析出结果后，点击导出按钮，导出 Excel 到本地进行数据筛选分析。

在导出的 Excel 中，首先要剔除以下数据：

1）电流互感器变比和电压互感器变比都为 1 的项，不参与计费的分表。

2）三项电流同为 0 的项，排除不用电的用户。

3）电能表类型为兰吉尔电能表（ZFD405）的某相电流正常且某相失流现象，但现场电能表计量正常（终端采集表计电压、电流不准）。

4）林洋表 DSSD71、DTSD71（出厂日期为 2006 年前）采集数据存在某相电流非常大，达到几十安培（图 8–2–23），但现场电能表计量正常。

当前电压、电流 …… 隐藏 | 显示 | 隐藏全部 | 显示全部

A相限电压	104.0V
A相限电流	13.97A
B相限电压	0.0V
B相限电流	0.01A
C相限电压	103.0V
C相限电流	0.0A

图 8–2–23　主站召测林洋表电流、电压值

其中为三相三线的用户 A、C 两相电流基本相同为正常用户；三相四线的用户三相电流基本相同的为正常用户。排除上述两类正常用户，进入电力用户用电信息采集

系统，将初步判断异常的用户逐个排查。

（3）查询电流曲线的方法跟电压曲线在同一个界面，不再重复介绍。

（4）目前采集系统中电能表的电流曲线由于未参加电能表日数据采集，排查电流异常用户的时候就只能手动召测保存在终端中的电流曲线图，历史电流曲线图最多只能召测 7 天内数据，如图 8–2–24 所示。

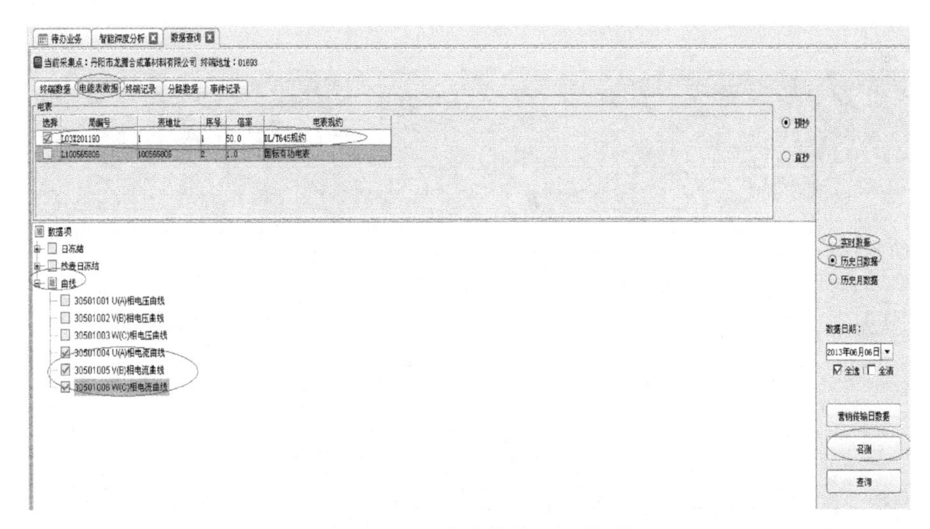

图 8–2–24　电流曲线召测界面

通过召测出的电流曲线即可直观判断现场用电的情况，如图 8–2–25 所示。

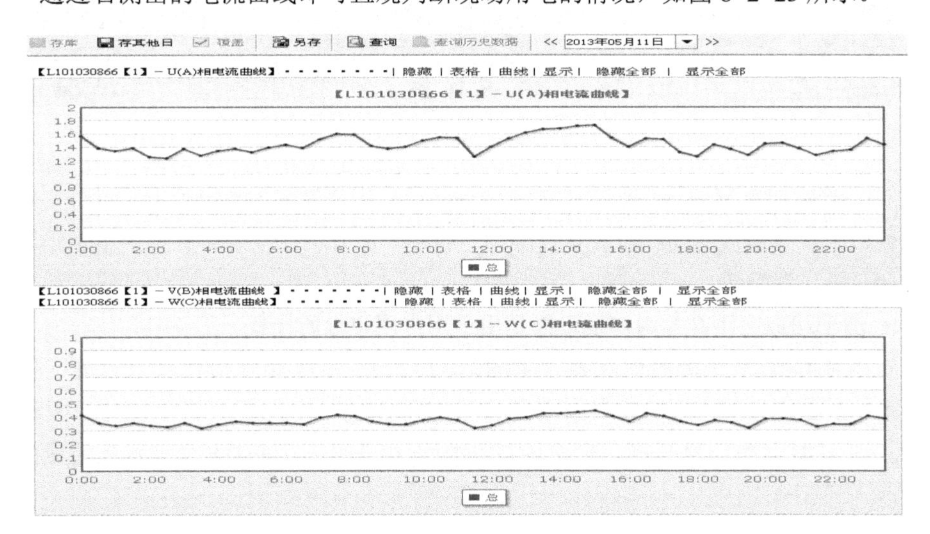

图 8–2–25　用户历史电流曲线界面

通过用电信息采集系统查看电流曲线可知，电流不平衡现象存在以下几种情况：

1） 某相电流偏低，如图 8–2–26 所示。

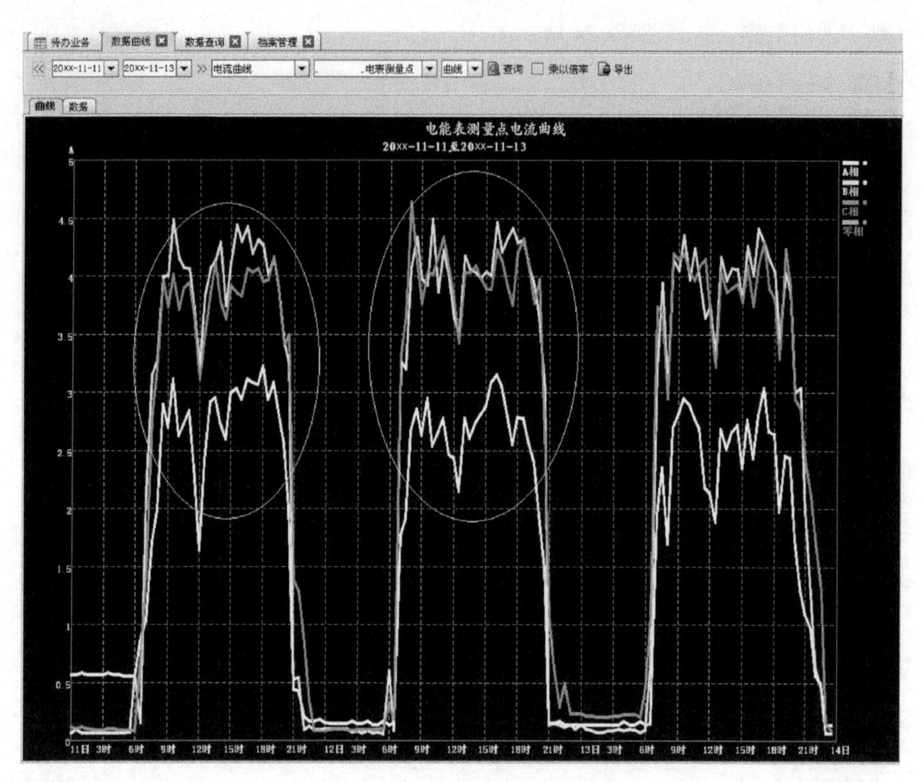

图 8–2–26 用户电流曲线

a. 波形相似度高的用户要重点关注，剔除用户用电性质导致电流不平衡外，窃电可能性较大。在前段时间的全省负控异常检查中，有几种企业确实存在用电不平衡现象，如学校、医院等。

b. 波形相似度不高的用户很可能是由于用户用电性质导致。

对这些电流不平衡的电能表（见图 8–2–27），召测其分相功率因数进行分析（见图 8–2–28），通过分相功率因素是否平衡再作进一步判断，若分相功率因素差不多，则可能存在窃电嫌疑，若分相功率因素相差很大，可能是负荷性质造成的不平衡。

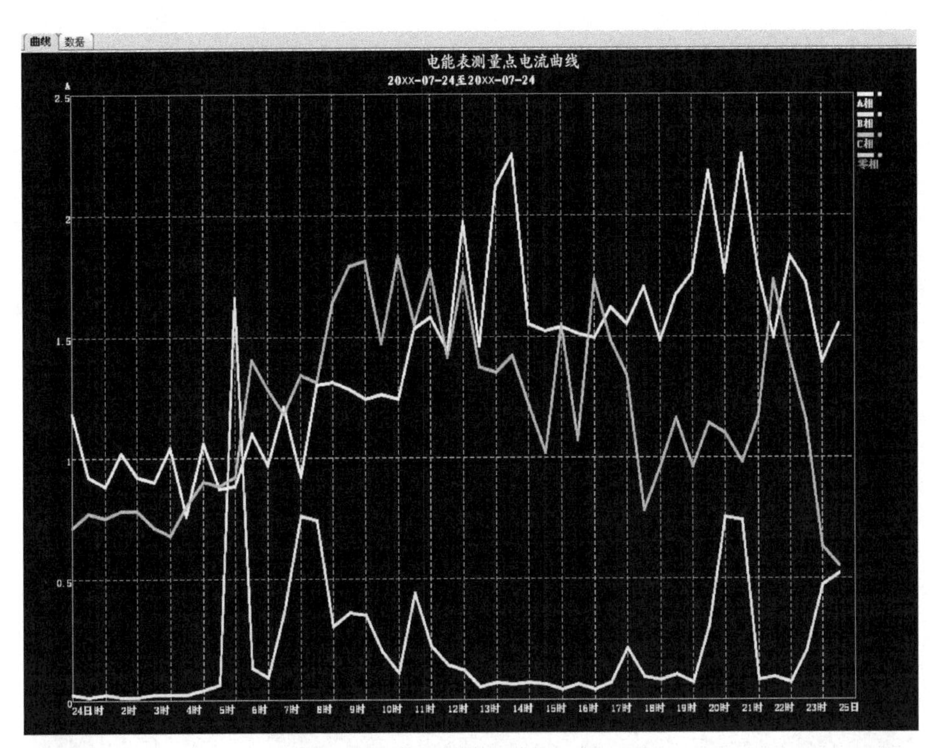

图 8-2-27　用户电流曲线

存库　存其他日　覆盖　另存　召测

【.　　【1】－实时总及三相有功、无功功率、功率因素 】| 隐藏 | 显示 | 隐藏全部 | 显示全部

总有功功率	1.5127kW
总无功功率	1.8065kVar
总功率因数	65.1%
A相限有功功率	0.3833kW
A相限无功功率	0.4376kVar
A相限功率因数	65.6%
B相限有功功率	0.6012kW
B相限无功功率	0.7036kVar
B相限功率因数	64.4%
C相限有功功率	0.5281kW
C相限无功功率	0.6652kVar
C相限功率因数	61.8%

图 8-2-28　实时总及三相有功、无功功率，功率因数信息

2）某相电流很低（0.01A）或者为 0（见图 8–2–29），即失电流。

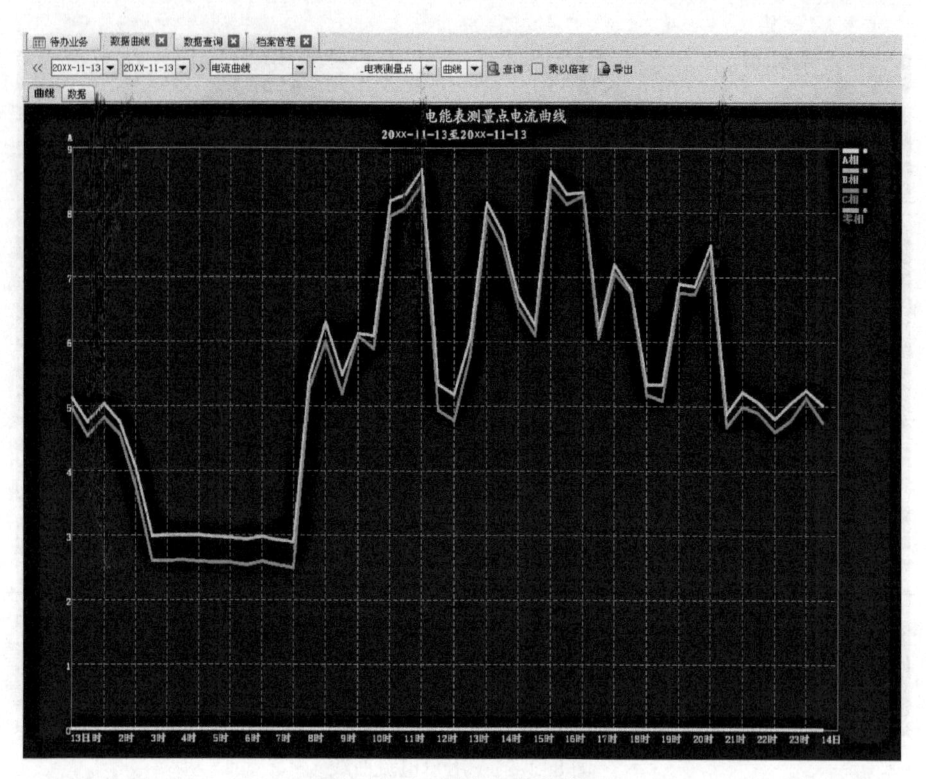

图 8–2–29　用户电流曲线图

经过现场核实，会导致失电流的几种情况：① 计量设备故障（例如表计故障、互感器故障）；② 窃电；③ 单相用电。

（三）手动巡测用户电流、电压数据进行分析

如果电压、电流数据没有召测成功，导致智能分析功能分析不全面，可以使用另一种方法：通过人工召测电能表的电压、电流数据，再对导出的 Excel 进行分析。

首先需从系统中选中所要筛选的终端，如图 8–2–30 所示。在“查找终端”选项里的终端状态中选中“运行”，然后在所属站点中选择要筛选的用户，可通过“保留已选”将几个站点的终端整合到一起。

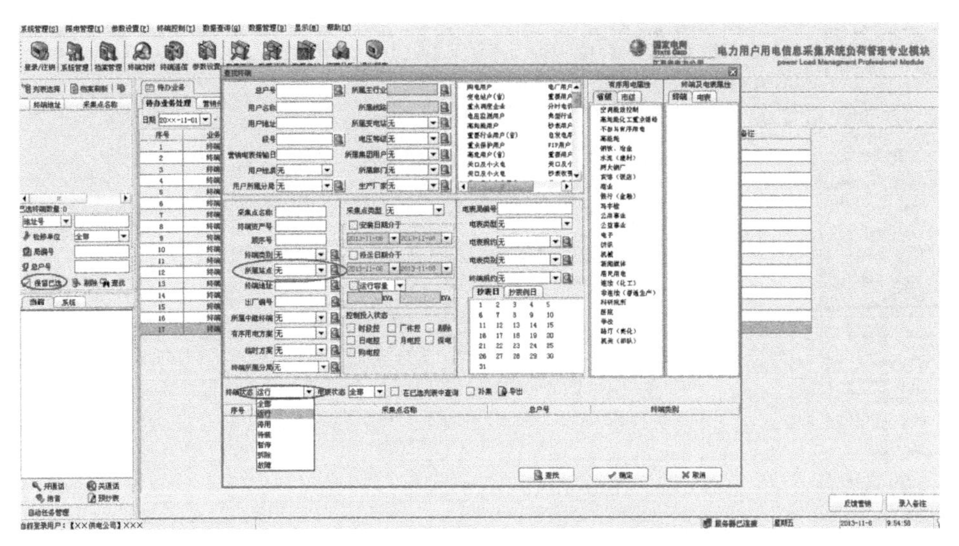

图 8–2–30 查找终端用户界面

然后在菜单栏中选择“数据查询”选项下的“自定义实时数据巡测”，如图 8–2–31 所示。

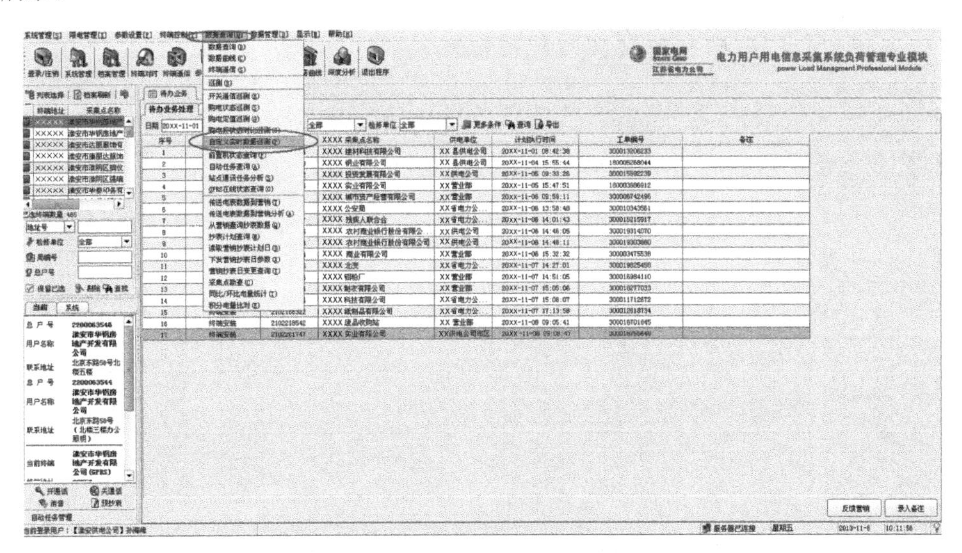

图 8–2–31 自定义实时数据巡测功能

在自定义实时数据巡测前先选择其筛选的条件，巡测范围选择默认，数据类型选择“预抄数据”中的“当前电压、电流”，如图 8–2–32 所示。

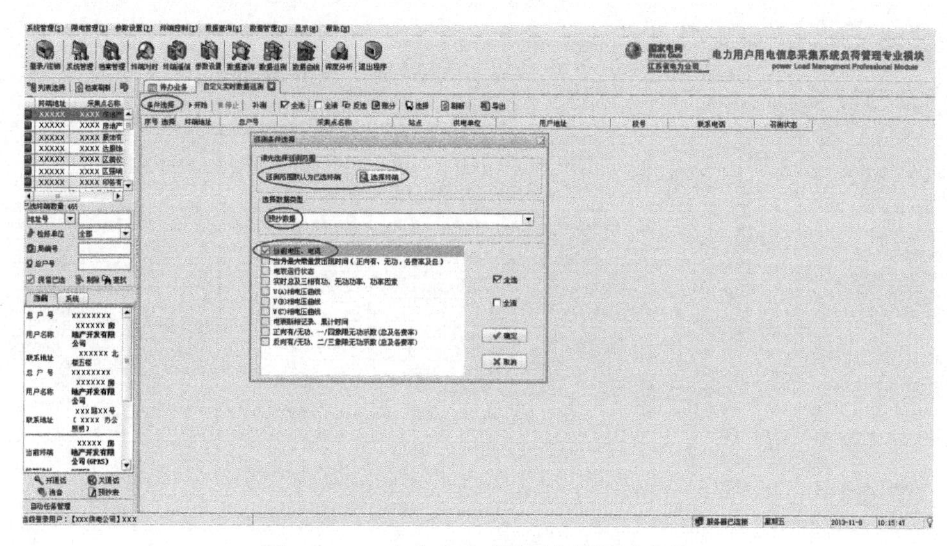

图 8–2–32 自定义实时数据巡测筛选条件

待巡测结束后，点击“反选”然后导出巡测结果，如图 8–2–33 所示。

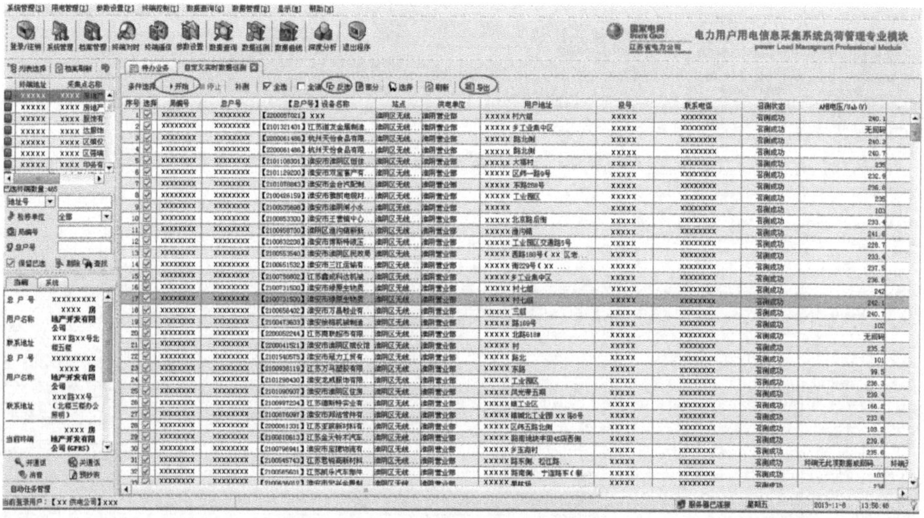

序号	选择	局编号	总户号	【总户号】设备名称	站点	供电单位	用户地址	段号	联系电话	召测状态	A相电压/Uab (V)
1	☑	XXXXXXXX	XXXXXXXX	【2200057021】XXX	淮阴区无线…	淮阴营业部	XXXXX 村六组	XXXXX	XXXXXXXX	召测成功	240.1
2	☑	XXXXXXXX	XXXXXXXX	【2101321401】江苏[illegible]金属制造…	淮阴区无线…	淮阴营业部	XXXXX 乡工业集中区	XXXXX	XXXXXXXX	召测成功	无回码
3	☑	XXXXXXXX	XXXXXXXX	【2200061486】杭州天份食品有限…	淮阴区无线…	淮阴营业部	XXXXX 路北侧	XXXXX	XXXXXXXX	召测成功	240.2
4	☑	XXXXXXXX	XXXXXXXX	【2200061486】杭州天份食品有限…	淮阴区无线…	淮阴营业部	XXXXX 路北侧	XXXXX	XXXXXXXX	召测成功	240.7
5	☑	XXXXXXXX	XXXXXXXX	【2101108301】淮安市淮阴区[illegible]…	淮阴区无线…	淮阴营业部	XXXXX 大福村	XXXXX	XXXXXXXX	召测成功	235
6	☑	XXXXXXXX	XXXXXXXX	【2101129200】淮安市双[illegible]…	淮阴区无线…	淮阴营业部	XXXXX 区纬一路9号	XXXXX	XXXXXXXX	召测成功	232.9
7	☑	XXXXXXXX	XXXXXXXX	【2101078843】淮安市金合汽配制…	淮阴区无线…	淮阴营业部	XXXXX 东路288号	XXXXX	XXXXXXXX	召测成功	236.8
8	☑	XXXXXXXX	XXXXXXXX	【2100426159】淮安市[illegible]电缆材…	淮阴区无线…	淮阴营业部	XXXXX 工业园区	XXXXX	XXXXXXXX	召测成功	235
9	☑	XXXXXXXX	XXXXXXXX	【2100537898】淮安市淮阴[illegible]小水…	淮阴区无线…	淮阴营业部	XXXXX	XXXXX	XXXXXXXX	召测成功	103
10	☑	XXXXXXXX	XXXXXXXX	【2100853300】淮安市王营镇中心…	淮阴区无线…	淮阴营业部	XXXXX 北京路后街	XXXXX	XXXXXXXX	召测成功	233.4
11	☑	XXXXXXXX	XXXXXXXX	【2100958730】淮阴区[illegible]	淮阴区无线…	淮阴营业部	XXXXX [illegible]	XXXXX	XXXXXXXX	召测成功	241.6
12	☑	XXXXXXXX	XXXXXXXX	【2100632208】淮安市博斯特[illegible]…	淮阴区无线…	淮阴营业部	XXXXX 工业园区交通路5号	XXXXX	XXXXXXXX	召测成功	228.7
13	☑	XXXXXXXX	XXXXXXXX	【2100553540】淮安市淮阴区民政局	淮阴区无线…	淮阴营业部	XXXXX 西路180号（XX 区老…	XXXXX	XXXXXXXX	召测成功	233.4
14	☑	XXXXXXXX	XXXXXXXX	【2100651532】淮安市三江[illegible]有…	淮阴区无线…	淮阴营业部	XXXXX 街229号（XX …	XXXXX	XXXXXXXX	召测成功	237.5
15	☑	XXXXXXXX	XXXXXXXX	【2100758802】江苏鑫威科技机械…	淮阴区无线…	淮阴营业部	XXXXX 乡工业集中区	XXXXX	XXXXXXXX	召测成功	236.6
16	☑	XXXXXXXX	XXXXXXXX	【2100731500】淮安市绿[illegible]生物质…	淮阴区无线…	淮阴营业部	XXXXX 村七组	XXXXX	XXXXXXXX	召测成功	242
17	☑	XXXXXXXX	XXXXXXXX	【2100731500】淮安市绿[illegible]生物质…	淮阴区无线…	淮阴营业部	XXXXX 村七组	XXXXX	XXXXXXXX	召测成功	242.1
18	☑	XXXXXXXX	XXXXXXXX	【2100658402】淮安市万昌[illegible]业有…	淮阴区无线…	淮阴营业部	XXXXX 三组	XXXXX	XXXXXXXX	召测成功	240.7
19	☑	XXXXXXXX	XXXXXXXX	【2100473633】淮安[illegible]机械制造…	淮阴区无线…	淮阴营业部	XXXXX 路169号	XXXXX	XXXXXXXX	召测成功	102
20	☑	XXXXXXXX	XXXXXXXX	【2200052244】江苏[illegible]超市有限…	淮阴区无线…	淮阴营业部	XXXXX 北路618#	XXXXX	XXXXXXXX	召测成功	无回码
21	☑	XXXXXXXX	XXXXXXXX	【2200041521】淮安市淮阴区殡仪馆	淮阴区无线…	淮阴营业部	XXXXX 村	XXXXX	XXXXXXXX	召测成功	235.2
22	☑	XXXXXXXX	XXXXXXXX	【2101540575】淮安市[illegible]力工贸有…	淮阴区无线…	淮阴营业部	XXXXX 路北	XXXXX	XXXXXXXX	召测成功	101
23	☑	XXXXXXXX	XXXXXXXX	【2100938119】江苏万马[illegible]有限…	淮阴区无线…	淮阴营业部	XXXXX 东路	XXXXX	XXXXXXXX	召测成功	99.5
24	☑	XXXXXXXX	XXXXXXXX	【2101298430】淮安龙威服饰有限…	淮阴区无线…	淮阴营业部	XXXXX 工业园区	XXXXX	XXXXXXXX	召测成功	236.3
25	☑	XXXXXXXX	XXXXXXXX	【2101090907】淮安市淮阴区住房…	淮阴区无线…	淮阴营业部	XXXXX 风光带五期	XXXXX	XXXXXXXX	召测成功	239.4
26	☑	XXXXXXXX	XXXXXXXX	【2100997234】江苏德斯特实业有…	淮阴区无线…	淮阴营业部	XXXXX 镇工业区	XXXXX	XXXXXXXX	召测成功	166.2
27	☑	XXXXXXXX	XXXXXXXX	【2100876097】淮安市[illegible]管件有…	淮阴区无线…	淮阴营业部	XXXXX 镇城北工业园 XX 路8号	XXXXX	XXXXXXXX	召测成功	233.6
28	☑	XXXXXXXX	XXXXXXXX	【2200061331】江苏[illegible]新材料有…	淮阴区无线…	淮阴营业部	XXXXX 区纬五路北侧	XXXXX	XXXXXXXX	召测成功	103.2
29	☑	XXXXXXXX	XXXXXXXX	【2100810613】江苏金天[illegible]汽车…	淮阴区无线…	淮阴营业部	XXXXX 路南地块丰田4S店西侧	XXXXX	XXXXXXXX	召测成功	239.6
30	☑	XXXXXXXX	XXXXXXXX	【2100796941】淮安市[illegible]物流有…	淮阴区无线…	淮阴营业部	XXXXX 乡玉[illegible]村	XXXXX	XXXXXXXX	召测成功	235.6
31	☑	XXXXXXXX	XXXXXXXX	【2100545743】江苏[illegible]新材料	淮阴区无线…	淮阴营业部	XXXXX 路东侧、松江路…	XXXXX	XXXXXXXX	召测成功	终端无此项数据或回码…
32	☑	XXXXXXXX	XXXXXXXX	【2100565601】江苏[illegible]汽车部件	淮阴区无线…	淮阴营业部	XXXXX 路南侧、宁连路东（…	XXXXX	XXXXXXXX	召测成功	103

图 8–2–33 导出巡测结果图

具体数据处理环节与上部分分析电流电压异常数据一致。

九、通过线损分析功能排查计量装置异常

在用户表参与率近似于 100%、户变关系正确且采集成功的条件下，通过线损分析，

能够得到一个台区由每天的线损值生成的一条线损曲线。正常情况下，曲线应该是比较平滑的，当产生突变时，可能是由以下几个原因造成：

（1）户变关系发生变化。

（2）采集器采集失败。

（3）业务变化（用户增减容）。

（4）电能表发生故障。

（5）用户窃电。

这里主要研究第四、第五两种情况。

进入用电信息采集系统线损分析界面，选择相应的供电单位，线损率区间选择“合格（0～10）”之外的任意一个区间，点击查询按钮，如图 8-2-34 所示。

图 8-2-34　线损统计查询界面

选择任意一个异常线损率（最好用户参与率 100%、损失电量较大的，如图 8-2-35 所示）。

基础考核单元　组合考核单元

查询结果

	供电单位	变电站名称	线路名称	台区编号	台区名称	考核	线损率(%)	供电量(kwh)	售电量(kwh)	损失电量(kwh)	变比偏差率	配置率
331						是	21.64	424.00	332.26	91.74	0.95	0.
413				0		是	28.83	1028.80	732.18	296.62	0.95	0.
262				0		是	17.78	370.00	304.20	65.80	0.95	0.
295				0		是	18.91	394.00	319.49	74.51	0.76	0.
227				0		是	15.32	864.00	731.67	132.33	0.95	0.
394				0		是	26.39	231.30	170.26	61.04	0.6	1.
411				0		是	28.61	436.80	311.82	124.98	0.76	0.
121				0		是	12.52	459.20	401.72	57.48	0.76	0.
170				0		是	13.78	648.00	558.69	89.31	0.95	0.
267				0		是	17.94	9.01	7.39	1.62	1.01	6.
244				0		是	16.47	3482.68	2909.13	573.55	0.95	0.
154				0		是	13.34	117.26	101.62	15.64	1.01	0.
319				0		是	20.90	92.10	72.85	19.25	0.76	0.
73				0		是	11.40	15.00	13.29	1.71	0.5	3.
240				0		是	16.03	1609.05	1351.06	257.99	1.01	0.
214				0		是	14.88	16.80	14.30	2.50	1.01	0.
49				0		是	10.86	603.00	537.54	65.46	1.01	0.
89				0		是	11.60	562.44	497.21	65.23	1.01	0.
399				0		是	26.70	10.00	7.33	2.67	0.95	1
143				0		是	13.11	127.50	110.79	16.71	0.76	0.
159				0.		是	13.52	12.86	11.12	1.74	1.01	5

本页显示426条记录中第1-426条 转到 1 全表排序 每页显示 1000条记录

图 8-2-35　基础考核单元中对象的选择

进入历史线损率统计界面（见图 8-2-36）。

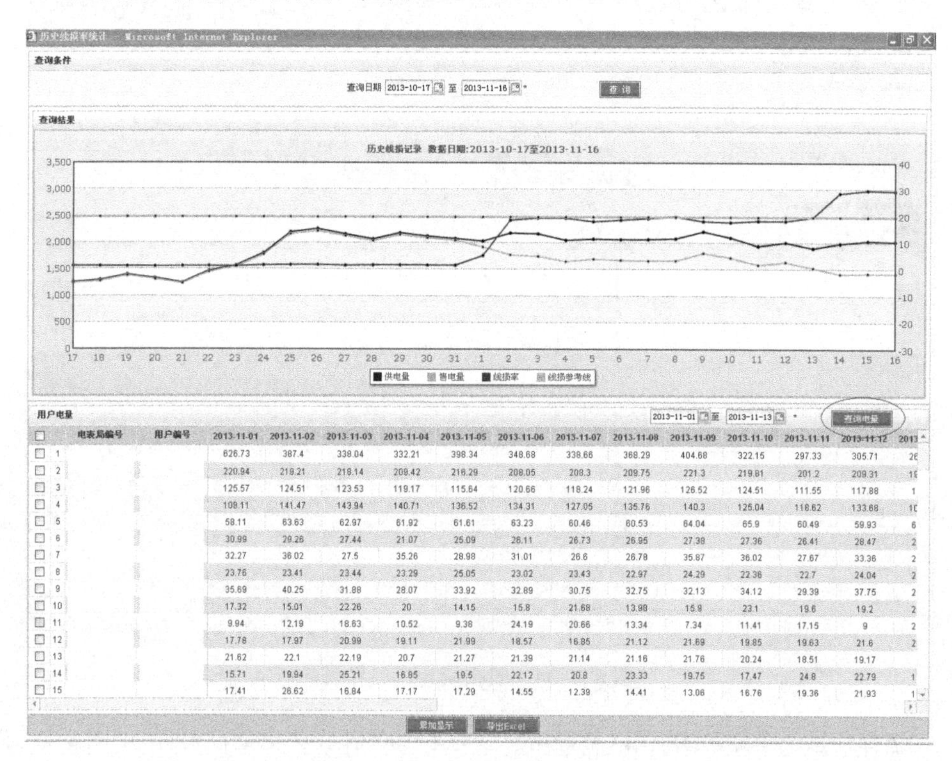

	电表局编号	用户编号	2013-11-01	2013-11-02	2013-11-03	2013-11-04	2013-11-05	2013-11-06	2013-11-07	2013-11-08	2013-11-09	2013-11-10	2013-11-11	2013-11-12	2013
1			626.73	387.4	338.04	332.21	398.34	348.68	338.66	368.29	404.68	322.15	297.33	305.71	26
2			220.94	219.21	218.14	209.42	216.29	208.05	208.3	209.75	221.3	219.81	201.2	209.31	19
3			125.57	124.51	123.53	119.17	115.64	120.66	118.24	121.96	126.52	124.51	111.55	117.88	1
4			108.11	141.47	143.94	140.71	136.52	134.31	127.05	135.76	140.3	125.04	118.62	133.68	10
5			58.11	63.63	62.97	61.92	61.61	63.23	60.46	60.53	64.04	65.9	60.49	59.93	6
6			30.99	29.26	27.44	21.07	25.09	26.11	26.73	26.95	27.38	27.36	26.41	28.47	2
7			32.27	36.02	27.5	35.26	28.98	31.01	26.6	26.78	35.87	36.02	27.67	33.36	2
8			23.76	23.41	23.44	23.29	25.05	23.02	23.43	22.97	24.29	22.36	22.7	24.04	2
9			35.69	40.25	31.88	28.07	33.92	32.89	30.75	32.75	32.13	34.12	29.39	37.75	2
10			17.32	15.01	22.26	20	14.15	15.8	21.68	13.98	15.9	23.1	19.6	19.2	2
11			9.94	12.19	18.63	10.52	9.38	24.19	20.66	13.34	7.34	11.41	17.15	9	2
12			17.78	17.97	20.99	19.11	21.99	18.57	16.85	21.12	21.69	19.85	19.63	21.6	2
13			21.62	22.1	22.19	20.7	21.27	21.39	21.14	21.16	21.76	20.24	18.51	19.17	
14			15.71	19.94	25.21	16.85	19.5	22.12	20.8	23.33	19.75	17.47	24.8	22.79	1
15			17.41	26.62	16.84	17.17	17.29	14.55	12.39	14.41	13.06	16.76	19.36	21.93	1

图 8-2-36　历史线损率统计界面

点击历史线损率统计界面的“查询电量”按钮，列出此台区下所有用户的日用电量。

下面介绍几种线损率突变曲线图，并分析线损突变原因。

（1）售电量上升，线损减少；售电量下降，线损增加（见图 8–2–37）。

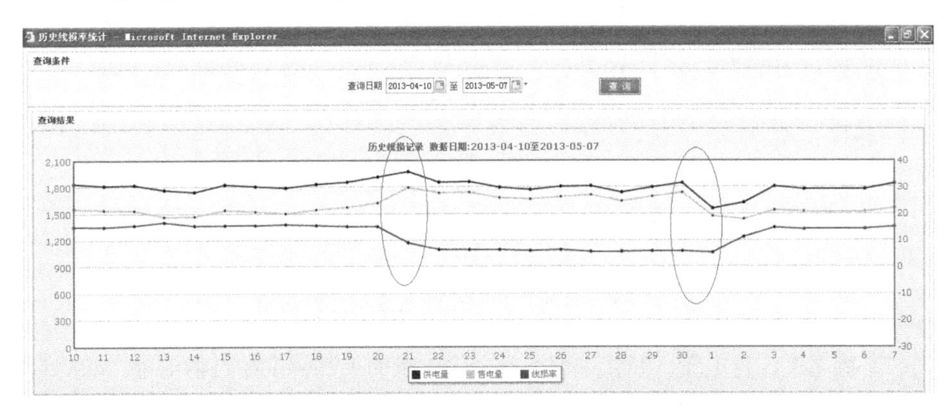

图 8–2–37　历史线损记录曲线图

该台区 4 月份线损异常波动（4 月 1～20 日 15%左右：4 月 20 日～5 月 1 日 5%左右，5 月 2 日后又恢复至 15%），高损时段日均损失电量 200～250kWh。排除户变关系不准确等原因，引起的线损异常的主要原因疑为窃电。根据线损波动图形，该疑似户分别在 4 月 20～22 日，5 月 1～3 日两个时间节点上用电量应有明显突变（见图 8–2–38），其中 4 月 20～22 日电量突增、5 月 1～3 日电量突减，根据此台区下所有用户的日用电量，查找哪个用户符合条件。经过对比发现一户符合（见图 8–2–39），经过现场检查，确认窃电行为。

2013-04-20	2013-04-21	2013-04-22	用户名称	用电地址	合同容量	电表类型	用电类别
666.45	664.08	652.22			44	5时段+远程+RS485	普通工业
281.99	284.1	284.61			28	5时段+远程+RS485	普通工业
65.68	251.08	243.55			16	电子式-普通型	普通工业
249.53	248.67	243.3			20	5时段+远程+RS485	普通工业
63.1	63.91	68.12			44	2时段+远程+RS485	普通工业
66.5	60.7	56.49			12	5时段+远程+RS485	非居民照明

2013-05-01	2013-05-02	2013-05-03	用户名称	用电地址	合同容量	电表类型	用电类别
535.04	591.68	677.84			44	5时段+远程+RS485	普通工业
186.17	203.82	266.42			28	5时段+远程+RS485	普通工业
224.4	209.58	226.57			20	5时段+远程+RS485	普通工业
51.94	63.83	66.46			44	2时段+远程+RS485	普通工业
231.17	129.83	55.93			16	电子式-普通型	普通工业
52.35	52.99	50.44			12	5时段+远程+RS485	非居民照明

图 8–2–38　历史用电量

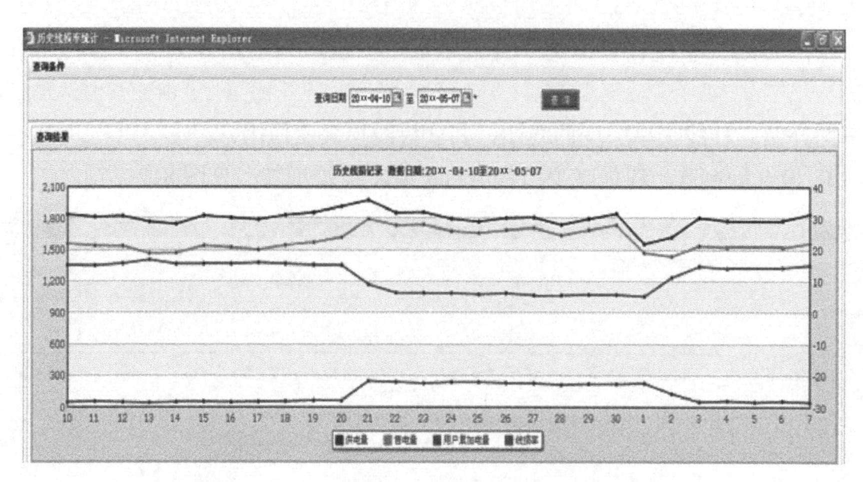

图 8-2-39 异常用户日电量与线损曲线对比

（2）供电量、售电量、线损率都上升，供电量的上涨幅度超过售电量。

对于此类曲线（见图 8-2-40），窃电的可能性较小，应首先考虑其是否发生电能表故障，且该类故障一般为永久性故障。

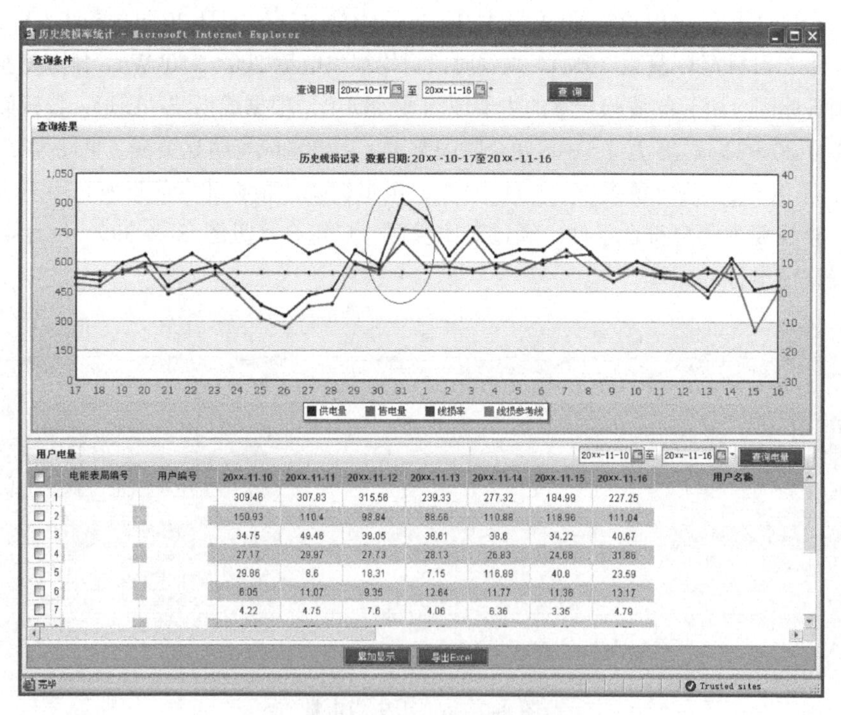

	电能表局编号	用户编号	20xx.11.10	20xx.11.11	20xx.11.12	20xx.11.13	20xx.11.14	20xx.11.15	20xx.11.16	用户名称
1			309.46	307.83	315.56	239.33	277.32	184.99	227.25	
2			150.93	110.4	98.84	88.56	110.88	118.96	111.04	
3			34.75	49.46	39.05	38.61	38.6	34.22	40.67	
4			27.17	29.97	27.73	28.13	26.83	24.68	31.86	
5			29.86	8.6	18.31	7.15	116.89	40.8	23.59	
6			6.05	11.07	9.35	12.64	11.77	11.36	13.17	
7			4.22	4.75	7.6	4.06	6.36	3.35	4.79	

图 8-2-40 历史线损记录曲线图

该台区 10 月 31 日线损异常。日损失电量约 150kWh，排除户变关系不准确等原因，引起的线损异常的主要原因疑为电能表故障。根据此台区下所有用户的日用电量，查找日用电量 50～300kWh（根据三相四线电能表缺一相少计量大约 1/3 电量，缺两相少计量约 2/3 电量）的用户。经过召测这些用户电能表的电压、电流值，发现有一户电能表 B 相电流为 0，经过现场检查，确认接线盒局部烧损导致 B 相电流短接。

（3） 负线损。出现负线损的原因可能有以下几种：

1） 总表变比设置有误。

2） 总表变比设置错误会导致线损率在合格区间外可能为正值，也可能是负值。由图 8-2-41 所示线损率曲线图可以看出线损率在 11 月 7 日之前处于异常，但是线损率曲线一直很平稳（见图 8-2-42），引起线损异常的主要原因首先怀疑总表变比是否设置错误。

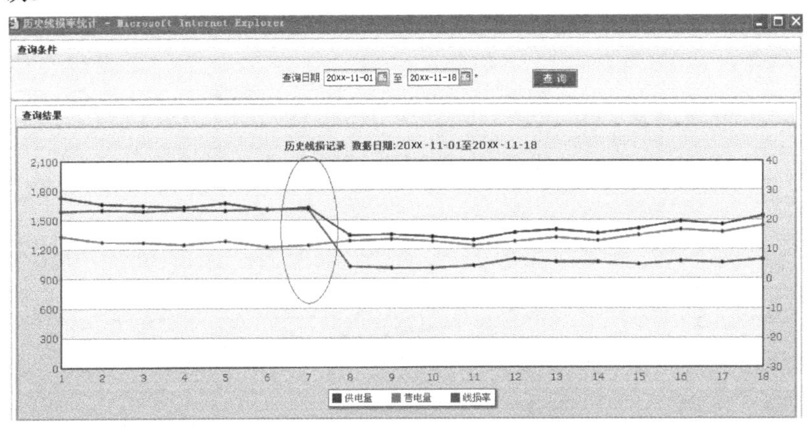

图 8-2-41 历史线损记录曲线图

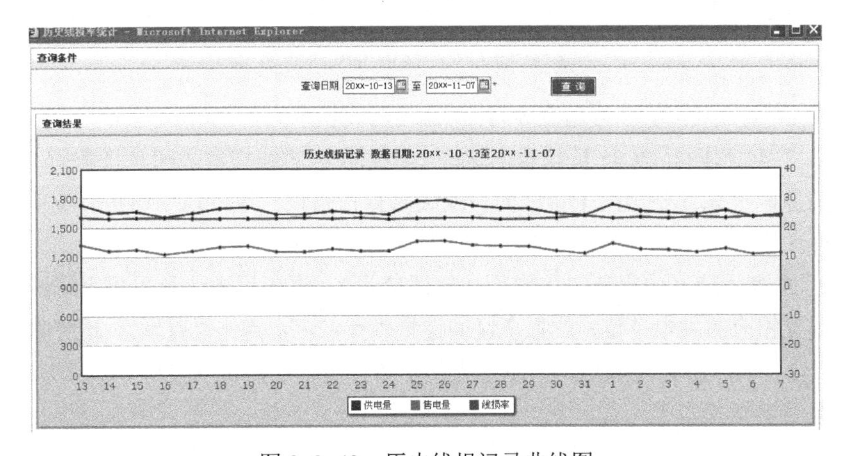

图 8-2-42 历史线损记录曲线图

在用电信息中查看总表的综合倍率为200，任选一天的供电量1633.44kWh，对应的售电量1260.76kWh，经过计算得到真实倍率应为

$$(1260.76+1260.76\times10\%)\times200/1633.44\approx160$$

经过现场核实，倍率确实应更改为160。10%是指合格线损的上限。户变关系有错误。××1号箱变、××2号箱变（××名称相同）见图8–2–43。

基础考核单元　组合考核单元

查询结果

	供电单位	变电站名称	线路名称	台区编号	台区名称	考核	线损率(%)	供电量(kwh)	售电量(kwh)	损
1		PMS	PMS_ 线		PMS 2#箱变	是	3.24	825.60	798.83	
2		PMS	PMS_ 线		PMS 1#箱变	是	1.08	441.60	436.83	

图8–2–43　基础考核单元查询结果

由图8–2–44可知，1号箱变8月15日之前线损率小于–30%。

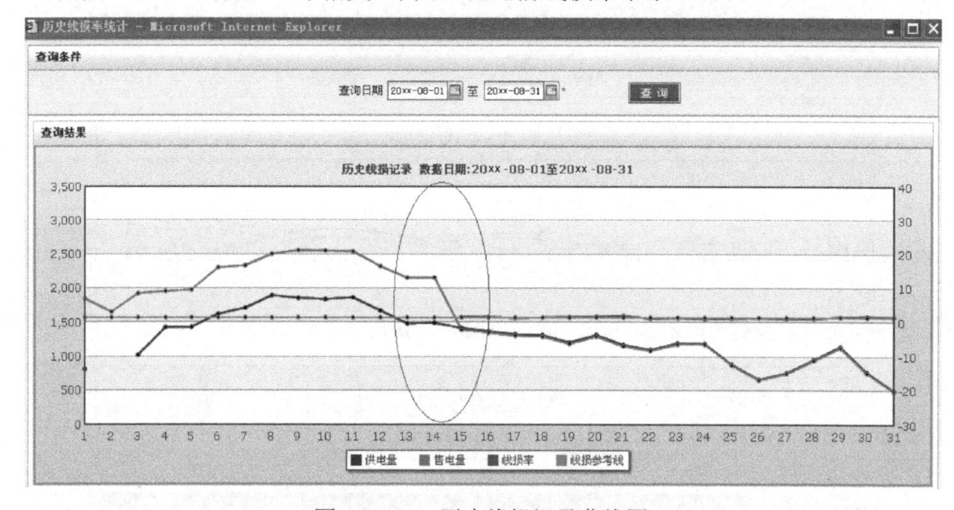

图8–2–44　历史线损记录曲线图

由图8–2–45可知，2号箱变8月15日之前线损率大于+30%。

由8–2–44和图8–2–45可以看出这两个相邻台区的线损率之和是正常的，引起线损异常的原因首先怀疑这两个台区的户变关系存在错误。经过现场核实确定了这两个台区户变关系存在错误，修改档案之后这两个台区的线损率都恢复正常。

（4）总表故障（失电流、失电压、接线错误）。进入用电信息采集系统线损分析界面，选择相应的供电单位，线损率区间选择“<–20”，点击“查询”，选择供电量为0的一个台区，点击台区编号，召测总表的示数、电压、电流（见图8–2–46）。

如果召测结果是无示数、无电流、有电压，有可能总表故障（例如总表接线盒连接片没有合上）。

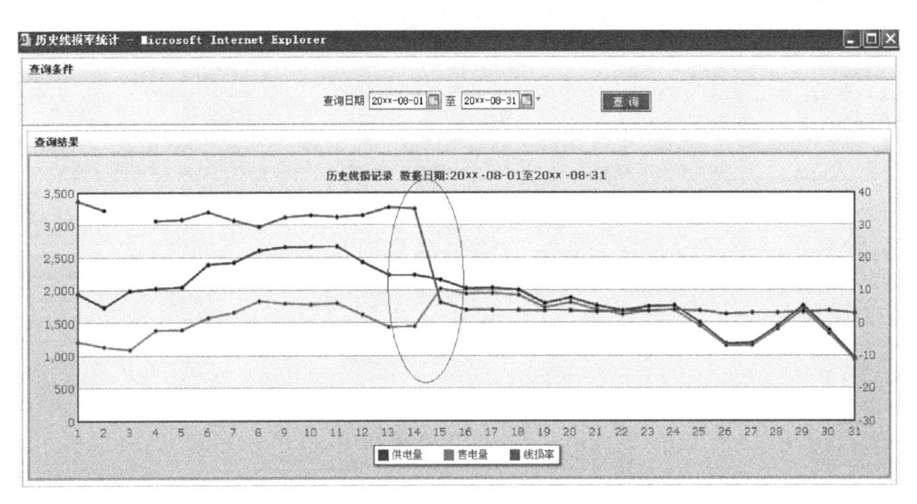

图 8–2–45　历史线损记录曲线图

图 8–2–46　实时召测用户电压、电流数据

如果召测结果是有示数，电压、电流值异常（见图 8–2–47），有可能总表故障。

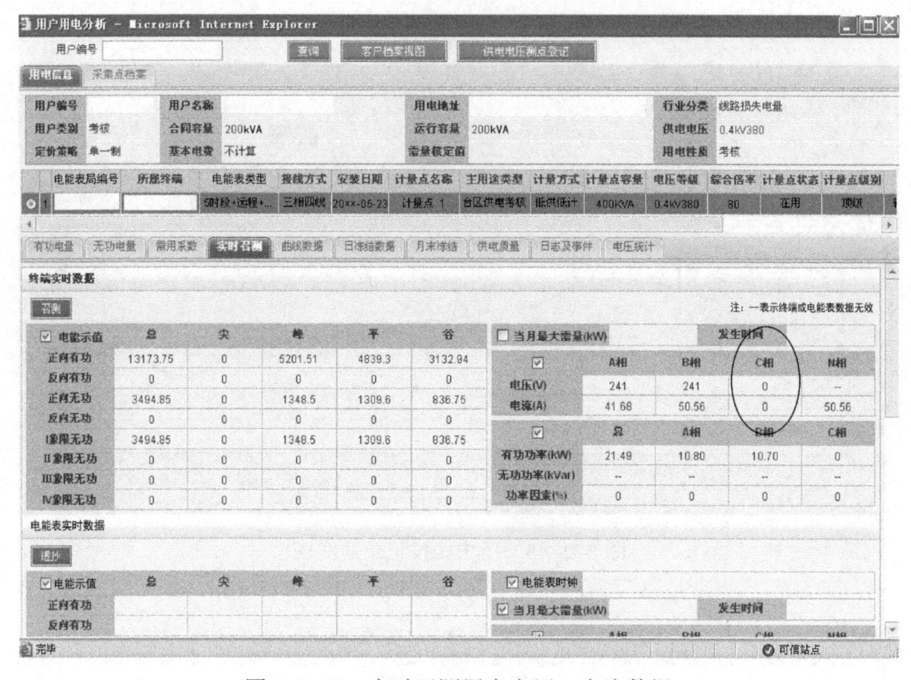

图 8-2-47 实时召测用户电压、电流数据

【思考与练习】

1. 三相四线电能表的相电压一般是多少伏？
2. 如何利用用电信息采集系统分析电压异常？
3. 如何手动巡测用户电流、电压数据进行分析？

模块 3 三相三线电能计量装置运行检查、分析、故障处理（Z29H2003Ⅱ）

【模块描述】本模块包含三相三线电能计量装置运行检查、分析、故障处理及注意事项的内容。通过对三相三线电能计量装置接线形式、铭牌参数、注意事项和常见故障的介绍。掌握三相三线电能计量装置接线形式、计量方式、错接线形式和计量装置运行管理的规定。

【模块内容】

根据 DL/T 448—2000《电能计量装置技术管理规程》规定：接入中性点绝缘系统的电能计量装置，应采用三相三线有功、无功电能表。这里中性点绝缘系统主要指变压器中性点不接地系统，一般指 35kV 及以下电压等级的计量。

一、接线形式

三相三线电能计量装置接线形式可分为直接接入式和间接接入式。如图 8-3-1 所示为三相三线电能计量装置的三种接线图。

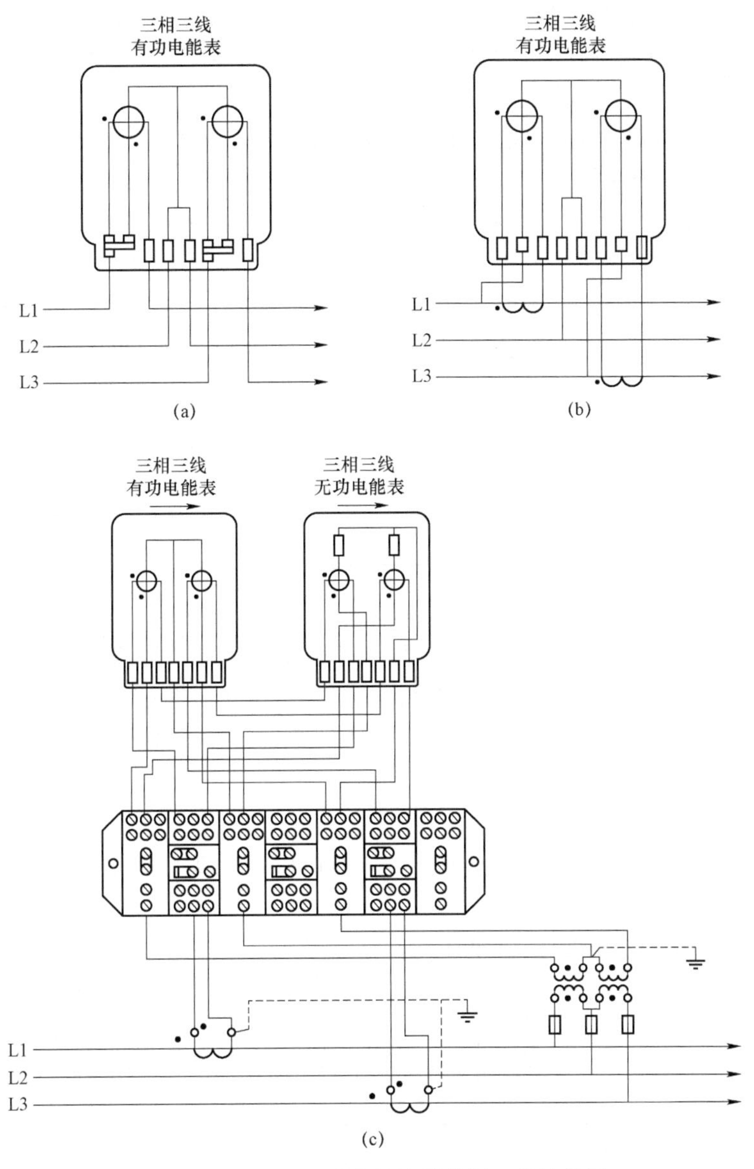

图 8-3-1　三相三线电能计量装置三种接线图

（a）直接接入式；（b）通过电流互感器接入；（c）通过电流、电压互感器接入

二、安装运行注意事项

（1）中性点非有效接地系统一般采用三相三线有功、无功电能表，但经消弧线圈等接地的计费用户且年平均中性点电流（至少每季测试一次）大于 $0.1\%I_N$（额定电流）时，也应采用三相四线有功、无功电能表。

（2）对三相三线制接线的电能计量装置，其两台电流互感器二次绕组与电能表之间宜采用四线连接。

（3）35kV 及以下贸易结算用电能计量装置中电压互感器二次回路，应不装设隔离开关辅助接点和熔断器。

（4）贸易结算用高压电能计量装置应装设电压失压计时器。未配置计量柜（箱）的，其互感器二次回路的所有接线端子、试验端子应能实施铅封。

（5）高压供电的客户，宜在高压侧计量；但对 10kV 供电且容量在 315kVA 及以下、35kV 供电且容量在 500kVA 及以下的，高压侧计量确有困难时，可在低压侧计量，即采用高供低计方式。

（6）客户一个受电点内若有不同电价类别的用电负荷时，应分别装设计费电能计量装置。

（7）客户用电计量均应配置专用的电能计量箱（柜）。计量箱（柜）前后门（板）应能加封、加锁，并能在不启封的前提下满足抄表需要。

三、错接线分析

三相三线电能计量装置的故障类型与三相四线制类似，但计量错接线分析起来比三相四线制要复杂。错接线的主要类型及接线检查方法在三相四线电能计量装置检查、分析、故障处理已叙述，这里不做赘述。下面将举例分析三相三线计量装置错接线的检查方法。

四、案例

已知三相三线电能表、感性负荷，$\cos\varphi = 0.866$，功率因数角为 30°。分析方法如下：

（1）$U_{12}=U_{23}=U_{13}=100\text{V}$，说明电压回路正常。

（2）确定 V 相：$U_{10}=100\text{V}$，$U_{20}=0\text{V}$，$U_{30}=100\text{V}$，说明 2 为 V 相。

（3）测量相序：用相序表测为正相序，说明 $U_1=U_U$，$U_2=U_V$，$U_3=U_W$。

（4）测量电流：$I_1=I_2=5\text{A}$，电流大小没问题。

（5）测相位：用相位伏安表测量。U_{UV} 超前 I_1 为 120°，U_{WV} 超前 I_2 为 120°。

（6）画相量图分析：$I_1=-I_W$，$I_2=I_U$，如图 8–3–2 所示。

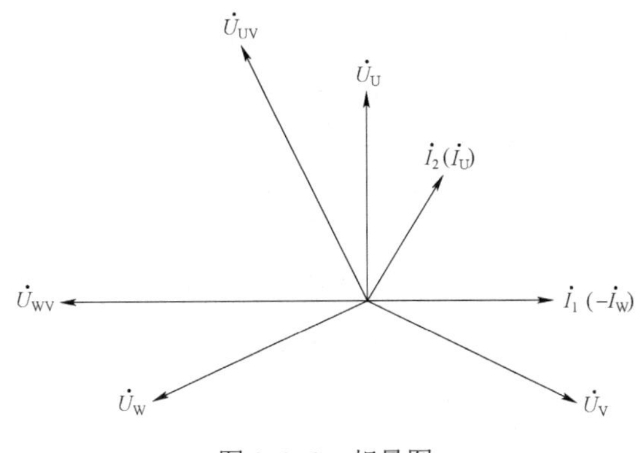

图 8–3–2 相量图

结论：第一元件为 U_{UV}、$-I_W$，第二元件为 U_{WV}、I_U。

五、常见故障及异常

三相三线电能计量装置常见故障及异常情况类型与三相四线计量装置类似，主要包括电能表本身的各类故障，电流、电压互感器的故障，二次连接导线的差错，以及各类错接线引起的故障和异常。

六、检查的重点

（1）外观检查。主要检查计量装置的铅封、铅印，计量柜（屏）的封闭性，电能表的铭牌电能计量装置参数配置，电流、电压互感器的运行是否正常，一、二次接线是否完好。注意观察表盘的转向、转速或电子式表的脉冲指示灯的闪速，初步判断计量装置的运行状态是否正常。

（2）检查计量方式的正确性与合理性。

（3）检查电流、电压互感器一次与二次接线的正确性。

（4）检查二次回路中间触点、熔断器、试验接线盒的接触情况。

（5）核对电流、电压互感器的铭牌倍率。

（6）检查电能表和互感器的检定证书。

（7）检查电能计量装置的接地系统。

（8）测量一次、二次回路绝缘电阻。采用 500V 绝缘电阻表进行测量，其绝缘电阻不应小于 5MΩ。

（9）在现场实际接线状态下检查互感器的极性（或接线组别），并测定互感器的实际二次负载以及该负载下互感器的误差。

（10）测量电压互感器二次回路的电压降。Ⅰ、Ⅱ类用于贸易结算的电能计量装置中，电压互感器二次回路电压降应不大于其额定二次电压的 0.2%；其他电能计量装置中电压互感器二次回路电压降应不大于其额定二次电压的 0.5%。

【思考与练习】

1. 三相三线电表的相电压一般有几种类型？

2. 计量装置外观检查的内容是什么？

3. 客户一个受电点内若有不同电价类别的用电负荷时，该如何安装计量装置？

模块 4 直接表回路异常时装置退补电量的计算（Z29H2004Ⅲ）

【模块描述】本模块包含电能计量装置正确接线的内容。通过对单相电能表、三相四线电能表、三相三线电能表正确接线的介绍。掌握电能计量装置正确接线的要求。

【模块内容】

直接表计量装置是未通过电流、电压互感器，电能表直接接入被测电路中，因此，在计算计量装置异常时的差错电量时，无须考虑电流、电压互感器的影响。

一、《供电营业规则》对退补电量的有关规定

电能计量装置发生差错，概括起来有两类原因，一类是非人为原因，一类是人为原因。这两种情况引起的差错电量，《供电营业规则》中都有明确的规定。

（1）电能表误差超出允许范围时，以“0”误差为基准，按验证后的误差值退补电量。退补时间按从上次校验或换装后投入之日起至误差更正之日止的 1/2 时间计算。

（2）其他非人为原因致使计量记录不准时，以用户正常月份的用电量为基准，退补电量，退补时间按抄表记录确定。

（3）计费计量装置接线错误的，以其实际记录的电量为基数，按正确与错误接线的差额率退补电量，退补时间从上次校验或换装投入之日起至接线错误更正之日止。

二、计算方法与案例

1. 电能表超差时差错电量的计算

在进行退补电量计算时一定要分清楚到底是哪一类差错，若是电能计量装置超差出现的差错电量，应该按照《供电营业规则》第八十条进行处理。

【例 8-4-1】一客户电能表，经计量检定部门现场校验，发现慢了 10%（非人为因素所致），已知该电能表自换装之日起至发现之日止，表计电量为 900 000kWh。问应补多少电量？

解：假设该用户正确计量电能为 W，则有

$$(1-10\%)W=900\ 000$$

$$W=900\ 000/(1-10\%)=1\ 000\ 000\text{（kWh）}$$

根据《供电营业规则》第八十条规定：电能表超差或非人为因素致计量不准，按投入之日起至误差更正之日止的二分之一时间计算退补电量，则应补电量

$$\Delta W=\frac{1}{2}\times(1\ 000\ 000-900\ 000)=50\ 000\text{（kWh）}$$

2. 发生接线错误时差错电量的计算

计量装置发生接线错误时的差错电量计算，应按照《供电营业规则》第八十一条进行处理。常见的计算方法是更正系数法。

更正系数法计算方法如下：若计量装置在错误接线期间，计量电量为 W_x，同时期内电能表正确接线所记录的电量为 W_0，则更正系数为

$$G_x=\frac{W_0}{W_x} \tag{8-4-1}$$

另外，在计量装置错接线期间的有功功率的表达式为 P_x，正确接线时的有功功率的表达式为 P_0，则更正系数又可表示为

$$G_x=\frac{P_0}{P_x} \tag{8-4-2}$$

所以

$$W_0=G_xW_x \tag{8-4-3}$$

如果电能表在错接线期间的相对误差为 γ（%），则实际所消耗的电量应按下式计算

$$W_0=\frac{W_xG_x}{1+\dfrac{\gamma}{100}}=W_xG_x\left(1-\frac{\gamma}{100}\right)\Delta W=W_0-W_x=\left[G_x\left(1-\frac{\gamma}{100}\right)-1\right]W_x \tag{8-4-4}$$

若 ΔW 为正值，表明少计算了电量，用户应补缴电费。若 ΔW 为负值，表明多计了电量，应退还用户电费。

【例 8-4-2】有一只三相三线电能表，在 U 相电压回路断线的情况下运行了 4 个月，电能累计为 50 000kWh，功率因数为 0.866，求追退电量 ΔW。

解： $\cos\varphi=0.866$，$\varphi=30^\circ$

U 相断线时，电能表计量的功率表达式

$$P_x=U_{WV}I_W\cos(30^\circ-\varphi)=UI$$

更正系数

$$G_x = \frac{P_0}{P_x} = \frac{\sqrt{3}UI\cos\varphi}{UI} = \sqrt{3}\cos\varphi = \frac{3}{2}$$

实际电量

$$W_0 = G_x W_x = \frac{3}{2} \times 50\ 000 = 75\ 000 \text{（kWh）}$$

应补电量

$$\Delta W = 75\ 000 - 50\ 000 = 25\ 000 \text{（kWh）}$$

【例 8-4-3】某低压电力客户，采用低压三相四线制计量，在定期检查中发现 U 相电压断线，该期间抄见电量为 10 万 kWh，试求应向该客户追补多少电量？

解：三相电能表的正确接线计量功率为

$$P_0 = 3U_\varphi I_\varphi \cos\varphi$$

三相电能表的错误接线计量功率为

$$P_x = 2U_\varphi I_\varphi \cos\varphi$$

更正系数

$$G_x = \frac{P_0}{P_x} = \frac{3U_\varphi I_\varphi \cos\varphi}{2U_\varphi I_\varphi \cos\varphi} = \frac{3}{2}$$

实际电量

$$W_0 = G_x W_x = \frac{3}{2} \times 10 = 15 \text{（万kWh）}$$

应补电量

$$\Delta W = 15 - 10 = 5 \text{（万kWh）}$$

三、注意事项

无论是计量装置超差还是接线错误，客户应按照电能表的记录或正常月份的电量先行交纳电费，等正确结果出来后，再进行退补。

【思考与练习】

1. 某用户 TV 变比为 10/0.1，TA 变比为 200/5，电能表常数为 2500imp/kWh，现场实测电压为 10kV、电流为 170A、功率因数为 0.9。有功电能表在以上负荷时 5imp 用 7s，则该表计量误差为（　　）%。

2. 退补时间按什么方法计算？

3. 计量装置接线错误的电量计算以什么为基数？

模块 5 间接表回路异常时装置退补电量的计算（Z29H2005Ⅲ）

【模块描述】本模块包含间接表回路异常时装置退补电量的计算的内容。通过对《供电营业规则》有关规定、计算方法与案例的介绍。掌握电能计量装置故障时退补电量计算有关规定及退补电量的计算方法。

【模块内容】

间接表计量装置是指在高电压、大电流电路中，电能表通过电流、电压互感器接入被测电路中，因此，在计算计量装置异常的差错电量时，不但要考虑电能表的误差，还应考虑电流、电压互感器的影响。

一、《供电营业规则》的有关规定

《供电营业规则》中将计量装置的异常造成的误差分为非人为原因和人为的原因两大类。

第八十条　由于计费计量的互感器、电能表的误差及其连接线电压降超出允许范围或其他非人为原因致使计量记录不准时，供电企业应按下列规定退补相应电量的电费：

（1）互感器或电能表误差超出允许范围时，以“0”误差为基准，按验证后的误差值退补电量。退补时间从上次校验或换装后投入之日起至误差更正之日止的 1/2 时间计算。

（2）连接线的电压降超出允许范围时，以允许电压降为基准，按验证后实际值与允许值之差补收电量。补收时间从连接线投入或负荷增加之日起至电压降更正之日止。

（3）其他非人为原因致使计量记录不准时，以用户正常月份的用电量为基准，退补电量，退补时间按抄表记录确定。

第八十一条　用电计量装置接线错误、保险熔断、倍率不符等原因，使电能计量或计算出现差错时，供电企业应按下列规定退补相应电量的电费：

（1）计费计量装置接线错误的，以其实际记录的电量为基数，按正确与错误接线的差额率退补电量，退补时间从上次校验或换装投入之日起至接线错误更正之日止。

（2）电压互感器熔断器熔丝熔断的，按规定计算方法计算值补收相应电量的电费；无法计算的，以用户正常月份用电量为基准，按正常月与故障月的差额补收相应电量的电费，补收时间按抄表记录或按失压自动记录仪记录确定。

（3）计算电量的倍率或铭牌倍率与实际不符的，以实际倍率为基准，按正确与错误倍率的差值退补电量，退补时间以抄表记录为准确定。

二、计算方法与案例

若计量装置的异常为非人为原因造成的，则应按照《供电营业规则》第八十条处理。若是人为的原因造成的，则应按照《供电营业规则》第八十一条处理。

计量装置差错错接造成的差错电量的计算方法一般可以用更正系数法来计算。

案例 1：某三相高压电力用户，三相负荷平衡，在对其计量装置更换时，误将 C 相电流接入表计 A 相，负 A 相电流接入表计 C 相。已知故障期间平均功率因数为 0.88，故障期间表码走了 50 个字。若该户计量 TV 变比为 10/0.1，TA 变比为 100/5，试求故障期间应追补的电量ΔW。

解：先求更正系数

$$K=(\sqrt{3}\,UI\times0.88)/(UI\cos(90°-\varphi)+IU\cos(90°-\varphi))-1$$
$$=[\sqrt{3}\,UI\times0.88/(UI\cos(90°-28.25°)+UI\cos(90°-28.35°)]-1$$
$$=1.604\,8-1=0.604\,8$$

故应追补电量：ΔW=50×(10/0.1)×(100/5)×0.604 8=60 480（kWh）

答：ΔW 为 60 480kWh。

案例 2：某低压三相用户，安装的是三相四线有功电能表，三相电流互感器（TA）铭牌上变比均为 300/5，由于安装前对表计进行了校试，而互感器未校试，运行一个月后对电流互感器进行检定发现：V 相 TA 比差为–40%，角差合格，W 相 TA 比差为+10%，角差合格，U 相 TA 合格，已知运行中的平均功率因数为 0.85，故障期间抄录电量为 500kWh，试求应退补的电量。

解：先求更正系数

$$G_x=\frac{3UI\cos\varphi}{UI\cos\varphi+(1-0.4)UI\cos\varphi+(1+0.1)UI\cos\varphi}=1.11$$

差错电量

$$\Delta W=(G_x-1)W_x=(1.11-1)\times500\times300/5=3300\text{（kWh）}$$

答：退补电量 3300kWh。

三、注意事项

无论是计量装置超差还是接线错误，客户都应按照电能表的记录或正常月份的电量先行交纳电费，等正确结果出来后，再进行退补。

【思考与练习】

1. 某 110KV 供电的用户计量装置安装在 110kV 进线侧，所装电流互感器可通过改变一次接线方式改变变比，在计量装置安装中要求一次串接，其计量绕组变比为 300/5，由于安装人员粗心误将 C 相电流互感器一次接成并联方式，投运 5 天后发现，

5 天中有功电能表所计码为 10.67kWh（起始码为 0kWh），则应退补的电量为（　　）kWh。（表计的接线方式为三相三线制，故障期间的平均功率因数为 0.866）

2. 某三相高压电力用户，三相负荷平衡，在对其计量装置更换时，误将 C 相电流接入表计 A 相，负 A 相电流接入表计 C 相。已知故障期间平均功率因数为 0.88，故障期间表码走了 33 个字。计量 TV 变比为 10/0.1，TA 变比为 100/5，则故障期间应追补的电量为（　　）kWh。

计量装置差错错接造成的差错电量一般采用什么方法来计算？

第九章

电能抄录、核对

模块1　现场抄表（Z29H3001 Ⅰ）

【模块描述】本模块包含现场抄表的具体要求、抄表信息核对、计量装置的运行状态检查、手持机抄表、手工抄表等内容。通过概念描述、术语说明、要点归纳、示例介绍，掌握现场抄表工作内容和方法，同时能在抄表过程中进行电能计量装置的运行状态检查。

【模块内容】

一、现场抄表的具体要求

（1）抄表工作人员应严格遵守国家法律法规和本电网企业的规章制度，切实履行本岗位工作职责。同时注意营销环境和客户用电情况的变化，不断正确地调整自己的工作方法。

（2）抄表人员应统一着装，佩戴工作牌，做到态度和蔼、言行得体，树立电网企业工作人员良好形象。

（3）抄表员应掌握手持机的正确使用方法，了解个人抄表例日、工作量及地区收费例日与抄表例日的关系。

（4）抄表前应做好准备工作，备齐必要的抄表工具和用品，如完好的手持机或抄表清单、抄表通知单、催费通知单等。

（5）抄表必须按例日实抄，不得估抄、漏抄。确因特殊情况不能按期抄表的，应按抄表制度的规定采取补抄措施。

（6）遵守电力企业的安全工作规程，熟悉电力企业各项反习惯性违章操作的规定，登高抄表作业落实好相关的安全措施。对高压客户现场抄表，进入现场应分清电压等级，保证足够的安全距离。

（7）严格遵守财经纪律及客户的保密、保卫制度和出入制度。

（8）严格遵守供电服务规范，尊重客户的风俗习惯，提高服务质量。

（9）做好电力法律、法规及国家有关制度规定的宣传解释工作。

二、抄表信息核对

（1）抄表时要认真核对相关数据。对新装或有用电变更的客户，要对其用电容量、最大需量、电能表参数、互感器参数等进行认真核对确认，并有备查记录。抄表时发现异常情况要按规定的程序及时提出异常报告并按职责及时处理。

1）核对现场电能表编号、表位数、厂家、户名、地址、户号是否与客户档案一致。

2）核对现场电压互感器、电流互感器倍率等相关数据是否与客户档案一致。

3）核对变压器的台数、容量，核对最大需量，核对高压电动机的台数、容量。

4）核对现场用电类别、电价标准、用电结构比例分摊是否与客户档案相符，有无高电价用电接在低电价线路上，用电性质有无变化。

（2）抄表注意事项。

1）应注意客户是否擅自将变压器上的铭牌容量进行涂改，是否将变压器上的铭牌去掉或使字迹不清无法辨认。

2）对有多台变压器的大客户，应注意客户变压器运行的启用（停用）情况，与实际结算电费的容量是否相符。

3）对有多路电源供电或有备用电源的客户，不论是否启用，每月都应按时抄表，以免遗漏。同时应注意客户有无私自启用冷备用电源的情况。

三、计量装置的运行状态检查

抄表前应对电能计量装置进行初步检查，看表计有无烧毁和损坏现象、分时表时钟显示情况、封印状态、互感器的二次接线是否正确等。如发现异常需记录下来待抄表结束后，填写工作单报告有关部门。必要时应立即电话汇报，并保护现场。具体检查项目包括以下内容：

1. 电能计量装置故障现象检查

应注意观察以下内容：感应式电能表有无停走或时走时停，电能表内部是否磨盘、卡盘；计度器卡字、字盘数字有无脱落、表内是否发黄或烧坏、表位漏水或表内有无空蚀（汽蚀）、潜动、漏电；电子式电能表脉冲发送、时钟是否正常，各种指示光标能否显示，分时表的时间、时段、自检信息是否正确；注意电子式电能表液晶故障是否有报警提示，如失压、失流、逆相序、超负荷、电池电量不足、过压等。

常见的电能表故障现象的检查如下：

（1）卡字：客户正常使用电能，但电能表的计数器停止不再翻转。如果发现电能表计数器中有一个或几个数字（不包括最后一位）始终显示一半，一般也会造成卡字。

（2）跳字：客户正常使用电能，但计数器的示数不正常地向上或向下翻转，造成客户电量的突增、突减。

（3）烧表：电能表容量选用不当、过负荷、雷击或其他原因导致电能表烧坏。现场可以通过观察电能表外观有无异常现象来判别表是否烧坏：透过玻璃窗观察内部有无白、黄色斑痕，线圈绝缘是否被烧损，若发现电能表接线处烧焦、塑料表盖变形、铝盘和计数器运转异常，应先检查电源是否超压，再检查熔丝是否熔断，若熔丝没有熔断，则说明熔丝容量大于电能表的额定电流值。

（4）潜动：又称“无载自动”，也称空走，是指电能表有正常电压且负载电流等于零时，感应式电能表的转盘仍然缓慢转动、电子式电能表脉冲指示灯还在缓慢闪烁的现象。现场可以通过以下操作判断电能表是否潜动：在电能表通电的情况下，拉开负荷开关，观察电能表转盘是否连续转动，如转盘超过一转仍在转动，则可以判断该电能表潜动。

（5）表停：客户正在使用电能，电子表没有脉冲或机械表转盘不转。失电压、失电流、接线错以及其他表计故障均可能导致电能表不计量。电子式多功能电能表失电压、失电流时，应有失电压、失电流相别的报警或提示。发现电能表不计量，通常先检查电能表进出线端子有无开路或接触不良，对经电压互感器接入的电能表，应检查电压互感器的熔丝是否熔断，二次回路接线有无松脱或断线，特别要注意皮连芯断的现象，检查电能表接线螺钉有无氧化、松动、发热、变色现象。

（6）接线错：检查互感器、电能表接线是否正确，如电流互感器一次导线穿芯方向是否反穿、二次侧的 K1、K2 与电能表的进出线是否接反，三相四线电能表每相的电压线和电流线是否是相同相别。

对于单相机械式电能表，尤其注意接地线与相线的接线是否颠倒。电能表的相线、中性线应采用不同颜色的导线并对号入孔，不得对调。因为这种接线方式在正常情况下也能正确计量电能，但在某些特殊情况下会造成漏计电能和增加不安全因素。如客户将自家的家用电器接到相线和大地相接触的设备（如暖气管、自来水管）之间，则负荷电流可以不流过或很少流过电能表的电流线路造成漏计电量，同时也给客户的用电安全带来了严重威胁。

注意分时、分相止码之和应该与总表码对应，当出现分时、分相止码之和与总表码不一致时，很可能是由于电能表接线错误造成的；注意逆相序提示，因为三相三线电能表或三相四线电能表逆相序安装接线都会造成计量错误；注意电流反向提示，电流反向有可能存在接线错误。

（7）倒走：感应式电能表圆盘反转。单相电能表接线接反、未止逆的无功表在客户向系统反送无功时、三相电能表存在接线错误、单相 380V 电焊机用电、电动机作为制动设备使用等都可能造成感应式电能表反转。

（8）表损坏：表计受外力损坏，包括外壳的损坏。

（9）电子表误发脉冲：客户没有用电或用电量很小时，电子表仍在不停地发脉冲计数。

（10）液晶无显示：电子表的液晶显示屏不能正常显示。

（11）其他：注意电池电量不足提示，电池电量不足时，显示屏“电池图标”会闪烁。如果电子表没有电池，会造成复费率表时钟漂移，分时计量不准；注意通信提示，当表计通信正常时，“电话图标”会在显示屏显示，安装了负控装置的计量装置通过通信端口，可以实现远程防窃电监控和停送电控制。

2. 违约用电、窃电现象检查

（1）检查封印、锁具等是否正常、完好。应认真检查核对表箱锁、计量装置的封印是否完好，电压互感器熔丝是否熔断，封印和封印线是否正常，有无封印痕迹不清或松动、封印号与原存档工作单登记不符、启动封印、无铅封的现象，防伪装置有无人为动过的痕迹。

（2）检查有无私拉乱接现象。

（3）检查有无拨码现象，注意核对上月电量与本月电量的变化情况。

（4）检查有无卡盘现象。

（5）查看接线和端钮，是否有失电压和分流现象，重点是检查电压联片，有无摘电压钩现象。

（6）检查是否有绕越电能表和外接电源，用钳形电流表分别测电源侧电流以及负荷侧电流进行比较，也可以开灯试表、拉闸试表。

（7）检查有无相线、中性线反接，表后重复接地。用钳形电流表分别测相线电流、中性线电流以及两电流的相量和（把相线和中性线同时放入钳形电流表内），正常现象是相线电流与中性线电流值相等，相线、中性线同时放入钳形电流表内应显示电流值为零；反之，如果中性线电流大，相线电流很小，相线、中性线同时放入钳形电流表内电流值显示不为零且数值较大，则可确定异常。

3. 异常情况记录

把发现的异常情况或事项应记录在手持机或异常清单上。

四、手持机抄表

抄表人员在计划抄表日持手持机到客户现场抄表，将电能表示数录入到手持机，并记录现场发现的抄表异常情况。

注意事项：抄表前应检查确认手持机电源情况，避免电力不足丢失数据的情况。

（1）首先进行抄表信息核对，核对无误后再开始抄表。

（2）然后进行计量装置的运行状态检查。发现电能表故障，应先按表计示数抄记，并在抄表器的指令栏内注明。

（3） 开机进入抄表程序，根据手持机的提示，按照抄表顺序或通过查询表号或客户快捷码找到待抄的客户，并将抄见示数逐项录入到手持机内。

1） 抄录电能表示数，照明表抄录到整数位，电力客户表应抄录到的小数位按照单位规定执行。靠前位数是零时，以“0”填充，不得空缺。

2） 出现抄录错误时，应使用删除键删除错误，再录入正确数据。

3） 对按最大需量计收基本电费的客户，抄录最大需量时，应按冻结数据抄录，必须抄录总需量及各时段的最大需量，需量指示录入，应为整数及后 4 位小数。抄录机械式最大需量表后，应按双方约定的方式确认，将需量回零并重新加封，并以免事后发生争执。

抄录需量示数时除应按正常规定抄表外，还必须核对上月的需量冻结值，若发生冻结值大于上月结算数据时，必须记录上月最大需量，回单位后，填写补收基本电费申请单。

4） 抄录复费率电能表时，除应抄总电量外，还应同步抄录峰、谷、平的电量，并核对峰、谷、平的电量和与总电量是否相符。同时检查峰、谷、平时段及时钟是否正确。注意分时、分相止码之和应该与总表码相符。当出现分时、分相止码之和大于总表码时，很可能是由于表计接线错误造成的。如有问题，应填写工作单交有关人员处理。

5） 对实行功率因数考核客户的无功电量按照四个象限进行抄录，或按照单位的规定抄录（如组合无功）。无功表电量必须和相应的有功表电量同步抄表，否则不能准确核算其功率因数和正确执行功率因数调整电费的增收或减收。

6） 有显示反向电能时，必须抄录反向有功、无功示数。

7） 如电能表有失压的报警或提示，则必须抄录失压记录。

8） 对具备有自动冻结电量功能的电能表，还应抄录冻结电量数据。

9） 注意总表与分表的电量关系是否正常。

（4） 抄表时如对录入的数据有疑问，应及时进行核对并更正。

（5） 抄表过程中，遇到表计安装在客户室内，客户锁门无法抄表时，抄表员应设法与客户取得联系入户抄表，或在抄表周期内另行安排时间补抄。对确实无法抄见的一般居民客户，可参照正常用电情况估算用电量，但必须在手持机上按下抄表“估抄”键予以注明。允许连续估抄的次数按规定执行。如是经常锁门客户，应向公司建议将客户表计移到室外。

（6） 使用手持机的红外抄表功能抄表：通过查询表号或客户号定位后，选择红外抄表功能，近距离对准被抄电能表扫描，即能抄录所有抄表数据。

（7） 对具备红外线录入数据功能的手持机抄表，除发生数据读取异常外，不应采用手工方式录入数据，同时应在现场完成电能表计量器显示数据与红外抄见数据的核对和电能表对时工作。

（8）现场抄表结束时，应使用手持机查询功能认真查询是否有漏抄客户，如有漏抄应及时进行补抄。

五、手工抄表

抄表人员按抄表周期在抄表例日持抄表清单到客户现场准确抄表。经核对抄表信息以及检查计量装置运行状态之后，记录抄见示数，并记录现场发现的抄表异常情况。

（1）按电能表有效位数全部抄录电能示数，靠前位数是零时，以“0”填充，不得空缺，且必须上下位数对齐。

（2）出现抄录错误时，应用删除线划掉，在删除数据上方再填写正确数据。

（3）抄表清单应保持整洁，完整，必须用蓝黑色墨水或碳素笔填写，增减数字时使用红色墨水，禁止使用铅笔或圆珠笔。

其他手工抄表的工作要求与手持机相同。

六、IC 卡抄表

抄表人员按抄表周期在抄表例日持抄表 IC 卡到客户电能表现场，经核对抄表信息以及检查计量装置运行状态之后，将 IC 卡插入预付费电能表，待表中数据读取到卡中后，抽出抄表卡，抄表结束。

七、现场抄表注意事项

（1）抄表时要特别注意将整数位与小数位分清。字轮式计度器的窗口，整数位和小数位用不同颜色区分，中间有小数点“•”；若无小数点位，窗口各字轮均有乘系数的标识，如×10 000、×1000、×100、×10、×1、×0.1，个位数字的标注×1，小数位的标注×0.1 等。

（2）沿进户线方向或同一门牌内有两个或两个以上客户电能表时，必须先核对电能表表号后再抄表，防止错抄。

（3）使用红外手持机抄表应注意避光。

（4）不得操作客户设备。

（5）借用客户物品需征得客户同意。

（6）登高抄表应落实好安全措施。

1）上变压器台抄表时应从变压器低压侧攀登，应戴好安全帽、穿绝缘鞋，抄表工作应由两人进行，一人操作，一人监护，并认真执行工作票制度。

2）应检查登高工具（脚扣、登高板、梯子）是否齐全完好，使用移动梯子应有专人扶持，梯子上端应固定牢靠。

3）抄表人员应使用安全带，防止脚下滑脱造成高空坠落。

4）观察是否有马蜂窝，防止被蜇伤。

5）抄表人员要与高低压带电部位保持安全距离（10kV 及以下，0.7m），防止误触设备带电部位。

6）雷电天气时严禁进行登高抄表。

【例 9–1–1】某供电公司异常事项记录类别见表 9–1–1。

表 9–1–1 某供电公司异常事项记录类别

序号	类别	序号	类别	序号	类别	序号	类别
1	未抄	10	已抄表	19	TA 爆炸	28	电价错
2	正常	11	表停（盘停）	20	A 失电压	29	箱无锁
3	锁门	12	档案错	21	B 失电压	30	表箱坏
4	表烧	13	潜动	22	C 失电压	31	变压器台错
5	故障	14	接线错	23	失电压	32	表箱倾斜
6	表盗	15	液晶损	24	无铅封	33	表箱漏电
7	倒转	16	断熔丝	25	容量错	34	表位数错
8	过零	17	表损坏	26	倍率错	35	估抄
9	过零倒转	18	表异常	27	波动大		

【例 9–1–2】一起因“不当得利”而引起的供用电纠纷。某市供电公司在用电普查当中，发现一大型商场用电量与其经营规模相差甚远。经进一步检查，发现该商场计量装置中配置的 3 只电流互感器的倍率分别为 150/5、150/5、150/5，而供电公司的客户档案中记录的电流互感器倍率却分别是 50/5、50/5、75/5，分别比实际用电量少计了 2 倍、2 倍、1 倍。经过计算，该商场累计少计电量为 433 555kWh，合计应追缴电费高达 411 359 元人民币，电量流失之大令人惊叹。

经过数次的沟通和辩论，在供电公司提供的确凿证据面前，该商场对因电流互感器倍率不符引起的少计电量的事实签字认可，并与供电企业签订了分期返款协议，最终供电公司追回了 40 多万元的电费。

该案件反映出个别供电企业员工责任心不强的问题。如果抄表人员在抄表现场多核对一下电流互感器的穿芯匝数，电费核算人员发现电量有异常时发起现场检查流程，这起纠纷也许就不会发生了。

【例 9–1–3】抄表员现场抄表时发现某客户现场表箱铅封及锁被人为破坏，箱内电能表表尾铅封不见，电能表液晶显示“–Ib”（如图 9–1–1 所示），检查电能表接线发现 B 相电源线反接（如图 9–1–2 所示），抄表员及时上报异常情况并保护现场。经用电检查人员现场取证后，发现电能表少计 2/3 电量。客户当场对窃电行为供认不讳，并在违章、窃电通知书上签字。

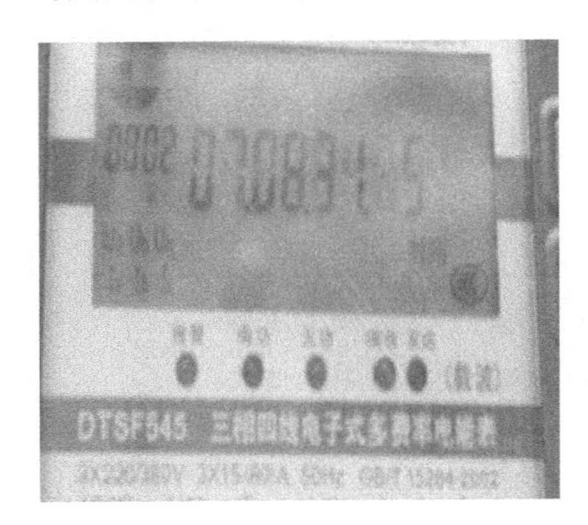

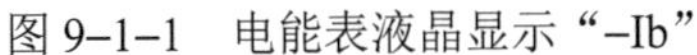
图 9-1-1　电能表液晶显示“-Ib”

图 9-1-2　B 相电源线反接

在这起案件中，抄表员认真检查计量装置运行状态，及时上报并保护现场，对这起窃电案的取证和处理起到了关键作用。

【思考与练习】

1. 现场抄表有哪些具体要求？
2. 抄表时应核对哪些信息？
3. 如何进行计量装置的运行状态检查？
4. 如何分析判断简单的窃电现象？
5. 如何进行手持机抄表和手工抄表？

模块 2　自动化抄表（Z29H3002Ⅰ）

【模块描述】本模块包含本地自动抄表技术、远程自动抄表技术等内容。通过概念描述、术语说明、系统结构讲解、要点归纳、示例介绍，了解自动化抄表系统的抄表原理和作用，着重介绍自动化抄表的业务实现流程，从营销制定自动抄表计划、采集系统发布数据、营销接收的过程。

【模块内容】

获取抄表数据的抄表方式中除了手工抄表、手持机抄表、IC 卡抄表之外，还有处于不断丰富和发展中的自动化抄表方式，自动遥抄客户端电能表记录数据。自动化抄表技术包括本地自动抄表技术、远程自动抄表（集中抄表）技术以及通过用采系统远方抄表技术。

对采用自动化抄表方式的客户，应定期（至少 3 个月内）组织有关人员进行现场实抄，对远抄数据与客户端电能表记录数据进行一次校核。校核可采用抽测部分客户、采集多个不同时间点的抄表数据的方法，并保持远抄数据与客户端电能表记录数据采集时间的一致性。

如因故障不能取得全部客户抄表数据或对数据有疑问，可采用其他抄表方式补抄。

一、本地自动抄表技术

本地自动抄表就是指计量电能表的抄表数据是在表计运行的现场或本地一定范围内通过自动方式而获得。本地自动抄表系统是远程抄表系统的本地环节，目前主要用于现场监察、故障排除和现场调试，而早期的系统则主要用于抄表。

1. 本地红外抄表

本地红外抄表是利用红外通信技术实现的，若干电能表连接到一台红外采集器上，采集器完成对某一表箱中的所有电能表的电量采集，抄表员手持红外手持机到达现场，接收每块采集器中的抄表数据，然后返回主站，将红外手持机中已抄收的电能表数据传送到主站计算机。

2. 本地 RS485 通信抄表

本地 RS485 通信抄表，是利用 RS485 总线将小范围的电能表连接成网络，由采集器通过 RS485 网络对电能表进行电量抄读，并保存在采集器中，再通过红外手持机或 RS485 设备现场抄读采集器内数据，手持机与主站计算机进行通信，实现电量的最终抄读。

二、远程自动抄表技术

远程自动抄表技术就是利用特定的通信手段和远程通信介质将抄表数据内容实时传送至远端的电力营销计算机网络系统或其他需要抄表数据的系统，也称集中抄表系统。抄表时操作人员可以直接选择抄表段抄表即可以完成自动抄表，并可以采用无人干预方式自动抄表。

1. 远程自动抄表系统的构成

远程自动抄表系统种类很多，基本上由电能表、采集器、信道、集中器、主站组成。

电能表为具有脉冲输出或 RS485 总线通信接口的表计，如脉冲电能表、电子式电能表、分时电表、多功能电能表。

集中器主要完成与采集器的数据通信工作，向采集器下达电量数据冻结命令，定时循环接收采集器的电量数据，或根据系统要求接收某个电能表或某组电能表的数据。同时根据系统要求完成与主站的通信，将客户用电数据等主站需要的信息传送到主站数据库中。

信道即数据传输的通道。远程自动抄表系统中涉及的各段信道可以相同，也可以完全不一样，因此可以组合出各种不同的远程抄表系统。其中，集中器与主站之间的通信线路称为上行信道，可以采用电话线、无线（GPRS/CDMA/GSM）、专线等通信介质；集中器与采集器或电子式电能表之间的通信线路称为下行信道，主要有 RS485 总线、电力线载波两种通信方式。

主站即主站管理系统，由抄表主机和数据服务器等设备组成的局域网组成。其中抄表主机负责进行抄表工作，通过网络 TCP/IP 协议与现场集中器进行通信，进行远程集中抄表，并存储到网络数据库，并可对抄表数据分析，检查数据有效性，以进行现场系统维护。

2. 载波式远程抄表

电力线载波是电力系统特有的通信方式，其特点是集中器与载波电能表之间的下行信道采用低压电力线载波通信。载波电能表是由电能表加载波模块组成。每个客户室内装设的载波电能表就近与交流电源线相连接，电能表发出的信号经交流电源线送出，设置在抄表中心站的主机则定时通过低压用电线路以载波通信方式收集各客户电能表测得的用电数据信息。上行信道一般采用公用电话网或无线网络。

3. GPRS 无线远程抄表

GPRS 无线远程抄表是近年来发展较快的抄表通信方式，其特点是集中器与主站计算机之间的上行信道采用 GPRS 无线通信。集中器安装有 GPRS 通信接口，抄表数据发送到中国移动的 GPRS 数据网络，通过 GPRS 数据网络将数据传送至供电公司的主站，实现抄表数据和主站系统的实时在线连接。

CDMA、GSM 与 GPRS 无线远程抄表原理相似。

4. 总线式远程抄表

总线式远程抄表在集中器与电能表之间的下行信道采用，目前主要采用 RS485 通信方式。总线式是以一条串行总线连接各分散的采集器或电子式电能表，实行各节点的互联。集中器与主站之间的通信可选电话线、无线网、专线电缆等多种方式。

5. 其他远程抄表

抄表系统有很多种方式，随着通信技术的不断发展，无线蜂窝网、光纤以太网等远程通信方式也逐渐应用于电能表数据的远程抄读。

三、用采系统远程抄表

用采系统远程抄表的主要工作，主要体现在营销抄表日前后，包括设置营销电表传送项、设置抄表传输日、电表数据预传、电表数据补测、数据发布等。

一个完整的抄表流程分为四步：数据准备、数据采集、数据传送、营销接收。流程如图 9–2–1 所示。

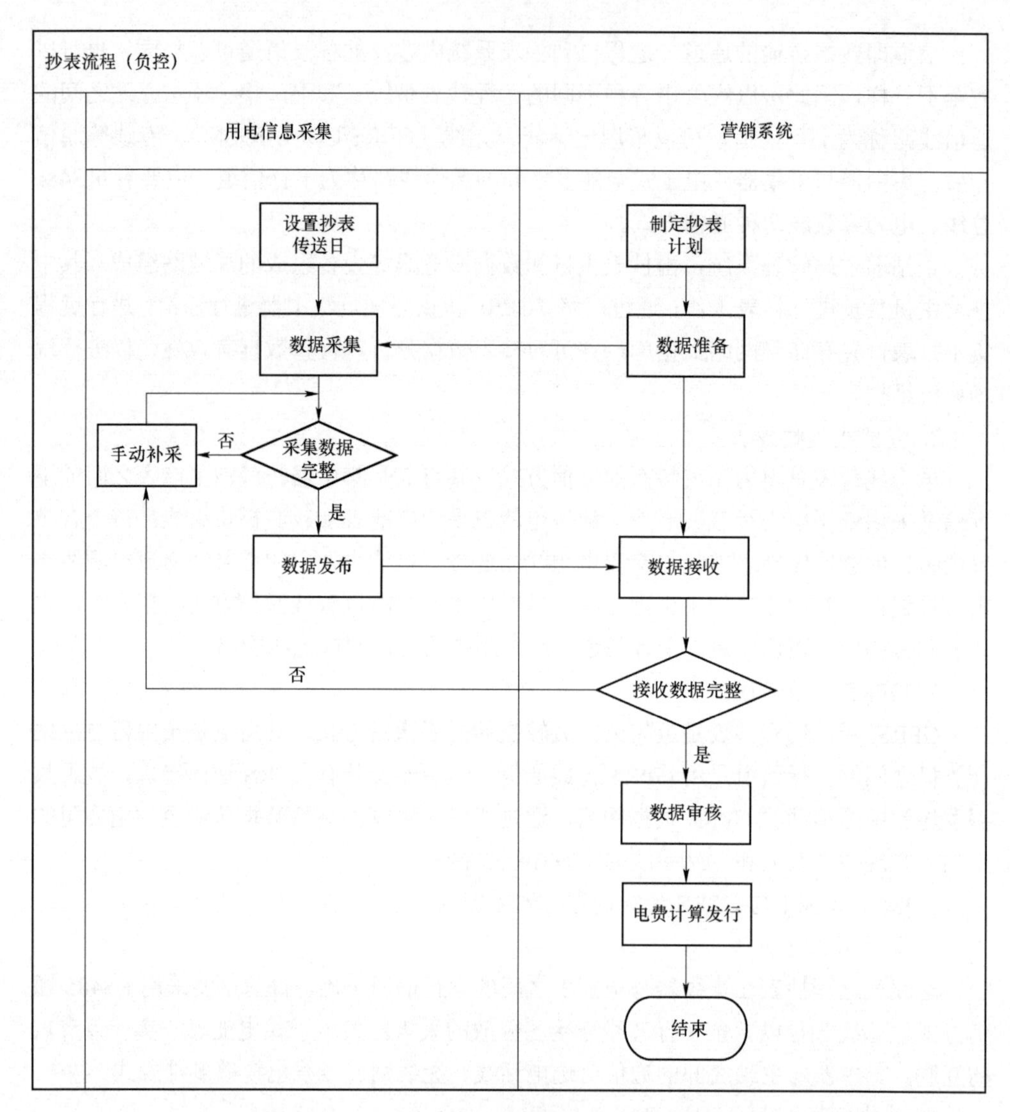

图 9–2–1 用采系统抄表数据用于电费结算流程

1. 数据准备

远程抄表用于结算的几个必备条件：

（1）用采系统电能表所属总户号必须与营销的总户号一致。在遇到一个终端多个总户号的情况时，一定要使每块电能表确实对应所属的总户号，只要对应正确，传送营销时就不会出错。

（2）用采系统中的电能表局编号必须与营销一致。采集系统和营销系统中的电能表局编号要完全一致才能正常传送，这里特别要注意字母的大小写以及“电能表局编号”后面是否含有空格、回车键等看不见的字符。

（3） 营销系统档案中“是否采集”项必须设置为“是”，电能表的资产状态必须是“启用”。

（4） 营销系统档案中的“抄表方式”必须设为应用用采系统的抄表方式。

（5） 电能表所属用户营销电表传送日必须包括营销电能表结算日。

设置电能表传送日通常有两种方式：单个电能表传送日的设置、批量电能表传送日的设置（见图 9–2–2）。

（6） 营销电费人员在结算日前必须做好接收计划。

电费抄收的两个基本概念：计划状态和计划时间。

1）计划状态：依次有初始化、数据准备、发送、接收、示数复核、已计算 6 种状态；新系统要求抄表至少需提前一天做计划并做好数据准备，即负控接收到计划并能成功发布数据的计划状态应为“发送”或“接收”。

2）计划时间：营销系统所有抄表数据都带了时间标志，所以要保证计划时间与数据时间一致，如 10 月 11 日的计划中所有用户表计的数据项数据确保为 10 月 11 日零点数据，抄表才能接收到数据。

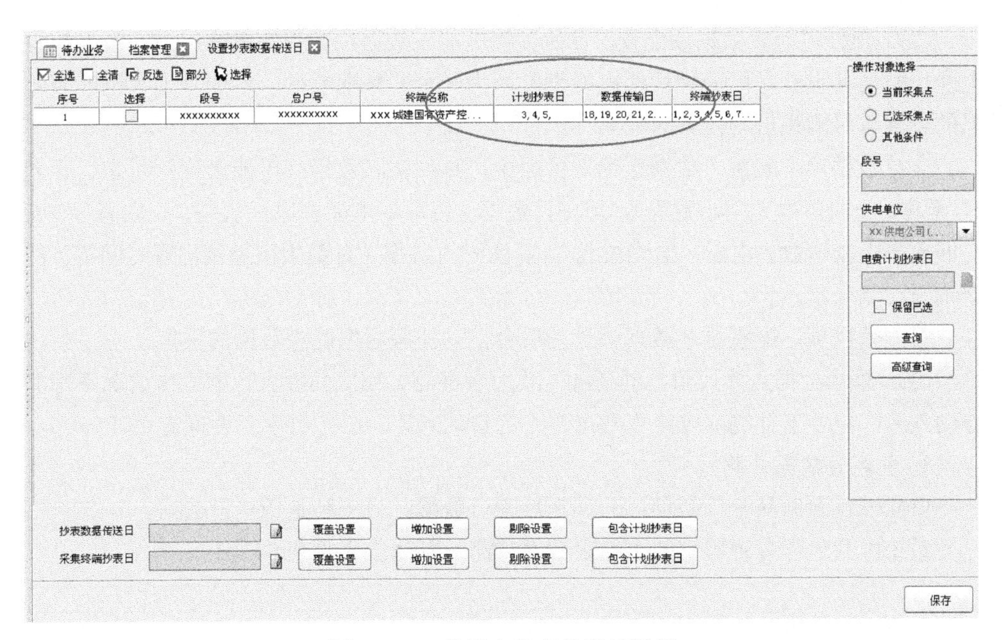

图 9–2–2　批量电能表传送日设置

2. 数据采集

在用采与营销两个系统中的准备工作都完成后，可进行电能表数据传送工作。

（1） 采集配置。

抄表日：终端设定为某天抄表，则当天为该户的抄表日。

抄表日冻结时间：终端被设定为在抄表日的某个时间进行抄表，这个时间就是终端的抄表日冻结时间。

传送日：如某天需将某户的电能表数据传送到营销，则当天为该户的传送日。

数据项配置方案：对使用同一种规约的终端型号进行统一的召测数据项配置，则此项配置称为数据项配置方案。根据终端类别进行配置有利于终端数据的查询与召测、自动任务的采集设置，数据项设置分为支持数据项和召测数据项。

支持数据项：配置终端数据项的目的是为了在菜单的“数据查询”页面对终端实时数据（有功功率曲线、实时总加有无功功率等）、历史日数据（日冻结总加有功电量、日功率极值与出现时间）、历时月数据（月总加有功电量等）的查询与召测。

召测数据项：配置这个数据项是为后台自动任务对终端数据的采集。

数据项设置：“数据项设置”打勾指的是系统能显示该数据项。

召测数据项设置：“召测数据项设置”打勾指的是自动任务会召测该数据项，“召测数据项设置”是“数据项设置”的子集。

（2） 预抄电能表数据项配置。目前预抄电能表数据项配置方案在用采系统是根据电能表类别（也就是同一种规约电能表类型为一个）来配置的，目的是为了电能表数据的查询与召测和自动任务的采集。

支持数据项：配置“数据查询”页面中，终端实时数据（电能表运行状态、正向有/无功、一四象限无功示数等）、历史日数据（日冻结电能表运行状态、正向有/无功、一四象限无功示数、电压、电流曲线等）、历时月数据（月最大需量及出现时间等）的查询与召测项。

召测数据项：配置这个数据项是为后台自动任务对电能表数据的采集。

（3） 采集数据入库。由自动任务（或后台补测）完成的抄表数据正常情况下都会自动入库，但手工补测的电能表数据并不会自动入库，必须经手工存库方可。

3. 电能表数据补测

电能表日数据共分为两种：一种是抄表日数据；另一种是历史日数据。

系统中共包含多种类型的电能表数据补测，具体含义见表 9–2–1。

表 9-2-1　用采系统电能表数据补测说明

序号	补测种类名称	补测对象	日期选择	备注
1	电能表否认数据补测	“抄表日数据”中回否认帧的电能表	当天	
2	营销电能表实时数据补测	当天为结算日的电能表实时数据	当天	
3	电能表日数据补测	召测“抄表日数据”项为失败的电能表	当天	
4	营销电能表日数据补测	当天为结算日且召测“抄表日数据”项为失败的电能表	当天	应优先补测
5	电能表历史日数据补测	召测“历史日数据”项为失败的电能表	前一天	
6	营销电能表历史日数据补测	当天为结算日且召测“历史日数据”项为失败的电能表	前一天	应优先补测
7	电能表月数据补测	召测“电能表月数据”项为失败的电能表	上月	
8	营销电能表月数据补测	结算日为 1 号且召测“电能表月数据”项为失败的电能表	上月	只需在 1 号时召测和补测

通常进行电能表数据补测的对象主要是营销抄表的电能表，系统中营销电能表的补测分为：营销电表日数据补测、营销电能表历史日数据补测和营销电表实时数据补测。各种补测方式的区别为：

1）营销电能表抄表日数据补测。营销电能表抄表日数据补测主要是当天自动任务中营销电表抄表失败的电表补测，使用对象是所有终端的电能表。

2）营销电能表历史日数据补测。营销电能表历史日数据补测，当抄表日当天的数据不可用时，使用历史日数据替代抄表日数据。

3）营销电能表实时数据补测。当抄表日当天的数据不可用时，使用实时数据替代抄表日数据。

4. 数据传送

抄表数据传送是将抄到的数据通过接口传送到采集系统内部中间库的过程。

传送由系统自动完成，如果传送失败需要进行手工传送。

用采系统的抄表传送日就是电费的抄表计划接收日。传送接收的日期必须统一，用户信息（总户号，局编号，抄表方式等）必须统一，即电费想在规定的日期（计划接收日）获取特定用户的电能表示数，而用采系统就在当天（传送日）采集到了数据并通过接口将数据送到了中间库中，就是一次成功的传送。

5. 营销接收

营销接收抄表数据指的是数据从中间库到营销的过程，也是由系统自动完成。

在营销系统代办事宜内选择对应的传票，在自动化抄表界面选中数据，点击接收数据，接收完毕后如有部分未抄数据，直接点击发起补抄计划，在该操作员界面会再生成一个电费抄表核算传票。界面截图如图 9–2–3 所示。

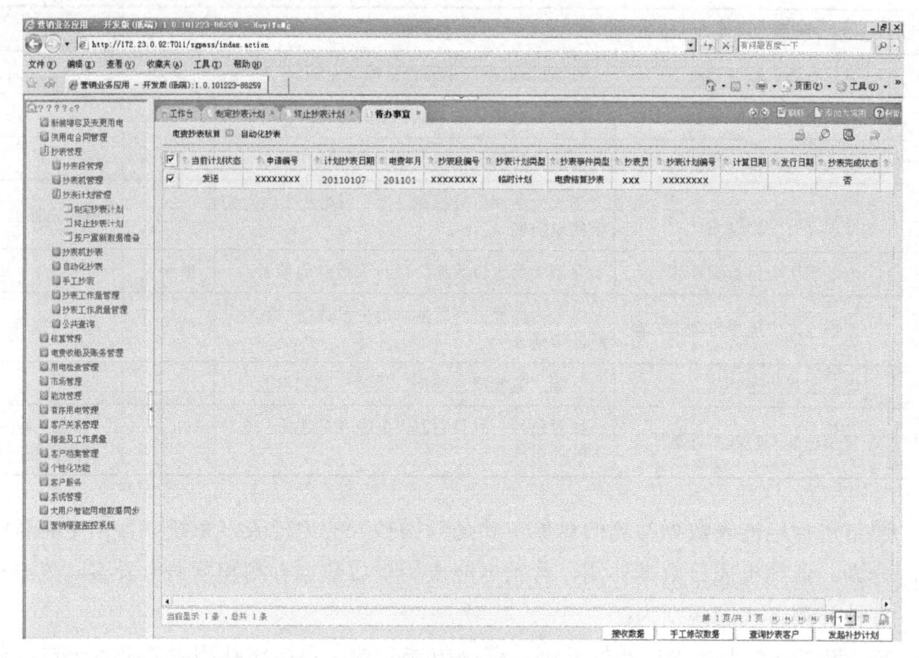

图 9–2–3　营销接收抄表数据界面

四、电能信息数据采集示例

用采系统主要完成抄表数据的自动采集，同时能够利用自动化抄表系统的采集数据，对现场采集对象的运行状态进行监督管理。

某供电公司采用低压电力线载波集抄系统自动抄表，抄表例日前分别遥抄多份数据以作备份，抄表例日当天再抄读例日数据，可以根据需要来设定自动抄表或人工集抄。

（1）进入集抄系统，选择台区，连接到该台区的集中器。

（2）进入到该集中器，口令检测成功后，表示主站与集中器已连接上。

（3）选择远程抄读方式，如例日抄读，读取集中器数据并保存，如图 9–2–4 所示。

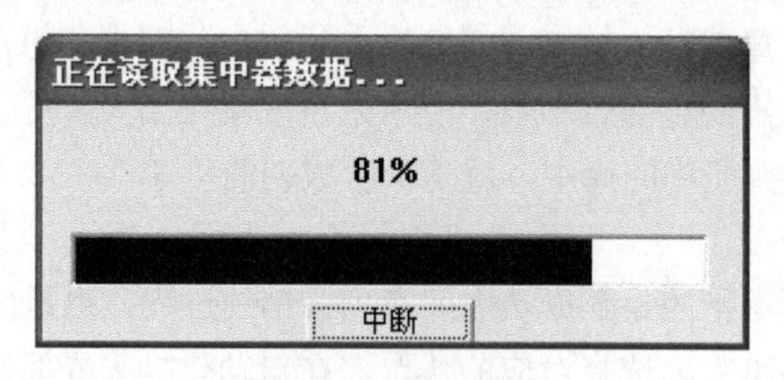

图 9–2–4　读取数据

（4） 对抄表失败的表计，再次进行抄表操作。

（5） 打印再次抄表失败的客户清单和零电量客户清单（表号、地址等），通知抄表员当日补抄，现场核实，查明故障原因。

（6） 抄表完毕，退出。

（7） 全部抄完之后，进行集中抄表数据回读操作，从中间库中将集抄系统上传来的抄表数据回读到营销系统。

【思考与练习】

1. 什么是本地抄表？用什么方式实现？
2. 载波式远程抄表的上行和下行通信分别采用什么信道？
3. 如何利用用采系统实现自动化抄表？

模块3 瓦秒法判断电能计量装置误差（Z29H3003Ⅰ）

【模块描述】本模块包含使用秒表进行电能计量装置误差判断的程序、方法和注意事项等内容。通过概念描述、原理分析、公式示意、要点归纳、操作技能训练，掌握采用瓦秒法判断电能计量装置误差的方法。

【模块内容】

瓦秒法，是将电能表反映的功率（有功或无功）与线路中的实际功率比较，以定性判断电能计量装置接线是否正确。它是电能计量装置接线检查中常用的一种检查手段，并适用于任何计量方式，也是初步判断计量是否准确的常用手段。

一、确定客户的实际用电功率

（1） 小容量客户的实际用电功率的确定。请客户保留功率因数为1，且明确知其功率的用电设备，而其余用电设备停用。

（2） 大容量客户的实际用电功率的确定。由于大容量客户具有配电盘，所以可以通过功率表读数或电压表、电流表、功率因数表的读数之积确定。

二、使用秒表测量转速或脉冲数

（1） 测量感应式电能表转速。当电能表转盘上的标志转到电能表铭牌转盘窗口的中心线时开始计时，当第 N 圈电能表转盘上的标志再次转到电能表铭牌转盘窗口的中心线时停表，记录耗时时间 t。

（2） 测量电子表脉冲速度。脉冲发出后开始计时，当发出第 N 个脉冲后停表，记录耗时时间 t。

三、功率、转数、时间计算

（1） 计量功率计算。根据测量的转数和消耗的时间，采用式（9-3-1）可以计算

出计量功率

$$P=\frac{3600\times1000N}{Ct}\text{（W）} \tag{9-3-1}$$

式中 C——有功电能表常数，r/kWh；

N——转数，r；

t——N圈所消耗的时间，s。

（2）根据实际用电功率计算t_0时间内电能表的转数或脉冲数计算N_0

$$N_0=\frac{P_0Ct_0}{3600\times1000} \tag{9-3-2}$$

式中 P_0——实际用电功率；

N_0——t_0(s)时间内电能表的转数或脉冲数计算N_0，r。

（3）根据实际用电功率计算电能表转数或脉冲N_0数时，应耗时时间t_0计算为

$$t_0=\frac{3600\times1000N_0}{CP_0}\text{（s）} \tag{9-3-3}$$

四、电能计量装置相对误差的计算

（1）通过功率计算相对误差

$$\gamma=\frac{P-P_0}{P_0}\times100\% \tag{9-3-4}$$

（2）通过转数计算相对误差

$$\gamma=\frac{N-N_0}{N_0}\times100\% \tag{9-3-5}$$

（3）通过时间计算相对误差

$$\gamma=\frac{t_0-t}{t}\times100\% \tag{9-3-6}$$

相对误差若超过了电能表的准确度等级允许的范围，则说明该套计量装置失准。此时应考虑校表或进行计量装置接线检查。

五、瓦秒法判断电能计量装置误差注意事项

（1）相对误差的概念是测量值减去真值后与真值的百分比，若通过时间来计算电能计量装置的相对误差时，根据公式推导则是真值减去测量值后与测量值的百分比，见式（9–3–6），否则误差将会计算错误。

（2）从式（9–3–3）中可以看出，也可以通过计算转数（脉冲数）的方法计算相对误差，但考虑到测量t（s）内的转数（脉冲数）误差较大，故不推荐使用。

（3）对于有互感器接入的电能计量装置，应将功率折算到一次侧或二次侧，否则误差将会计算错误。

（4）测量转速时，测量的圈数或脉冲数越多，计量装置的误差判断误差就越小。测量的次数越多，取其平均值的误差就越小。

（5）注意时间、功率的单位应保持一致。

【思考与练习】

1. 如何确定客户的实际用电功率？

2. 瓦秒法判断电能计量装置误差时应注意哪些事项？

3. 某高压用户，TV 变比为 10/0.1，TA 变比为 50/5，有功表常数为 2500imp/kWh，现实测有功表 6imp 需 58s。求该用户的有功功率。

参 考 文 献

［1］余广厂．电能（用电）信息采集与监控［M］．北京：中国电力出版社，2010.
［2］杨鑫华．数据库原理与 DB2 应用教程［M］．北京：清华大学出版社，2007.
［3］路川，胡欣杰．Oracle 11g 宝典［M］．北京：电子工业出版社，2006.
［4］甘仞初．管理信息系统［M］．北京：机械工业出版社，2002.
［5］陈怡，蒋平，万秋兰，等．电力系统分析［M］．北京：中国电力出版社，2005.
［6］于溪洋．电力负荷管理系统培训教材［M］．北京：中国水利水电出版社，2007.
［7］国家电力调度通信中心．电网调度运行实用技术问答［M］．北京：中国电力出版社，2003.
［8］张峰．电力负荷管理技术［M］．北京：中国电力出版社，2006.
［9］康重庆，夏清，刘梅．电力系统负荷预测［M］．北京：中国电力出版社，2007.
［10］刘健，倪建立．配电网自动化新技术［M］．北京：中国水利水电出版社，2004.
［11］姜开山．GPRS 远程抄表系统应用实践［M］．北京：中国电力出版社，2007.
［12］王世祯．电网调度运行技术［M］．沈阳：东北大学出版社，1997.